铀浓缩技术系列丛书

铀浓缩电气技术

丛 书 主 编　钟宏亮
丛书副主编　马文革　陈聚才
主　　　编　梁国文
副 主 编　张静林　刘文君　王俊才

中国原子能出版社

图书在版编目（CIP）数据

铀浓缩电气技术 / 钟宏亮主编. —北京：
中国原子能出版社，2021.12
ISBN 978-7-5221-1770-6

Ⅰ. ①铀…　Ⅱ. ①钟…　Ⅲ. ①铀浓缩物–电工技术
Ⅳ. ①TL212.3

中国版本图书馆 CIP 数据核字（2021）第 256471 号

内 容 简 介

本丛书是第一套有关离心法生产浓缩铀的技术丛书。本书介绍了电气技术的生产应用，特别是铀浓缩工厂生产方面的应用。全书共分 8 章：铀浓缩（离心）工厂电气系统概述、高压供配电系统、中频供电系统、辅助电气系统、电气系统的运行和管理。书中叙述了各电气系统的构成模式、提出问题并予以讨论和解决、以及各系统运行管理、重点要素的监测与控制，并对相关电气设备结构、原理在各电气系统中组合配置原则进行了阐述。同时对于铀浓缩工厂电气系统的设计及未来发展趋势提出了见解。

本书可供从事铀浓缩电气系统设备科研设计、生产运行、故障处理与维修和教学培训的人员参考。

铀浓缩电气技术

出版发行　中国原子能出版社（北京市海淀区阜成路 43 号　100048）
责任编辑　刘　岩
装帧设计　崔　彤
责任校对　冯莲凤
责任印制　赵　明
印　　刷　保定市中画美凯印刷有限公司
经　　销　全国新华书店
开　　本　787 mm×1092 mm　1/16
印　　张　18
字　　数　450 千字
版　　次　2021 年 12 月第 1 版　2021 年 12 月第 1 次印刷
书　　号　ISBN 978-7-5221-1770-6　　**定　价**　**58.00** 元

网址：**http://www.aep.com.cn**　　E-mail：**atomep123@126.com**
发行电话：**010-68452845**

《铀浓缩技术系列丛书》

编　委　会

《铀浓缩电气技术》

编 审 人 员

主　　编：梁国文

副 主 编：张静林　刘文君　王俊才

编写人员：（按姓氏笔画为序）

王建立　石明哲　刘　文　牟　俊　苏智欣　李　斌　杨　龙

杨秀花　宋新亮　张大刚　张文凯　张吕荣　张慧慧　陈　华

邵　磊　金　鑫　姚　欣　袁正维　黄建丽　彭　丽　曾　康

审校人员：（按姓氏笔画为序）

马建林　王汉生　付朝勇　刘士轩　孙　伟　李宝军　李晨钟

张永东　陈宁波　陈贵鑫　净小宁　赵　勇　侯善文　谢国和

序

铀浓缩产业是一个国家核力量的代表，是核工业发展的基础，是核工业产业链的重要组成部分，是国防建设和核能发展的重要基础，更是有核国家核实力的体现。

自20世纪50年代扩散法铀浓缩开始，我国老一辈铀浓缩专家刻苦钻研、努力攻关，相继突破了扩散级联计算与运行、铀浓缩供取料技术、铀浓缩相关设备及扩散膜的研发与升级等关键技术工艺，不仅满足了当时核力量生产需要，而且取得了大批创新成果，积累了大量丰富的宝贵经验，培养了许多铀浓缩领域的优秀技能技术人才，为我国核工业打下了坚实基础。

离心法铀浓缩技术是铀浓缩技术方法一种。中核陕西铀浓缩有限公司是最早进行离心法铀浓缩工艺技术科研生产实验的企业，也是我国第一座离心法铀浓缩商用工厂。多年来，秉承核工业人的优良传统，励精图治，稳步推进，在离心法铀浓缩生产科研等方面取得了丰硕成果，不断推高安全稳定生产运行水平，并有效降低了生产成本，保证了核燃料生产的国产化，突破了核工业发展瓶颈，也体现了生产科研较高水平。

《铀浓缩技术系列丛书》广泛吸取了众多离心法铀浓缩领域专家、工程师和技能人员的心血成果和意见，参照吸收国内外先进经验及发展趋势，积累整理大量相关资料编写而成。这既是系统总结我国铀浓缩领域工艺技术自主创新成果，也是留给后继人员的一笔宝贵财富。这本书的出版也完成了我于心已久的夙愿。

最后，感谢相关部门的大力支持帮助和出版社的鼎力相助。祝我国铀浓缩领域工艺技术取得更大进步和发展，为我国核工业和核能事业作出更大贡献。

中核陕西铀浓缩有限公司董事长　钟宏亮

2021年12月

前言
Preface

铀浓缩工厂是核燃料产业链中的一个重要环节。电能是铀浓缩工厂运转的最主要动力。基于铀浓缩工厂特性，离心法铀浓缩工厂的供电系统、配电系统、各用电系统就具有各自的特征和特点，了解和掌握转供电系统、配电系统、用电系统的概念、结构、原理、运行方式、电能的质量指标和电力负荷等基本知识，对学习和掌握铀浓缩（离心）电气系统技术是非常重要的。

本丛书以电力能源的接收、分配、变换到用户系统为主线，在论述各环节基本结构和运行维护基本知识的同时，特别注意各供电环节的系统性、实用性，并较多地关注了供用电各系统结构、设计输入等与铀浓缩工厂有关的重要问题，如中频供电系统设计问题，电能质量的论述、分析、计算与改善途径，供用电系统运行管理等。但是编者认为，对一个铀浓缩工厂特别是生产运行、检修单位一线的从业者，只要根据本书所阐述的基本思路，深化学习，努力实践，是完全可以满足工作需要且有所前进的。想法是否恰当，尝试是否合适，均须在实践中进一步验证。

本丛书考虑到不同离心法铀浓缩工厂供电系统的差别、历史条件及在国家不同建设时期的具体要求。大家可根据具体情况予以深化和展开。编者认为，供电系统知识的学习必须联系实际，必须通过大家进行系统练习环节才能得到进一步贯通与掌握。

本丛书共分8个章节。第1章由梁国文执笔。第2章由王俊才、刘文君主笔，张静林、金鑫协助。第3章由梁国文主笔，张胜喜、苏智欣协助。第4章、第5章由袁正维主笔，邵磊协助。第6章由张大刚主笔，梁国文协助。第7章由金鑫主笔，刘文君协助。第8章由杨秀花主笔，彭丽、刘文、宋新亮、牟俊、张吕荣、黄建丽协助。本书由张静林初审，梁国文主审。

编者对过去与现在一贯支持编写及提供资料的同志表示感谢。并对公司领导及相关部门在本书编写过程中给予的关心与支持表示衷心的谢意。

梁国文

2021 年 12 月

目 录
Contents

第1章

铀浓缩（离心）工厂电气系统概述

能源是维持人类生存和发展的必要条件之一，核能的开发利用又是人类解决能源供应的重要途径之一，核能的开发利用离不开核燃料的支撑，而铀浓缩工厂正是核燃料产业链中的一个重要环节。电能是铀浓缩工厂运转的最主要动力。基于铀浓缩工厂特性，铀浓缩（离心）工厂的供电系统、配电系统、用电各系统就具有各自的特征和特点，了解和掌握供电系统、配电系统、用电系统的概念、结构、原理、运行方式、电能的质量指标和电力负荷等基本知识，对学习和掌握铀浓缩（离心技术）电气系统技术是非常重要的。

1.1 铀浓缩（离心）工厂电气系统概述

铀浓缩（离心）工厂主要能源供给就是电能。电能从电网经输送、转换、分配供到电能用电设备。如图 1-1 所示虚框内统称为铀浓缩（离心）工厂电气系统，由电力线路、总降压变电站、高压配电所、配电线路、车间变电所或建筑物变电所和用电设备各系统组成。供配电系统的任务就是向用户和用电设备供应和分配电能，用户所需的电能，是由公共电力系统供给的，每一环节都有其结构要求，系统的特点、额定电压、运行方式、电能的质量指标方面的要求，也有其控制、管理和调度特点。

1.1.1 电力线路

电力线路将发电厂、变电站和电能用户连接起来，完成输送电能和分配电能的任务。电力线路有各种不同的电压等级，通常将 220 kV 及以上的电力线路称为输电线路，110 kV 及以下的电力线路称为配电线路。交流 1 000 kV 及以上和直流 800 kV 及以上的输电线路称为特高压输电线路，220～800 kV 输电线路称为超高压输电线路。配电线路又分为高压配电线路（110 kV），中压配电线路（10～35 kV）和低压配电线路（380/220 V），前者一般作为城市配电网骨架和特大型企业供电线路，中者为城市主要配网和大中型企业供电线路，后者一般为城市和企业的低压配网。

一般情况下，铀浓缩（离心）工厂电气系统只涉及 110 kV 及以下的电力线路。

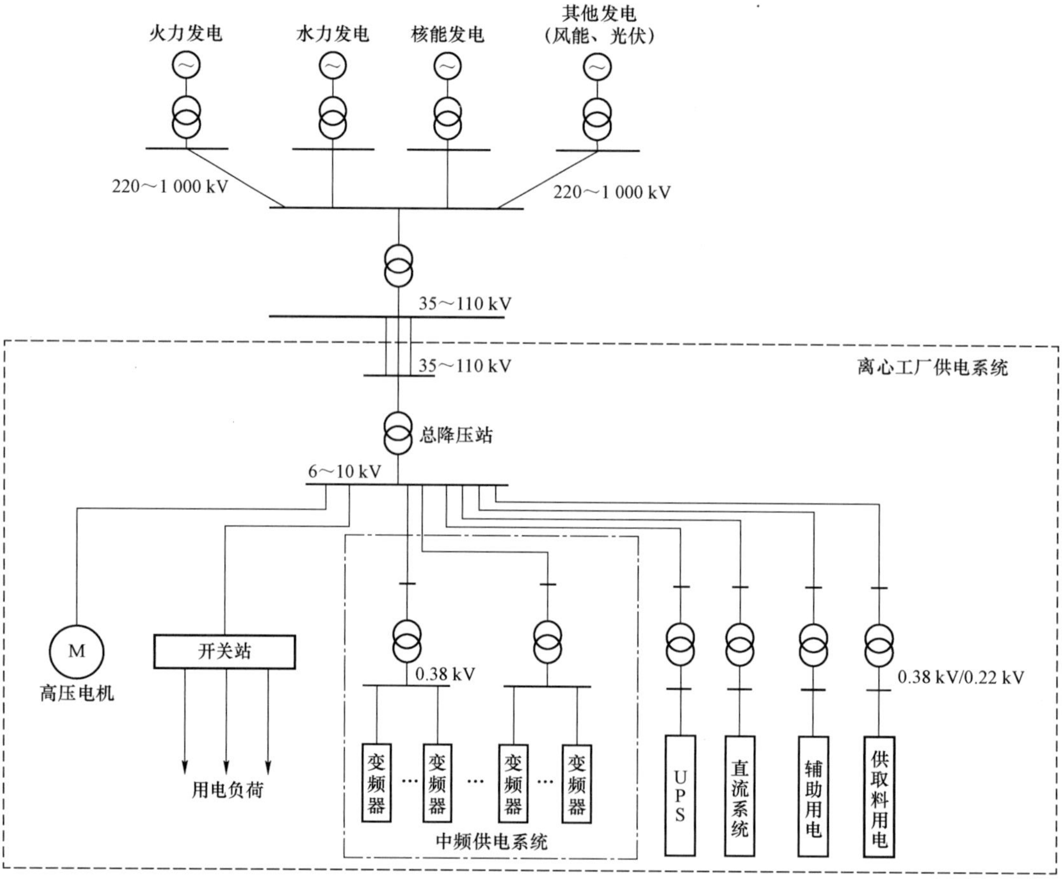

图 1-1　铀浓缩（离心）工厂电气系统示意图

1.1.2　变电站（所）

变电站的功能是接收电能、变换电压和分配电能。为了实现电能的远距离输送和将电能分配到用户，需将发电机电压进行多次电压变换，这个任务由变电站完成。变电站由电力变压器、配电装置和二次装置等构成。按变电站的性质和任务不同，可分为升压变电站和降压变电站；除与发电机相连的变电站为升压变电站外其余均为降压变电站。按变电站的地位和作用不同，又分为枢纽变电站、地区变电站和用户变电站。

铀浓缩（离心）工厂的变电站（所）仅用于接收电能、转换电能和分配电能，也称为用户变电站。

1.1.3　电能用户

电能用户又称电力负荷，所有消耗电能的用电设备或用电单位均称为电能用户。电能用户按行业可分为工业用户、农业用户、市政商业用户和居民用户等。

铀浓缩（离心）工厂的电能用户就是中频供电系统、UPS 系统、直流系统、辅助用电、供取料用电、高压电机等。

1.2　高压供配电系统

1.2.1　供配电系统

铀浓缩（离心）工厂的供配电系统由电力线路、总降压变电站、高压配电所、高压配电线路，车间变电所或建筑物变电所组成。图 1-2 所示为供配电系统结构框图。总降压变电站是用户电能供应的枢纽。它将 35～220 kV 的外部供电电源电压降为 6～10 kV 高压配电电压，供给高压配电所、车间变电所或建筑物变电所和高压用电设备。

铀浓缩（离心）工厂的用电负荷多为一级负荷，且属一级负荷中特别重要负荷，因此外部高压供电电源应为双重电源，当一个电源发生故障时，另一个电源不应同时受到损坏。除上述双电源供电外，尚应增设应急电源，并严禁经其他负荷接入应急电源系统。这是铀浓缩（离心）工厂供电最重要的特征。

高压配电所集中接收 6～10 kV 电压，再分配到附近各车间变电所或建筑物变电所和高压用电设备。一般负荷分散、厂区大的大型企业需设置高压配电所。

配电线路分为 6～10 kV 高压配电线路和 220/380 V 低压配电线路。高压配电线路将总降压变电所与高压配电所、车间变电所或建筑物变电所和高压用电设备连接起来。低压配电线路将车间变电所或建筑物变电所的 220/380 V 电能送到各低压用电设备。车间变电所或建筑物变电所将 6～10 kV 电压降为 220/380 V 电压，供低压用电设备使用。

用电设备按用途可分为动力用电设备、工艺用电设备、电热用电设备、试验用电设备和照明用电设备等。

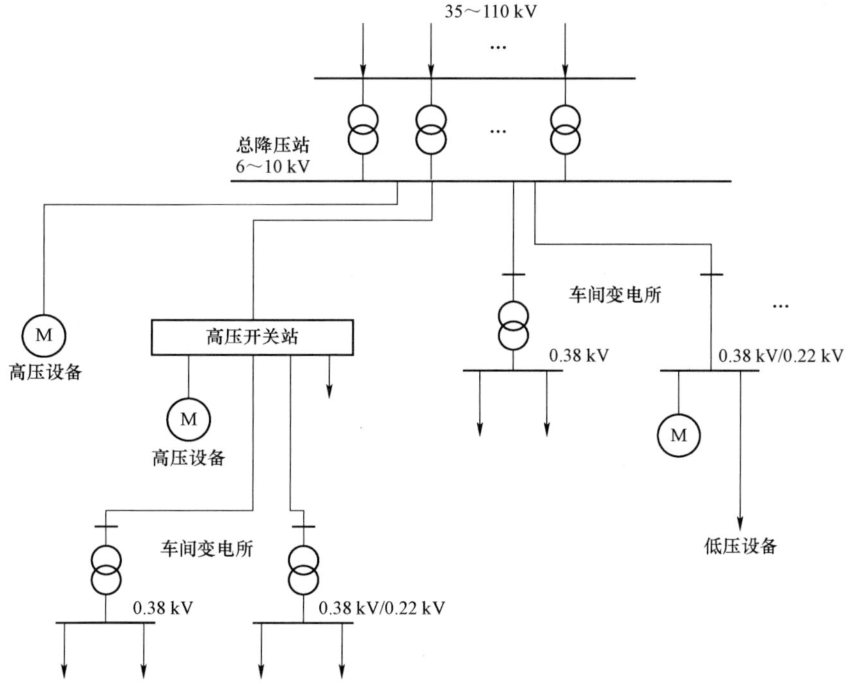

图 1-2　高压供配电系统结构图

1.2.2 供配电的要求

做好供配电工作，对于促进工业生产、降低产品成本、实现生产自动化和工业现代化有着十分重要的意义。对供配电的基本要求是：

- 安全　在电能的供应、分配和使用中，不应发生人身事故和设备事故；
- 可靠　应满足用电设备对供电可靠性的要求；
- 优质　应满足用电设备对电压、频率和波形供电质量的要求；
- 经济　供配电应尽量做到投资少，年运行费低，尽可能减少有色金属消耗量和电能损耗，提高电能利用率。

上述要求不但互相关联，而且往往互相制约和互相矛盾。因此，考虑满足上述要求时，必须全面考虑，统筹兼顾。

1.2.3 配电系统的额定电压

配电系统的电压是有等级的，系统的额定电压包括系统中各种供电、用电设备的额定电压。额定电压是能使电气设备长期运行在经济效果最好的电压，它是国家根据国民经济发展的需要、电力工业的水平和发展趋势，经全面技术经济分析后确定的《GB/T 156—2007 标准电压》规定了我国三相交流系统的标称电压和高于 1 000 V 三相交流系统的最高电压。

标称电压是系统被指定的电压，又称额定电压：系统最高电压是指在正常运行条件下，在系统的任何时间和任何点上出现的电压的最高值，它不包括电压瞬变，比如，由于系统的开关操作及暂态的电压波动所出现的电压值。我国三相交流系统的标称电压、最高电压和发电机、变压器的额定电压如表 1-1 所示。

表 1-1 我国三相交流系统的标称电压、最高电压和发电机、变压器的额定电压（单位：kV）（仅引用铀浓缩工厂用电电压等级）

分类	系统标称电压	系统最高电压	发电机额定电压	电力变压器额定电压	
				一次绕组	二次绕组
低压	0.38	—	0.4	0.22/0.38	0.23/0.4
高压	6	7.2	6.3	6，6.3	6.3，6.6
	10	12	10.5	10，10.5	10.5，11
	110	126（123）	—	110	121

1.2.3.1 电网（线路）的额定电压

电网（线路）的额定电压只能选用国家规定的系统标称电压。它是确定各类电气设备额定电压的基本依据。

1.2.3.2 用电设备的额定电压

当线路输送电力负荷时，要产生电压损失，沿线路的电压分布通常是首端高于末端，如图 1-3 所示。因此沿线各用电设备的端电压将不同，线路的额定电压实际就是线路首、末两端电压的平均值，为使各用电设备的电压偏移差异不大，用电设备的额定电压与同级电网（线路）的额定电压相同。

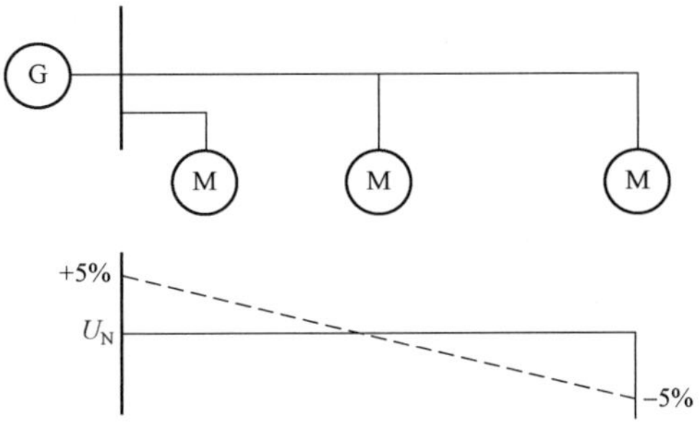

图 1-3　用电设备和发电机的额定电压

1.2.3.3　发电机的额定电压

由于用电设备的电压偏移为±5%，而线路的允许电压损失为 10%，这就要求线路首端电压为额定电压的 105%，末端电压为额定电压的 95%。因此，发电机的额定电压为线路额定电压的 105%。

1.2.3.4　电力变压器的额定电压

a. 变压器一次绕组的额定电压

变压器一次绕组接电源，相当于用电设备。与发电机直接相连的升压变压器的一次绕组的额定电压应与发电机额定电压相同。连接在线路上的降压变压器相当于用电设备，其一次绕组的额定电压应与线路的额定电压相同，如图 1-4 所示。

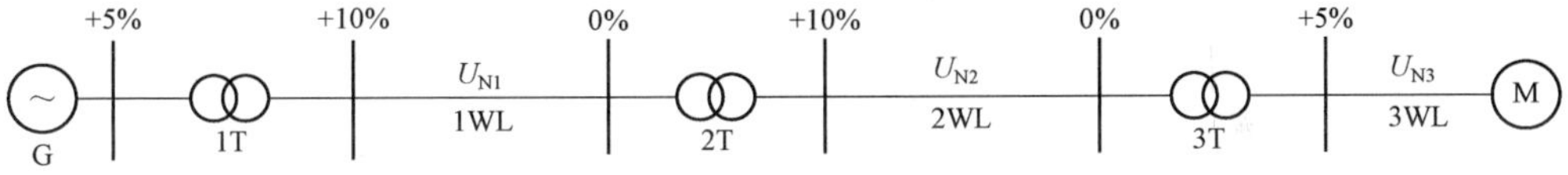

图 1-4　变压器的额定电压

b. 变压器二次绕组的额定电压

变压器的二次绕组向负荷供电，相当于发电机。二次绕组的额定电压应比线路的额定电压高 5%，而变压器二次绕组额定电压是指空载时的电压，但在额定负荷下，变压器的电压损失为 5%。因此，为使正常运行时变压器二次绕组电压较线路的额定电压高 5%，当线路较长（如 35 kV 及以上高压线路）时，变压器二次绕组的额定电压应比相连线路的额定电压高 10%；当线路较短（直接向高低压用电设备供电，如 10 kV 及以下线路）时，二次绕组的额定电压应比相连线路的额定电压高 5%，如图 1-5 所示。

例 1-1，已知如图 1-5 所示系统中线路的额定电压，试求发电机和变压器的额定电压。

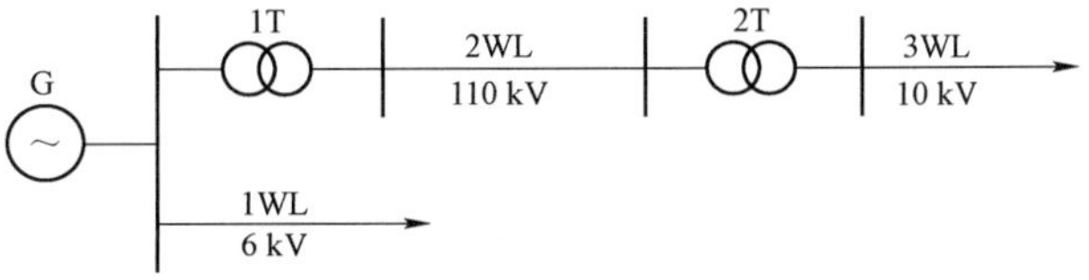

图 1-5　例 1-1 供电系统图

解：发电机 G 的额定电压　　UNG = 1.05UN1WL = 1.05 × 6 = 6.3 kV

变压器 1T 的额定电压　　U1N1T = UNG = 6.3 kV

U2N1T = 1.1UN2WL = 1.1 × 110 = 121 kV

因此，1T 的额定电压为 6.3/110 kV。

变压器 2T 的额定电压　　U1N2T = 1.05UN2WL = 110 kV

U2N2T = 1.05UN3WL = 1.05 × 10 = 10.5 kV

因此，变压器 2T 的额定电压 110/10.5 kV。

1.2.4　电力系统的运行状态和中性点运行方式

1.2.4.1　电力系统的运行状态

电力系统的运行状态由运行参数电压、电流、功率和频率等表征。

电力系统的运行状态有多种，也有不同的分类方法。一种是将电力系统的运行状态分为稳态和暂态。电力系统的稳态是指电力系统正常的、变化相对较慢较小的运行状态；电力系统的暂态是指电力系统非正常的、变化较大的运行状态以致引起系统从一个稳定运行状态向另一个稳定运行状态过渡的变化过程。稳态和暂态的本质区别为：前者的运行参数与时间无关，其特性可用代数方程来描述；后者的运行参数与时间有关，其特性要用微分方程来描述。一般负荷计算是供配电系统的稳态，短路计算是供配电系统的暂态。这种分类方法常用在电力系统分析中，分别称为电力系统稳态分析和电力系统暂态分析。

另一种分类方法是将电力系统的运行状态分为正常运行状态、异常运行状态、故障状态和待恢复状态。这 4 种状态之间的关系如图 1-6 所示。电力系统在绝大部分时间里都处于正常运行状态。如系统运行条件恶化，如过负荷、低电压、单相接地等，系统便进入异常运行状态，也称报警状态，系统不安全；系统处于异常运行状态应采取有效措施，恢复正常运行状态，若措施不当或又发生故障，系统便进入故障状态。故障状态又称紧急状态。系统处于故障状态。保护装置或自动装置应快速动作，切除故障设备或线路，系统便进入待恢复状态。采取措施修复故障设备或线路后，系统又恢复正常运行状态。电力系统从正常运行状态到故障状态乃至待恢复状态的过程非常短，通常只有几秒到几分钟，但系统从待恢复状态回到正常运行状态，则要经历相当长的时间。这种分类方法常用于电力系统安全分析中。

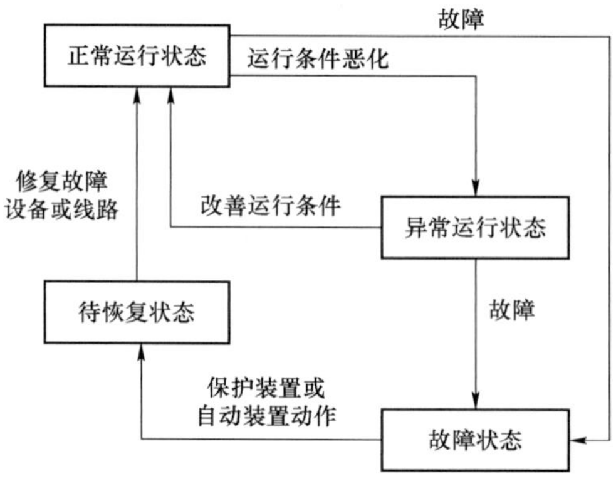

图 1-6　电力系统的运行状态

1.2.4.2　电力系统的中性点运行方式

三相交流电系统的中性点是指星形连接的变压器或发电机的中性点。中性点的运行方式主要分两类：小接地电流系统和大接地电流系统，又称中性点非有效接地系统和中性点有效接地系统。前者又分中性点不接地系统、中性点经消弧线圈接地系统和中性点经电阻接地系统，后者为中性点直接接地系统，中性点的运行方式主要取决于对电气设备的绝缘水平要求及供电可靠性和运行安全性要求。

我国 3～63 kV 系统，一般采用中性点不接地运行方式；当 3～10 kV 系统接地电流大于 30 A，20～63 kV 系统接地电流大于 10 A 时，应采用中性点经消弧线圈接地的运行方式；110 kV 及以上系统和 1 kV 以下低压系统，采用中性点直接接地运行方式。

1. 中性点不接地的电力系统

图 1-7 所示为中性点不接地电力系统示意图。三相导体沿线路全长有分布电容，为了方便分析，用一个集中电容 C 表示，并假设三相对地电容相等。

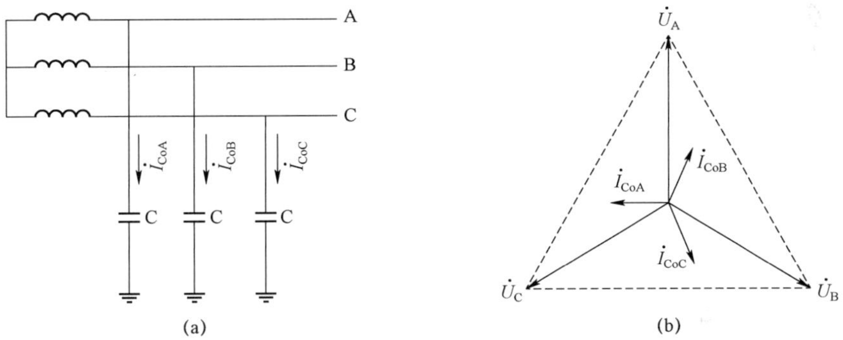

图 1-7　中性点不接地电力系统

系统正常运行时，线电压对称，各相对地电压对称，等于各相的相电压，中性点对地电压为零，各相对地电容电流也对称，其电容电流的相量和为零，相量图如图 1-7（b）所示。系统发生单相接地时，如图 1-8（a）所示，接地相（C 相）对地电压为零，非接地相对地电压升高为线电压（$\dot{U}'_A = U_A + (-U_C) = U_{AC}$，$\dot{U}'_B = U_B + (-U_C) = U_{BC}$），即等于相电压的 $\sqrt{3}$ 倍。从而接地相电容电流为零，非接地相对地电容电流也增大 $\sqrt{3}$ 倍。因此，要求电气设备的绝缘水平也提高，在高电压系统中，绝缘水平的提高将使设备费用大为增加。

C 相接地时，系统的接地电流 $\dot{I}_E$（流过接地点的电容电流 i_c）应为 A，B 两相对地电容电流之和。取接地电流 $\dot{I}_E$ 的正方向从相线到大地，如图 1-8（b）所示。因此

$$\dot{I}_E = -(\dot{I}_{CA} + \dot{I}_{CB}) \tag{1-1}$$

在数值上，由于 $I_E = \sqrt{3}I_{CA}, I_{CA} = \dfrac{U'_A}{X_C} = \dfrac{\sqrt{3}U_A}{X_C} = \sqrt{3}I_{C0}$，因此

$$I_E = 3I_{CO} \tag{1-2}$$

即单相接地的接地电流为正常运行时每相对地电容电流的 3 倍。

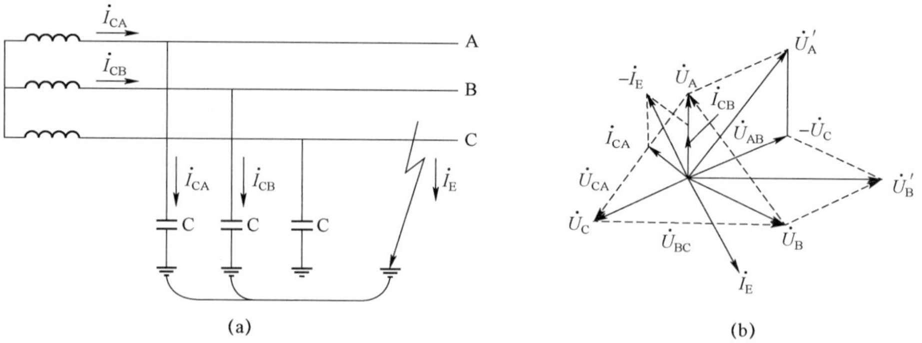

图 1-8　单相接地时的中性点不接地电力系统

（a）电路图；（b）相量图

单相接地电流 i_E 也可用下式近似计算

$$i_E = \frac{U_N(L_{oh} + 35L_{cab})}{350} \tag{1-3}$$

式中，U_N 为系统的额定电压（kV）；L_{oh} 为有电的联系的架空线路总长度（km）；L_{cab} 为有电的联系的电缆线路总长度（km）。

从图 1-8（b）可以看出，中性点不接地电力系统发生单相接地时，虽然各相对地电压发生变化，但各相间电压（线电压）仍然对称平衡，因此三相用电设备仍可继续运行。但为了防止非接地相再有一相发生接地，造成两相短路，所以规程规定单相接地继续运行时间不得超过 2 小时。

2. 中性点经消弧线圈接地的电力系统

如前所述，当中性点不接地系统的单相接地电流超过规定值时，为了避免产生断续电弧，引起过电压和造成短路，减小接地电弧电流使电弧容易熄灭，中性点应经消弧线圈接地。消弧线圈实际上就是电抗线圈。图 1-9 所示为中性点经消弧线圈接地电力系统的电路图和向量图。

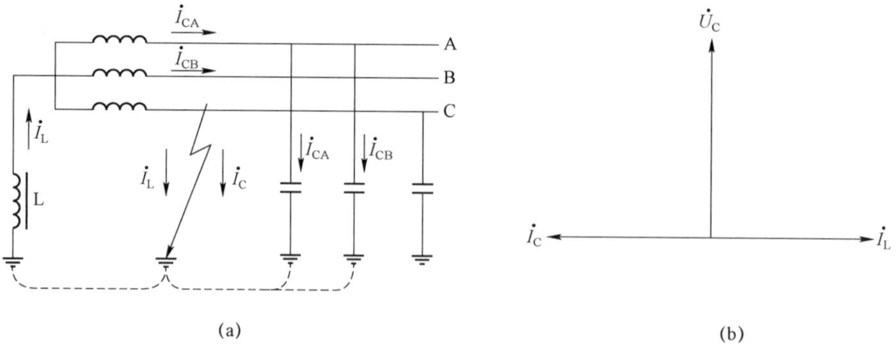

图 1-9　中性点经消弧线圈接地的电力系统电路图和向量图

（a）电路图；（b）相量图

当中性点经消弧线圈接地系统发生单相接地时，流过接地点的电流是接地电容电流 $\dot{I}_c$ 和流过消弧线圈的电感电流 $\dot{i}_L$ 之相量和，由于 $\dot{i}_c$ 超前 $\dot{U}_C$ 900，$\dot{i}_L$ 滞后 $\dot{U}_C$ 900，两电流相抵后，使流过接地点的电流减小。

消弧线圈对电容电流的补偿有 3 种方式：① 全补偿 $i_L=i_C$；② 欠补偿 $i_L<i_C$；③ 过补偿 $i_L>i_C$。实际上都采用过补偿，以防止由于全补偿引起的电流谐振，从而损坏设备或欠补偿由于部分线路断开造成全补偿。

中性点经消弧线圈接地系统发生单相接地时，各相对地电压和对地电容电流的变化情况与中性点不接地系统相同。

3. 中性点直接接地的电力系统

中性点直接接地系统发生单相接地时，通过接地中性点形成单相短路，产生很大的短路电流，继电保护动作切除故障线路，使系统的其他部分恢复正常运行。因此，直接接地系统供电安全性较低。图 1-10 所示为发生单相接地时的中性点直接接地电力系统。由于中性点直接接地，发生单相接地时，中性点对地电压仍为零，非接地相对地电压也不发生变化。

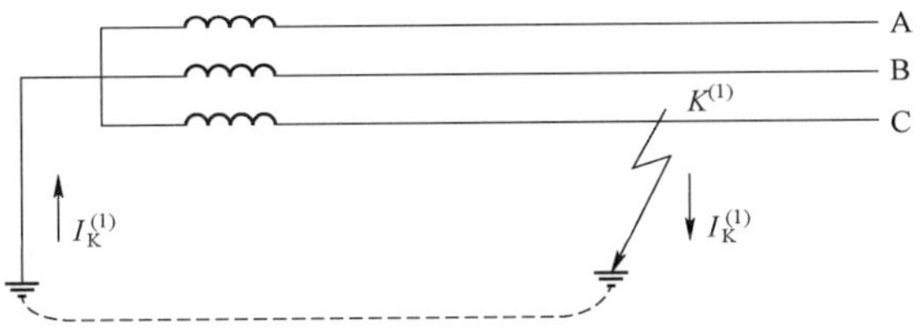

图 1-10　发生单相接地时的中性点直接接地电力系统

4. 中性点经电阻接地的电力系统

中性点经电阻接地，按接地电流大小又分为经高电阻接地和经低电阻接地。

（1）中性点经高电阻接地的电力系统

高电阻接地方式以限制单相接地电流为目的，电阻值一般为数百至数千欧姆。中性点经高电阻接地系统可以消除大部分谐振过电压，对单相间隙弧光接地过电压有一定的限制作用，但对系统绝缘水平要求较高。主要用于发电机回路，有些大型发电机的中性点采用经高电阻接地方式，以提高运行的稳定性。

（2）中性点经低电阻接地的电力系统

城市 6～35 kV 配电网络主要由电缆线路构成，其单相接地故障电流较大，可达 100～1 000 A，若采用中性点经消弧线圈接地方式，无法完全消除接地故障点的电弧和抑制谐振过电压，可采用中性点经低电阻接地方式。该方式具有切除单相接地故障快、过电压水平低的优点。

中性点经低电阻接地方式适用于以电缆线路为主，不容易发生瞬时性单相接地故障且系统电容电流比较大的城市电网、发电厂用电系统及企业配电系统。

1.2.5　电能质量指标

电力系统的电能质最是指电压、频率和波形的质量。电能质量指标主要包括电压偏差、电压波动及三相电压不平衡、频率偏差和谐波等。

1.2.5.1　电压质量指标

电压质量以电压偏差、电压波动和闪变及二相电压不平衡等指标来衡量。

1. 电压偏差

电压偏差是实际运行电压对系统标称电压的偏差相对值，以百分数表示，即

$$\Delta U\% = \frac{U - U_{\rm N}}{U_{\rm N}} \times 100 \qquad (1\text{-}4)$$

式中，$\Delta U\%$为电压偏差百分数；U 为实际电压；$U_{\rm N}$ 为系统标称电压（额定电压）。

GB/T 12325—2008《电能质量　供电电压偏差》规定了我国供电电压偏差的限值，见表 1-2。供电电压是指供电处的线电压或相电压。

表 1-2　供电电压偏差的限值（GB/T 12325—2008）

系统标称电压/kV	供电电压偏差的限值/%
≥35 三相（线电压）	正负偏差绝对值之和≤10
≤20 三相（线电压）	±7
0.22 单相（相电压）	+7，10

注：1. 若供电电压偏差均为正偏差或均为负偏差时，按较大的偏差绝对值作为衡量依据。
2. 对供电点短路容量较小，供电距离较长及供电电压偏差有特殊要求的用户，由双方协商确定。

用电设备端子电压实际值偏离额定值时，其性能将直接受到影响，影响的程度视电压偏差的大小而定。在正常运行情况下，用电设备端子电压偏差限值宜符合表 1-3 要求。

表 1-3　用电设备端子电压偏差的限值（GB 50052—2009）

名称	电压偏差的限值/%
电动机	±5
照明：	
一般工作场所	±5
远离变电所的小面积一般工作场所	±5、−10
应急照明、道路照明和警卫照明	±5、−10

2. 电压波动

电压波动是指电压方均根值（有效值）一系列的变动或连续的变化。它是波动负荷（生产或运行过程中从电网中取用快速变动功率的负荷，如炼钢电弧炉、轧机、电弧焊机等）引起的电压的快速变动。电压波动程度用电压变动和电压变动频度衡量，并规定了电压波动的限值。

电压变动 d 是以电压方均根值变动的时间特性曲线上相邻两个极值电压最大值以 $U_{\max}$ 与电压最小值氏 $U_{\min}$ 之差与系统标称电压（额定电压 $U_{\rm N}$ 比值的百分数表示）。即

$$d = \frac{U_{max} - U_{min}}{U_N} \times 100\% \tag{1-5}$$

电压变动频度 r 是指单位时间内电压波动的次数（电压由大到小或由小到大各算一次变动），一般以次/h 作为电压变动频度的单位，同一方向的若干次变动，如间隔时间小于 30 ms，则算一次变动。

GB/T 12326200《电能质量　电压波动和闪变》对电压变动限值作了规定，电力系统公共连接点处（电力系统中一个以上用户的连接处）由波动负荷产生的电压变动限值与电压变动频度和电压等级有关，详见表 1-4。

表 1-4　电压变动限值（GB/T 12326—2008）

电压变动频度 r（次/h）	电压变动限值 d（%）	
	LV（$U_N \leqslant 1$ kV）、MV（1 kV$<U_N \leqslant 35$ kV）	HV（35 kV$<U_N \leqslant 220$ kV）
$r \leqslant 1$	4	3
$1 < r \leqslant 10$	3*	2.5*
$10 < r \leqslant 100$	2	1.5
$100 < r \leqslant 1\,000$	1.25	1

注：1.很小的变动频度（每日小于一次），电压变动限值还可以放宽，但不在本标准中规定；

2. 对于随机性不规则的电压波动，如电弧炉引起的电压波动，表中标有“*”的值为其限值；

3. 对于 220 kV 以上超高压（EHV）系统的电压波动限值可参考高压（HV）系统执行。

3. 三相电压不平衡

在三相交流系统中，如果三相电压在幅值不等或相位差不为 1 200，或兼而有之时，称为三相电压不平衡。不平衡的三相电压，用对称分量法可分解为正序分量、负序分量和零序分量。三相电压不平衡，会引起旋转电机的附加发热和振动，使变压器容量得不到充分利用，对通信系统产生干扰。

三相电压不平衡度，用电压负序基波分量 U_2 或零序基波分量 U_0 与正序基波分量 U_1 的方均根值的百分比表示。

负序电压不平衡度 εU_2 为

$$\varepsilon U_2\% = \frac{U_2}{U_1} \times 100 \tag{1-6}$$

零序电压不平衡度 εU_0 为

$$\varepsilon U_0\% = \frac{U_0}{U_1} \times 100 \tag{1-7}$$

GB/T 15543—2008《电能质量相电压不平衡》规定

① 电力系统的公共连接点电压不平衡度限值为电网正常运行时，负序电压不平衡度不超过 2%，短时不得超过 4%。低压系统零序电压不平衡度限值暂不作规定，但各相电压必须满足 GB/T 12325 的要求。

② 接于公共连接点的每个用户引起该点负序电压不平衡度允许值一般为 1.3%，短时不得超过 2.6%。

1.2.5.2 频率质量指标

目前，世界上的电网的额定频率有两种：50 Hz 和 60 Hz。欧洲、亚洲等大多数地区采用 50 Hz，北美采用 60 Hz，找国采用的额定频率也为 50 Hz。《GB/T 15945 电能质量电力系统频率偏差》规定了我国电力系统频率偏差的限值。

电力系统正常运行条件下频率偏差限位为±0.2 Hz。当系统容量较小时，偏差限值可以放宽到±0.5 Hz，冲击负荷引起的系统频率变化为±0.2 Hz，根据冲击负荷的性质和大小以及系统的条件也可适当变动，但应保证近区电力网、发电机组和用户的安全、稳定运行及正常供电。

1.2.5.3 波形质量指标

在电力系统中，由于有大量非线性负荷，其电压、电流波形不是正弦波形，而是不同程度畸变的非正弦波。非正弦波通常是周期性交流量，含基波和各次谐波。对周期性交流量进行傅里叶级数分解，得到频率与工频相同的分量称为基波，得到频率为基波频率整数倍的分量称为谐波，得到频率为基波频率非整数倍的分量称为间谐波。

波形的质量指标以谐波电压含有率、间谐波电压含有率和电压波形畸变率来衡量。GBJ/T 14549—1993《电能质量 公共电网谐波》规定了我国公用电网谐波电压含有率应不大于表 1-5 规定的限值。

表 1-5 公用电网谐波电压（相电压）限值（GB/T 14549—1993）

电网额定电压/kV	电压总谐波畸变率/%	各次谐波电压含有率/%	
		奇次	偶次
0.38	5.0	4.0	2.0
6、10	4.0	3.2	1.6
35、66	3.0	2.4	1.2
110	2.0	1.6	0.8

GB/T 24337—2009《电能质量 公共电网间谐波》规定了我国 220 kV 及以下电力系统公共连接点（PCC）各次间谐波电压含有率应不大于表 1-6 限值。

表 1-6 间谐波电压含有率限值

电压等级	频率/Hz	
	＜100	100～800
1 000 V 以上	0.2	0.5
1 000 V 以下	0.16	0.4

注：频率 800 Hz 间谐波电压限值还在研究中。

1.3 用能系统（电力负荷）

1.3.1 电能用户

电能用户又称电力负荷，所有消耗电能的用电设备或用电单位均称为电能用户。电能用户按行业可分为工业用户、农业用户、市政、商业用户和居民用户等。

铀浓缩（离心）工厂的电能用户就是中频供电系统、UPS 系统、直流系统、辅助用电、供取料用电、高压电机等。

用户有各种用电设备，它们的工作特征和重要性各不相同，对供电的可靠性和供电的质量要求也不同。因此，应对用电设备或负荷分类，以满足负荷对供电可靠性的要求保证供电质量，降低供电成本。

电力负荷按其对供电可靠性的要求及中断供电对人身安全、经济损失所造成的影响程度划分为 3 级。

1.3.2 一级负荷

一级负荷未中断供电将造成人身伤害的负荷；中断供电将在经济上造成重大损失的负荷，如重大设备损坏、重大产品报废、用重要原料生产的产品大量报废、生产企业的连续性生产过程被打乱而需要长时间恢复等；中断供电将影响重要用电单位正常工作的负荷，如重要的交通枢纽、重要的通信枢纽、重要宾馆、大型体育场馆、大型银行营业厅的照明、一般银行的防盗系统、大型博物馆、展览馆的防盗信号电源等。

在一级负荷中，当中断供电将造成人员伤亡或重大设备损坏或发生中毒、爆炸和火灾等情况的负荷，以及特别重要场所的不允许中断供电的负荷，应视为一级负荷中特别重要的负荷。如中压及以上的锅炉给水泵、大型压缩机的润滑油泵等。

一级负荷应由双重电源供电。所谓双重电源，就是当一个电源发生故障时，另一个电源不应同时受到损坏。在一级负荷中的特别重要负荷的供电，应符合下列要求：① 除应由双重电源供电外，应增设应急电源，并严禁将其他负荷接入应急供电系统；② 设备的供电电源的切换时间，应满足设备允许中断供电的要求。下列电源可作为应急电源：独立于正常电源的发电机组；供电网络中有效地独立于正常电源的专用馈电线路，蓄电池、干电池。

1.3.3 二级负荷

二级负荷未中断供电将在经济上造成较大损失的负荷，如主要设备损坏、大量产品报废，连续性生产过程被打乱需较长时间才能恢复，重点企业大量减产等；中断供电系统将影响较重要用电单位正常工作的负荷，如交通枢纽、通信枢纽等用电单位中的重要负荷、大型影剧院、大型商场等较多人员集中的负要公共场所等。

二级负荷宜由两回线路供电。在负荷较小或地区供电条件较差时，二级负荷可由一回 6 kV 及以上专用的架空线路供电。

1.3.4 三级负荷

三级负荷应为不属于一级和二级的负荷。对一些非连续性生产的中小型企业，停电仅影响产量或造成少量产品报废的用电设备，以及一般民用建筑的用电负荷等均属三级负荷。

三级负荷对供电电源没有特殊要求。

铀浓缩（离心）工厂中中频供电系统、UPS 系统、直流系统、辅助用电、供取料用电、高压电机等为一级负荷。

第 2 章

高压供、配电系统

2.1 供电系统结构

铀浓缩（离心）工厂用电负荷多为一级负荷中特别重要负荷，对供电的安全、可靠、连续性及供电质量有着较高要求，因此，在设计确定高压供配电系统结构时，应满足相关要求。

高压供配电系统一般包括外网供电电源、总降压站、中压层配电系统及各生产单元车间变（配）电所。

2.1.1 外供电源

《GB 50052—2009 供配电系统设计规范》规定：一级负荷应由双重电源供电，当一电源发生故障时，另一电源不应同时受到损坏。因此，铀浓缩（离心）工厂的外供电源应由两个独立的电源提供，其中一个电源为主供电源，另一个作为备用电源，每个电源的容量应能满足离心工厂最大生产模式时用电负荷的需求。

考虑到主供电源与备用电源之间互相切换时涉及将两个独立电源并列，需要地区电网协调进行，过程相对比较繁琐，多数情况下可将主供电源设置为两回线路输入，实际设置为三回电源供电，以减少因输电线路临时故障时主供电源与备用电源之间互相切换，只有当主供变电站发生故障时才考虑切换到备用电源供电。极大程度上提高了铀浓缩（离心）工厂的供电可靠性。

2.1.2 供电电压的确定

供电电压是指供配电系统从电力系统取得的电源电压，《国家电网公司业扩供电方案编制导则》规定：客户的供电电压等级应根据当地电网条件、客户分级、用电最大需量或受电设备总容量，经过技术经济比较后确定。也就是说，供电电压的确定是与供电方式、供电负荷大小及供电距离有关的，而且要考虑供电系统地区配电网能够提供的供电电压等级。我国目前所用的企业供电电压等级有 6 kV、10 kV、35 kV、66 kV、110 kV。

供电电压的确定应参考以下标准

① 当负荷为 2 000 kW 时，供电电压宜选 6～10 kV，输送距离在 3～10 km；

② 当负荷为 3 000～5 000 kW 时，供电电压宜选 10 kV，输送距离在 5～15 km；

③ 当负荷为 2 000～10 000 kW 时，供电电压宜选 35 kV，输送距离在 20～50 km；

④ 当负荷为 10 000～50 000 kW 时，供电电压宜选 110 kV，输送距离在 50～150 km。

从目前国内铀浓缩（离心）工厂的设计规模及周边供电条件来说，供电电压一般情况下应选择 110 kV 及 35 kV 等级。

2.1.3 配电低压的确定

中压层配电系统电压等级是指在配电网中使用的标称电压值系列。配电电压等级既决定了供电设备所需的绝缘水平，又直接影响到电能损耗和电压损失。

一般大型企业应按以下原则确定配电电压：

① 企业没有 6 kV 用电设备，采用 10 kV 电压；

② 企业内部有相当数量的 6 kV 用电设备时，用 6 kV 电压；

③ 配电电压力求单一，技术经济较合理时。特殊情况下也可用 6 kV 和 10 kV 两种电压。

以××铀浓缩离心工厂为例，其内网中压层配电电压的确定经历了以下两个阶段。

20 世纪 80 年代一期工程设计阶段，考虑到负荷用电的高可靠性要求，配置了两台 3.2 MW 柴油发电机组作为应急电源，因当时系统中使用高压电机额定电压均为 6 kV，故将中压层配电电压及应急发电机出口电压确定为 6 kV。20 世纪 90 年代二期工程上马时，新建了两台 6 MW 汽轮发电机组作为保安电源，中压层配电电压沿用了 6 kV 等级。21 世纪初三期工程设计阶段，两台 3.2 MW 应急柴油发电机组及两台 6 MW 保安汽轮发电机组均已无法满足应急供电需求而陆续退役。考虑到运行经济性及系统设备检修、更新利用社会资源的便利，多方充分论证后将三期工程变电站中压层配电电压确定为 10 kV。

通常情况下，除执行《标准电压 GB/T 156—2007》规定的电压标准外，铀浓缩离心工厂配电电压考核标准宜按以下

6 kV 配电系统：5.7～6.3 kV；

10 kV 配电系统：9.5～10.5 kV；

0.4 kV 配电系统：370～415 V。

2.2 变、配电站（所）的配置

2.2.1 变配电站（所）的定义

在电力系统中，要将发电厂发出的电能输送到较远的地方，必须先把电压升高，变为高电压，到用户附近再根据需要把电压降低，这种升降电压的工作就要靠变电站（所）来完成。变电站（所）的主要设备包括开关、母线和变压器。

故此，变电站（所）就是指改变电压的场所，是电力系统中对电能的电压和电流进行交换、集中和分配的场所。从这个意义上讲，变电站和变电所本质上是一样的，其主要区别在于电压等级的高低和容量的大小。一般电压等级在 110 kV 以上称为变电站。

在国家标准 GB 50053—1994《10 kV 及以下变电所设计规范》里面规定的术语定义是

“10 kV 及以下交流电源经电力变压器变压后对用电设备供电”，符合这个的就是变电所。

配电所，就是对电能进行接受、分配、控制和保护，所内没有变压器，只有起开闭和分配电能作用的高压配电装置。

开闭所，指不进行电压变换而用开关设备实现电路开闭的配电所，一般用 10 kV 电力的接受和分配，多数情况下和配电所概念类似。

铀浓缩（离心）工厂一般设有接受外供电源的总降压变电站，简称总降压站，一级降压后经中压层各生产模块的配电所将电能分配、输送到车间变电所进行二次降压，然后供给用电负荷。

2.2.2 变配电站（所）的作用

1. 变换电压等级；
2. 汇集电流；
3. 分配电能；
4. 控制电能的流向；
5. 调整电压。

2.2.3 变电所的类型

按变压器装设位置、作用、管理形式等不同，变电所的类型主要有以下几种分类：

1. 按照作用分类有：升压变电所、降压变电所或者枢纽变电所、终端变电所等。
2. 按管理形式分类有：有人值班的变电所、无人值班的变电所。
3. 按照结构形式室内外分类有：户外变电所、户内变电所。
4. 按照地理条件分类有：地上变电所、地下变电所。
5. 其他分类有：预装式变电所（站）、杆上式变电所等。

2.2.4 变电所的基本要求

1. 根据电力网规划明确变电所的类型和作用，以及远期和近期建设规模（包括线路回路数和变压器容量），使变电所的建设能起到加强电力网的作用和满足供电的需要。

2. 变电所的建设要求少占土地，不占或少占耕地，并尽量利用荒地。在配电装置布置和变电所总平面布置上，都要采取少占土地的措施。

3. 根据变电所的类型、建设规模和在电力网中的作用确定电气主接线，以提高供电可靠性，并要尽量采用简单的电气主接线，以降低建设费用和运行费用。

4. 变电所中的设施须能满足运行安全和检修方便的要求，凡容易发生误操作的电气设备均需装设闭锁装置，以保证人员和设备的安全。

2.2.5 变电所的主要设施

变电所因电压等级、户内户外、地上地下以及变压器容量等不同，变电所的主要设施和接线方式也不一样，变电所主要设施包括配电装置、电力变压器、控制设备、保护自动装置、通信设施与补偿装置等。

2.2.5.1 配电装置

配电装置是交换功率和汇集、分配电能的电气装置的组合设施。它包括有母线、断路器、隔离开关、电压互感器、电流互感器和避雷器等。配电装置是按照变电所电气主接线的要求进行布置的，其布置方式有户外式和户内式两种，户外式布置中又有中型、半高型和高型等不同型式。6～10 kV 配电装置通常采用户内式，35 kV 配电装置可以根据具体情况采用户内式或户外式，110 kV 及以上配电装置通常采用户外式。在污秽地区或场地狭窄处，110～220 kV 配电装置则采用户内式。气体绝缘金属封闭开关设备（GIS）则同时具有占地少和防污秽等优点，它也有户内式和户外式两种。

2.2.5.2 电力变压器

电力变压器是变换电压的设备。它连接着不同电压的配电装置，习惯称为变电所的主变压器。凡降低电压向地区或用户供电的变压器称作降压变压器；凡升高电压向电力网送电的变压器称作升压变压器。变电所中有两种或三种电压的配电装置时，则分别采用双绕组或三绕组降压变压器。在发电厂中，发电机均连接在升压变压器的低压绕组上。当单台发电机容量大于 200 MW 时，需采用双绕组升压变压器；当单台发电机容量小于 100 MW 时，可以采用双绕组变压器或三绕组变压器。当不同电压配电装置之间需交换功率时，可以采用联络变压器。联络变压器一般为自耦变压器或双绕组变压器，如果需要从联络变压器取得自用电电源时，则需采用三绕组变压器，从其低压绕组上引接自用电电源。变电所自用电源也可以直接从自耦变压器的低压绕组上引接。

2.2.5.3 控制、测量、信号、保护和自动装置

控制、测量、信号、保护和自动装置是保证电气设备安全运行的监控和保护手段。控制有一对一控制和选线控制等方式，其电源有强电（110～220 V）和弱电（48 V 及以下）之分。保护有主设备保护和线路保护、母线保护几类。测量有常规测量和选择测量两类，可显示各种所需的电气计量。信号有声响信号和灯光信号两种，也有强电和弱电之分。当电气设备出现不正常运行情况时，自动装置就能及时自动完成保证安全运行的操作，例如备用电源自动投入装置和自动重合器等。上述各种设施一般设在变电所主控制楼（室）内。330 kV 及以上的变电所一般建有主控制楼，通常为三层建筑物；220 kV 及以下的变电所一般建设单层主控制室；无人值班变电所一般只建设简易的控制小室。控制和保护设施均由变电所二次回路电源供电。二次回路电源包括有蓄电池直流电源、复式整流电源、电容储能电源和交流二次电源几种。220 kV 及以上变电所中采用蓄电池直流电源，110 kV 及以下不重要的变电所中通常采用其他种类的二次回路电源。

2.2.5.4 通信设施

有微波通信、载波通信和光纤通信几种。330 kV 及以上变电所中通常设置微波通信、载波通信和光纤通信，220 kV 及以下变电所中只设载波通信和光纤通信。在变电所中一般不建单独的通信楼，通信设施放在主控制楼（室）的通信室内。

2.2.5.5 补偿装置

电力网内无功功率要求就地平衡。为了平衡变电所供电范围内的无功功率，在变电所内装设并联电容器组或同步调相机；为了补偿远距离输电线路的充电功率，需要在变电所内装设并联电抗器；为了增强系统稳定性，提高线路输电能力，有时还需要在变电所中装

设串联电容器组。

2.2.5.6　防雷措施

（1）采用避雷针或避雷线对变压器作防直击雷保护；

（2）采用阀型避雷器对变压器作防雷电侵入波保护；

（3）利用变压器工作接地兼作避雷针和避雷器的防雷措施；

（4）将配电室进、出线处架空线绝缘子铁脚与变电所工作接地体相连接作防雷电侵入波保护。

2.2.6　变电所位置选择

变电所的位置选择既要考虑到负荷的分布情况，也要考虑到供电系统的结构，其布局好坏直接影响大供电网络的结构是否合理以及无功补偿的配置问题，关系到整个供电网络建设的经济性和运行可靠性。因此，变电所的位置选择应考虑供电系统网络结构、电力负荷分布、建设规划、土地征用情况、出线走廊设计、交通运输等，通过全面、系统、合理的经济效益分析比较及技术经济比较，选择最佳位置。

2.2.6.1　变电所位置选择的作用

变电所作为供电系统的结点，具有承上启下的作用，它既是上级输电线路的负荷点，又是下级输电线路的电源点。变电所位置选择好，一方面能够强化供电网络结构、减少线路损耗、降低系统被干扰程度，保障供电系统安全、稳定运行；另一方面是节省投资，增加供电系统的投资效益。因此，变电所位置选择有下面四个方面的作用：

（1）科学合理的变电所位置选择，能够保障供电系统安全、稳定运行；

（2）科学合理的变电所位置选择，可以减少供电系统的投资，提高经济效益；

（3）科学合理的变电所位置选择，可以优化供电系统网络结构，减少系统能耗；

（4）科学合理的变电所位置选择，能够提高电力用户的用电质量。

2.2.6.2　变电所位置选择原则

在设计规程《35～110 kV 变电所设计规范》（GB 50059—92）、《20 kV 及以下变电所设计规范》（GB 50053—2013）和国内外有关设计手册、理论书籍中，均要求变电所位于或靠近负荷中心，并满足线路末端电压质量的要求。实际上，由于负荷的不对称性，变电所位于负荷中心时，配电线路投资和线路电能消耗不是最小，有时甚至差别较大。变电所位置应按经济运行原则（配电线路投资和线路电能消耗最小）选择，低压所供电半径可适当向重负荷区偏移，以减少大电流在线路上的损耗和节省电力器材的消耗量。当电源变压器低压为 380/220 V 时，其供电半径一般不大于 0.7 km，否则供电线路的电压损失将大于 5%。变电所位置的选择，应根据下列要求经技术、经济比较确定：

（1）接近负荷中心

变电所位置确定时，应分析变电所的供电负荷对象、负荷分布、供电要求、变电所在系统中的地位和作用。选择接近负荷中心的位置，可以减少供电系统的投资和系统损耗。

（2）进出线方便

变电所位置确定时，应考虑各级电压进出线方便，尽量减少线路交叉、跨越和转角，既要节约用地、不占或少占耕地，又要考虑其地形地貌利于变电所布置。

（3）接近电源侧

（4）设备运输方便，且方便抢险维修及消防；

（5）避开直击雷区，减少雷电对供电的影响；

（6）尽量避开易燃、易爆的场所及环境污染较严重的地方；

（7）不应设在有剧烈振动或高温的场所；

（8）不应设在厕所、浴室或其他经常积水场所的正下方，且不宜与上述场所相贴邻；

（9）不应设在地势低洼和可能积水的场所。

2.2.6.3 变电所位置选择的安全性

（1）装有可燃性油浸电力变压器的变电所，不应设在耐火等级为三、四级的建筑中。

（2）在无特殊防火要求的多层建筑中，装有可燃性油的电气设备的变配电所，可设置在底层靠外墙部位，但不应设在人员密集场所的上方、下方、贴邻或疏散出口的两旁。

（3）采用可燃性油浸电力变压器，应采取相应的防火和排油措施。

（4）室外宜选用带防护外壳的户外成套变电所（箱式变压器）。

2.2.6.4 变电所的位置选择

同一变电所供电的许多负荷组成一个负荷群，分布于同一平面上的负荷群称为一个平面负荷群。负荷群可分为对称负荷群和不对称负荷群，对称负荷群包括以下两种情况：

（1）中心点对称：同一平面负荷群中所有负荷都关于中心点 N 对称，即任一负荷绕 N 点转过 180° 后都能落到另一个负荷的位置上。

（2）共圆对称：同一平面负荷群中各负荷大小相等且等间隔分布于同一个圆的圆周上，其圆心即对称中心。

对称负荷群的对称中心就是负荷中心，变电所的经济位置就在负荷中心；不对称负荷群，变电所的经济位置不在负荷中心。

实际中负荷不可能都是对称负荷，并且工厂变电所都建在负荷中心也是不切合实际的，因此，变电所位置选择应按经济运行原则（配电线路投资和线路电能消耗最小）确定。

2.3 变配电所主接线

2.3.1 变配电所主接线概念

变配电所主接线（即一次接线）是电气部分的主体，由其把变压器、断路器等各种电气设备通过母线、导线有机地联结起来，并配置避雷器、互感器等保护、测量电器，构成变配电所汇集和分配电能的一个系统，它直接关系到变配电所安全、稳定、灵活和经济运行。所以对主接线有着如下基本要求：

1） 安全性：应符合有关国家标准和技术规范的要求，能充分保证人身和设备的安全。

2） 可靠性：应满足电力负荷特别其中一、二级负荷对供电可靠性的要求。

3） 稳定性：在受到扰动后，能重新恢复到原来运行平衡状态或新的运行平衡状态，并且系统中多数运行参数可维持在一定的允许范围内，使整个系统稳定运行。

4） 灵活性：应能适应各种必要的运行方式，便于切换操作和检修，且适应负荷的发展。

5）经济性：在满足上述要求的前提下，尽量使主接线简单，投资少，运行费用低，并节约电能和有色金属消耗量。

6）扩展性：比较容易扩建规模或发展成比较复杂接线。

电气主接线图是由各种电气元件（设备）（如发电机、变压器、隔离开关、断路器、互感器、母线、电缆、线路等）按照一定的要求和顺序连接起来，并用国家统一规定的图形和外文符号表示的供、配电（接受和分配电能）的电路图。

2.3.2　常用变配电所主接线

主接线的基本形式，就是主要电气设备常用的几种连接方式。可以概括为两大类：有汇流母线的接线形式；无汇流母线的接线形式。

无汇流母线的接线使用开关电器较少，占地面积小，但只适于进出线回路少，不再扩建和发展的变电所。常见形式如线路-变压器组接线，多用于车间变电所高压主接线。

变配电所电气主接线的基本环节是电源（变压器）、母线和出线（馈线）。各个变电所的出线回路数和电源数不同，且每路馈线所传输的功率也不一样。在进出线数较多时（一般超过 4 回），为便于电能的汇集和分配，采用母线作为中间环节，可使接线简单清晰，运行方便，有利于安装和扩建。但有母线后，配电装置占地面积较大，使用断路器等设备增多。有汇流母线的接线形式主要有：单母线接线和双母线接线。常见形式如单母线接线；桥式接线；双母线接线。适用于各个电压等级配电所主接线。

2.3.2.1　线路—变压器组接线

采用一条电源线路与变压器连接成组，即单回路、单变压器的接线方式称为线路—变压器组接线。变电所中的变压器普遍采用：线路—变压器组接线，其高压侧均不设置母线。

线路—变压器组接线方式具有接线简单清晰，需用电气设备少，不宜误操作，投资少等优点；一般适用于所用变或车间变电所的电源进线。

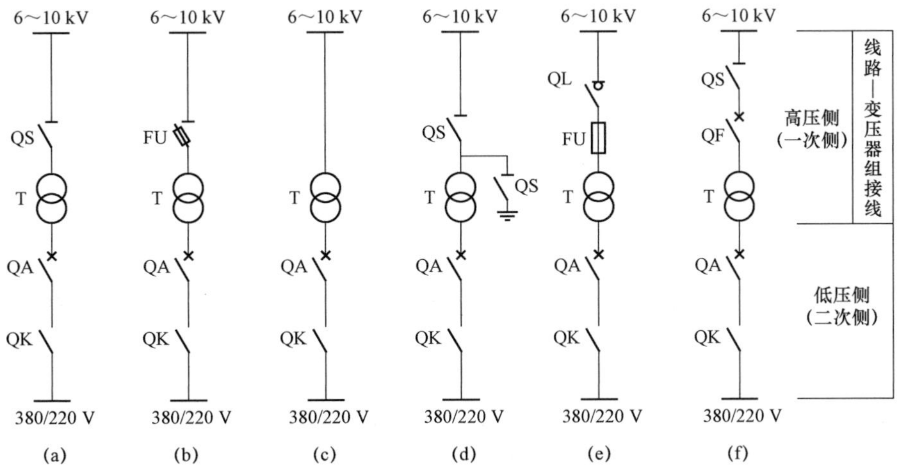

图 2-1　车间降压变电所线路—变压器组接线方式

（a）隔离开关引入；（b）跌落式熔断器引入；（c）电力电缆直接引入；（d）隔离开关与接地开关组引入；（e）负荷开关与溶断器引入；（f）隔离开关与断路器引入

它的缺点是供电可靠性和灵活性较差，当线路、变压器、电气设备中任何一处发生故障或者检修时，整个供配电系统全部停电。

2.3.2.2 单母线接线

单母线接线的特点是整个配电装置只有一组母线，每个电源线和引出线都经过开关电器接到同一组母线上。供电电源是变压器或高压进线回路，母线即可以保证电源并列工作，又能使任一条出线路都可以从电源 1 或 2 获得电能。每条回路中都装有断路器和隔离开关，靠近母线侧的隔离开关称作母线隔离开关，靠近线路侧的称为线路隔离开关（在实际变电所中，通常把靠近电源侧的隔离开关称为甲刀闸，把靠近负荷侧的隔离开关称为乙刀闸。

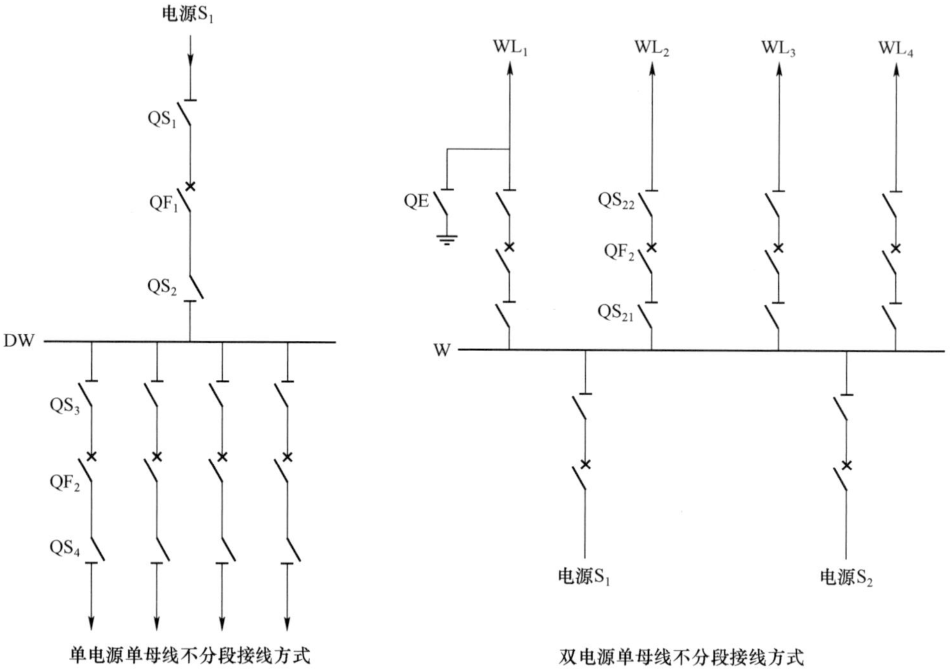

图 2-2 单母线不分段接线方式

断路器具有开合电路的专用灭弧装置，可以开断或闭合负荷电流和开断短路电流，用来作为接通或切断电路的控制电器。

隔离开关没有灭弧装置，其开合电流能力极低，只能用作设备停运后退出工作时断开电路，保证与带电部分隔离，起着隔离电压的作用。同一回路中在断路器可能出现电源的一侧或两侧均应配置隔离开关，以便检修断路器时隔离电源。

同一回路中串接的隔离开关和断路器，在运行操作时，必须严格遵守下列操作顺序：如对馈线 L_1 送电时，须先合上隔离开关 QS_1 和 QS_2，再投入断路器 QF_2；如欲停止对其供电，须先断开 QF_2，然后再断开 QS_3 和 QS_2。为了防止误操作，除严格按照操作规程实行操作票制度外，还应在隔离开关和相应的断路器之间，加装电磁闭锁、机械闭锁。接地开关（又称接地刀闸）QS_4 是在检修电路和设备时合上，取代安全接地线的作用。当电压在 110 kV 及以上时，断路器两侧的隔离开关和线路隔离开关的线路侧均应配置接地开关。对 35 kV 及以上的母线，在每段母线上亦应设置 1～2 组接地开关或接地器，以保证电器和母线检修时的安全。

单母线接线的优缺点：

在变电所主接线中，单母线不分段接线形式最简单。

单母线不分段接线的优点是：① 结构简单清晰，操作简便，不宜误操作；② 电气设备少，配电装置投资省，占地少；③ 便于扩建。

缺点：灵活性和可靠性差，当母线或母线隔离开关故障或检修时，必须断开它所连接的电源；与之相连的所有电力装置在整个检修期间均需停止工作。此外，在出线断路器检修期间，必须停止该回路的工作。

单母线接线的适用范围：

单母线不分段接线只适用于对可靠性和连续性要求不高的三级负荷，或者有备用电源的二级负荷用户。

一般适用于一台主变压器的以下三种情况：1）6～10 kV 配电装置的出线回路数不超过 5 回。2）35～63 kV 配电装置的出线回路数不超过 3 回。3）110～220 kV 配电装置的出线回路数不超过 2 回。

2.3.2.3　单母线分段接线

为了克服一般单母线接线存在的缺点，提高它的供电可靠性和灵活性，如图 2-3 所示，在每段母线之间装设一个分段隔离开关（或一个分段断路器和两个隔离开关）。每段母线上均接有电源和出线回路，便成为单母线分段接线。

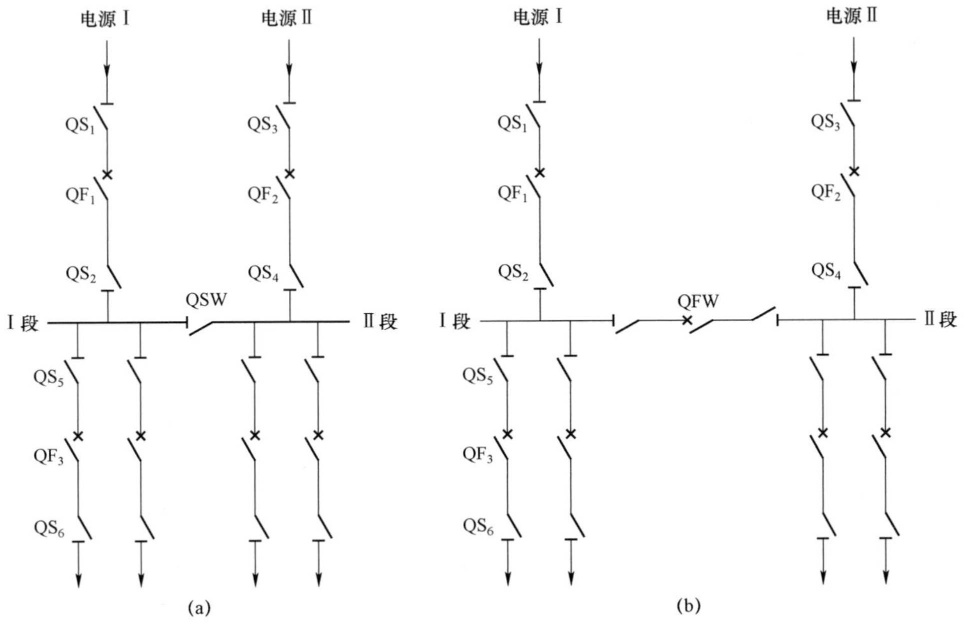

图 2-3　单母线分段接线方式

（a）用隔离开关 QSW 分段；（b）用断路器 QFW 分段

（1）用隔离开关分段的单母线接线

用隔离开关分段的单母线接线适用于双回电源供电、可靠性要求不高且允许短时停电的二级负荷用户。相对于用断路器分段而言，它可以节省一台断路器和一台隔离开关，但在母线发生故障或检修时全部装置仍会短时停电。这种接线可以分段单独运行，也可以并列同时运行。

① 采用分段单独运行时，各段相当于单母线不分段接线的运行状态，各段母线的电气系统互不影响。当任一段母线发生故障或检修时，仅停止对该段母线所带负荷的供电（如分两段，仅对 50%负荷停止供电）。当任一回电源线路发生故障或检修时，加入其余运行电源容量能负担全部引出线负荷时。则可经过“倒闸操作”恢复对全部引出线负荷的供电，但在操作过程中须对母线做短时停电。

② 采用并列同时运行时，当某一电源发生故障或检修时，则无需母线停电，只需切断该回路电源的断路器及隔离开关，并对另外电源的负荷做适当调整就行。但是，当母线发生故障或检修时，将会引起正常母线段短时停电。

（2）用断路器分段的单母线接线

分段断路器 QFW 除具有分段隔离开关 QSW 的作用外，还具有相应的继电保护作用，当某一分段母线发生故障时，QFW 在保护作用下会首先自动跳开，保证非故障分段母线的持续、正常供电。

当某段母线发生故障时，分段断路器 QFW 与电源进线断路器（QF_1 或 QF_2）将同时切断，非故障段母线仍保持正常工作。当对某段母线进行检修时，可操作分段断路器 QFW 和相应的电源进线断路器、隔离开关按程序切断，而不影响其余各段母线的正常运行，减少母线故障影响范围。所以采用断路器分段的单母线接线比采用隔离开关分段的单母线接线供电可靠性明显提高，但投资费用也相应的增加。

单母线分段接线的优缺点

优点：① 用断路器把母线分段后，对重要用户可以从不同段引出两个回路，有两个电源供电。② 当一段母线发生故障，分段新路器自动将故障段切除，保证正常段母线不间断供电和不致使重要用户停电。

缺点：① 当一段母线或母线隔离开关故障或检修时，该段母线的回路都要在检修期间内停电。② 当出线为双回路时，常使架空线路出现交叉跨越。③ 扩建时需向两个方向均衡扩建。

单母线分段接线的适用范围

① 6～10 kV 配电装置出线回路数为 6 回及以上时。

② 35～63 kV 配电装置出线回路数为 4～8 回时。

③ 110～220 kV 配电装置出线回路数为 3～4 回时。

（3）三回进线的单母线分段接线方式

二回进线单母线分段接线方式存在主受电回路在检修时，备用受电回路投入运行后又发生故障，从而导致用户停电，因此，对用电负荷要求高的用户，采用这种供电方式就无法满足某些一级负荷的用电要求。《民用建筑电气设计规范》规定（JGJ/T 16-92）：“对于特等建筑应考虑一电源系统检修或发生故障时，另一电源系统又发生故障的严重情况，此时应从电力系统取得第三电源或自备电源，保证供电可靠性，避免产生重大损失和有害影响。

从电力系统或由企业总降压变电所取得第三电源，可构成三回三受电断路器供电方式，用断路器或隔离开关将单母线分为三段，如图 2-4 所示。三个供电回路的Ⅰ、Ⅱ及Ⅱ、Ⅲ由正常运行时断开的母线隔离开关 QSW_1、QSW_2 或者由母线断路器 QFW_1、QFW_2 互为备用。这种接线的操作和保护、自动装置比较简单，但负荷调配能力较差，所以较少采用。

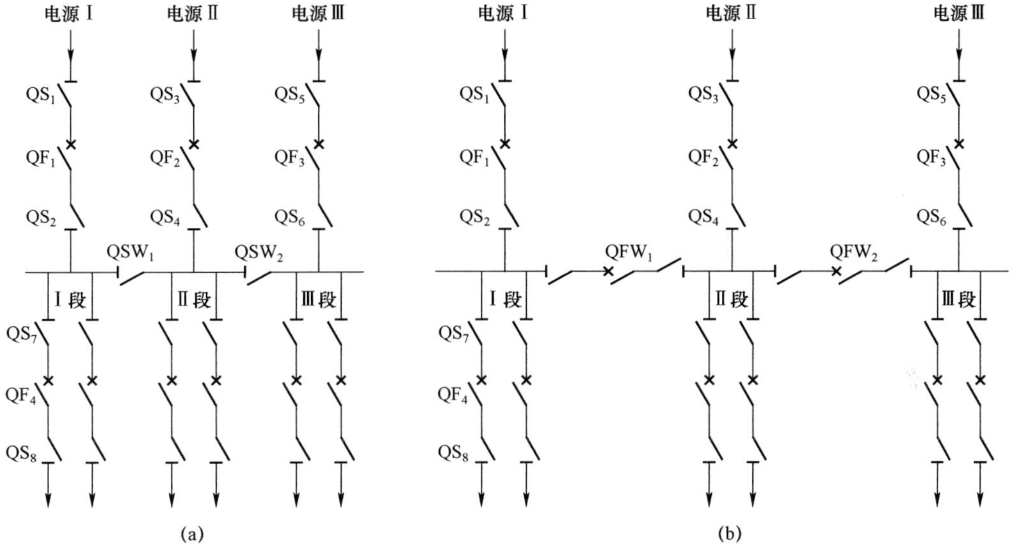

图 2-4　三回三受电断路器的单母线分段接线方式

（a）用隔离开关 QSW 分段；（b）用断路器 QFW 分段

如果改为三回四受电断路器的供电方式，如图 2-5 所示，同样有三个供电回路，四台受电断路器，在供电回路Ⅰ、Ⅱ正常运行时，供电回路Ⅲ为备用状态。这样，当供电回路Ⅰ或Ⅱ的受电断路器 QF_1、QF_2 故障跳闸时，备用供电回路Ⅲ的断路器 QF_5、QF_6 经人工或备用电源自投装置合上，以保证正常供电。当供电回路Ⅰ或Ⅱ故障时，备用供电回路Ⅲ可临时正常供电。

这种接线方式可靠性很高，完全避免了两回进线单母线分段接线方式存在的供电停电事故，保证了供电可靠性，具有灵活调配负荷的优点。

2.3.2.4　单母线带旁路母线接线

在单母线分段接线方式中，不管是用断路器还是隔离开关进行分段，当母线发生故障或检修时会使接在该母线上的用户停电；另外，在检修引出线断路器时，该引出线上的用户必

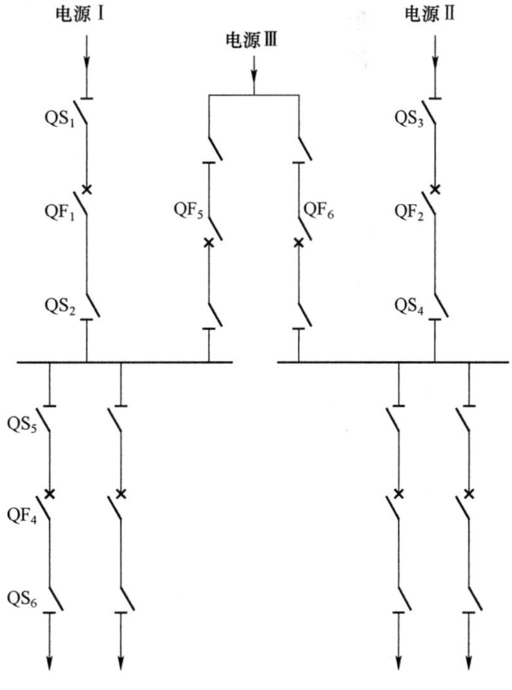

图 2-5　三回四受电断路器的单母线分段接线

须停电。为了克服这一缺点，可采用单母线加旁路母线的接线形式。

有了旁路母线，检修与它相连的任意回路的断路器时，该回路便可以不停电，从而提高了供电的可靠性。它广泛地用于出线数较多的110 kV及以上的高压配电装置中。而35 kV及以下的配电装置一般不设旁路母线，因为负荷小，供电距离短，容易取得备用电源，有可能停电检修断路器，并且断路器的检修、安装或更换均无旁路母线。只有在向特殊重要的Ⅰ、Ⅱ类用户负荷供电，不允许停电检修断路器时，才设置旁路母线。

带有专用旁路断路器的接线，加装了价高的断路器和隔离开关，增加了投资。供电可靠性有特殊需要或接入旁路母线的线路过多、难于操作时采用。为节约建设投资，可以不采用专用旁路断路器。对于单母线分段接线，常采用以分段断路器兼作旁路断路器的接线。两段母线均可带旁路母线，正常时旁路母线不带电。

根据主母线是否分段，带旁路母线的单母线接线方式可分为主母线不分段接线和主母线分段接线两种。

（1）主母线不分段接线

如图 2-6（a），它与单母线不分段接线的区别在于增设了一条旁路母线和旁路断路器 QF_2，旁路母线通过旁路隔离开关与每一出线连接，提高了供电可靠性和连续性。

正常运行时，旁路断路器 QF_2 和旁路隔离开关是断开的。

这种接线方式主要用于不能短时停电检修断路器的重要场合，工业企业和民用建筑中应用的很少。

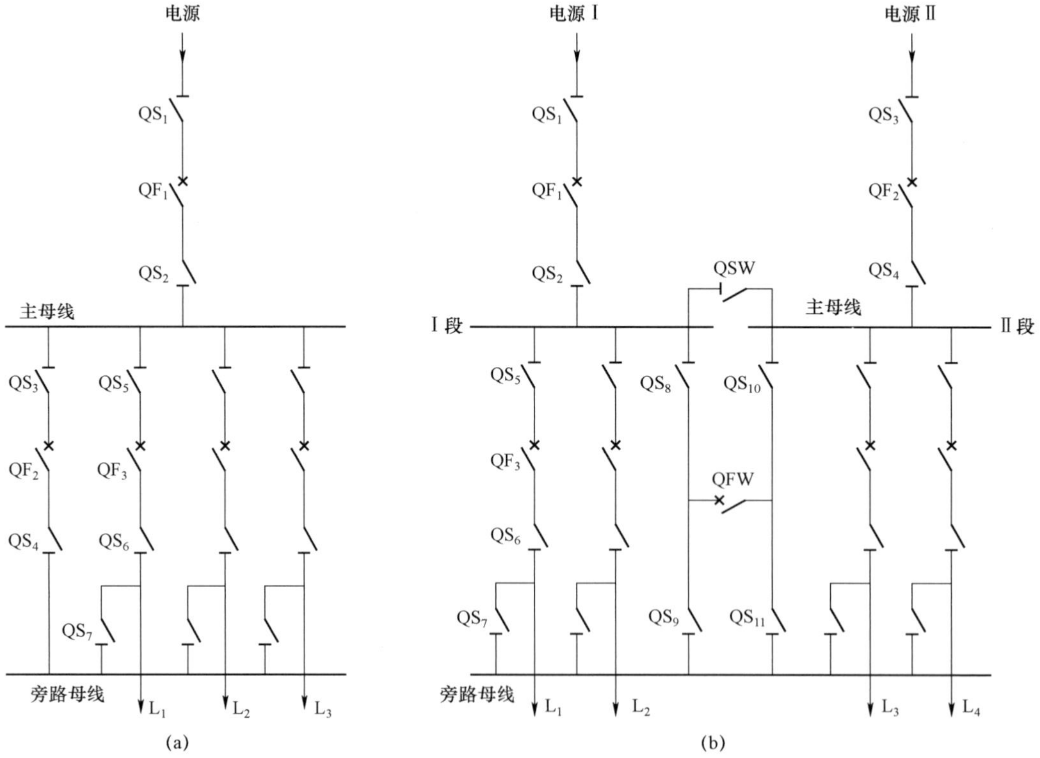

图 2-6　带旁路母线的单母线分段接线

（a）主母线不分段接线；（b）主母线分段接线

（2）主母线分段接线

如图 2-6（b），它与主母线不分段接线方式的区别在于增设了三个隔离开关，主母线通过一个隔离开关 QSW 分段，旁路断路器 QFW 同时还兼做分段断路器。在提高供电可靠性和连续性的前提下，节省了投资。

正常运行时，旁路母线不带电，分段隔离开关 QS_8、QS_{10} 处在闭合状态，隔离开关 QS_9、QS_{11}、QSW 均断开，此时 QFW 起分段作用，以单母线分段方式运行。

当检修某一回出线断路器（如 QF_3）时，断路器 QFW 作为旁路断路器运行，将断路器 QFW 和隔离开关 QS_7、QS_9、QS_{10} 闭合（QS_8、QS_{11} 均断开），旁路母线接至Ⅱ段主母线，由电源Ⅱ继续向馈线 L1 供电。同理，旁路母线也可接在Ⅰ段主母线上。当隔离开关 QSW 闭合时，两组母线并联运行，此时母线为单母线运行方式。这种接线方式主要用于进出线回路数不多的场合。

2.3.2.5　桥式接线

采用线路—变压器组接线的线路，变压器组接线方式灵活性较差，如果线路或变压器发生故障时，则该组的变压器或线路也不能投入运行。为了克服这一缺点，可以采用桥式接线，用一条横向跨接的桥把两回（或三回）独立电源线路和两台变压器横向连接起来。提高了总降压变电所主接线的灵活性。

桥式结线有内桥（连接开关在变压器和高压侧开关之间）、外桥（连接开关在高压侧开关外面，靠近线路）、双桥（三个变压器）三种形式。内桥特点：适用于输电线路较长或者变压器不需要经常投、切及穿越功率不大的小容量装置。外桥特点：适用于输电线路较短或者变压器需要经常投、切及穿越功率较大的小容量装置。

双桥特点：适用于三个变压器。

内桥和外桥一般都用在 110 kV 变电所及以下，220 kV 及以上都采用双母线带旁路母线或者 3/2 接线形式。

（1）内桥接线

桥臂靠近变压器侧，即桥断路器接在线路断路器的内侧，故称为“内桥”。内桥接线适合于供电线路较长、变压器不需要经常切换、没有穿越功率的终端型变电站。

（2）外桥接线

桥臂靠近线路侧，即桥断路器接在线路断路器的外侧，故称为“外桥”。外桥接线适合于供电线路较短、有较稳定的穿越功率、允许变压器经常切换的中间型变电站。

2.3.2.6　双母线接线

双母线接线（见图 2-8）具有两组母线 W1、W2，每回线路都经一台断路器和两组隔离开关分别与两组母线连接，两组母线之间通过母线联络断路器 QF（简称母联）连接，每一个电源回路也是通过一台断路器和两组母线隔离开关接在两组母线上。

双母线接线优点：可靠性和灵活性大大提高。

双母线接线缺点：第一，倒闸操作比较复杂，在运行中隔离开关作为操作电器，容易发生误操作。第二，尤其当母线出现故障时，须短时切换较多电源和负荷；当检修出线断路器时，仍然会使该回路停电。第三，配电装置复杂，投资较多经济性差。

改进措施：采用母线分段；增设旁路母线系统。

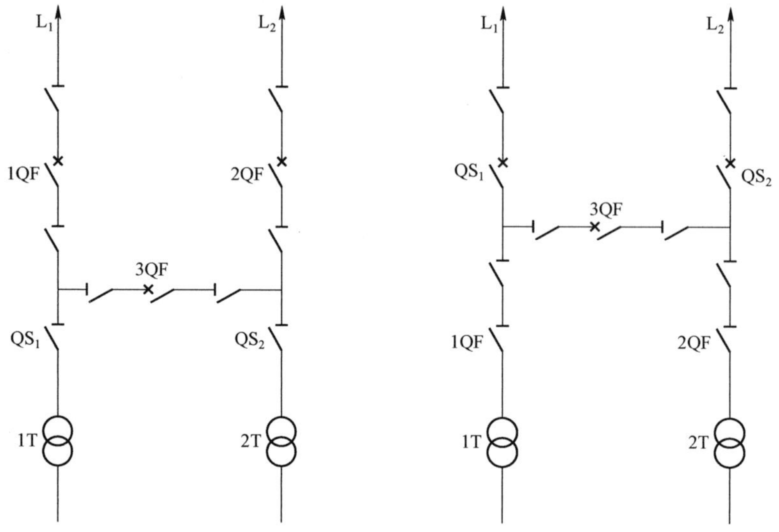

图 2-7　桥式接线

（a）内桥接线；（b）外桥接线

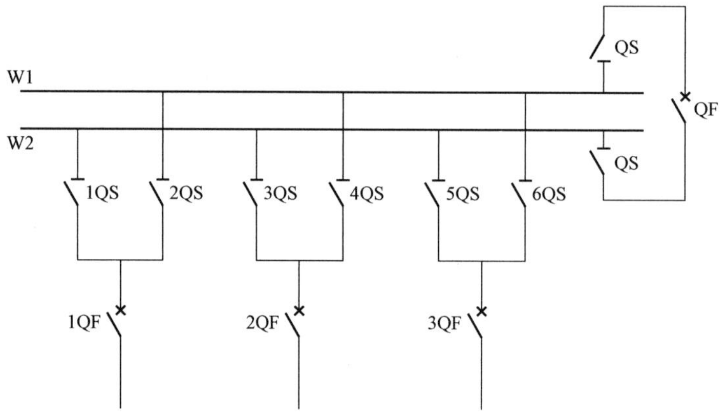

图 2-8　双母线接线示意图

（1）双母线三分段接线

如图 2-9 所示，为了消除工作母线故障时造成整个配电装置停电的缺点，可以将双母线接线中的一组母线用断路器分段（QFd），从而形成双母线分段接线形式，一般称为双母线三分段接线。

在 6～10 kV 发电机电压汇流母线中，为了限制短路电流，在母线分段处可以加装分段电抗器。与分段断路器相串联，并可以通过隔离开关接到任意两段母线之间。

双母线三分段接线在任一段母线检修或者发生故障时，没有停电的部分仍可按双母线或单母线分段运行，较之双母线不分段接线有更高的可靠性，运行方式也较为灵活。缺点是增加了母联和分段断路器 QFd，增加了投资和占地面积。

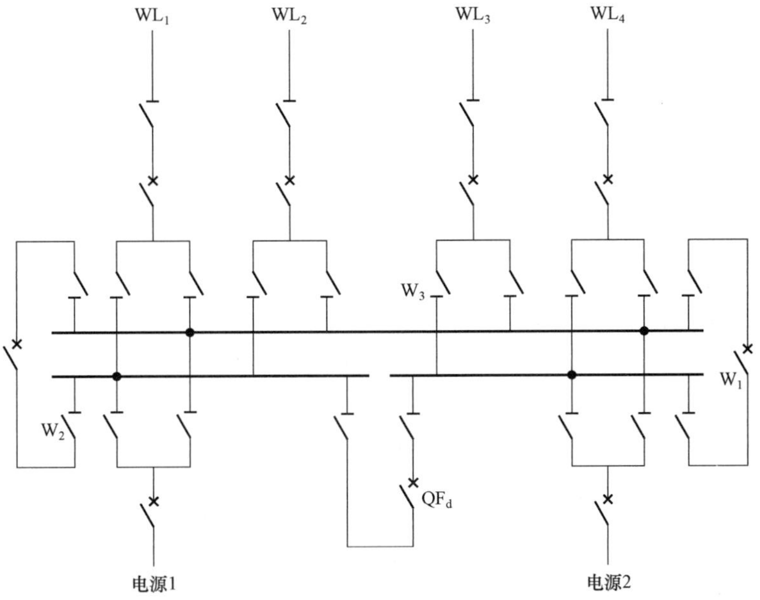

图 2-9　双母线三分段示意图

（2）双母线带旁母接线

采用双母线带旁路母线接线的目的，是为了在检修任一回路断路器时不中断该回路的工作。

如图 2-10 所示具有专用旁路的断路器的双母线带旁路母线接线中，除两组主母线Ⅰ、Ⅱ之外，增设了一组旁路母线 Wp 及专用旁路断路器 QFp 回路。凡拟利用旁路母线系统的各个回路，均需相应装设可接至旁路母线的旁路隔离开关 QSp。

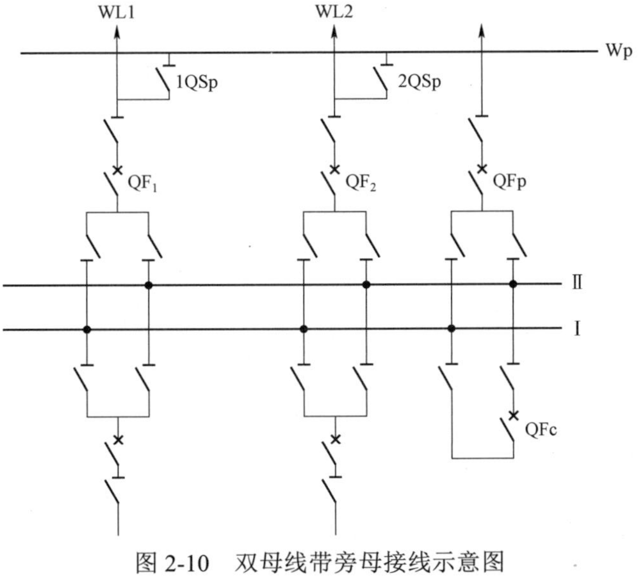

图 2-10　双母线带旁母接线示意图

现以检修线路 WL1 的断路器 QF_1 为例，说明其操作程序。首先合上旁路断路器 QFp 回路中的隔离开关及 QFp，对旁路母线充电检查，若旁路母线完好时，合上旁路隔离开关

1QSp，构成工作母线经 QFp、Wp 及 1QSp 向线路 WL1 供电的旁路通路。然后断开 QF_1 及其两侧隔离开关，做好保安接地，即可进行检修。由于 QFp 配置有继电保护装置，所以不仅可以用它来正常切投线路，而且可以自动切除线路上的故障。

双母线带旁路母线接线，可以大大提高主接线系统的工作可靠性。当电压等级较高、线路回路较多时，因每一年中的断路器累计检修时间较长，这一优点就更加突出。但是，这种接线所用的电气设备数量较多，配电装置结构复杂，占地面积较大，经济性较差。根据我国情况，一般规定当 220 kV 线路有 5（或 4）回及以上出线、110 kV 线路有 7（或 6）回及以上出线时，可采用有专用旁路断路器双母线带旁路母线接线。

当出线回数较少时，可以考虑以母联断路器 QFc 兼作旁路断路器的简易接线形式，以节省断路器，减少配电装置间隔，减少投资与占地，改善其经济性。但其显著缺点是，每当检修线路断路器时，必须利用母联断路器来代替它的工作，从而增加了隔离开关和继电保护更改的次数。尤其是需将双母线同时运行方式更改为单母线运行方式时，就降低了其可靠性。还应注意的是，旁路母线只为检修断路器时不停止供电而设，它不能起主母线的作用。

（3）3/2 接线方式

3/2 接线又称一台半断路器接线，每 2 条回路公用 3 个断路器，即每条回路一台半断路器，每串的中间一台断路器称为联络断路器，两组母线和全部的断路器都投入工作，形成多环状供电，具有很高的可靠性和灵活性。

随着对电力系统可靠性要求的不断提高，一个半断路器接线方式正在被广泛应用，它具有运行可靠、操作灵活、检修方便等特点。

一台半断路器接线中，通常遵循两项原则：

1）电源线（各电源为同名元件）宜与负荷线（各负荷为同名元件）配对成串，即要求采用在同一个“断路器串”上配置一条电源回路和一条出线回路，以避免在联络断路器发生故障时，使两条电源回路或两条负荷回路同时被切除。

2）建设初期仅两个断路器串时，同名元件宜分别接入不同侧的母线（比如电源进线一上一下接入），进出线应装设隔离开关。

当一台半断路器接线达三串及以上时，同名回路可接于同一侧母线。

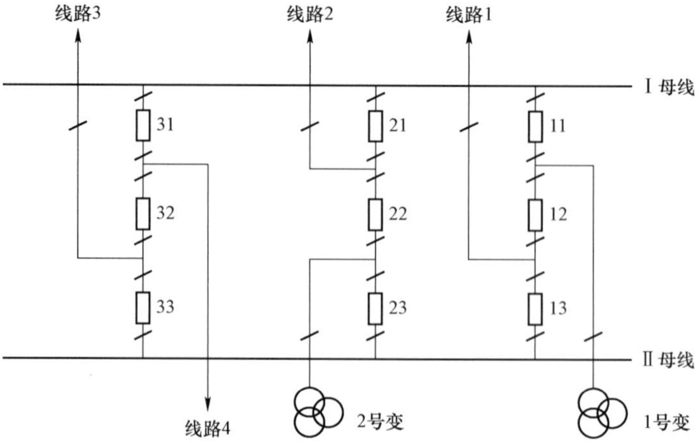

图 2-11 （3/2）一台半断路器接线

优点：

1）任意母线故障或检修，均不停电；

2）当同名元件接于不同串时，即一进一出；两组母线故障或一组故障、一组检修，功率仍能传输；

3）任意断路器检修均不停电，同时可以检修多台断路器。

缺点：

1）与双母线带旁路相比，这种接线所用断路器、电流互感器多，投资大；

2）正常操作时，联络断路器动作次数是其两侧断路器的 2 倍，一回故障要跳两台断路器，断路器动作频繁，检修次数多；

3）为提高可靠性，要求同名回路接在不同串上。

适用范围：用于大型电厂和变电所 330 kV 及以上，进出线回路数 6 回及以上的高压、超高压配电装置中。

由于一个半断路器接线的特殊性，运行中如有刀闸接触不良，一般情况下此刀闸不会发热，所以不能用测温仪来检测。如果有接触不良的刀闸，必须通过负荷电流时（如接触不良刀闸所在串不成串运行，但接触不良刀闸未退出运行），必然使接触不良刀闸发热，有可能造成严重后果。如何在正常运行中判断刀闸的接触状况是一个半断路器接线必须解决的重要问题。

一个半断路器接线在运行中应注意和传统的双母带旁路接线的区别，停母线时不能以先拉负荷侧刀闸后拉电源侧刀闸的原则进行，应按先拉母线侧刀闸后拉线路侧刀闸进行；断路器因故障无法拉开，必须退出运行检修时，应采用等电位法进行，即可不影响线路的正常供电；平时运行中应注意各断路器的电流分布情况来判断刀闸的接触状况，对刀闸接触不良所在组断路器应首先断开，保证其安全退出。

2.3.3　铀浓缩（离心）工厂总降压变电所主接线

2.3.3.1　110 kV 电源及接线

如前文所述，铀浓缩（离心）工厂作为以一类用电负荷为主的大型企业，应设置 110/10 kV 总降压站，110 kV 采取双电源分三回供电，即两回主供电源加一回备用电源，110 kV 侧配电（一级配电）采用单母线分段的双内桥接线方式，若主变压器配置数量较多（4 台及以上），也可采用双母线接线。本文以更多采用的三电源+单母线分段的双内桥接线为例介绍。

内桥式接线适用于以下条件的总降压变电所：

① 供电线路长，线路故障概率大；

② 负荷比较平稳，主变压器不需要频繁切换操作；

③ 没有穿越功率（或穿越功率很小）的终端总降压变电所。

如图 2-12 所示，110 kV 侧三电源+单母线分段的双内桥接线配置，可以实现线-变组分列运行，也可根据需要调整为任一电源带任一（或二）变压器运行，大大提高了供电的可靠性和运行方式调度灵活性。

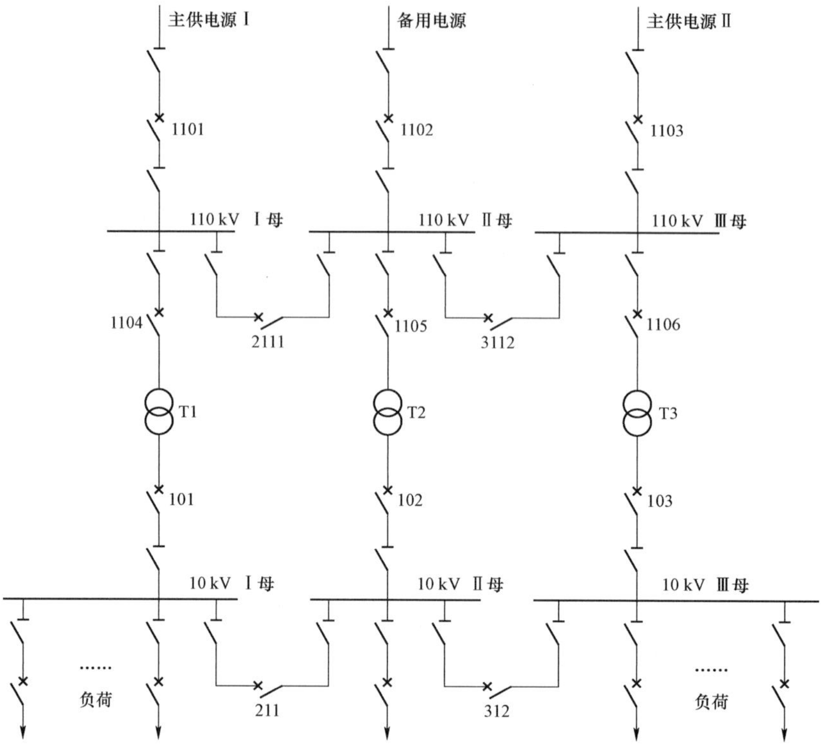

图 2-12　总降压站接线实例（一）

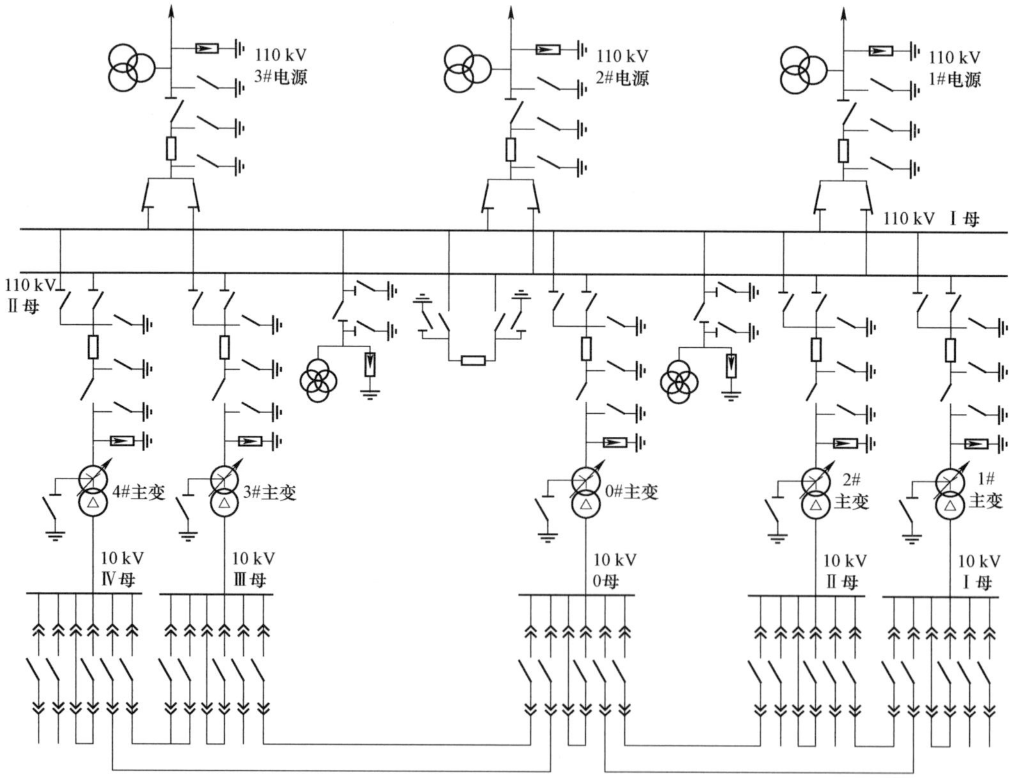

图 2-13　总降压站接线实例（二）

图 2-13 所示为另一工厂供配电系统主接线实例，因为总降压站设置了 5 台变压器，故在 110 kV 采用了双母线配电形式。

2.3.3.2　变压器配置

根据总负荷大小及分布情况，可以设置 2 台或 3 台主变压器，推荐选择 3 台配置为宜，可以更灵活地选择备用方式。

单台变压器容量应满足最大运行方式下总负荷容量，3 台变压器型号规格（联结组别及各项参数）应完全相同，保证并列运行的安全性。

宜选择有载调压型变压器，以满足稳定、调节 10 kV 侧电压需要。

2.3.3.3　10 kV 侧配电系统接线

对应 3 台主变设置，10 kV 侧配电系统可选择三回进线的单母线分段接线方式，其中 10 kVⅠ、Ⅲ段带载运行，10 kVⅡ段作为备用段。运行方式还可根据备用电源变压器 T2 的备用方式选择调整（如图 2-12）：

1）若 T2 主变正常时为空载运行或冷备用状态，则 102 开关冷备用（明备用）。T1 主变带 10 kVⅠ段运行，T3 主变带 10 kVⅡ段、Ⅲ段运行，T1、T3 主变经断路器 211 互为备用（暗备用）。只有在 T1、T3 主变均失电情况时，才考虑由 T2 主变带载。

此种方式运行较为经济，负荷调度较灵活，可作为主要运行方式。缺点是当 T1、T3 两回主供电源全部失电，由 T2 备用电源带载时倒闸操作较复杂，响应较慢。

2）也可考虑三台主变带 10 kV 分段分列运行，即 T1 主变带 10 kVⅠ段运行，T2 主变带 10 kVⅡ段运行，T3 主变带 10 kVⅢ段运行。当 T1 或 T3 电源故障时，T2 主变经 211（或 312）开关向 10 kVⅠ段（或 10 kVⅢ段）供电。

此种方式优点是当 T1 或 T3 电源任一主供故障时，T2 备用电源接带负荷较为直接、快速。缺点是恢复正常方式繁琐，经济性较差。

2.3.4　配电所主接线

如图 2-14，铀浓缩（离心）工厂工艺生产线目前广泛模块化设计布局，故中压侧配电模式也多采用“卫星式”布局，即由总降压站引出两回电源至靠近各工艺模块处建立的 10 kV 配电所，经配电所向各车间变电所及某些高压用电设备供电。

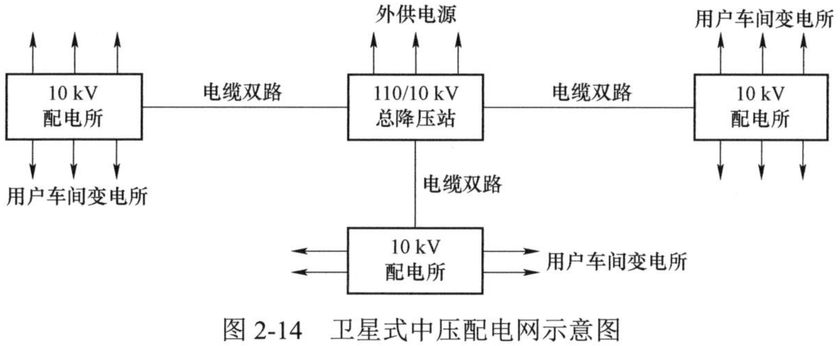

图 2-14　卫星式中压配电网示意图

由于在总降压站已经具备完善的备用电源投入功能配电所主接线方式一般可采用两回电源的单母线分段接线，如图 2-15 所示，电源Ⅰ、电源Ⅱ分别引自总降压站 10 kVⅠ段、Ⅲ段，分别供本配电所 10 kVⅠ段、Ⅱ段分列运行，并经 211 联络开关互为备用（暗备用），211 联络开关一般装设有备用电源自投装置。

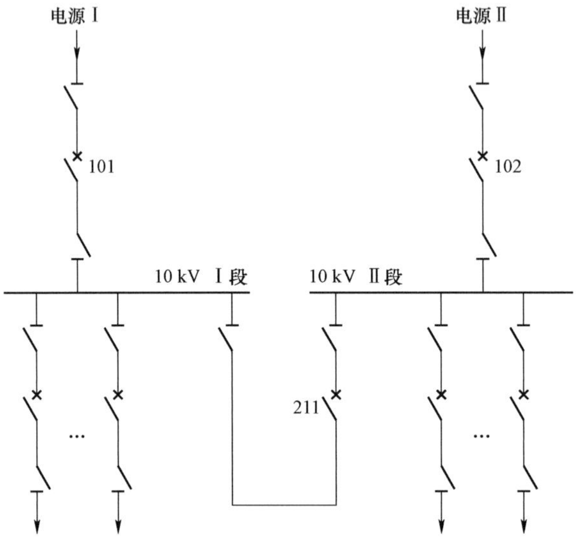

图 2-15　10 kV 配电所主接线示意图

2.3.5　车间变电所主接线

根据铀浓缩（离心）工厂用电负荷性对供电可靠性要求较高的特点，车间变电所一般设 2 台变压器，电源分别从上级 10 kV 配电所不同分段引来。

高压侧分别采用线-变组接线，如图 2-1（e）所示，变压器就地配置装有真空（或六氟化硫）负荷开关的环网柜，以保证设备检修时的人员安全。

单台变压器容量应满足最大方式下负荷需求，以保证其中一台变压器或其电源故障时也能对负荷连续供电。两台变压器型号规格（联结组别及各项参数）应完全相同，保证并列运行的安全性。

低压侧一般应采用单母线分段接线。正常时两台变压器各带一个分段分列运行，互为暗备用。当其中一台变压器（或一路电源）故障时，由另一台变压器通过装有备用电源自投装置的联络开关恢复失电分段的供电。

对一些特别重要负荷，上述双变压器配置可能仍无法满足其对供电连续性的特殊要求，可在低压侧配置发电机或蓄电池逆变电源，但应配置可靠的防止与外电源并列的闭锁装置。

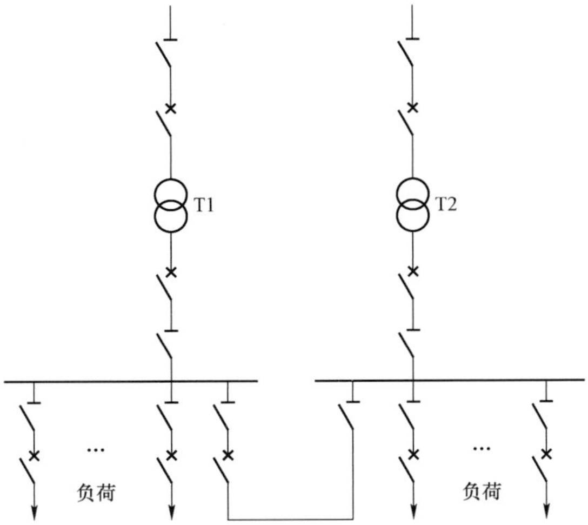

图 2-16　车间变电所接线图

2.4　配变电装置的布置

2.4.1　设计原则

1. 变电所型式的选择

（1）负荷较大的车间和动力厂房，宜设附设变电所。

（2）负荷较大的多跨厂房，负荷中心在厂房的中部且环境许可时，宜设车间内变电所。

（3）负荷小而分散车间和厂房，宜设独立变电所或户外预装式变电站，当条件许可时，也可设附设变电所。

（4）当环境允许且变压器容量小于或等于 400 kVA 时，可设杆上式变电站。

2. 当高压开关柜和低压配电柜（屏）的顶面外壳的防护等级符合 IP2X 时，两者可靠近布置。

3. 由同一配电所供给一级负荷用电的两回电源线路的配电装置，宜分开布置在不同的配电室；当布置在同一配电室时，配电装置宜分列布置；当配电装置并排布置时，在母线分段处应设置配电装置的防火隔板或有门洞的隔墙。

4. 当电源从柜后进线且需在正背后墙上另设隔离开关及手动操动机构时，柜后通道净宽不应小于 1.5 m；当柜背面的防护等级为 IP2X 时，可减为 1.3 m。

5. 配电装置的长度大于 6 m 时，其柜（屏）后通道应设两个出口，当低压配电装置两个出口间的距离超过 15 m 时应增加出口。

6. 低压配电室兼作值班室时，配电柜（屏）正面距墙不宜小于 3 m。

7. 落地式配电柜的底部应太高，高出地面的高度室内不应低于 50 mm，室外不应低于 200 mm。

8. 变压器侧面具有 IP2X 防护等级及以上的金属外壳 100～1 000 kVA 净距 0.6 m，1 250～1 600 kVA 净距 0.8 m；变压器侧面具有 IP4X 防护等级及以上的金属外壳可贴邻布置。

9. 户内变电所每台油量大于或等于 100 kg 的油浸三相变压器，应设在单独的变压器室内，并应有储油或挡油、排油等防火设施。

2.4.2 高压配电装置的布置要求

高压配电室内成排布置的高压配电装置，其各种通道的最小宽度，应符合表 2-1 的规定。

表 2-1　高压配电室内各种通道的最小宽度/mm

开关柜布置方式	柜后维护通道	柜前操作通道	
		固定式开关柜	移开式开关柜
单排布置	800	1 500	单手车长度+1 200
双排面对面布置	800	2 000	双手车长度+900
双排背对背布置	1 000	1 500	单手车长度+1 200

注：1. 固定式开关柜为靠墙布置时，柜后与墙净距应大于 50 mm，侧面与墙净距宜大于 200 mm；

2. 通道宽度在建筑物的墙面有柱类局部凸出时，凸出部位的通道宽度可减少 200 mm；

3. 当开关柜侧面需设置通道时，通道宽度不应小于 800 mm；

4. 对全绝缘密封式成套配电装置，可根据厂家安装使用说明书减少通道宽度。

2.4.3 变压器的布置要求

1. 露天或半露天变电所的变压器四周应设高度不低于 1.8 m 的固定围栏或围墙，变压器外廓与围栏或围墙的净距不应小于 0.8 m，变压器底部距地面不应小于 0.3 m。油重小于 1 000 kg 的相邻油浸变压器外廓之间的净距不应小于 1.5 m；油重 1 000～2 500 kg 的相邻油浸变压器外廓之间的净距不应小于 3.0 m；油重大于 2 500 kg 的相邻油浸变压器外廓之间的净距不应小于 5 m；当不能满足上述要求时，应设置防火墙。

2. 当露天或半露天变压器供给一级负荷用电时，相邻油浸变压器的净距不应小于 5 m；当小于 5 m 时，应设置防火墙。

3. 设置在变电所内的非封闭式干式变压器，应装设高度不低于 1.8 m 的固定围栏，围栏网孔不应大于 40 mm × 40 mm。变压器的外廓与围栏的净距不宜小于 0.6 m，变压器之间的净距不应小于 1.0 m。

4. 低压配电室内配电柜与干式变压器靠近布置时，干式变压器通道的最小宽度应为 800 mm。

5. 变压器外廓（防护外壳）与变压器室墙壁和门的最小净距，应符合表 2-2 的规定。

表 2-2　变压器外廓与变压器室墙壁和门的最小净距/mm

项目 \ 变压器容量/kVA	100～1 000	1 250～2 500	3 150
油浸变压器外廓与后壁、侧壁净距	600	800	1 000
油浸变压器外廓与门净距	800	1 000	1 100
干式变压器带有 IP2X 及以上防护等级金属外壳与后壁、侧壁净距	600	800	1 000
干式变压器带有 IP2X 及以上防护等级金属外壳与门净距	800	1 000	1 200

注：不考虑室内油浸变压器的就地检修。

6. 多台干式变压器布置在同一房间内时，变压器防护外壳间的最小净距，应符合表 2-3 的规定。

表 2-3　干式变压器防护外壳间的最小净距

项目 \ 变压器容量/kVA	100～1 000	1 250～2 500	3 150
干式变压器侧面具有 IP2X 防护等级及以上的金属外壳	可贴邻布置	可贴邻布置	可贴邻布置

2.4.4 低压配电装置的布置要求

1. 当防护等级不低于现行国家标准《外壳防护等级（IP 代码）》GB 4208 规定的 IP2X 级时，成排布置的配电柜（屏）的通道最小宽度，应符合表 2-4 的规定。

表 2-4　成排布置的配电柜（屏）的通道最小宽度/m

配电柜（屏）种类		单排布置			双排面对面布置			双排背对背布置			多排同向布置			柜侧通道
		柜前	柜后		柜前	柜后		柜前	柜后		柜间	前后排柜距墙		
			维护	操作		维护	操作		维护	操作		维护	操作	
固定式	不受限制时	1.5	1.0	1.2	2.0	1.0	1.2	1.5	1.5	2.0	2.0	1.5	1.0	1.0
	受限制时	1.3	0.8	1.2	1.8	0.8	1.2	1.3	1.3	2.0	1.8	1.3	0.8	0.8
抽屉式	不受限制时	1.8	1.0	1.2	2.3	1.0	1.2	1.8	1.0	2.0	2.3	1.8	1.0	1.0
	受限制时	1.6	0.8	1.2	2.1	0.8	1.2	1.6	0.8	2.0	2.1	1.6	0.8	0.8

2. 挂墙式配电箱的箱前操作通道宽度，不宜小于 1 m。

2.4.5 电气安全距离要求

室内、外配电装置的最小电气安全净距，应符合表 2-5 的规定。

表 2-5 室内、外配电装置的最小电气安全净距/mm

项 目	场 所	额定电压/kV						符号
		≤1	3	6	10	15	20	
无遮拦裸带电部分至地（楼）面之间	室内	2 500	2 500	2 500	2 500	2 500	2 500	—
	室外	2 500	2 700	2 700	2 700	2 800	2 800	
裸带电部分至接地部分和不同的裸带电部分之间	室内	20	75	100	125	150	180	A
	室外	75	200	200	200	300	300	
距地面 2 500 mm 以下的遮拦防护等级为 IP2X 时，裸带电部分与遮护物间水平净距	室内	100	175	200	225	250	280	B
	室外	175	300	300	300	400	400	
不同时停电检修的无遮拦裸导体之间的水平距离	室内	1 875	1 875	1 900	1 925	1 950	1 980	—
	室外	2 000	2 000	2 200	2 200	2 300	2 300	
裸带电部分至无孔固定遮拦	室内	50	105	130	155	—	—	—
裸带电部分至用钥匙或工具才能打开或拆卸的栅栏	室内	800	825	850	875	900	930	C
	室外	825	950	950	950	1 050	1 050	
高低压引出线的套管至户外通道地面	室外	3 650	4 000	4 000	4 000	4 000	4 000	—

注：海拔高度超过 1 000 m 时，表中符号 A 后的数值应按每升高 100 m 增大 1%进行修正，符号 B、C 后的数值应加上符号 A 的修正值；裸带电部分的遮拦高度不小于 2.2 m。

2.4.6 其他

1. 有人值班的变电所，应设单独的值班室。值班室应与配电室直通或经过通道相通，且值班室应有直接通向室外或通向变电所外走道的门。

2. 变电所宜单层布置。当采用双层布置时，变压器应设在底层，设于二层的配电室应设搬运设备的通道、平台或孔洞。

3. 高、低压配电室内，宜留有适当的配电装置备用位置。低压配电装置内，应留有适当数量的备用回路。

4. 供给一级负荷用电的两回电源线路的电缆不宜通过同一电缆沟；当无法分开时，应采用阻燃电缆，且应分别敷设在电缆沟或电缆夹层的不同侧的桥（支）架上；当敷设在同一侧的桥（支）架上时，应采用防火隔板隔开。

2.5 供配电系统的继电保护

2.5.1 继电保护的基本原理与任务

2.5.1.1 继电保护的基本原理

保护在电力系统中检出故障或其他异常情况，从而使故障切除、终止异常情况或发出信号或指示。因在其发展过程中曾主要用有触点的继电器来构成保护装置，所以延称继电保护。

电力系统故障的显著特征及其保护：

电流剧增：反应电流剧增的继电保护就是过电流保护。

电压锐减：反应电压锐减的继电保护就是低电压保护。

电压降低且电流增加：同时反应电压降低和电流增加的一种保护原理就是阻抗（距离）保护。

保护装置：一个或多个保护继电器和逻辑元件按需要结合在一起，完成某项特定保护功能的装置。

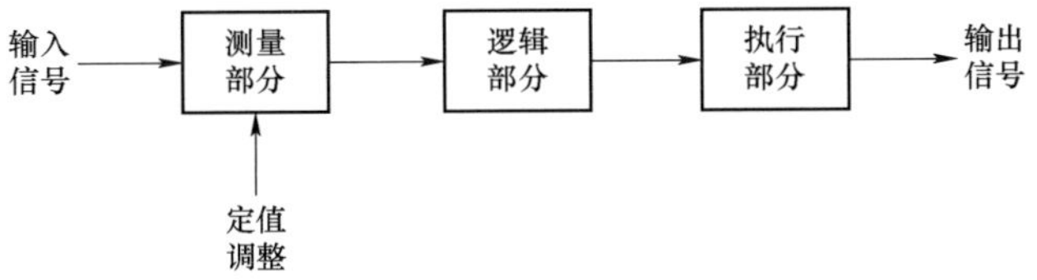

图 2-17　继电保护装置的原理框图

2.5.1.2　继电保护的基本任务

1）自动、迅速、有选择性地将故障元件从电力系统中切除，使故障元件免于继续遭到破坏，保证其他无故障部分迅速恢复正常运行。

2）反应电气元件的不正常运行状态，并根据运行维护的条件（如有无经常值班人员）而动作于信号，以便值班员及时处理，或由装置自动进行调整，或将那些继续运行就会引起损坏或发展成为事故的电气设备予以切除。此时一般不要求保护迅速动作，而是根据对电力系统及其元件的危害程度规定一定的延时，以免暂短地运行波动造成不必要的动作和干扰而引起的误动。

3）继电保护装置还可以与电力系统中的其他自动化装置配合，在条件允许时，采取预定措施，缩短事故停电时间，尽快恢复供电，从而提高电力系统运行的可靠性。

2.5.1.3　对继电保护的要求

对继电保护的基本要求：

（1）可靠性：指保护该动作时动作，不该动作时不动作。确保切除的是故障设备或线路。

（2）选择性：指首先由故障设备或线路本身的保护切除故障，当故障设备或线路本身的保护或断路器拒动时，才允许由相邻设备、线路的保护或断路器失灵保护切除故障。避免大面积停电。

（3）灵敏性：指在设备或线路的被保护范围内发生金属性短路时，保护装置应具有必要的灵敏系数。保证有故障就切除。

（4）速动性：指保护装置应能尽快地切除短路故障。其目的是提高系统稳定性，减轻故障设备和线路的损坏程度，缩小故障波及范围，提高自动重合闸和备用电源或备用设备自动投入的效果等。

2.5.2 继电保护的作用及分类

2.5.2.1 电力系统常见故障及特征

电力系统的状态及常见故障如下。

电力系统的状态：正常状态、异常状态、故障状态。

电力系统常见的故障：相间短路、接地短路。

（1）相间短路分为：两相短路、三相短路。

（2）接地短路：单相接地短路、两相接地短路。

电力系统发生故障后，工频电气量变化的主要特征：

（1）电流增大。短路时故障点与电源之间的电气设备和输电线路上的电流将由负荷电流增大至大大超过负荷电流。

（2）电压降低。当发生相间短路和接地短路故障时，系统各点的相间电压或相电压值下降，且越靠近短路点，电压越低。

（3）电流与电压之间的相位角改变。正常运行时电流与电压间的相位角是负荷的功率因数角，一般约为 20°，三相短路时，电流与电压之间的相位角是由线路的阻抗角决定的，一般为 60°～85°，而在保护反方向三相短路时，电流与电压之间的相位角则是 180°+（60°～85°）。

（4）测量阻抗发生变化。测量阻抗即测量点（保护安装处）电压与电流之比值。正常运行时，测量阻抗为负荷阻抗；金属性短路时，测量阻抗转变为线路阻抗，故障后测量阻抗显著减小，而阻抗角增大。不对称短路时，出现相序分量，如两相及单相接地短路时，出现负序电流和负序电压分量；单相接地时，出现负序和零序电流和电压分量。这些分量在正常运行时是不出现的。利用短路故障时电气量的变化，便可构成各种原理的继电保护。此外，除了上述反应工频电气量的保护外，还有反应非工频电气量的保护。

2.5.2.2 继电保护类别及作用

1. 继电保护分类

继电保护装置必须具有正确区分被保护元件是处于正常运行状态还是发生了故障，是保护区内故障还是区外故障的功能。保护装置要实现这一功能，需要根据电力系统发生故障前后电气物理量变化的特征为基础来构成。通过预防事故或缩小事故范围来提高系统运行的可靠性，最大限度地保证向用户安全连续供电。

（1）按被保护对象分类，有输电线保护和主设备保护（如发电机、变压器、母线、电抗器、电容器等保护）。

（2）按保护功能分类，有短路故障保护和异常运行保护。前者又可分为主保护、后备保护和辅助保护；后者又可分为过负荷保护、失磁保护、失步保护、低频保护、非全相运行保护等。

（3）按保护装置进行比较和运算处理的信号量分类，有模拟式保护和数字式保护。机电型、整流型、晶体管型和集成电路型（运算放大器）保护装置，它们直接反映输入信号的连续模拟量，均属模拟式保护。采用微处理机和微型计算机的保护装置，它们反应的是将模拟量经采样和模/数转换后的离散数字量，这是数字式保护。

（4）按保护动作原理分类，有过电流保护、低电压保护、过电压保护、功率方向保护、距离保护、差动保护、高频（载波）保护等。

2. 过流保护与速断保护的作用范围

电力系统的输电线路、发电机、变压器等元件发生故障时，系统中会通过短路电流，且故障点距离越靠近电源，短路电流就越大。针对这个特点，利用电流继电器可以很方便地构成过电流保护和速断保护，当电流超过保护装置的整定值时，保护动作，使断路器跳闸。

过流保护可分为定时限过流保护和反时限过流保护，一般是按躲开最大负荷来整定的。为了使上、下级过流速断保护则是按被保护设备的短路电流来整定的，因此，一般它没有时限。两者常常配合使用，分别作为设备的主保护和相邻设备的后备保护。

电流速断保护不能保护线路的全长（否则将失去选择性），既存在速断保护的死区。一般情况下，速断保护的保护范围能达到线路全长的50%就认为有良好的保护效果了，在最小运行方式下，能保护线路全长的15%～20%，即可装设。

各保护范围：

过流一段（速断）：本线路的20%（小方式下）～50%（大方式下）

限时速断：本线路的全长+下一段的50%

定时限过流：本线路的全长+下一段的全长+再下一段的一部分

距离一段：本线路的80%～90%

距离二段：本线路的全长+下一段的一部分

距离三段：本线路的全长+下一段的全长+再下一段的一部分

零序一段：本线路的80%～90%

零序二段：本线路的全长+下一段的一部分

零序三段：本线路的全长+下一段的全长+再下一段的一部分

3. 保护继电器及其特性

（1）保护继电器及其发展

电气继电器——当控制该器件的输入电路满足一定条件时在其一个或多个输出电路中会产生预定跃变的电气器件。

1）电气继电器包括：

量度继电器——在规定的准确度条件下，当其特性量达到其动作值时即进行动作的电气继电器。保护继电器就是探测电力系统或电力设备的故障或异常情况的量度继电器，常用的有电流继电器、电压继电器、气体继电器等。

量度继电器在继电保护装置中装设在第一级，用来反应被保护元件的特性量变化，属于主继电器或起动继电器。

有或无继电器——预定由数值在其工作值范围内或实际上为零的某一激励量激励的电气继电器。如时间继电器、中间继电器、信号继电器等。

有或无继电器在继电保护装置中用来实现特定的逻辑功能，属辅助继电器。

2）保护继电器的发展：

机电式继电器——由机械部件相对运动产生预定响应的电气继电器。

静态继电器——由电子、磁、光或其他无机械运动的元件产生预定响应的电气继电器。

模拟式继电器——主要由模拟信号处理获得动作功能的电气继电器。

数位式继电器——主要由数字信号处理获得动作功能的静态继电器。

数字式继电器——由算法运算获得动作功能的数位式继电器。

微机保护装置——多功能综合性的数字式继电器。

（2）电流继电器的继电特性

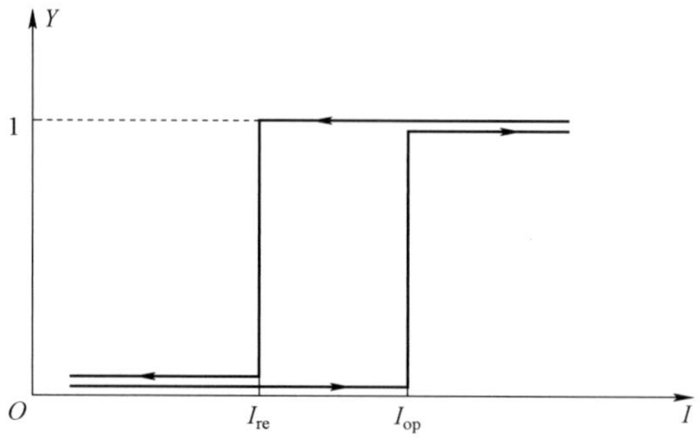

图 2-18　电流继电器的继电特性

电流继电器的动作电流 I_{op}——流入电流继电器线圈中的使继电器从初始状态进入动作状态的最小电流。

电流继电器的返回电流 I_{re}——流入电流继电器线圈中的使继电器由动作状态返回到初始状态的电流继电器的输入—输出特性最大电流。

电流继电器的返回系数 K_{re}——电流继电器的返回电流与动作电流的比值，即 $K_{re}=\frac{I_{re}}{I_{op}}$

（3）过电流保护的时限特性

有定时限特性和反时限特性两种。

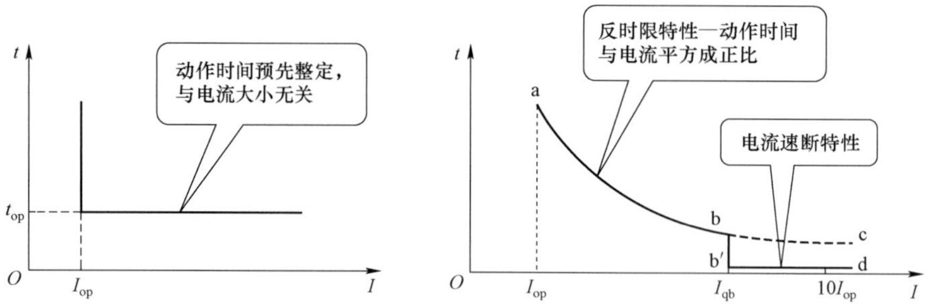

(a)　　(b)

图 2-19　过电流保护的时限特性

（a）过电流保护的定时限特性曲线；（b）过电流保护的反时限特性曲线

速断电流 I_{qb}——继电器线圈中的使定时限元件动作的最小电流。

速断电流倍数为 $n_{qb}=\frac{I_{qb}}{I_{op}}$

2.5.2.3　互感器接线方式

保护继电器及保护装置的电流、电压两均从电流互感器和电压互感器的二次侧取得，互感器的正确接线对保证保护装置的正确、可靠动作至关重要。

1. 电流互感器接线方式

（1）一相式接线

该接线方式电流线圈通过的电流，反应一次电路相应相的电流。通常用于负荷平衡的三相电路如低压动力线路中，供测量电流、电能或接过负荷保护装置之用。

（2）两相式不完全星形接线

在继电保护装置中称为两相两继电器接线。在中性点不接地的三相三线制电路中，广泛用于测量三相电流、电能及作过电流继电保护之用。两 V 形接线的公共线上的电流反映的是未接电流互感器那一相的相电流。

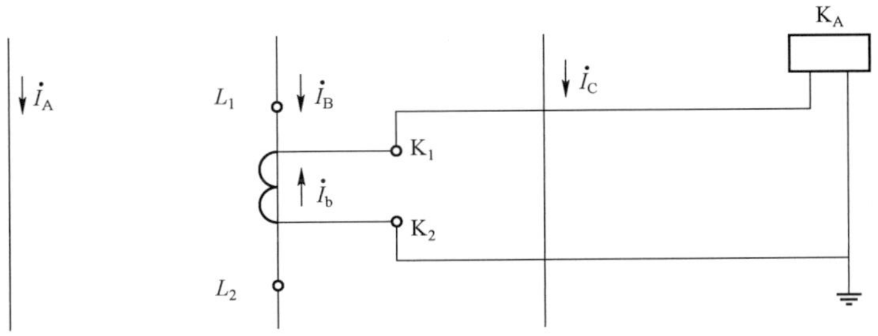

图 2-20　一相式接线

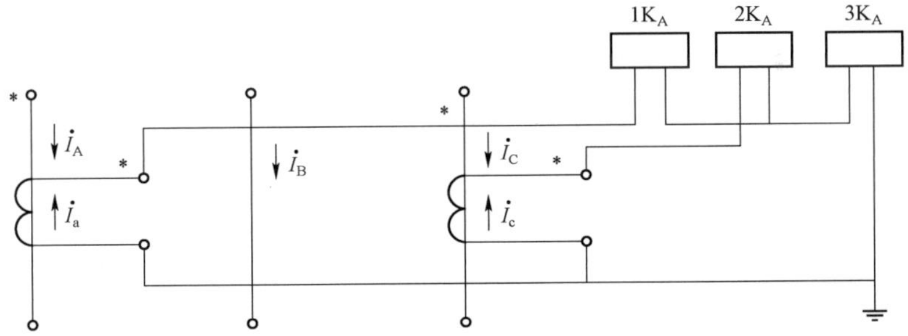

图 2-21　两相式不完全星形接线

（3）两相电流差接线

在继电保护装置中，此接线也称为两相一继电器接线。该接线方式适于中性点不接地的三相三线制电路中作过电流继电保护之用。该接线方式电流互感器二次侧公共线上的电流量值为相电流的根号三倍（注：可能前面显示不出）。

（4）三相完全星形接线

这种接线方式中的三个电流线圈，正好反映各相的电流，广泛用在负荷一般不平衡的 *i* 相四线制系统中，也用在负荷可能不平衡的三相三线制系统中，作三相电流、电能测量及过电流继电保护之用。

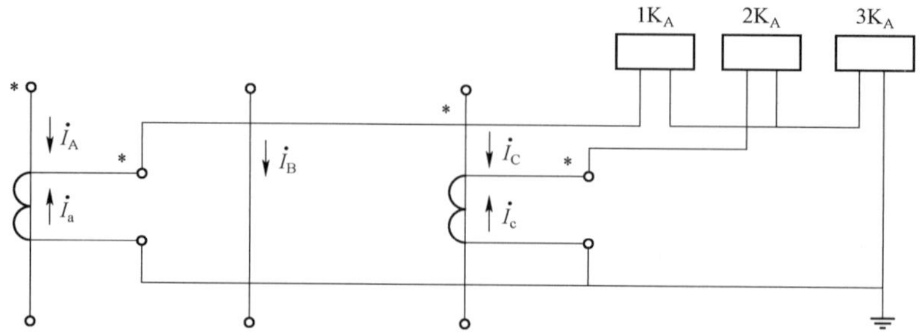

图 2-22 两相电流差接线

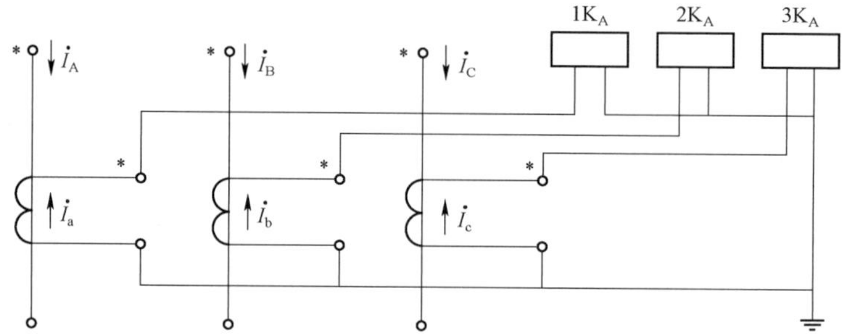

图 2-23 三相完全星形接线

2. 电压互感器接线方式

（1）一个单相电压互感器的接线（图 2-24 中的 a）

这种接线方式在三相线路上，只能测量某两相之间的线电压，用于连接电压表、频率表及电压继电器等。

（2）两个单相电压互感器的 V/V 形接线（图 2-24 中的 b）

这种接线方式又称不完全星形接线，可以用来测量三个线电压，供仪表、继电器接于三相三线制电路的各个线电压。

（3）三个单相电压互感器 Y/Y。形接线（图 2-24 中的 c）

这种接线方式能满足仪表和继电保护装置选用相电压和线电压的要求。在一次绕组中性点接地情况下，也可装用绝缘监察电压表。

（4）三个单相三绕组电压互感器或一个三相五芯柱三绕组电压互感器 Y/Y/△（开口三角形）接线（图 2-24 中的 d）

这种接线方式在 10 kV 中性点不接地系统中应用广泛，它既能测量线电压、相电压并能组成绝缘监察装置和供单相接地保护用。接成 Y 形的二次绕组称为基本二次绕组，用来接仪表、继电器及绝缘监察电压表；接成（开口三角形）的二次绕组，称为辅助二次绕组，用来连接监察绝缘用的电压继电器。在系统正常运行时，开口三角形两端的电压接近于零，当系统发生一相接地时，开口三角形两端出现零序电压，使电压继电器吸合，发出接地预告信号。

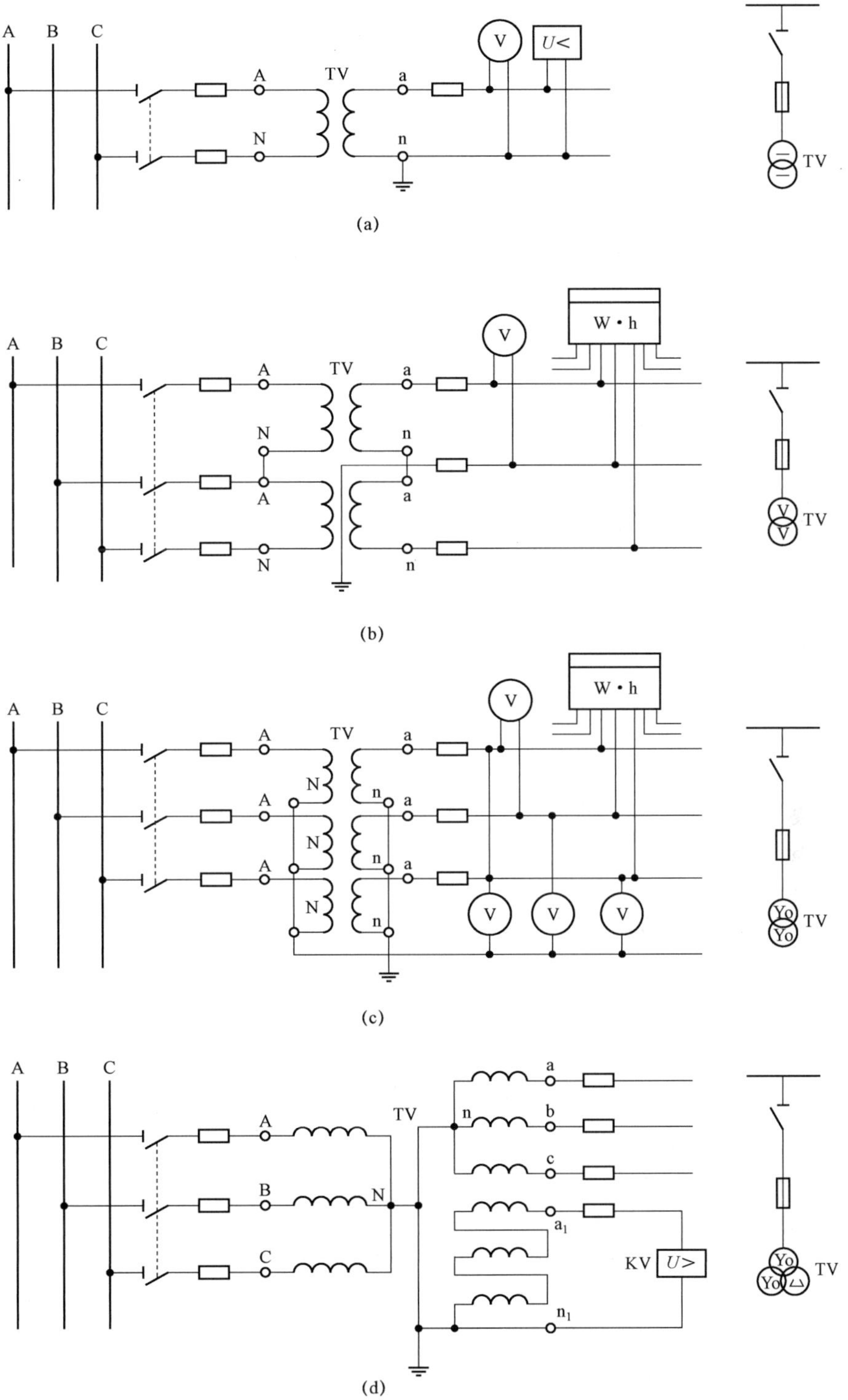

图 2-24　电压互感器接线方式

2.5.3　常用设备继电保护的工作原理和构成

2.5.3.1　电力变压器保护

1. 变压器运行状态

电力变压器是电力系统中的重要设备，其安全运行关系到整个电力系统能否连续稳定地工作。而随着电力系统的发展，特别是现代新材料、新工艺的发展，变压器容量不断增大，对变压器保护的快速性和可靠性也提出了更高的要求。

（1）高压侧或中压侧的额定电压大于或等于 110 kV 的变压器，其中性点有接地及不接地运行两种方式，而对额定电压在 66 kV 以下的变压器，其高压侧中性点的运行方式有三种，即不接地，经消弧线圈接地或经小电阻接地。

（2）变压器的故障

变压器故障可分为内部故障和外部故障。

变压器内部故障指的是箱壳内发生的故障，有绕组的相间短路故障、绕组的匝间短路故障、绕组和铁心间的短路故障、变压器绕组引线与外壳发生的单相接地短路。此外，还有绕组的断线故障。

变压器外部故障指的是箱壳外部引出线间的各种相间短路故障和引出线因绝缘套管闪络或破碎通过箱壳发生的单相接地短路。

（3）变压器不正常运行状态

变压器不正常运行状态有过负荷；由外部短路引起的过电流；油箱漏油引起的油位下降；外部接地短路引起的中性点过电压；绕组过电压或频率低引起的过励磁；变压器油温升高和冷却系统故障等。

2. 变压器差动保护

差动保护的范围：包括两端电流互感器之间的整个回路。

（1）变压器差动保护的作用

差动保护是防止变压器内部故障的主保护，在 110 kV 及以上变电站中普遍采用，主要用于保护双绕组或三绕组变压器绕组内部及其引出线上发生的各种相间短路故障，同时也可以用来保护变压器单相匝间短路故障。差动保护的范围是构成变压器差动保护的电流互感器之间的电气设备以及连接这些设备的导线。简单地讲，就是输入的两端 TA 之间的设备。由于差动保护对保护区外故障不会动作，因此差动保护不需要与区外相邻元件保护在动作值和动作时限上相互配合，发生区内故障时，可以整定为瞬时动作。差动保护原理简单、使用电气量单纯、保护范围明确、动作不需延时，所以用于变压器主保护。

（2）差动保护的原理

差动保护是利用基尔霍夫电流定律中“在任意时刻，对电路中的任一节点，流经该节点的电流代数和恒为零”的原理工作的。差动保护把被保护的变压器看成是一个节点，在变压器的各侧均装设电流互感器，把变压器各侧电流互感器副边按差动接线法接线，即各侧电流互感器的同极性端都朝向母线侧，将同极性端子相连，并联接入差动继电器。在继电器线圈中流过的电流是各侧电流互感器的副边电流之差，也就是说差动继电器是接在差动回路的，从理论上讲，正常情况下或外部故障时，流入变压器的电流和流出的电流（折算后的电流）相等，差回路中的电流为零，图 2-25 中的 a 图为正常运行和区外故障时差动保护的电流流向，b 图为区内故障时的电流流向。

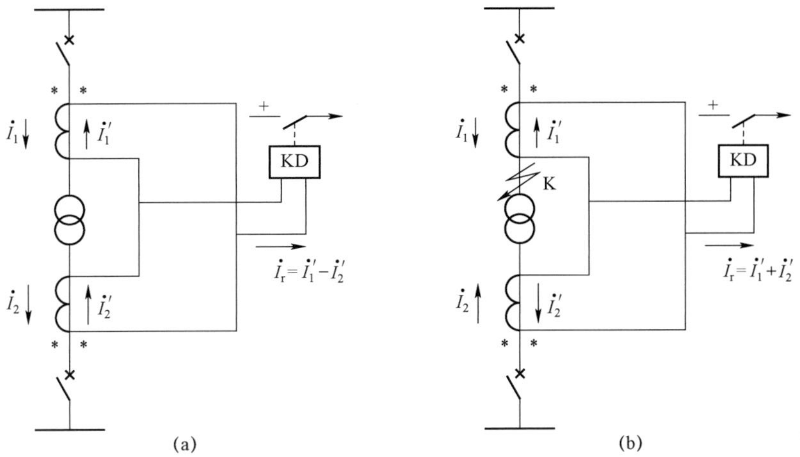

图 2-25　差动保护原理图

（3）差动保护接线的特点

在电力系统中，三绕组变压器通常采用 YN，Yn，d11 的接线方式，因为各侧电流相位不一致，d 侧电流比 y 侧电流超前 30°，从而在变压器差动保护的差回路中产生较大的不平衡电流。在原来的电磁式保护中，按照差动保护原理，在正常运行或有穿越性电流流过时，流入继电器的电流必须为零，即必须保证电源侧与负荷侧电流相位相差 180°，使流入差动继电器的电流接近于零。因此，必须通过改变接线组别的方法矫正相位差，而改变接线组别的话，既麻烦且容易出现错误。在微机保护逐渐普及的今天，由于软件计算的灵活性，允许变压器各侧 TA 二次侧都按 Y 形接线，在进行差动计算时由软件对变压器副边电流进行相位校准，各侧电流存在的相位差由软件自动进行校正，简化了 TA 接线，现场施工中简单易行。

由软件进行相位校准后，还必须对各侧 TA 变比进行计算调整，才能消除不平衡电流对变压器差动保护的影响。在微机保护装置中变比的计算调整也是靠软件实现的，将计算出的 TA 调整系数当作定值送入微机保护，由保护软件实现 TA。

自动平衡功能，消除不平衡电流的影响。应注意的是采用微机型差动保护装置之后各侧差动 TA 的极性仍然朝向母线侧，只有这样的接线才能保证软件计算正确。

（4）产生不平衡电流的原因

1）变压器正常运行时的励磁电流。

2）变压器的励磁涌流。

3）变压器两侧电流的相位不同。

4）TA 的变比不能理想匹配。

5）变压器两侧 TA 的型号差别。

6）带负荷调整变压器分接头位置改变产生的不平衡电流。

（5）差动保护的整定

1）躲开激磁涌流。由于保护出口中间继电器具有一定的固有动作时间，有可能不按躲过激磁涌流最大值来整定。

2）躲过变压器外部短路时所引起的最大不平衡电流。

3. 主变压器保护配置

主变压器保护以南瑞继电保护装置为例，保护配置如下：

（1）RCS-9671 变压器差动保护：包括差动速断保护，比率差动保护，高、低侧过流保护，CT 断线判别。装置中的比率差动保护采用二次谐波判别原理。

（2）RCS-9661 变压器非电量保护：装置对从变压器本体来的非电量接点（如瓦斯等）重动后发出中央信号、远动信号，并送给本装置的 CPU 作为事件记录，其中中央信号磁保持。需要直接跳闸的则另外起动本装置的跳闸继电器。同时装置还有四路不按相操作断路器的独立的跳合闸操作回路及两个电压并列回路。

（3）RCS-9681 变压器高压侧后备保护：

保护方面的主要功能有：

1）三段复合电压闭锁过流保护（Ⅰ、Ⅱ段可带方向）；

2）接地零序保护（三段零序过流保护）；

3）保护出口采用跳闸矩阵方式，可灵活整定；

4）过负荷发信号；

5）启动主变风冷；

6）过载闭锁有载调压；

7）故障录波。

测控方面的主要功能有：

1）7 路遥信开入采集、遥信变位、事故遥信；

2）3 路断路器遥控分合，空接点输出；出口动作保持时间可程序设定；

3）P、Q、I（IA、IB、IC）、U（UA、UB、UC、UAB、UBC、UCA）、U0、F、COSΦ等模拟量的遥测；

4）遥控事件记录及事件 SOE 等；

5）四路脉冲累加单元，空接点输入。

（4）RCS-9682 变压器低压侧后备保护：

保护方面的主要功能有：

1）四段复合电压闭锁过流保护（Ⅰ段、Ⅱ段、Ⅲ段可带方向，Ⅳ段不带方向）

2）保护出口采用跳闸矩阵方式，可灵活整定；

测控方面的主要功能有：

1）8 路遥信开入采集、遥信变位、事故遥信；

2）5 路断路器遥控分合，空接点输出；出口动作保持时间可程序设定；

3）P、Q、I（IA、IB、IC）、U（UA、UB、UC、UAB、UBC、UCA）、U0、I0、F、cosΦ等模拟量的遥测；

4）遥控事件记录及事件 SOE 等；

5）四路脉冲累加单元，空接点输入。

4. 馈线变压器保护配置

6 kV（10 kV）馈线变压器保护配置：

开关柜保护装置，保护设置为：

（1）过流Ⅰ段（速断保护）；

（2）过流Ⅱ段（过流保护）；

（3）非电量保护（瓦斯保护、温度保护）；

（4）零序过流Ⅲ段。

2.5.3.2 微机线路保护

电力系统输电线路运行中，可能发生各种故障和不正常运行状态，最常见同时也是最危险的故障是发生各种形式的短路。在发生短路时可能产生以下的后果：

① 通过故障点的很大的短路电流和所燃起的电弧，使故障元件损坏；

② 短路电流通过非故障元件，由于发热和电动力的作用，引起它们的损坏或缩短使用寿命；

③ 电力系统中部分地区的电压大大降低，破坏用户工作的稳定性或影响工厂产品质量；

④ 破坏电力系统并列运行的稳定性，引起系统振荡，甚至使整个系统瓦解。

电力系统中电气元件的正常工作遭到破坏，但没有发生故障，这种情况属于不正常运行状态。

例如，因负荷超过电气设备的额定值而引起的电流升高，又叫过负荷。由于过负荷，使元件载流部分和绝缘材料的温度不断升高，加速绝缘的老化和损坏，就可能发展成故障。此外，系统中出现功率缺额而引起的频率降低、发电机突然甩负荷而产生的过电压、电力系统发生振荡等都属于不正常运行状态。故障和不正常运行状态，都可能在电力系统中引起事故。在电力系统中，除应采取各项积极措施消除或减少发生故障的可能性外，故障一旦发生，必须迅速而有选择性地切除故障元件，这是保护电力系统安全运行的最有效方法之一。

（1）过流保护

1）电流速断保护

如图 2-26 中网络接线所示，假定在每条线路上都装有过电流保护，则当线路 A—B 上发生故障时，希望保护 2 能瞬时动作；而当线路 B—C 上故障时，希望保护 1 能瞬时动作。瞬时动作的过电流保护称为电流速断保护。

以保护 2 为例，当本线路末端 d1 点短路时，希望速断保护 2 能够瞬时动作切除故障，而当相邻线路 B—C 的始端 d2 点短路时，按照选择性的要求，速断保护 2 就不应该动作，因为该处的故障应由速断保护 1 动作切除。但是实际上 d1 点和 d2 点短路时，保护 2 安装处所流过短路电流数值几乎是一样的。因此希望 d1 点短路时速断保护 2 能动作，而 d2 点短路时又不动作的要求就不可能同时得到满足。为解决这个矛盾，通常都是优先保证动作的选择性，即从保护装置起动参数的整定上保证下一条线路出口处短路时不起动，这又称为按躲开下一条线路出口处短路的条件整定。

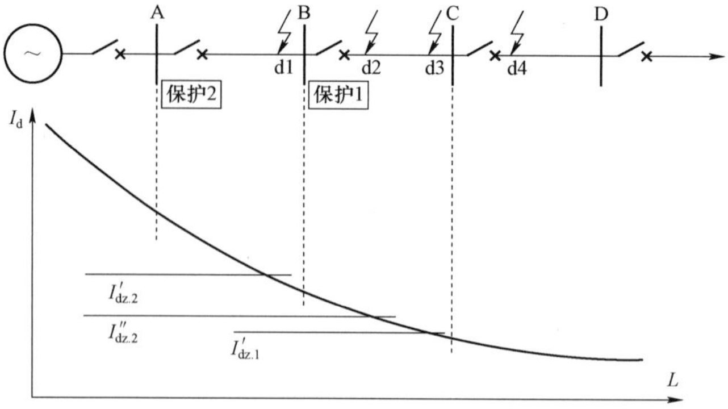

图 2-26　三段电流保护区间示意图

在一定的系统运行方式下，可以经计算绘出的变化曲线，如图所示。为了保证电流速断的选择性，对保护 2 来说，其起动电流必须整定得大于 d2 点短路时，可能出现的最大短路电流，引入可靠系数 $K=1.2\sim1.3$，定值为 $I'_{dz.2}$，由图上可能看出，速断过流保护可以保护线路全长 80%左右范围内的短路故障。

同理，保护 1 安装处的电流速断保护，可以保护线路 B-C 短路故障，保护范围也为全线路的 80%左右，定值为 $I'_{dz.1}$。

2）带时限过电流保护

由于有选择性的电流速断不能保护本线路的全长，因此可考虑增加一段新的保护，用来切除本线路上速断保护范围以外的故障，同时也能作为速断保护的后备，这就是带时限过电流保护。

带时限过电流保护的整定和相邻线路速断保护整定值相配合，但不能超过相邻线路过流速断保护范围。如图所示，保护 1 的电流速断整定值为 $I'_{dz.1}$，引入可靠系数 $K=1.1\sim1.2$，保护 2 的带时限过流定值 $I''_{dz.2}=K\times I'_{dz.1}$。

3）反时限过电流保护

在定时限过流保护中，为了有选择地、快速地切除靠近电源测的短路故障，必须使用多个延时构成多段式定时限过流保护，并且短路点越靠近电源，过电流保护段动作时间越长。为了克服上述缺点，引入反时限过流保护。

反时限过电流保护是动作时限与被保护线路中电流大小有关的一种保护，当电流大时，保护的动作时限短，而电流小时动作时限长。其动作时限特性如图 2-27 所示。

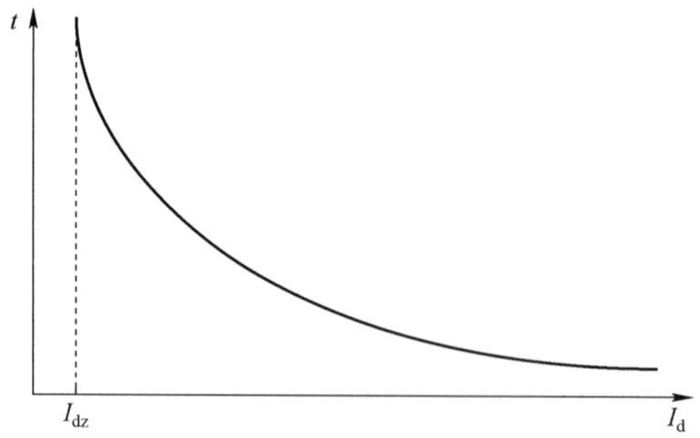

图 2-27　反时限电流保护时间与电流关系图

RCS-9600C 系列线路保护中，采用反时限过流和过流Ⅲ段复用，通过相关控制字来投退反时限保护。

4）复压元件

系统发生远端故障时，故障电流相对较小，引入复压控制元件来提高保护对这种故障的灵敏性。可以重新设置过流保护电流定值对远端故障时的故障电流具有相当灵敏性，同时通过复压控制元件来确保过流保护的可靠动作。当复压控制元件投入使用时，过流定值可整定为躲过最大负荷电流就可以了。

RCS-9600C 系列线路保护测控装置的三段过流保护都可经过复压元件控制。如果保护装置的电压互感器断线监视功能投入时，同时电压互感器断线闭锁电压相关电流保护功能投入，当保护装置电压互感器发生断线时，保护装置自动退出所有经复压元件控制的过流保护。

5）方向元件

为了保证过流保护动作的选择性，即保证正方向故障时动作，反方向故障时不动作，RCS-9600C 系列线路保护装置引入方向元件来满足过流保护动作的选择性要求。方向元件采用 90° 接线方式。方向元件和电流元件接成按相启动方式。方向元件带有记忆功能，可消除近端三相短路时方向元件的死区。

下表列出本保护装置实现方向元件功能的工作量和极化量关系。

表 2-6　方向元件功能的工作量和极化量关系

故障相	工作量 I	极化量 U
A 相	I_a	U_{bc}
B 相	I_b	U_{ca}
C 相	I_c	U_{ab}

方向元件的动作判据如下：

$$-90^\circ < \mathrm{Arg}\left(\frac{\dot{U}}{\dot{I}}\right) - \phi_m < 90^\circ$$

上式中，ϕ_m 指方向元件的继电器特性角（RCA）的角度，本系列线路保护装置中为 45°。

本装置三段过流保护都可经过方向元件控制。如果保护装置的电压互感器断线监视功能投入时，同时电压互感器断线闭锁电压相关电流保护功能投入，当保护装置电压互感器发生断线时，保护装置会自动退出所有带方向元件的过流保护。

6）零序电流保护

装置提供三段式零序过流保护用于反映系统接地故障。零序电流可从专用零序电流互感器获取或者由装置计算得到。各段有独立的电流定值和时间定值以及控制字。

零序过流Ⅰ段和零序过流Ⅱ段固定为定时限保护；零序过流Ⅲ段可以经控制字选择是定时限还是反时限。三段零序过流保护在作为定时限保护时具有相同的保护逻辑。

整定计算：

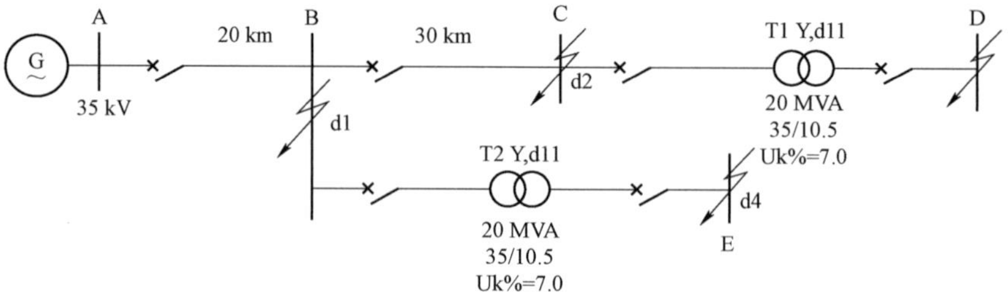

图 2-28　零序过流整定计算网络图

① 零序电流 I 段

零序电流 I 段电流定值作为速断段保护使用，按躲过本线路末端接地故障最大三倍零序电流整定。即 $I_{op.1}^{I}=K_{rel}3I_{0.max}$

式中，K_{rel}——可靠系数，取 $K_{rel}\geqslant 1.3$；

$I_{0.max}$——保护区外接地短路故障时，保护安装处测量到的最大零序电流。

计算 d1 处短路时的零序电流：

$$X_{1\Sigma}=X_{2\Sigma}=X_{s1}+X_{L11}$$

$$X_{0\Sigma}=X_{s0}+X_{L10}$$

$$I_{k0}^{(1)}=\frac{U}{\sqrt{3}\times(X_{1\Sigma}+X_{2\Sigma}+X_{0\Sigma})}$$

② 零序电流 II 段

按照保本线路末端接地故障时有不小于规定的灵敏系数整定，还应与相邻线路零序电流 I 段或 II 段配合，动作时间按配合关系整定。

$$I_{op.1}^{II}=K_{rel}K_{b.max}I_{op.2}^{I}$$

式中，K_{rel}——可靠系数，取 $K_{rel}\geqslant 1.1$～1.3；

$I_{op.2}^{I}$——相邻线路零序 I 段或 II 段动作值

$K_{b.max}$——最大分支系数。

③ 零序电流 III 段

零序电流 III 段作本线路经电阻接地故障和相邻元件接地故障的后备保护，其电流一次值不应大于 300 A，在躲过本线路末端变压器其他侧三相短路最大不平衡电流的前提下，力争满足相邻线路末端故障有灵敏系数的要求；校核与相邻线路零序电流 II 段与 III 段的配合情况，动作时间按配合关系整定。

$$I_{op.1}^{III}=K_{rel}K_{aper}K_{st}f_{i}I_{op.1}^{(3)}$$

式中，K_{rel}——可靠系数，取 $K_{rel}\geqslant 1.1$；

K_{aper}——非周期分量系数，取 1.5～2.0；

K_{st}——为同型系数，互感器同型号时取 0.5；

f_{i}——互感器幅值误差，一般取 0.1；

$I_{op.1}^{(3)}$——线路末端三相短路电流；

7）线路负序过流保护

装置提供两段定时限负序过流保护，负序电流定值和动作时间可分别整定。用于反应不对称故障。当负序电流大于整定值时，作用于跳闸。

由于两相短路时 $I_2^{(2)}=\dfrac{1}{2}I^{(3)}$，对于线路保护，负序电流元件的起动电流只要固定等于 0.5 倍相电流元件的起动值，两相短路的相对灵敏系数就等于 1。在整定计算时，只要按照三相短路与相邻线过电流保护进行灵敏度配合即可。负序过流保护的整定可以参考相间过流定值。

$$I_{op}=K_n I_{L.max}$$

式中，$I_{L.max}$——取本线路三相短路过流的最大值。

K_n——负序系数，可取 0.5。

动作延时：取与本元件相间过流各段时限相同。

对于同一点故障，相间过流和负序过流保护中灵敏度高且固定动作快的保护优先动作。

8）灵敏接地保护

装置提供一段灵敏接地保护，所用的采样 CT 在输入电流很低的情况下也能保证很高的采样精度。当采样的零序电流大于灵敏接地电流定值时，经过延时，跳闸出口。

整定原则

灵敏接地电流定值按照线路末端发生单相接地时流过保护处的电容电流整定，并满足灵敏系数不小于 1.2；动作时间参考零序过流 Ⅰ 段整定。

$$I_{op}=\frac{I_0^{(1)}}{K_{lm}}$$

式中，$I_0^{(1)}$——线路末端发生单相接地时流过保护处的电容电流值。

K_{lm}——灵敏系数，可取 $K_{lm}\geqslant 1.2$。

（2）断路器失灵起动

当保护已经发出跳闸命令给断路器，但是经过延时仍然可以检测到相应的母线存在故障电流且线路断路器未跳开，断路器失灵保护将起动。

整定原则

1）相电流元件的动作电流

相电流元件的动作电流 I_{op}，应能躲过长线空充电时的电容电流来整定。另外，应保证在线路末端接地时，其动作灵敏度系数大于或等于 1.3，并尽可能躲过正常运行时的负荷电流。

2）时间元件

失灵保护的动作时间，应在保证该保护动作选择性的前提下尽量缩短。其第一级动作时间应按下式计算：$t=t_0+t_B+\Delta t$

式中，t_0——断路器的跳闸时间，取 0.03～0.05 s；

t_B——保护动作返回时间，取 0.02～0.03 s；

Δt——时间级差，取 0.15～0.2 s。

（3）过电压保护

针对由于故障而导致过切负荷，使得无功过剩造成母线电压上升的情况，装置设置了一段过电压保护。可通过控制字来选择是用相电压还是相间电压做判据，也可选择是用单相判据还是三相判据，当满足电压定值条件，时间超过整定时间时，过电压保护动作。

过电压动作值可整定为：$U_{op}=K_{rel}U_N$

式中，U_N——线路额定电压。

K_{rel}——可靠系数，可取 1.2。

动作时间可设为 0.5 s。

（4）低电压保护

当负荷增加或者发生故障等情况下，母线电压会降低，针对这种情况装置设置了一段低电压保护。

当满足电压定值条件，时间超过整定时间时，低电压保护动作。低电压保护经 TWJ 位置闭锁。装置能自动识别三相 PT 断线，并及时闭锁低电压保护。

低电压动作值可整定为：

$$U_{op}=K_{rel}U_N$$

式中，U_N——线路额定电压。

K_{rel}——可靠系数，可取 0.7。

动作时间可设为 0.5 s。

因为低电压保护通常作为后备保护使用，动作时间可设为 1.5 s 以上。

（5）光纤纵差保护

输电线路光线纵差保护是利用光线通讯方式比较线路两侧电流相量（大小和相位）构成的全线速动保护，对全线的各种短路故障均能快速切除。

1）光纤纵差保护原理

由于 C 型装置的通讯方式为异步通讯方式且采用较低的通讯波特率，为提高差动继电器可利用的数据采样密度，装置必须压缩两侧需交换的数据量，故差动继电器实现时取两侧电流综合量而未采用分相电流差动。差动方程如下：

$$DI_{\Sigma}=|\dot{I}_{\Sigma L}+\dot{I}_{\Sigma R}|-0.7(|\dot{I}_{\Sigma L}|+|\dot{I}_{\Sigma R}|)\geqslant 0.3|\dot{I}_{\Sigma N}|$$

$$\dot{I}_{\Sigma}=\dot{I}_1+4\dot{I}_2$$

其中，$I_{\Sigma L}$ 是本侧电流综合量，$I_{\Sigma R}$ 是对侧电流综合量，$I_{\Sigma N}$ 是额定工况下的电流综合量。

当装置未达到差动起动电流定值而差流大于 0.3In 时，装置延时 5 s 发差流报警信号。光通信系统本身具有通信检测功能，接收数据异常时装置将发通道故障信号，并闭锁差动保护，一旦通信恢复，差动保护将自动投入，当装置误码率较高时可能将导致保护固有动作时间加长。

光纤纵差保护要求线路两侧 CT 的一次额定值差异小于 4 倍。

光纤纵差保护要求要求两侧 CT 相数一致，即不能一侧三相式 CT，一侧两相式 CT。

2）整定计算

差动电流起动定值按照躲过流过线路的最大负荷电流整定。

$$I_{cdqd} = K_{rel} I_{max.Load}$$

式中，K_{rel}——可靠系数，取 $K_{rel} \geqslant 1.3$。

$I_{max.Load}$——最大线路负荷。

（6）距离保护

距离保护是以距离测量元件为基础构成的保护装置，因为其测量参数（阻抗、电抗）与输电线路的长度成正比，故名距离保护。距离保护是用于输电线的保护，一般是三段式或四段式。第一、二段带方向，作本线路的主保护。其中第一段保护线路的 80%～90%，第二段保护余下的 10%～20%并作相邻母线的后备保护。第三段带方向或不带方向，有的还设有不带方向的第四段，作本线及相邻线段的后备保护。

当电压回路断线及系统振荡时，可能会引起距离保护误动，所以距离保护一般配有电压回路断线闭锁和系统振荡闭锁环节。

1）突变量起动定值

在本线路末端各类金属性短路故障时，灵敏系数大于 4，在距离Ⅲ段动作区末端金属性故障时，灵敏系数大于 2。

2）过流起动定值

按躲过线路最大负荷电流计算。即：

$$I_{op.1} = K_{rel} I_{load.max}$$

式中，K_{rel}——可靠系数，取 1.5～2.0。

3）负序电流起动定值

按躲开正常运行时及系统振荡时电流互感器二次侧最大不平衡电流计算，即：

$$I_{op.2} = K_{rel} \frac{I_{bp2.max}}{K_{re}}$$

$$I_{bp2.max} = \left(\frac{\Delta I}{3} + K_T \frac{\Delta f}{f_N} + \frac{\Delta \phi\%}{100} \right) I_{cal}$$

式中，K_{rel}——可靠系数，取 K_{rel} 1.5～2.0；

K_{re}——返回系数，取 0.85～0.95；

ΔI——由电流互感器误差引起的不平衡电流；

Δf——频率偏差绝对值，取实际可能最大值；

f_N——系统频率额定值；

K_T——与滤过器型式有关的系数，取 0.5；

$\Delta \phi\%$——由于滤过器调整不精确引起的不平衡电流百分数，一般取 $\Delta \phi\% = 1\%$；

I_{cal}——所取计算条件下，计算用的电流值；

$I_{bp2.max}$——正常运行及系统振荡时，电流互感器二次最大不平衡电流。

4）相间距离Ⅰ段定值

① 按躲过本线路末端故障整定：

$$Z_{op.1}^{I} \leqslant K_{rel} Z_L$$

式中，K_{rel}——可靠系数，取 0.8～0.85；

Z_L——线路正序阻抗。

② 单回线终端变压器方式伸入变压器内：

$$Z_{op.1}^{I} \leqslant K_{rel} Z_L + K_{rel.T} Z_T$$

式中，K_{rel}——可靠系数，取 0.8～0.85；

$K_{rel.T}$——可靠系数，取 $K_{rel.T}$ ≤0.7；

Z_T——终端变压器并联等值正序阻抗。

③ 当线路末端变压器为两台及以上并列运行且变压器有差动保护时。按躲开本线路末端故障或躲开终端变电站其他母线整定：

$$Z_{op.1}^{I} \leqslant K_{rel} Z_L \text{ 或 } Z_{op.1}^{I} \leqslant K_{rel} Z_L + K_{rel.T} Z_T$$

式中，Z_T——终端变电所变压器并联阻抗。

其他符号同前。

④ 当线路末端变压器为两台及以上并列运行且变压器为装设差动保护时。可以按躲开本线路末端故障或躲开变压器的电流速断保护范围末端整定，即：

$$Z_{op.1}^{I} \leqslant K_{rel} Z_L + K_{rel.T} Z_{T.p}$$

式中，$Z_{T.p}$——终端变电所变压器并联运行时，电流速断保护区最小阻抗值。

其他符号同前。

⑤ 当被保护线路中间接有分支线路（或变压器）时。其计算按躲开本线路末端和躲开分支线路（分支变压器）末端故障整定，即：

$$Z_{op.1}^{I} \leqslant K_{rel} Z_L \text{ 或 } Z_{op.1}^{I} \leqslant K_{rel} Z_L' + K_{rel.T} Z_T$$

式中，Z_L'——本线路中间接分支处至保护安装处之间的线路的正序阻抗。

5）相间距离Ⅱ段定值

① 躲相邻线路距离保护第Ⅰ段：

$$Z_{op.1}^{II} \leqslant K_{rel} Z_L + K_{rel}' K_b Z_{op.2}^{I}$$

式中，K_{rel}——可靠系数，取 0.8～0.85；

K_{rel}'——可靠系数，取 K_{rel}' ≤0.8；

K_b——分支系数；

$Z_{op.2}^{I}$——相邻线路距离Ⅰ段动作阻抗。

② 躲变压器其他侧母线：

$$Z_{op.1}^{II} \leqslant K_{rel} Z_L + K_{rel.T} K_b Z_T'$$

式中，$K_{rel.T}$——可靠系数，取 $K_{rel.T}$ ≤0.7；

Z_T'——终端变压器并联等值正序阻抗。

③ 躲相邻线路距离保护第Ⅱ段：

$$Z_{op.1}^{II} \leqslant K_{rel} Z_L + K_{rel}' K_b Z_{op.2}^{II}$$

式中，$Z_{op.2}^{II}$——相邻线路距离保护第Ⅱ段动作阻抗。

④ 与相邻线路电流电压保护配合。求出电流电压保护的最小保护范围，再与之配合。

6）相间距离Ⅲ段定值

① 躲相邻线路距离保护第Ⅱ段：

$$Z_{op.1}^{III} \leqslant K_{rel} Z_L + K'_{rel} K_b Z_{op.2}^{II}$$

符号含义同前。

② 与相邻线路距离保护第Ⅲ段：

$$Z_{op.1}^{III} \leqslant K_{rel} Z_L + K'_{rel} K_b Z_{op.2}^{III}$$

式中，$Z_{op.2}^{III}$——相邻线路距离保护的Ⅲ段动作阻抗。

③ 与相邻变压器过电流保护配合：

$$Z_{op.1}^{III} \leqslant K_{rel} \left(K_b \frac{E_{\varphi\min}}{2I'_{op}} - Z_c \right)$$

式中，$E_{\varphi\min}$——距离保护安装处背侧最低等值相间电势；

I'_{op}——相邻变压器过电流保护定值；

Z_c——背侧等值阻抗。

④ 躲负荷阻抗：

$$Z_{op.1}^{III} \leqslant K_{rel} Z_L$$

式中，K_{rel}——可靠系数，取 $K_{rel}=0.7$；

Z_L——系统最不利频率下事故过负荷最小负荷阻抗。

2.5.4　微机保护简介

2.5.4.1　微机保护的概念

微机保护是用微型计算机构成的继电保护，是电力系统继电保护的发展方向（现已基本实现，尚需发展），它具有高可靠性，高选择性，高灵敏度。微机保护装置硬件包括微处理器（单片机）为核心，配以输入、输出通道，人机接口和通讯接口等，该系统广泛应用于电力、石化、矿山冶炼、铁路以及民用建筑等。微机的硬件是通用的，而保护的性能和功能是由软件决定。

2.5.4.2　运行原理

微机保护装置的数字核心一般由 CPU、存储器、定时器/计数器、Watchdog 等组成。目前数字核心的主流为嵌入式微控制器（MCU），即通常所说的单片机；输入输出通道包括模拟量输入通道（模拟量输入变换回路（将 CT、PT 所测量的量转换成更低的适合内部 A/D 转换的电压量，±2.5 V、±5 V 或±10 V）、低通滤波器及采样、A/D 转换）和数字量输入输出通道（人机接口和各种告警信号、跳闸信号及电度脉冲等）。

2.5.4.3　基本组成

传统的继电保护装置是使输入的电流、电压信号直接在模拟量之间进行比较和运算处理，使模拟量与装置中给定的机械量（如弹簧力矩）或电气量（如门槛电压）进行比较和运算处理，决定是否跳闸。

计算机系统只能作数字运算或逻辑运算，因此微机保护的工作过程大致是：当电力系统发生故障时，故障电气量通过模拟量输入系统转换成数字量，然后送入计算机的中央处理器，对故障信息按相应的保护算法和程序进行运算，且将运算的结果随时与给定的整定值进行比较，判别是否发生故障。一旦确认区内故障发生，根据开关量输入的当前断路器和跳闸继电器的状态，经开关量输出系统发出跳闸信号，并显示和打印故障信息。

微机保护由硬件和软件两部分组成。

微机保护的软件由初始化模块、数据采集管理模块、故障检出模块、故障计算模块、自检模块等组成。

微机保护的硬件电路由六个功能单元构成，即数据采集系统、微机主系统、开关量输入输出电路、工作电源、通信接口和人机对话系统。

2.5.4.4 保护的种类及功能

（1）保护的种类：主要应用

微机型零序电流保护。

微机距离保护。

变压器微机纵差保护。

微机线路差动保护。

另有进线保护、出线保护、母联分段保护、进线或母联备自投保护、厂用变压器保护、高压电动机保护、高压电容器保护、高压电抗器保护，差动保护，后备保护，PT 测控装置等。

（2）保护方面的主要功能

定时限/反时限保护、后加速保护、过负荷保护、负序电流保护、零序电流保护、单相接地选线保护、过电压保护、低电压保护、失压保护、负序电压保护、风冷控制保护、零序电压保护、低周减载保护、低压解列保护、重合闸保护、备自投保护、过热保护、过流保护、逆功率保护、差动保护、启动时间过长保护、非电量保护等。

2.5.4.5 微机保护的特点

微机保护与传统的反应模拟量的保护相比较，主要优点如下：

（1）微机保护集测量、控制、监视、保护、通信等多种功能于一体的电力自动化高新技术产品，是构成智能化开关柜的理想电器单元。

（2）多种功能的高度集成，灵活的配置，友好的人机界面，使得该通用型微机综合保护装置可作为 35 kV 及以下电压等级的不接地系统、小电阻接地系统、消弧线圈接地系统、直接接地系统的各类电器设备和线路的保护及测控，也可作为部分 66 kV、110 kV 电压等级中系统的电压电流的保护及测控。

（3）采用 32 位数字信号处理器（DSP）具有先进的内核结构，高速运算能力和实时信号处理等优点。

（4）支持常规的 RS485 总线及 CAN（DEVICENET）现场总线通讯，CAN 总线具有也错帖自动重发和故障节点自动脱离等纠错机制，保护信息的实施性和可靠性。

（5）完善的自检能力，发现装置异常自动报警；具有自保护能力，有效防止接线错误和非正常运行引起的装置永久性损坏；免维护设计，无需在现场调整采样精度，测量精度不会因为环境改变和长期运行引起误差增大！

2.5.5　综合自动化厂站系统

变电站综合自动化系统是采用面向对象的设计思想，利用最新的计算机和网络通信技术，按照变电站自动化整体解决方案，统一规划、设计的分布分散式变电站自动化系统。该系统底层由保护测控单元构成。通过计算机通信网的连接，完成各保护测控单元与变电站的主计算机系统间的互连，形成一个完整的变电站综合自动化系统。各保护测控单元及变电站其他自动化设备或子系统在变电站的主计算机系统的协调、管理和控制之下，完成变电站运行、监视和控制任务。

各保护测控单元可就近安放在开关柜上或开关场，通过光纤或计算机通讯网络实现与变电站计算机通信，交换信息。

性能特点：

① 分布式系统　将保护功能和测控功能按对象进行设计，集保护、测控功能于一体，保护、测控既相互独立，又相互融合，保护、测控借助于计算机网络与变电站层计算机监控系统交换数据，减少大量的二次接线，增加了功能，节省了投资，提高了系统可靠性。

② 支持标准通信协议，开放性好　采用电力行业标准（IEC60870-5-103 或 IEC61850）规约，提供保护和测控的综合通信，实时性强，可靠性高，具有不同厂家的同种规约的互操作性，是一种开放式的总线。

③ 采用先进的网络结构，站控层提供双以太网结构，可选用光纤网络；间隔层所有设备采用总线或以太网结构，具有比较好的可靠性和灵活性。

④ 支持硬件对时网络，为 GPS/北斗硬件对时提供网络方式。GPS/北斗装置只需给出一副接点，通过一个网络，即可对所有设备提供硬件对时，避免了以往为每一个设备提供一副接点及一对连线的麻烦。

⑤ 开放式设计，资源共享，方便使用维护开放式系统设计，组态完成监控功能完整提供保护信息功能及保护录波分析，可靠，安全。

该系统从整体上分为三层：变电站层、通信层、间隔层。

间隔层主要由保护单元、测控单元组成。RCS/PCS 系列保护、测控装置解决了装置在恶劣环境下（高温、强电磁场干扰、潮湿）长期可靠运行的问题，并在整体设计上，通过保护、测控装置有机结合，信息交换，减少重复设备，简化了设计，减少了电缆。

通信层支持单网或双网结构，支持全以太网，也提供其他网络；双网采用均衡流量管理，有效地保证了网络传输的实时性和可靠性；通信协议采用电力行业标准规约，可方便地实现不同厂家的设备互连；可选用光纤组网，增强通信抗电磁干扰能力；提供远动通信功能，可以不同的规约向不同的调度所或集控站转发不同的信息报文；利用 GPS/北斗，支持硬件对时网络，减少了对时装置与设备之间的连线，方便可靠，对时准确。在通信层，采用网关代替了某些自动化系统中常用的通信控制器，其最大好处是，其一，安全性。网关起着类似服务器的作用，连接网络各个节点，可将安全措施与通信功能集一体，可有效地隔离网络外部的影响；其二，网络开放性。这便于连接不同制造厂家的设备，避免被拴于给定时间的特殊开发或受控于极少数供货厂商；其三，网络可扩。允许人们改变和修改部分系统而无需较大的费用。

变电站层采用分布式系统结构，提供多种组织形式，可以是单机系统，亦可多机系统。灵活性好，可靠性高，且方便系统扩展。变电站层为变电值班人员、调度运行人员提供变电站监视、控制和管理功能，界面友好，易于使用。组件技术使用，实现软件功能“即插即用”，能很好地满足综合自动化系统的需要。

变电站综合自动化系统一般还具有的功能有，数据采集和处理、超高压线路和低压馈线保护和测控、备自投、低周减载、自动同期、电压无功控制等自动控制功能、数据统计和处理，如电量统计、电压合格率统计以及主变负荷率计算等、异常和事故报警及处理、保护及故障信息管理和处理。

Web 服务器用于提供 WEB 连接，响应客户端浏览器的访问要求，以网页的形式发布数据，如报表、曲线及厂站图等）。WEB 服务器与 PCS-9700 厂站监控系统之间采用网络安全隔离装置进行连接。

2.5.6 继电保护技术发展及前景

与当代其他的新兴科学技术相比，电力系统继电保护是相当古老了，然而电力系统继电保护作为一门理论和实践并重综合性科学又总是充满青春活力，处于蓬勃发展中。它以电力系统的需要作为发展的源泉，同时又不断地吸取相关的科学技术中出现的新成就作为发展的手段。电力系统继电保护技术的发展过程充分地说明了这一论点。

随着电力系统的出现，继电保护技术就相伴而生。由于继电保护技术得天独厚，在 40 余年的时间里完成了发展的 4 个历史阶段。在 19 世纪末已开始利用熔断器防止在发生短路时损坏设备，建立了过电流保护原理，1905—1908 年研制出电流差动保护，自 1910 年起开始采用方向性电流保护，于 20 世纪 20 年代初生产出距离保护，在 20 世纪 30 年代初已出现了快速动作的高频保护。由此可见，从继电保护的基本原理上看，到 20 世纪 20 年代末普遍应用的继电保护原理基本上都已建立，迄今在保护原理方面没有出现突破性发展。

从实现保护装置的硬件看，从 1901 年出现的感应型继电器至今大体上经历了机电式、整流式、晶体管式、集成电路式、微型计算机式等发展阶段。以数字式计算机为基础而构成的继电保护起源于 20 世纪 60 年代中后期。20 世纪 60 年代中期，有人提出用小型计算机实现继电保护的设想，但是由于当时计算机的价格昂贵，同时也无法满足高速继电保护的技术要求，因此没有在保护方面取得实际应用，但由此开始了对计算机继电保护理论计算方法和程序结构的大量研究，为后来继电保护的发展奠定了理论基础。我国从 20 世纪 70 年代末即已开始了计算机继电保护的研究，高等院校和科研院所起着先导的作用。20 世纪 60 年代中期到 20 世纪 80 年代中期是晶体管继电保护蓬勃发展和广泛采用的时代。随着微机保护装置的研究，在微机保护软件、算法等方面也取得了很多理论成果，到 20 世纪 80 年代末集成电路保护已形成完整系列，逐渐取代晶体管保护。20 世纪 90 年代，电力系统继电保护技术发展到了微机保护时代，也是继电保护技术发展历史过程中的第四代。1984 年原华北电力学院研制的输电线路微机保护装置首先通过鉴定，并在系统中获得应用，揭开了我国继电保护发展史上新的一页，为微机保护的推广开辟了道路。在主设备保护方面，东南大学和华中理工大学研制的发电机失磁保护、发电机保护和发电机，变压器组保护也相继于 1989 年、1994 年通过鉴定，投入运行。从此以后，不同原理、不同机型的微机线路和主设备保护各具特色，为电力系统提供了一批新一代性能优良、功能齐全、工作可靠的继电保护装置。随着微机保护装置的研究，在微机保护软件、算法等方面也取得了很多理论成果。

可以说从 20 世纪 90 年代开始我国继电保护技术已进入了微机保护的时代。纵观继电保护将近 100 年的技术发展史可以看出，虽然继电保护的基本原理早已提出，但它总是根据电力系统发展的需要，不断地从相关的科学技术中取得的最新成果中发展和完善自身。

总的看来，继电保护技术的发展可以概括为三个阶段、两次飞跃。三个阶段是机电式、半导体式、微机式。第一次飞跃是由机电式到半导体式，主要体现在无触点化、小型化、低功耗。第二次飞跃是由半导体式到微机式，主要在数字化和智能化。显而易见，第二次飞跃有着尤为重要的意义，它为继电保护技术的发展开辟了前所未有的广阔前景。当前正面临第二次飞跃的大好机遇，因此应该立足于充分发挥微机保护的智能作用，根据电力系统发展的需要，利用相关技术的新成就，把继电保护技术提高到一个更高的水平。

电力系统中的继电保护正在同别的功能相互渗透，相互融合成一个新型的综合测控装置，而继电保护的功能在其中得到深化和发展。配合微机技术的发展，通讯技术的发现，以及适应各种环境的硬件的发展。配电网中的综合测控装置的功能愈来愈强，应用范围愈来愈大，传统的继电保护装置渐不明显，而继电保护技术却会不断向智能化方向发展。这对继电保护工作者提出了艰巨的任务，也开辟了活动的广阔天地。微机保护必将随着各种技术的进步和发展呈现更新的特征，也将获得更广泛的应用。

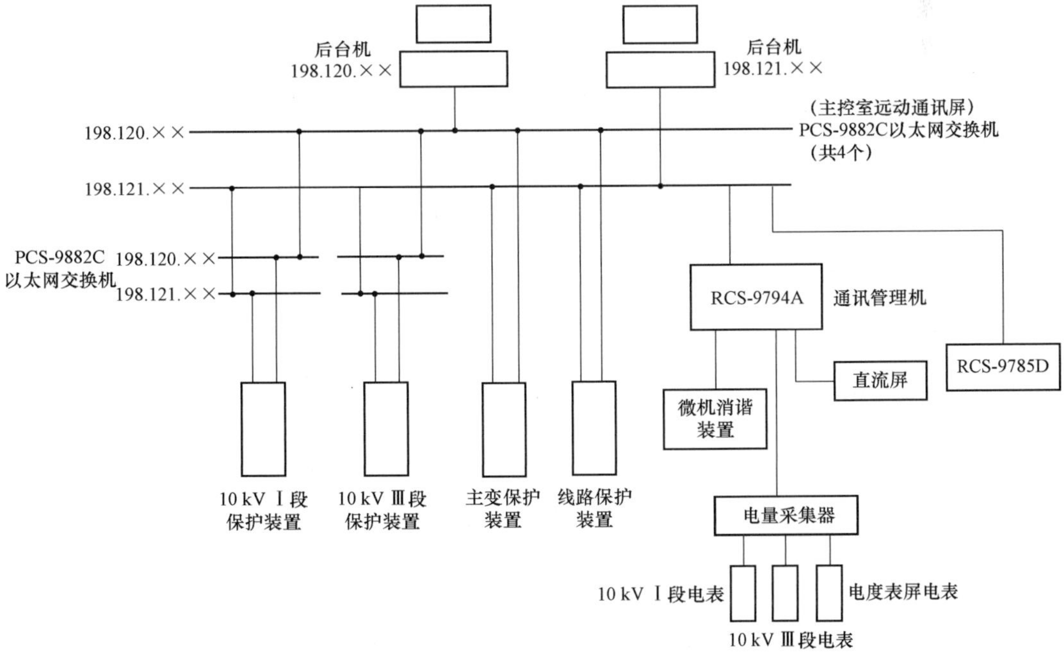

图 2-29　站内通讯组网图

随着通信技术和计算机技术的发展，继电保护及故障信息管理系统将变得更加实用、可靠。更为重要的是，保信系统为不同地区、不同部门的信息即时共享提供了一个有效的途径。电力系统的飞速发展对继电保护不断提出新的要求，电子技术、计算机技术与通信技术的飞速发展又为继电保护技术的发展不断地注入了新的活力，进而我国电力系统的未来发展将更为强大。总之，微机保护必将随着各种技术的进步和发展呈现更新的特征和突破，也将获得更广泛的应用。进步和发展呈现更新的特征和突破，也将获得更广泛的应用。

第 3 章

中频供电系统

铀浓缩（离心）工厂中频供电系统是各用电系统中最重要的系统，为离心机提供中频驱动电源，工厂 60%～70%的能源利用在这里完成，系统设备多、动力连线多、逻辑关系复杂、备用关系复杂、技术含量高。因此了解掌握系统结构特点、设备特点、系统参数、系统构成原则，方能够更好管理好、运行好、维护好整个系统。

3.1 系统概述

3.1.1 中频供电系统定义

给机器供电的线路及相关的动力、功率变换、动力分配、控制、监控设备集合统称。

从动力逻辑关系划分为：（图 3-1 中频供电系统动力逻辑划分图）。

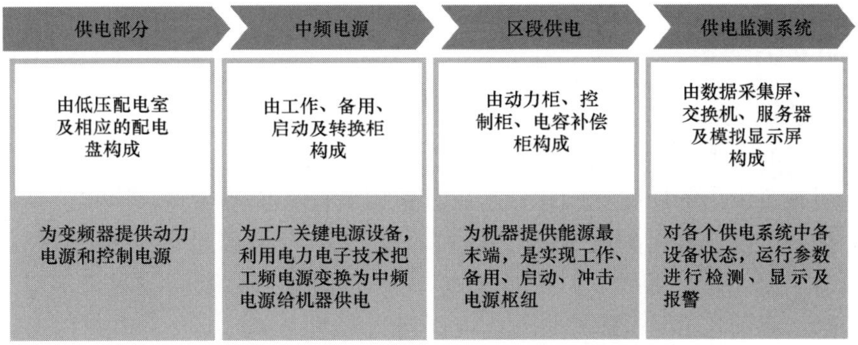

图 3-1　中频供电系统动力逻辑划分图

配供电部分：主要由多组环网柜、变压器、进线柜、滤波柜、馈线柜、双路电源切换柜组成。完成为每台变频器提供工作电源和备用电源。

功率变换部分：主要由多台工作变频器、备用变频器、启动变频器组成。完成 380 V/50 Hz 交流电变换成离心机使用的 380 V/xxx Hz 中频电源。

动力分配部分：主要是多台区段供电柜构成。完成选择工作电源还是备用电源或启动电源供电，同时完成无功补偿。

中频供电监控部分：主要由信号采集柜、服务器、打印机、模拟屏组成。完成对中频系统配供电部分、功率变换部分、动力分配部分各设备的状态信号、模拟量信号采集记录，并集中显示管理，故障分析追踪。

3.1.2　系统本质特征

中频供电系统主要由供配电部分，功率变换部分，动力分配部分，中频供电监控部分四部分组成。其本质是把 50 Hz/380 V 交流电经过整流、逆变变换成频率为**** Hz、电压为 380 V 的三相中频电源，通过负荷配电柜将中频电源输送至离心机并实现相应的保护及补偿功能。

其基本流程特征如图 3-2。

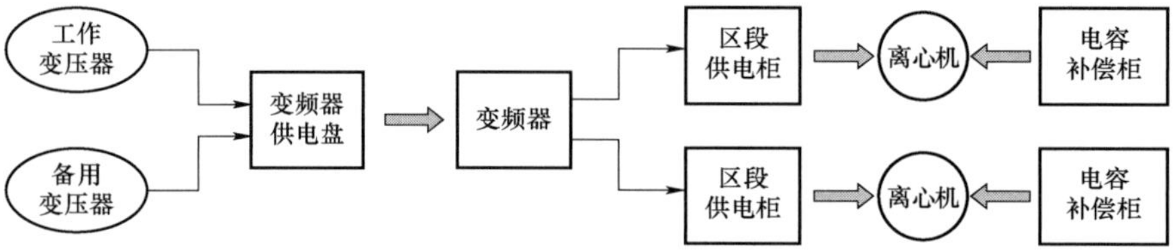

图 3-2　中频供电系统基本流程特征

是以固定离心机器为对象（工艺把一定机器数划分为区段、机组），以区段供电柜为枢纽，以变频器为核心。因离心机运行工艺需求，在枢纽处解决机器的冲击、启动、备用、检修动力回路连接，完成各控制命令执行；在核心处完成功率变换、工况选择、负载一些功能加载。在供电处完成电源的双回路供给。

3.1.3　各部分结构型式

3.1.3.1　配电部分结构模式

中频系统核心是变频器，因机器数量和工艺特点及功率局限决定了变频器数量很多，也决定了给变频器供电的回路比较多，考虑容量限制及双电源供电、检修故障处理不影响机器运行要求，配电部分典型结构分为两种基本模式：配电模式 1：变压器独立工作，变频器双电源切换柜供电，见图 3-3 配电模式 1；配电模式 2：变压器互为备用工作，变频器单回路供电，见图 3-4 配电模式 2。

3.1.3.2　功率变换拓扑模式

功率变换是中频系统的核心，主要是利用电力电子器件及控制技术把固定电压、固定频率的交流电整流成直流电，再把直流电逆变成频率连续可调的交流电。典型拓扑结构按直流环节的储能方式分为两种模式：电流型，直流环节的储能元件是电感线圈（见图 3-5 电流型变频器）；电压型，直流环节的储能元件是电容器（见图 3-6 电压型变频器）。

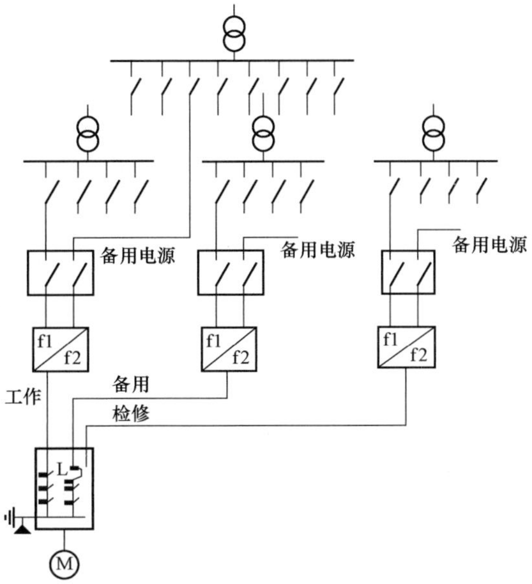

图 3-3　配电模式 1

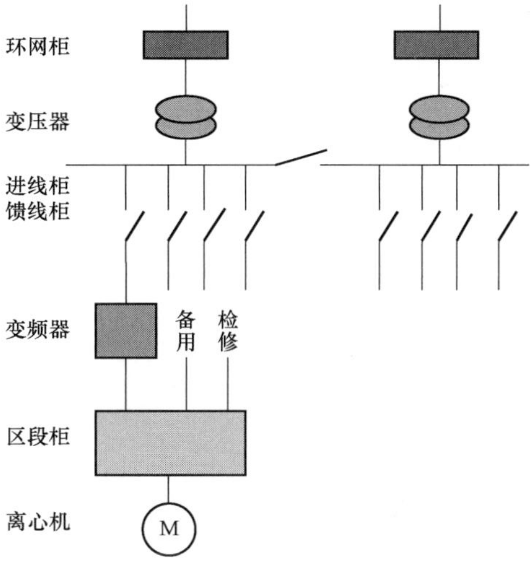

图 3-4　配电模式 2

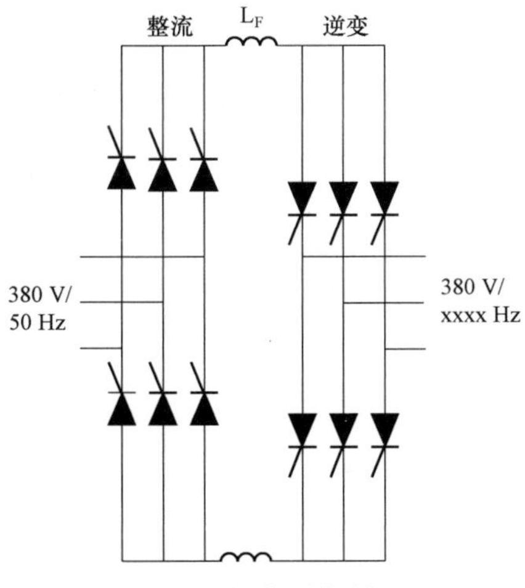

图 3-5　电流型变频器

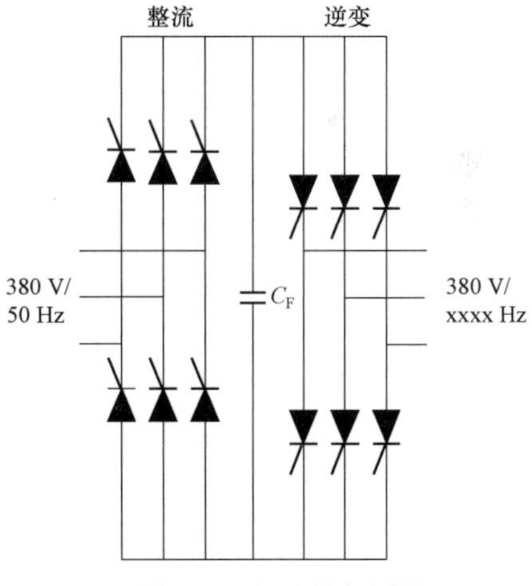

图 3-6　电压型变频器

3.1.3.3　区段动力结构及控制模式

区段供电柜应工艺连续运行要求，完成在工作电源故障及检修时选择备用电源供电，同时完成机器启动冲击电源接入及各工况无功补偿配置。目前区段动力结构有两种，一种是带启动回路，见图 3-7；一种是不带启动回路，见图 3-8。两者区别是变频器兼不兼容启动功能。区段控制模式有两种控制模式：一种是继电控制型（见图 3-9）；一种是集成电路控制型（见图 3-10）。两者区别是继电控制型所有控制功能由继电器搭接完成，集成电路控制型大部分控制功能利用软件完成。

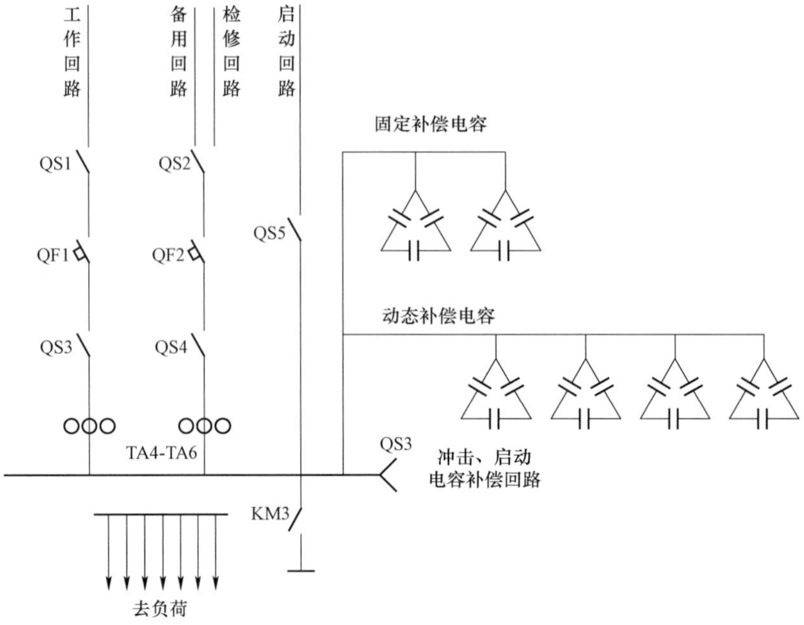

图 3-7 区段动力结构（带启动回路）

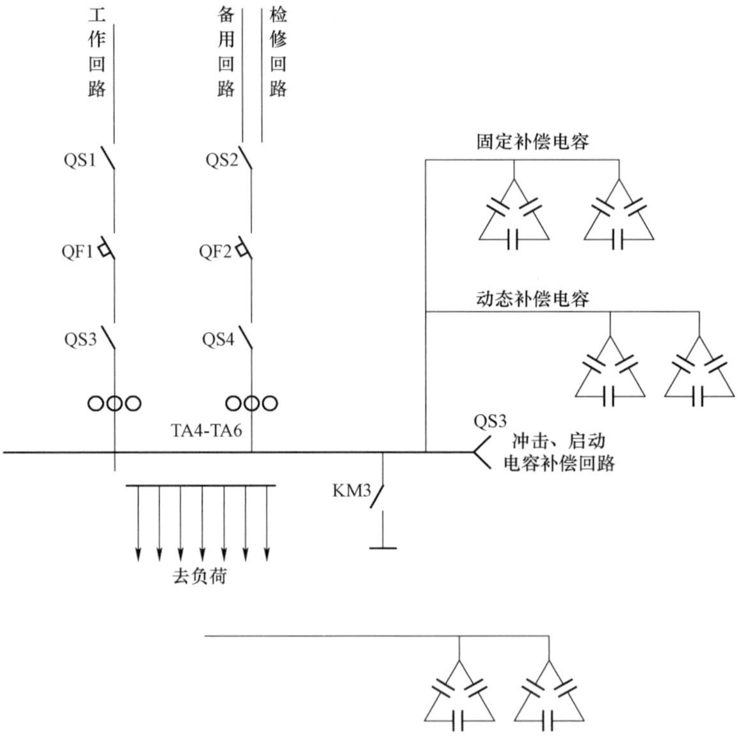

图 3-8 区段动力结构（带启动回路）

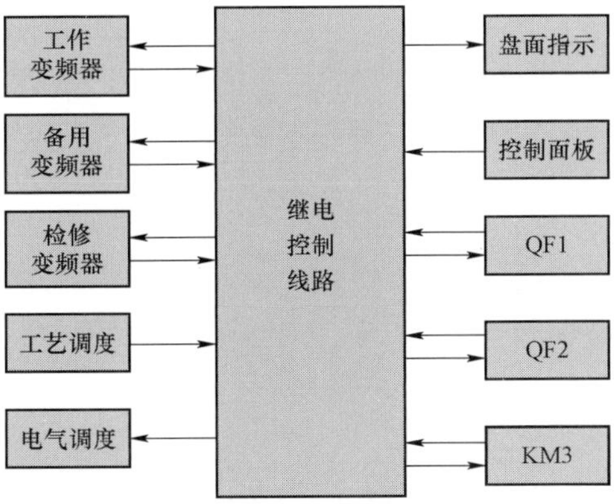

图 3-9　继电控制型

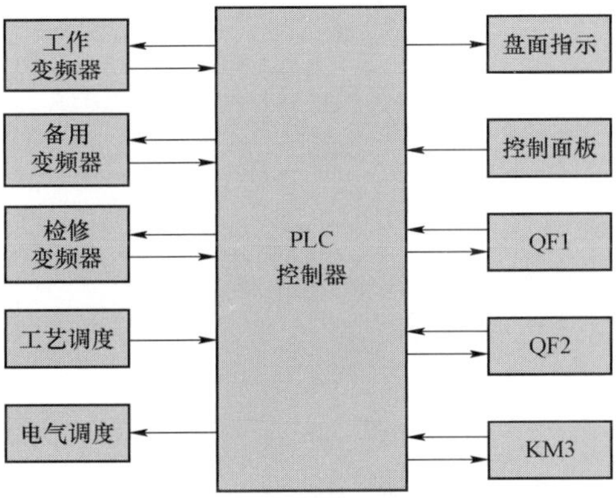

图 3-10　PLC 控制型

3.2　电源系统分组模式

因电源数量比较多，且机器运行要求不能长时断电，因此电源分为若干个工作组，每组有工作电源、备用电源和检修电源。按照备用电源和检修电源与工作电源逻辑关系，归纳划分为 4 种典型的模式。即 8 备 2 分组模式、4 备 2 分组模式、4 备 1 分组模式、一站式模式。每一个已确定的中频系统就是由这 4 种模式之一或其演变的多个组合而成。

3.2.1　8 备 2 分组模式

该分组单元中 8 台主要工作电源，2 台备用电源，工作电源故障和其他原因不能提供工作电源时，通过区段动力线路转换自动切换至备用电源上继续为机器提供能源。图 3-11 为 8 备 2 分组模式示意图，运行时一般是上边四台运行，上边备用为第一备用，实现自动故障切换，下边的备用为第二备用，实现手动故障切换，下边四台运行，下边备用为第一备用，实现自动故障切换，上边的备用为第二备用，实现手动故障切换。

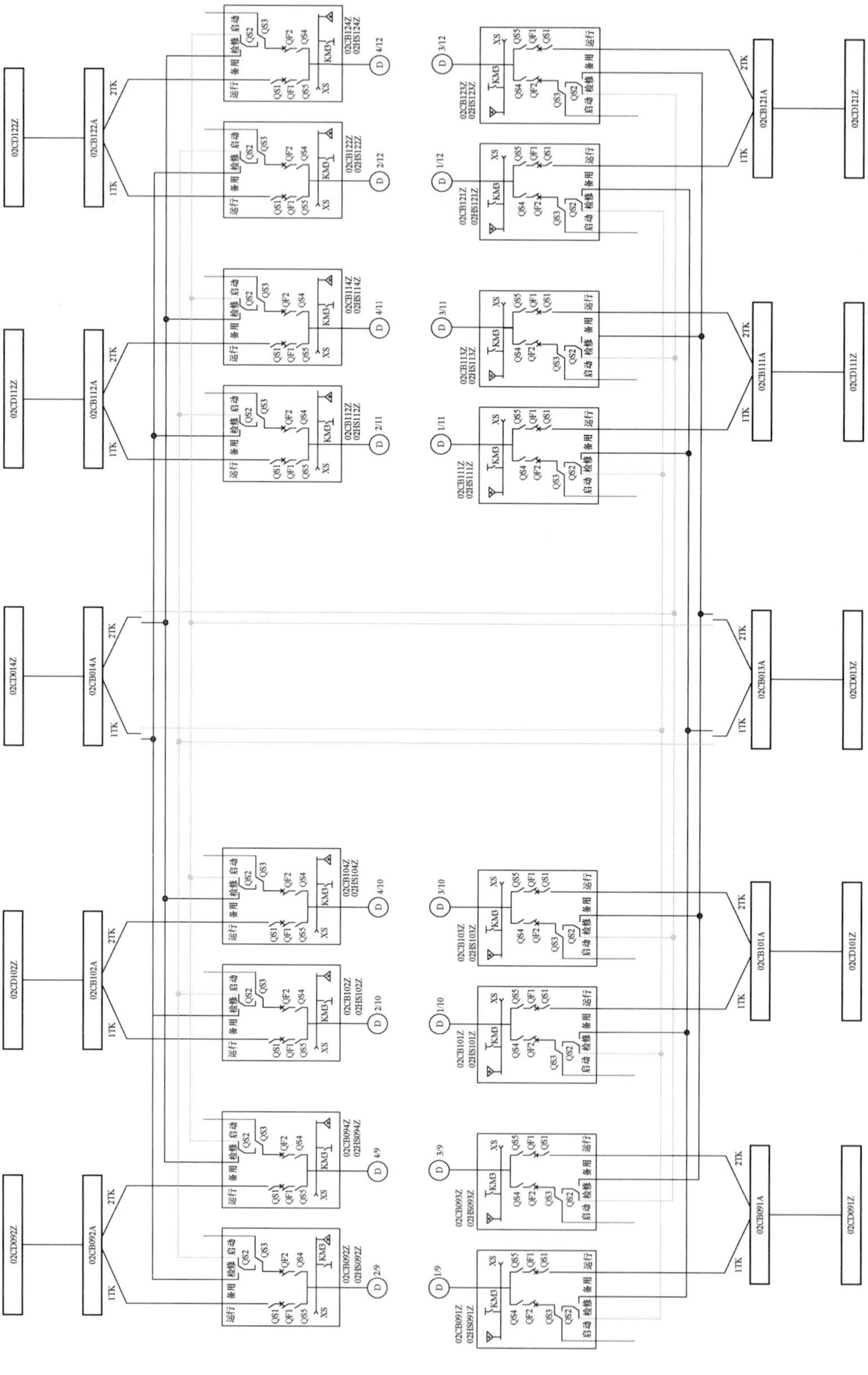

图 3-11　8 备 2 分组模式示意图

3.2.2　4 备 2 分组模式

该分组单元中 4 台主要工作电源，2 台备用电源，工作电源故障和其他原因不能提供工作能源时，通过线路转换切换至备用电源上继续为机器提供能源。图 3-12 为 4 倍 2 分组模式示意图，运行时一般是通过线路连接两台运行电源选择一台备用电源为第一备用，实现自动故障切换，另一台备用为第二备用，实现手动故障切换，另两台运行电源备用选择颠倒。

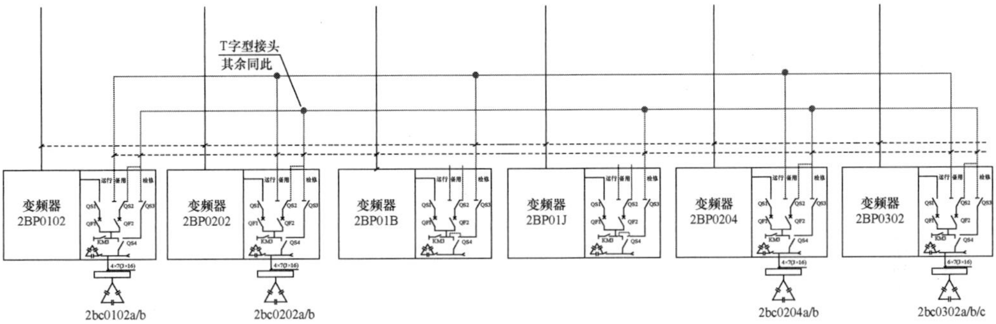

图 3-12　4 倍 2 分组模式示意图

3.2.3　4 备 1 模式

该分组单元中 4 台主要工作电源，1 台备用电源。图 3-13 为 4 倍 1 分组模式示意图，运行时两两工作电源互为第一备用，工作故障和其他原因不能提供能源时，通过线路转换切换至另一台工作电源上继续为机器提供能源。备用电源为手动故障切换。

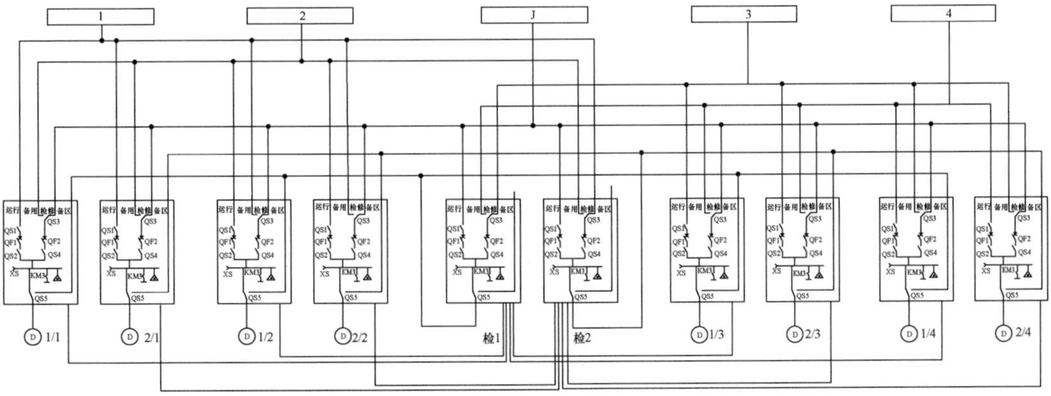

图 3-13　为 4 倍 1 分组模式示意图

3.2.4　一站式分组模式

该分组单元中 6 台电源同时工作给负载供电，考虑容量富裕问题及供电可靠性问题由母线管理器通过功率校核管理几台电源工作，几台冷备用等智能管理。图 3-14 为一站式分组模式示意图。

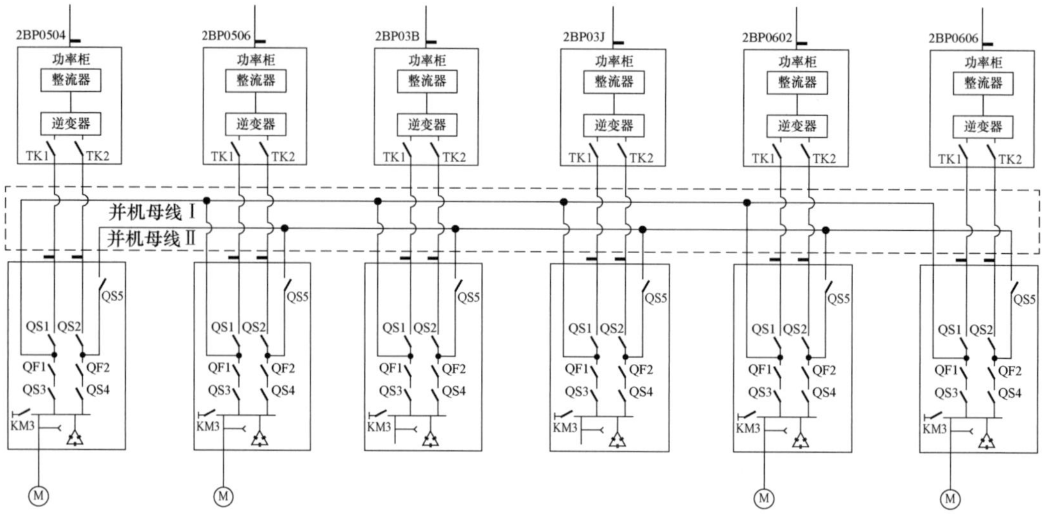

图 3-14　一站式分组模式示意图

3.3　中频系统设计输入要素

随着铀浓缩产业的发展，产业规模在不断扩大，生产线的各个环节会不断地投入建设，中频供电系统也一样。科技在进步，如何适应技术更新，做好系统的优化高质量，保证系统整体和理性就显得尤为重要，特别是在系统设计输入阶段。中频系统设计输入主要从以下几个方面入手。

3.3.1　工艺要求输入

重点关注的要素为：是层架级联还是阶梯级联；多少个区段；区段机器数；区段排列图；区段供电要求。

工艺级联结构及布局见（图 3-15 级联布局示意图）。

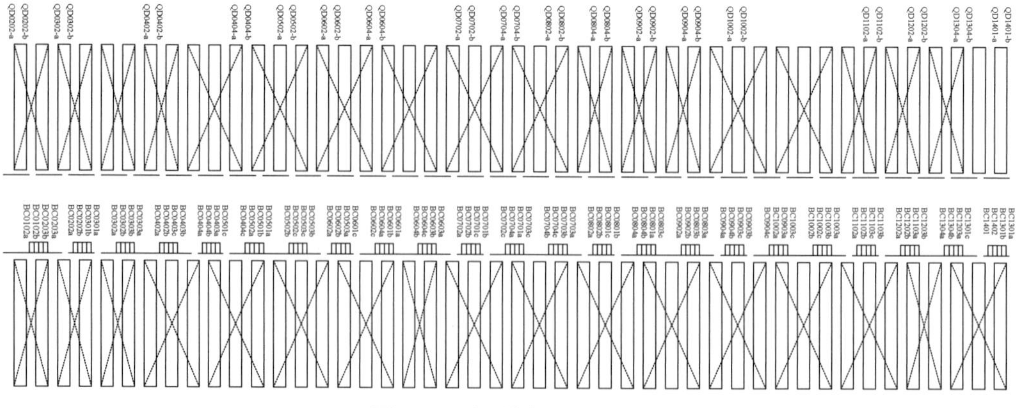

图 3-15　级联布局示意图

3.3.2　供电系统结构

确定中频供电顶层方案，从如下几种方案中论证确定。

方案 1：工艺变电所 ⇨ 变频器 ⇨ 区段供电柜 ⇨ 离心机 ⇦ 就地补偿柜

方案 2：工艺变电所 ⇨ 一体化变频电源 ⇨ 离心机 ⇦ 就地补偿柜

方案 3：工艺变电所 ⇨ 一站式电源 ⇨ 区段供电柜 ⇨ 离心机 ⇦ 就地补偿柜

3.3.3　变频电源单元方案确定

重点关注的要素为：

备用关系确定；

启动方式；

升周方式。

3.3.4　配供电方式确定

重点关注的要素为：

变压器数量；

配电回路；

回路配电位置。

3.3.5　补偿参数确定

重点关注的要素为：

集中或分散；

补偿接线形式；

补偿控制方法；

补偿量的计算。

3.3.6　监控设计

重点关注的要素为：

监控总体方案确定；

I/O 点数；

监控画面确定；

通讯方式确定。

3.3.7　其他外部接口设计

重点关注的要素为：

工艺操作命令接口方式、传输方法等；

设备之间逻辑接口方式、传输方法等。

3.3.8 设备技术要求

重点关注的要素为：
变频器（容量、单元功能、进出线方式、功能要求、冷却方式等）；
区段柜（结构、尺寸、进出线方式、功能要求等）；
冲击车（容量、结构、尺寸、进出线方式、功能要求等）；
补偿车（容量、结构、尺寸、进出线方式、功能要求等）；
变压器（容量、结构、尺寸、进出线方式、功能要求等）；
进线柜、馈线柜（容量、结构、尺寸、进出线方式、功能要求等）；
环网柜（容量、结构、尺寸、进出线方式、功能要求等）。

3.4 中频供电系统输出电容补偿

中频供电系统主要作用是给机器提供必要质量的电源，但是机器的功率因数比较低，势必造成源的功率比较大，造成资源浪费，因此合适的功率因数补偿，对电源容量、尺寸及系统设计具有重要意义。

3.4.1 补偿结构

图 3-16 为从电源输出端口看机器电容补偿结构示意图。

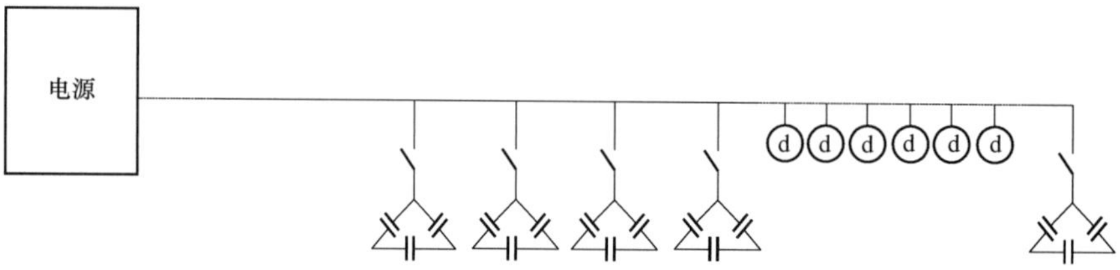

图 3-16 中频供电补偿结构示意图

单台离心机 功率因素 0.23 正常运行 20～25 W 启动 50～55 W
以 2 240 台机器为例：
如果不补偿负载 0.23 功率因数
电源功率要求
运行工况下 机器为 20～25 W 电源为 200～250 kW
启动工况下 机器为 50～55 W 电源为 490～540 kW
如果功率因数补偿到 0.9
电源功率要求
运行工况下 机器为 20～25 W 电源为 50～65 kW
启动工况下 机器为 50～55 W 电源为 125～140 kW

补偿与不补偿对电源的容量要求相差 3～5 倍，因此合理的电容补偿很重要，系统必须进行补偿。

3.4.2　电容补偿原理

从电源输出端口看输出，三相电路每相等效电路如图 3-17 所示。

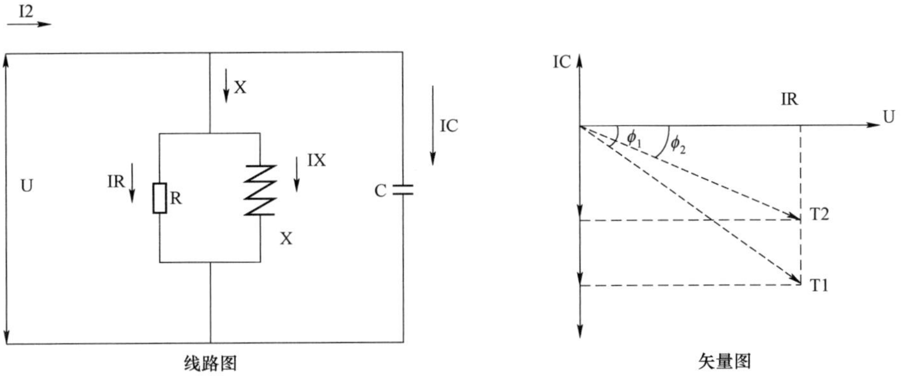

图 3-17　三相电路每相等效电路

$$\cos\Phi = P/S$$

$$Q_{无}=\sqrt{S^2-P^2}$$

$$Q_C = (\text{tg}\Phi_{固}-\text{tg}\Phi)P$$

$$Q_C = \omega \text{cu2} = 2\Pi\text{fCu2} \quad (3\text{-}1)$$

$$C = 7.11*10–10Q_C \quad (3\text{-}2)$$

当机器的工况为 380 V/xxxx HZ，初始功率因数为 0.22 时，由公式 3-1 可得表 3-1。

表 3-1　功率因数补偿不同下的补偿量值关系

$\cos\Phi$	Q_C
0.6	2.9P
0.7	3.2P
0.8	3.48P
0.9	3.74P
0.98	4P

注：表中，机器工况一定，需要补偿的无功功率就能确定，就能算出补偿电容值。

3.4.3　补偿电容值计算

额定工况以 1 680 台机器为例配置电容情况见表 3-2。

表 3-2　额定工况以 1680 台机器补偿量值关系

$\cos\Phi$	Q_C /23 W	C	Q_C /27 W	C
0.6	112 kVA	80 μF	131 kVA	93 μF
0.7	123 kVA	87 μF	145 kVA	103 μF
0.8	134 kVA	95 μF	157 kVA	111 μF
0.9	144 kVA	102 μF	169 kVA	120 μF
0.98	154 kVA	109 μF	181 kVA	128 μF

以 2 240 台机器为例配置电容情况见表 3-3。

表 3-3　额定工况以 2240 台机器补偿量值关系

$\cos\Phi$	Q_C/25 W	C
0.6	162 kVA	115 μF
0.7	179 kVA	127 μF
0.8	195 kVA	139 μF
0.9	210 kVA	149 μF
0.98	224 kVA	159 μF

表中机器额定工况下的平均电功率 25 W 左右。

电源工况分为额定运行工况、启动工况、节能工况等多种工况，电容配置随工况不同，配置值不同。原则如下：

固定设备只考虑额定运行工况，配置值按 0.98 功率因数基数按为准，功率因数 0.6～0.7 计算值固定，功率因数 0.2～0.3 计算值动态接入。

启动工况下，考虑时间较短，在固定设备补偿全部投入，不足部分靠移动补偿车提供，通过区段接入口接入，工况转换时切除。

节能工况下，补偿值小于额定工况值，因此通过减动态电容配置。

3.5　中频电源供电质量指标及功能指标

中频电源作为浓缩工厂中频系统重要核心设备，其电源供电质量指标及功能指标需要严格控制，具体如下。

3.5.1　输入指标（见表 3-4）

表 3-4　输入指标

类别	名称	指标	备注
输入指标	输入方式		三相三线制+PE
	输入电压	380 V±10%	
	输入频率	50 Hz±5%	
	输入电流		满足最大输出功率
	控制电源	两路独立电源热冗余（有主备之分）	无切换时间
	输入功率因数	≮0.9	

3.5.2　输出指标（见表 3-5）

表 3-5　输出指标

输出指标	输出频率	xxx Hz±0.1% xxx Hz±0.1%	两档固定、能转换
	额定输出电压	xxx Hz、200 V±10% xxx Hz、380 $V^{+10\%}_{-5\%}$ 过激 380^{-80} V　1 550 Hz	正弦波
	输出额定功率	xxx kW	
	最大输出功率	xxx kW	
	整机效率	＞90%	额定工况
	输出失真度	电压＜5%	正弦波
	输出方式	三相三线制	
	输出电压三相不平衡	线电压不对称系数＜3%	
	输出形式		

3.5.3　环境指标（见表 3-6）

表 3-6　环境指标

环境指标	壳体		柜体防护等级：IP20
	冷却方式	水冷	
	使用相对湿度	＜80%	
	使用温度	5～30 ℃	

3.5.4　功能指标（见表 3-7）

表 3-7　功能指标

类别	名称	指标	备注
功能	启停	接通/断开功能	
		接通/断开功能	
	过激功能		自动过激
			手动过激
			电压给定（可设定 300～380 V）过激时间 xx ms 过激总时间，范围可设定
	自动重复启动功能	电网波动（5～60 s）	间隔 xx s 自动启动 可设定
		变频器故障保护性停机	

续表

类别	名称	指标	备注
功能	保护功能	输出过压保护	大于 455 V 报警，大于 470 V 立即停机，范围可设定
		输出欠压保护	低于 300 V 报警，低于 250 V，立即停机，范围可设定
		输入电压保护	高于设定值（440 V），立即停机 低于设定值（340 V），立即停机（可设定）
		冷却水流量降低保护	最低流量已不影响变频器工作为原则（可调整）
		输出三相电流不平衡保护	30 A 以上，大于 30%
		输出频率保护	大于额定值±0.5%，报警 大于额定值±1%，立即停机范围可设定
		动力元件过热保护	
		紧急停车保护	

3.5.5 检测指标（见表 3-8）

表 3-8　检测指标

类别	名称	指标	备注
检测参数	输入参数	电流	Ia、Ib、Ic
		电压	Uab、Ubc、Uca
		频率	Fi
	输出参数	电流	Ia、Ib、Ic
		电压	Uab、Ubc、Uca
		频率	Fo
		二路输出回路电流	Ia、Ib、Ic
		单/二路功率柜输出电流	Ia、Ib、Ic

3.6 中频系统运行及维护

中频系统是离心工厂核心系统，同时设备多，技术含量高、功能要求高，因此为保证系统的安全稳定运行，必须做好如图六个方面的相关事项（见图 3-18）。

3.6.1 设备日常巡检及定期点检

根据设备管理制度要求进行设备巡检、点检工作；

采用目测、耳听、鼻嗅、手触及仪器检测的方法巡视检查设备运行状态与运行方式一致，各参数与规程相符；

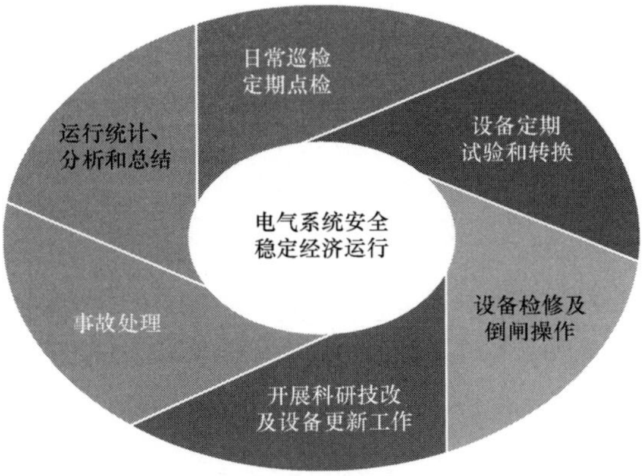

图 3-18　中频系统运行及维护六方面工作图

巡检关键点：变频器等重要设备运行状态、参数，变频器冷却水有无滴漏、元器件有无异常发热情况等；

点检关键点：重要设备参数、关键器件温度等；

对于科研技改使用的新设备及检修后考核的设备等，根据运行管理要求增加巡检频次；

巡检、点检发现的异常及时汇报、处理并在《运行系统故障、异常及处理登记表》和电子交班中登记、记录。

3.6.2　设备定期试验和转换

运行人员按《技术通知》要求对设备进行定期试验和转换；

设备定期试验、转换时间：外电网波动高峰期前或结合春、秋季供用电安全检查、设备大修工作确定；

设备定期试验内容：配电室低压备自投功能试验、变频器“备自投”功能试验、蓄电池组核对性放充电、双电源切换柜切换功能试验；

各种试验、切换操作均应做好操作和监护，试验前应做好相应的安全措施和事故预想，发生异常或事故时，应按运行规程进行处理；

运行人员应将本班定期工作的执行情况、发现问题及未执行原因及时登记，并做好交班记录。

3.6.3　设备检修及倒闸操作

根据《设备运行规程》、标准操作卡进行倒闸操作；

运行系统进行的各项工作均应严格执行“两票三制”；

工作票：指工作人员进入运行系统实施作业或在系统上进行操作的作业凭证，为避免违章作业、交叉作业，保证合理组织生产，对系统上所进行的所有作业实行工作票管理；

操作票：操作人员进行某项操作任务时，根据技术规程、程序文件要求编写的具体操作步骤，操作票的编写和实施，可以明确操作步骤，对可能发生的异常情况做好预想预防措施，通过操作人和监护人的配合，逐项进行操作，确保操作过程准确可靠；

工作许可制：为了有效保护人身、系统安全，杜绝违章作业，实施工作许可制，操作人员完成作业准备工作后，征得许可人同意方可进行操作。

操作监护制：为了保证操作过程受控，确保各项操作准确无误，实施操作监护制，监护人对操作人操作的准确性和安全进行监护，及时制止、纠正违规行为。运行人员应将本班定期工作的执行情况、发现问题及未执行原因及时登记，并做好交班记录。

3.6.4 事故处理

事故处理原则：

事故处理执行《生产运行系统事故处理管理程序》。

迅速限制事故的发展，消除事故的根源，解除对人身和设备安全的威胁。

事故发生后，根据设备表计、保护、信号及自动装置动作情况进行综合分析、判断，作出处理方案。

在不影响人身及设备安全的情况下，尽一切可能使设备继续运行。

在事故已被限制并趋于正常状态时，应设法调整系统运行方式，使之合理，让系统恢复正常。

做好主要操作及操作时间的记录，及时将事故处理情况进行汇报。

事故处理的一般程序：

判断故障性质；

判明故障范围；

解除对人身和设备安全的威胁；

保证非故障设备的运行；

做好现场安全措施。

及时联系汇报：一般或较大事故时，值班主任应及时向部门领导、生产科、相关运管科报告并组织指挥事故处理；重大工艺事故及涉及范围较大的运行事故，值班主任立即向部门领导、公司主管领导报告情况。

3.6.5 运行统计、分析和总结

电气运行管理每月分析系统运行现状、能源消耗、参数变化和控制情况、主要操作和异常情况、存在的问题，提出改进意见和控制措施并编制运行分析报告，运行分析报告包含以下内容：运行总结、分析会纪要、事故处理报告、有关专题报告；

运行系统发生异常和事故，应及时组织调查处理。必要时，各总值应组织召开技术事故分析会；

定期召开各级运行分析会。

运行分析会的内容：

系统运行基本情况和主要参数控制情况；

系统运行事故分析和总结；

系统异常情况的统计和分析；

系统运行状态和参数与有关规程、规定的符合性；

重大工艺操作情况及分析、总结与改进意见和建议；
关键设备运行状态、性能和适用性分析；
设备试验情况及结果的分析总结；
系统存在问题及有关改进或解决的建议。

3.7　中频供电系统发展展望

中频供电系统主要是电力电子技术在铀浓缩领域中的应用，而电力电子技术的发展日新月异，新技术、新器件、新方法、新工艺不断革新。节能高效，安全可靠是工厂追求的目标，因此未来中频供电系统的发展会在以下几个方面开展。

3.7.1　电源并联冗余（见图 3-19）

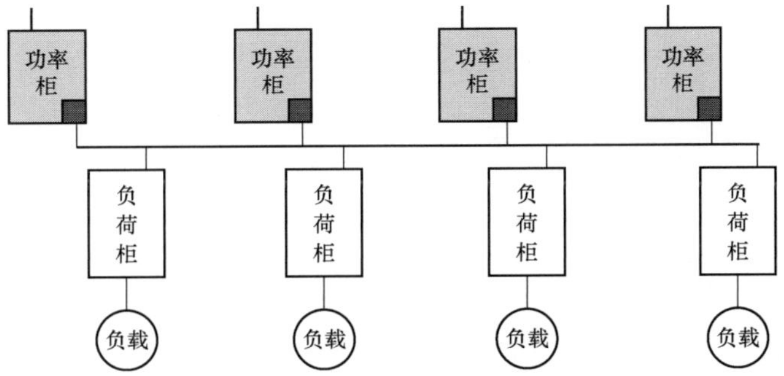

图 3-19　电源并联冗余示意图

需要研究的问题：
并机技术
如何开始并机
并机时序问题
器件布局
并机中故障处理
并机自适应负载识别、启停余量
检修问题
一致性问题
网络可靠性问题
工艺调度命令如何执行
电网波动　电源投入问题　负载投入问题
器件要求
系统逻辑
控制器问题
可靠性研究

3.7.2 模块化电源（见图 3-20）

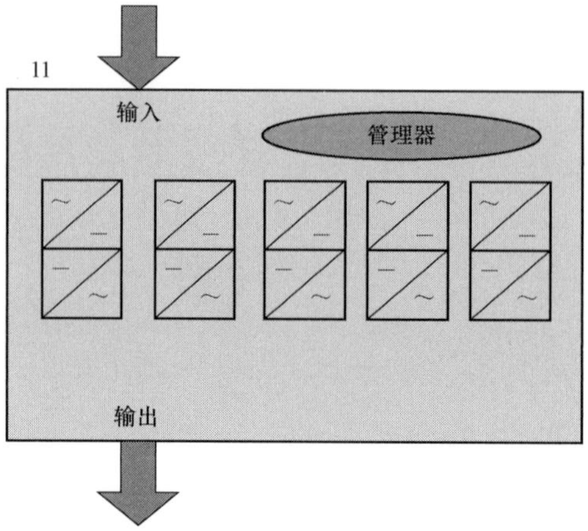

图 3-20 模块化电源示意图

需要研究的问题：
结构、器件布局
模块大小
冷却方式
系统结构
模块热冗余技术方式
故障处理
并机自适应　负载识别启停余量
检修问题
可靠性研究

3.7.3 超微电源

每台机器自带中频电源，电源与机器集成到一起。
需要研究的问题：
经济分析
结构
器件布局
启动问题
故障处理
检修问题
可靠性研究

第 4 章

中频电源

4.1 电源拓扑结构

4.1.1 变频器概况

变频器是可调速驱动系统的一种，是应用变频驱动技术改变交流电动机工作电压的频率和幅度，来平滑控制交流电动机速度及转矩，最常见的是输入及输出都是交流电的交流/交流转换器。如图 4-1 所示，Sine Wave Power 为正弦交流电，Operaror Interface 为操作界面，Variable Frequency Controller 为变频控制器，Variable Frequency Power 为变频交流电，AC Motor 为交流电动机，Mechanical Power 为机械能。

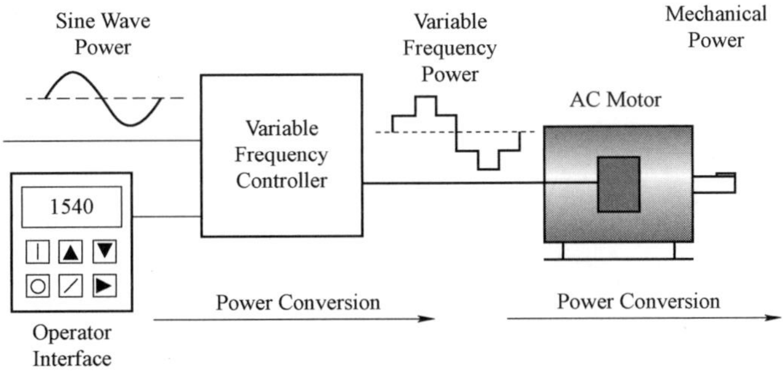

图 4-1　变频器驱动电动机方式

变频器的电源线及电动机线上面有高频切换的讯号，会造成电磁干扰，而变频器输入侧的功率因素一般不佳，会产生电源端的谐波。电力电子器件的自关断化、模块化，变流电路开关模式的高频化和控制手段的全数字化促进了变频电源装置的小型化、多功能化、高性能化。尤其是控制手段的全数字化，利用了微型计算机的巨大的信息处理能力，其软件功能不断强化，使变频装置的灵活性和适应性不断增强。目前中小容量的一般用途的变频器已经实现了通用化。采用大功率自关断开关器件（GTO、BJT、IGBT）作为主开关器件的正弦脉宽调制式（SPWM）变频器，已成为通用变频器的主流。

变频器的其特点在于以下几个方面：

（1）可平滑软启动，降低启动冲击电流。减少变压器占有量，确保电机安全。

（2）在机械允许的情况下通过提高变频器输出频率来提高工作速度。

（3）无极调速，调速精度大大提高。

（4）简化电机正反向控制。

（5）通讯网络化，实现自动化控制。

4.1.2　发展历史

变频技术诞生背景是交流电动机无级调速的广泛需求。传统的直流调速技术因体积大故障率高而应用受限。1960 年代以后，电力电子器件普遍应用了晶闸管及其升级产品。但其调速性能远远无法满足需要。1970 年代开始，脉宽调制变压变频（PWM-VVVF）调速的研究得到突破，1980 年代以后微处理器技术的完善使得各种优化算法得以容易的实现。1980 年代中后期，美、日、德、英等发达国家的 VVVF 变频器技术实用化，商品投入市场，得到了广泛应用。最早的变频器可能是日本人买了英国专利研制的。不过美国和德国凭借电子元件生产和电子技术的优势，高端产品迅速抢占市场。

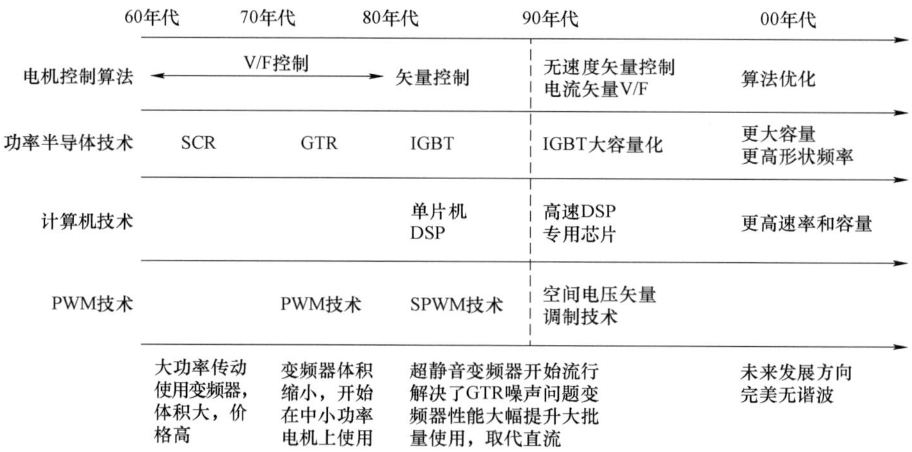

图 4-2　通用变频器发展历程

4.1.3　分类

变频绍器可以按变流环节、输出电压调制方式、开关器件、控制方式和滤波环节分类。

（1）变频器按变流环节分类：交流→变直流→再变交流，交流→变交流等 2 种类型。

（2）变频器按输出电压调制方式分类：脉幅调制 PAM（Pulse Amplitude Modulation）、脉宽调制 PWM（Pulse Width Modulation）、正弦脉宽调制 SPWM 等 3 种类型。

（3）变频器按开关器件分类：SCR 变频器、GTO 变频器、GTR 变频器、IGBT 变频器、MOS 变频器。

（4）变频器按控制方式分类：U/f（电压/频率）控制方式、转差率控制方式、矢量控制方式等 3 种类型。

（5）变频器按滤波环节分类：电压型变频器、电流型变频器。

4.1.4　变频器拓扑结构

变频器的内部组成主要包括交流输入、整流滤波环节、电压采样、逆变环节、驱动电路、主控电路、输出等组成。如图 4-3 所示。

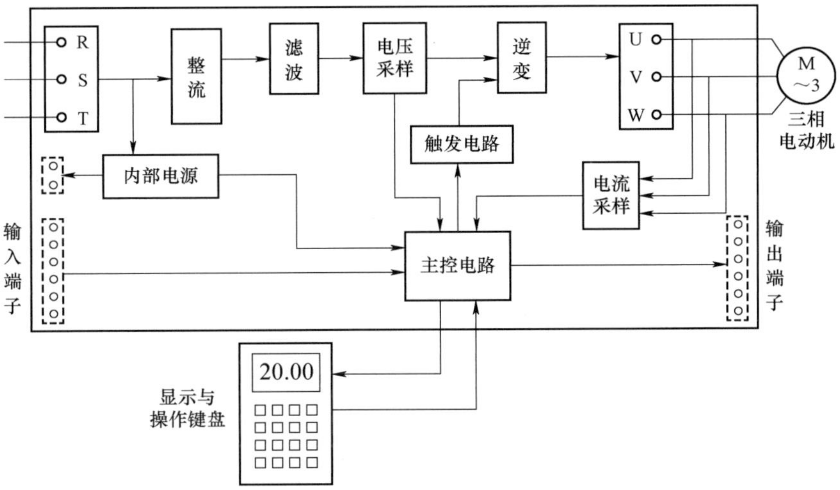

图 4-3　通用变频器拓扑结构图

整流滤波环节是将输入网侧的交流电压转换为直流电压。直流断滤波环节是保持直流母线电压恒定，降低电压脉动。逆变环节是将直流电压转换为交变电压，并输出给三相电动机。

驱动电路是将主控电路发出的控制指令转换为逆变管所需的矩形波信号，并将信号有序地送到对应的逆变管。

检测与保护电路，将电压、电流、温度等检测信号经信号处理电路进行分压、光电隔离、滤波、放大等综合处理后，再经过 A/D 转换器，输入给控制器作为控制算法的依据和供显示用，同时输入至故障保护电路。故障保护有欠压、缺相、过压、过流、过载、短路以及温度过高等保护。

显示与操作键盘可完成对变频器工作状态显示和有关频率设定及相关参数的设定，并通过专用传输线与主控电路进行相关数据的互相传送。

主控电路是变频器控制中心，它要接收有关信息，并做出相应的运算处理，最后产生指令信号控制相对应的其他环节。

为减缓浪涌冲击，直流段常增加上电缓冲电路，降低上电冲击电流，上电结束后接触器自动吸合，而后变频器允许运行。此外较多通用变频器均新增了制动电路，用于消耗过多的回馈能量，保持直流母线电压不超过最大值。

其他辅助器件有散热器、温度传感器、风扇等。

4.2　电源技术指标

通常情况下，变频器在设计与使用中，有下列技术指标。

1. 额定输出电压

在规定的输入直流电压允许的波动范围内，它表示逆变器应能输出的额定电压值。对输出额定电压值的稳定准确度一般有如下规定：

（1）在稳态运行时，电压波动范围应有一个限定，例如其偏差不超过额定值的 3%或 5%。

（2）在负载突变（额定负载）或有其他干扰因素影响的动态情况下，其输出电压偏差不应超过额定值的 8%或 10%。

2. 输出电压的不平衡度

在正常工作条件下，逆变器输出的三相电压不平衡度（逆序分量对正序分量的比）应不超过一个规定值，一般以%表示，如 5%或 8%。

3. 输出电压的波形失真度

当逆变器输出电压为正弦波时，应规定允许的最大波形失真度（或谐波含量），通常以输出电压的总波形失真度表示，其值不应超过 5%（单相输出允许 10%）。

4. 额定输出频率

变频器输出交流电压的频率应是一个相对稳定的值，通常为额定输出电压频率的 1%以内。

5. 负载的功率因数

表征变频器带感性负载或容性负载的能力。在正弦波的条件下，负载的功率因数为 0.7～0.9（滞后），额定值通常为 0.9。

6. 额定输出电流（或额定输出容量）

表示在规定的负载功率因数范围内，变频器的额定输出电流。有些变频器给出的是额定输出容量。其单位以 VA 或 kVA 表示。变频器的额定容量是当输出功率因数为 1（及纯阻性负载）时，额定输出电压为额定输出电流的乘积。

7. 额定输出效率

变频器的效率是在规定的工作条件下，其输出功率对输入功率之比，以%表示。变频器在额定输出容量下的功率为满负荷效率，在 10%额定输出容量的效率为低负荷效率。

8. 保护

（1）过电压保护：对于没有电压稳定措施的变频器，应有输出过电压防护措施，以使负载免受输出电压的损害。

（2）过流保护：变频器的过流保护，应能保证在负载发生短路或电流超过允许值时及时动作，使其免受浪涌电流的损害。

9. 启动特性

表示变频器带负载启动的能力和动态工作时的性能。变频器应保证在额定负载下可靠启动。

10. 噪声

电力电子设备中的变压器、滤波电感、电容、电磁开关及风扇等部件均会产生噪声。变频器正常运行时，其噪声应不超过 80 db，小型变频器的噪声不应超过 6 580 db。

4.3　电源整流、逆变分类

所有变频电源有两个基本电路模块，即整流和逆变。根据变频器的使用要求和特点，这两个模块都有所不同，而且分类较多，各有特点。下面对整流和逆变的类型及特点分别进行介绍。

4.3.1　整流电路

整流电路（rectifying circuit），是把交流电能转换为直流电能的电路。大多数整流电路由变压器、整流主电路和滤波器组成。

它在直流电动机的调速、发电机的励磁调节、点解、电镀等领域得到广泛应用。整流电路通常由整流电路、滤波器和变压器等组成。20 世纪 70 年代以后，主电路多用可控硅整流二极管和晶闸管组成。

滤波器接在主电路和负载之间，用于滤除脉动直流电压中的交流成分。变压器设置与否视具体情况而定。变压器的作用是实现交流输入电压与直流输出电压间的匹配以及交流电网与整流电路之间的电隔离。

整流电路的种类很多，它的分类方式也很多。

4.3.1.1　按组成器件分类

1. 不可控整流电路

不可控整流电路完全由不可控二极管组成，电路结构是其后的直流电压和交流电压值的比是固定不变的。

2. 全控整流电路

在全控整流电路中，所有的整流元件都是可控的（SCR、GTR、GTO 等），其输出直流电压的平均值及极性可以通过控制元件的导通状况而得到调节，在这种电路中，功率既可以从电源向负载传送，也可以由负载反馈给电源，即所谓的有源逆变。

3. 半控整流电路

半控整流电路由可控元件和二极管混合组成，在这种电路中，负载电源极性不能改变，但平均输出电压可以调节。

为满足不同的生产要求，已发展了多种可控整流电路并各具特色。

如按电路结构可分为桥式电路和零式电路；按电网相数可分为单相电路、三相电路和多相电路；按控制方式可分为全控型电路和半控型电路等等。

4.3.1.2　按电路结构，可分为零式电路和桥式电路

1. 零式电路指带零点或中性点的电路，又称半波电路。它的特点是所有整流器件的阴极（或阳极）都接到一个公共接点，向直流负载供电，负载的另一根线接到交流电源的零点。

2. 桥式电路实际上是由两个半波电路串联而成，故又称全波电路。

3. 按电网交流输入相数分为单相电路、三相电路和多相电路。

（1）对于小功率整流器常采用单相供电的电路。整流电路分为半波整流、全波整流，

桥式整流及电压整流电路等。

（2）三相整流电路是交流侧由三相电源供电，负载容量较大，或要求直流电压脉动较小，容易滤波，三相可控整流电路有三相半波可控整流电路，三相半控桥式整流电路，三相全控桥式整流电路。因为三相整流装置的三相是平衡的，输出的直流电压和电流脉动小，对电网影响小，且控制滞后时间短，采用三相全控桥式整流电路时，输出电压交变分量的最低频率是电网频率的6倍，交流分量与直流分量之比也较小，因此滤波器的电感量比同容量的单相或三相半控电路小得多。另外，晶闸管的额定电压值也较低。因此，这种电路适用于大功率变流装置。

（3）多相整流电路随着整流电路的功率进一步增大，为了减小对电网的干扰，特别是减轻整流电路高次谐波对电网的影响，可采用十二相、十八相、二十四相，乃至三十六相的多相整流电路。采用多相整流电路能改善功率因数，提高脉动频率，使变压器初级电流的波形更接近正弦波，从而显著减少谐波的影响。理论上，随着相数的增加，可进一步削弱谐波的影响。多相整流常用在大功率整流领域，最常用的有双反星中性点带平衡电抗器接法和三相桥式接法。

4.3.1.3 按变压器二次侧电流的方向

方向是单相或双向，又分为单拍电路和双拍电路。其中所有半波整流电路都是单拍电路，所有全波整流电路都是双拍电路。

4.3.1.4 按控制方式，可分为相控式电路和斩波式电路（斩波器）

1. 通过控制触发脉冲的相位来控制直流输出电压大小的方式称为相位控制方式，简称相控方式。

2. 斩波器就是利用晶闸管和自关断器件来实现通断控制，将直流电源电压断续加到负载上，通过通、断的时间变化来改变负载电压平均值，亦称直流-直流变换器。它具有效率高，体积小、重量轻、成本低等优点，广泛应用于直流牵引的变速拖动中。斩波器一般分降压斩波器，升压斩波器和复合斩波器三种。

4.3.1.5 按引出方式的不同

分中点引出整流电路，桥式整流电路，带平衡电抗器整流电路，环形整流电路，十二相整流电路。

1. 中点引出整流电路分：单脉波（单相半波）、两脉波（单相全波）、三脉波（三相半波）、六脉波（六相半波）。

2. 桥式整流电路分：两脉波（单相）桥式、六脉波（三相）桥式。

3. 带平衡电抗器整流电路分：一次星型联结的六脉波带平衡电抗器电路（即双反星带平衡电抗器电路），一次三角形联结的六脉波带平衡电抗器电路。

4. 十二相整流电路分：二次星、三角联结，桥式并联（带平衡电抗器）单相十二波整流电路；二次星、三角联结，桥式串联十二脉波整流电路；桥式并联等值十二脉波整流电路；双反星型带平衡电抗器等值十二脉波整流电路。

4.3.2 逆变电路

逆变电路分类方式也很多，通常有以下几种。

1. 按逆变器输出交流电能的频率分，可分为工频逆变器、中频逆变器和高频逆变器。工频逆变器的频率为 50～60 Hz，中频逆变器的频率一般为 400～2 000 Hz，高频逆变器的频率一般为 2 000 Hz～1 MHz。

2. 按逆变器的输出的相数分，可分为单相逆变器、三相逆变器和多相逆变器。

3. 按照逆变器输出电能的去向分，可分为有源逆变器和无源逆变器。将逆变器输出的电能向工业电网输送的逆变器成为有源逆变器；将逆变器输出的电能输向某种用电负载的逆变器成为无源逆变器。

4. 按逆变器主电路的形式分，可分为单端式逆变器、推换式逆变器、半桥式逆变器和全桥式逆变器。

5. 按逆变器主开关器件的类型分，可分为晶闸管逆变器、晶体管逆变器、场效应管逆变器和绝缘栅双极晶体管（IGBT）逆变器等等。又可将其归纳为“半控型”逆变器和“全控型”逆变器两大类。前者不具备自关断能力，元器件在导通后即失去控制作用，故称之为“半控型”普通晶闸管即属于这一类；后者则具有自关断能力，即元器件的导通和关断均可由控制极加以控制，故称之为“全控型”，电力场效应管和绝缘栅双极性晶体管（IGBT）等均属于这一类。

6. 按直流电源分，可分为电压源型逆变器（VSI）和电流源型逆变器（CSI）。前者直流电压近于恒定，输出电压为交变方波；后者直流电流近于恒定，输出电流为交变方波。

7. 按逆变器输出的电压或电流的波形分，可分为正弦波输出逆变器和非正弦波输出逆变器。

8. 按逆变器控制方式分，可分为调频式（PEM）逆变器和调脉宽式（PWM）逆变器。

9. 按逆变器开关电路工作方式分，可分为谐振式逆变器、定额硬开关式逆变器和定额软开关式逆变器。

10. 按逆变器换流方式分，可分为负载换流式逆变器和自换流式逆变器。

4.4　变频器工作原理及控制方法

变频器使用的控制架构主要可分为以下三种：V/f 标量控制、矢量控制、直接转矩控制（DTC）。

4.4.1　V/f 标量控制

变频器驱动电动机的方式有很多，其中最简单的是 V/f 标量控制，变频器的输出电压和输出频率成正比，适用在定转矩的负载中。例如 460 V，60 Hz 的电动机，其电压和频率的比例为 460/60 = 7.67 V/Hz，电压和频率的关系称为 V/f 曲线。有些 V/f 控制的变频器有输出电压和输出频率平方成正比的曲线，或是多段可设定的 V/f 曲线。V/f 控制可以适用在许多简单的应用中，但一些需要低速高转矩、动态速度调整、位置控制或转矩控制的高阶应用中，较不适合使用 V/f 控制。

V/f 标量控制的特点是控制电路结构简单、成本较低，机械特性硬度也较好，能够满足一般传动的平滑调速要求，已在产业的各个领域得到广泛应用。但是，这种控制方式在低频时，由于输出电压较低，转矩受定子电阻压降的影响比较显著，使输出最大转矩减小。另外，其机械特性终究没有直流电动机硬，动态转矩能力和静态调速性能都还不尽如人意，且系统性能不高、控制曲线会随负载的变化而变化，转矩响应慢、电机转矩利用率不高，低速时因定子电阻和逆变器死区效应的存在而性能下降，稳定性变差等。

另外两种常用的驱动技术分别是矢量控制及直接转矩控制，根据输出电流及电动机转速调整输出电压的大小及角度，目的是精准控制电动机的磁通及转矩。

4.4.2 矢量控制

矢量控制变频调速是将异步电动机在三相坐标系下的定子电流 I_a、I_b、I_c、通过三相—二相变换，等效成两相静止坐标系下的交流电流 I_{a1}、I_{b1}，再通过按转子磁场定向旋转变换，等效成同步旋转坐标系下的直流电流 I_{m1}、I_{t1}（I_{m1} 相当于直流电动机的励磁电流；I_{t1} 相当于与转矩成正比的电枢电流），然后模仿直流电动机的控制方法，求得直流电动机的控制量，经过相应的坐标反变换，实现对异步电动机的控制。实质是将交流电动机等效为直流电动机，分别对速度，磁场两个分量进行独立控制。通过控制转子磁链，然后分解定子电流而获得转矩和磁场两个分量，经坐标变换，实现正交或解耦控制。矢量控制方法的提出具有划时代的意义。然而在实际应用中，由于转子磁链难以准确观测，系统特性受电动机参数的影响较大，且在等效直流电动机控制过程中所用矢量旋转变换较复杂，使得实际的控制效果难以达到理想分析的结果。

4.4.3 直接转矩控制

在直接转矩控制中，电机定子磁链的幅值通过上述电压的矢量控制而保持为额定值，要改变转矩大小，可以通过控制定、转子磁链之间的夹角来实现。而夹角可以通过电压空间矢量的控制来调节。由于转子磁链的转动速度保持不变，因此夹角的调节可以通过调节定子磁链的瞬时转动速度来实现。

假定电机转子逆时针方向旋转，如果实际转矩小于给定值，则选择使定子磁链逆时针方向旋转的电压矢量，这样角度增加，实际转矩增加，一旦实际转矩高于给定值，则选择电压矢量使定子磁链反方向旋转。从而导致角度降低。通过这种方式选择电压矢量，定子磁链一直旋转，且其旋转方向由转矩滞环控制器决定。

直接转矩控制对转矩和磁链的控制要通过滞环比较器来实现。滞环比较器的运行原理为：当前值与给定值的误差在滞环比较器的容差范围内时，比较器的输出保持不变，一旦超过这个范围，滞环比较器便给出相应的值。

直接转矩控制的原理框如图 4-4 所示，给定转速与估计转速相比较，得到给定转矩；经转矩调节器将转矩差做滞环处理得到转矩控制信号；将磁链估计值跟给定磁链相比，经滞环比较器得到磁链控制信号；根据计算的得到的转子位移，划分区段；根据区段，以及转矩和磁链控制信号，结合查找表得出空间矢量，生成 PWM 波；输出给逆变器，给电机供电。

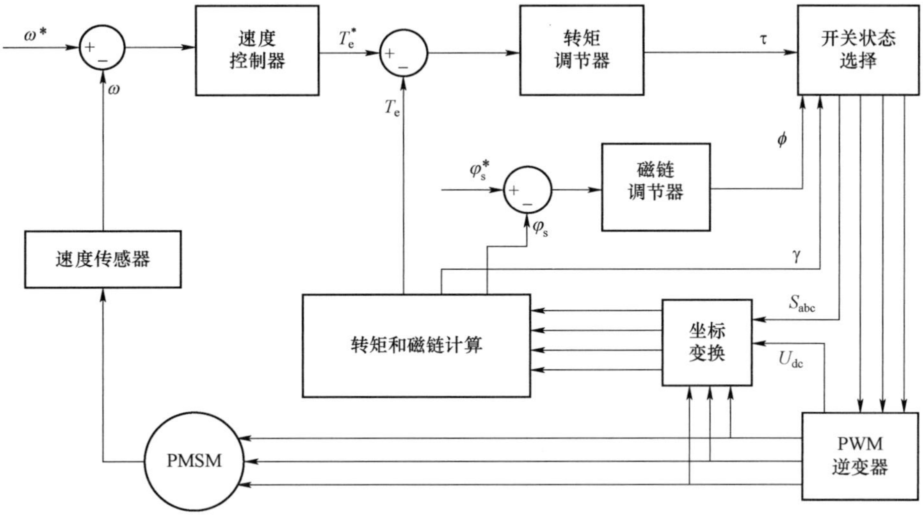

图 4-4　直接转矩控制的原理框

4.4.4 PWM 脉宽调制技术

变频器的逆变电路依据逆变电路输出电压调制方法有脉幅调制 PAM（Pulse Amplitude Modulation）、脉宽调制 PWM（Pulse Width Modulation）、正弦脉宽调制 SPWM 等 3 种类型。由于逆变电路输出电压调制方法不同，要求逆变电路中各半导体器件控制信号也不同。

PWM 信号产生——可以由微机本身的软件产生，由 PWM 端口输出，也可采用专用的 PWM 生成电路芯片。

PWM 控制方式就是对逆变电路开关器件的通断进行控制，使输出端得到一系列幅值相等而宽度不等的脉冲，用这些脉冲来代替正弦波或所需要的波形。即在输出波形的半个周期中产生多个脉冲，使各脉冲的等值电压为正弦波状，输出平滑且低次谐波少。按一定的规则对各脉冲的宽度进行调制，既可改变逆变电路输出电压的大小，也可以改变输出频率。

PWM 信号的生成原理：把正弦半波波形分成 N 等份，看成由 N 个彼此相连的脉冲所组成的波形。这些脉冲宽度相等，为 p/N，但幅值不等，脉冲顶部不是水平直线，而是曲线，各脉冲的幅值按正弦规律变化。上述脉冲序列用同样数量的等幅而不等宽的矩形脉冲序列代替，使矩形脉冲的中点和相应正弦等分的中点重合，且使矩形脉冲和相应正弦部分面积相等。得到的脉冲序列，就是 PWM 波形。如图 4-5 所示。

以正弦波作为逆变器输出的期望波形，以频率比期望波高得多的等腰三角波作为载波（Carrier wave），并用频率和期望波相同的正弦波作为调制波（Modulation wave），当调制波与载波相交时，由它们的交点确定逆变器开关器件的通断时刻，从而获得在正弦调制波的半个周期内呈两边窄中间宽的一系列等幅不等宽的矩形波。

给出正弦波频率、幅值和半个周期内的脉冲数，PWM 波形各脉冲的宽度和间隔就可以准确计算出来。按照计算结果控制电路中各开关器件的通断，就可以得到所需要的 PWM 波形，如图 4-6 所示。

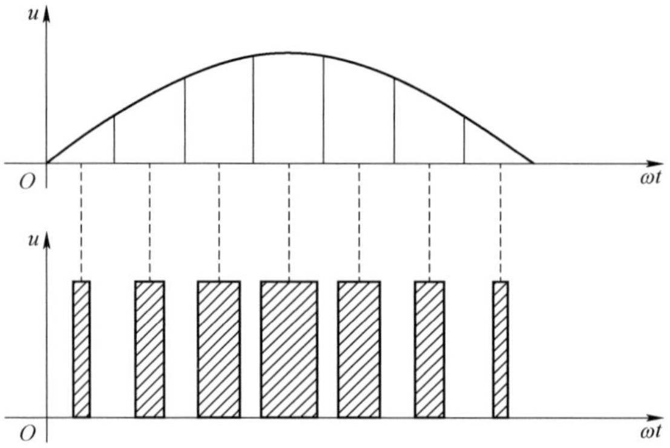

图 4-5　PWM 波形的产生

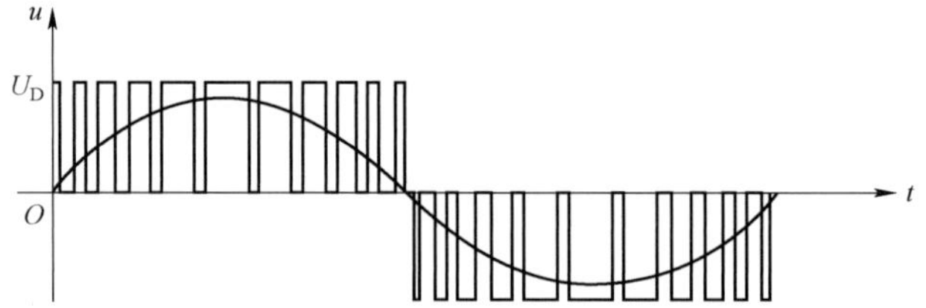

图 4-6　单极 PWM 调制波

调制比为 $M = U_r/U_c$，其中 U_r 正弦调制波的幅值，U_c 为三角载波的幅值。M 一般在 0～1 之间变化，取最大值为 0.8～0.9。

PWM 技术是一种脉宽调制（Pulse Width Modulation）技术，PWM 信号一般分为方波 PWM 和正弦波 SPWM 两种。前者用于直流电压斩波控制，而后者则用于交流电源变换控制，两种 PWM 信号均可分为单极性与双极性两种。如果在正弦调制波的半个周期内，三角载波只在正或负的一种极性范围内变化，所得到的 SPWM 波也只处于一个极性的范围内，叫做单极性控制方式。如果在正弦调制波半个周期内，三角载波在正负极性之间连续变化，则 SPWM 波也是在正负之间变化，叫做双极性控制方式。如图 4-7 和图 4-8 所示。

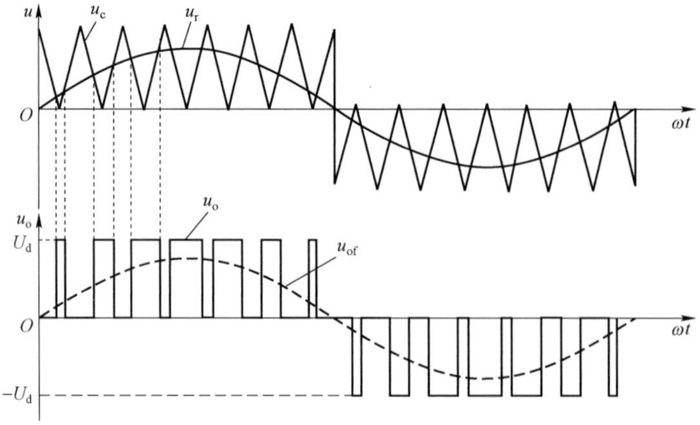

图 4-7　单极性 PWM 控制方式波形

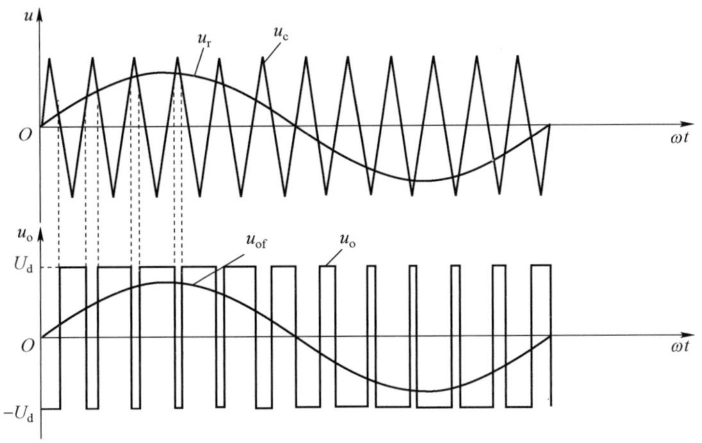

图 4-8　双极性 PWM 控制方式波形

正弦脉宽调制 SPWM 要求逆变电路通过控制全控元件的开关频率和开关时间的长短，达到其输出电压变频改变和输出脉冲占空比变化。

正弦脉宽调制 SPWM 关键环节是如何得到全控元件的控制信号。目前应用最多的是双极性调制取得控制信号。双极性调制就是被调制的三相正弦交流电压的正弦波与固定频率和固定幅值三角波的交点，随着电压高低变化而移动，从而每相电压得到占空比不同的双极性脉冲系列信号；线电压得到的脉冲系列信号是单极性的。如图 4-9 所示。

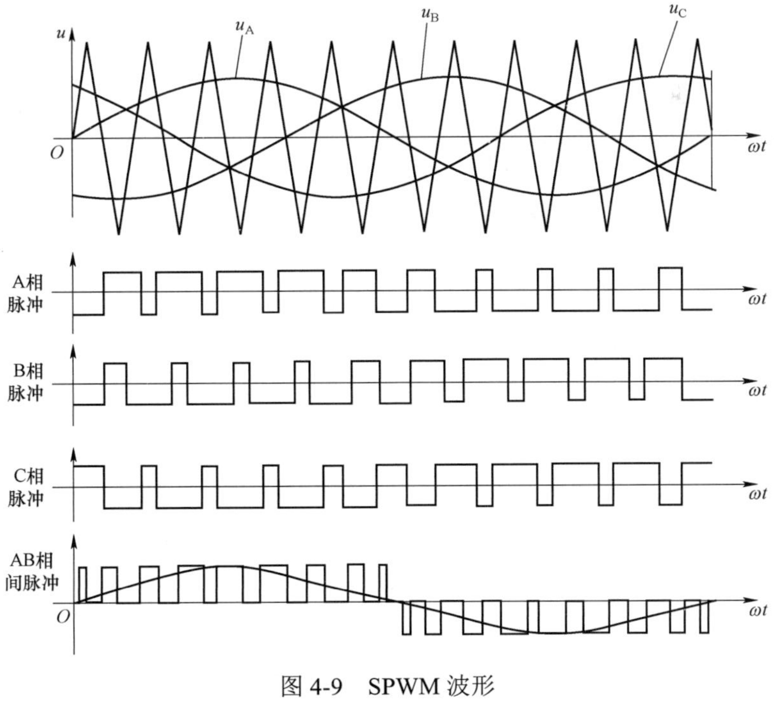

图 4-9　SPWM 波形

SPWM 波一般有计算法和调制法两种生产方法。

计算法是根据正弦波频率、幅值和半周期脉冲数，准确计算出 SPWM 波各脉冲宽度和间隔，据此来控制逆变电路开关器件的通断，就可得到所需的正弦波波形。

调制法一般是用输出波形做调制信号，进行调制得到期望的 SPWM 波。通常采用等腰三角形波或锯齿波作为载波，其中等腰三角形波应用最多。通常三角波比较法采样方法又可分为自然采样法和规则采样法两种。自然采样法：自然采样 SPWM 法由于其开关时刻难以确定，要求解复杂的超越方程，所以不适合微机时时控制，工程上应用不多。规则采样法：规则采样法是一种应用较广的工程实用方法，其效果接近自然采样法，但计算量却比自然采样法小得多。

为了完成正弦波脉宽调制，需要三相逆变桥路中每支桥臂的两支全控元件的控制脉冲信号反相。SPWM 波调制原理如图 4-10 所示。

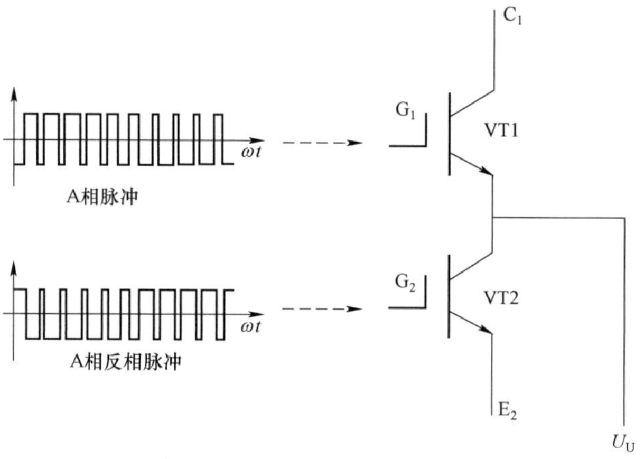

图 4-10　SPWM 波调制原理

两支绝缘栅双极型晶体管栅极控制脉冲相位相反，这表明 VT1 和 VT2 是轮换导通，使得输出电压是接近正弦规律分布的矩形脉冲。这种接近正弦规律分布的矩形脉冲电压输入给三相异步电动机时，流过定子绕组的电流更接近正弦波，对电动机运行有利。

实施正弦脉宽调制 SPWM 的关键问题，就是需要根据逆变电路输出频率要求和电压值要求，实时计算出各相电压正弦波与三角波的交点，使逆变管按交点所规定的时刻有序通断。

载波比——载波频率 f_c 与调制信号频率 f_r 之比 N

$$N = f_c/f_r \tag{4-1}$$

根据载波和信号波是否同步及载波比的变化情况，PWM 调制方式分为异步调制和同步调制。异步调制—载波信号和调制信号不同步的调制方式。同步调制——N 等于常数，并在变频时使载波和信号波保持同步。

PWM 型变频电路的主要特点：

① 可以得到相当接近正弦波的输出电压；

② 整流电路采用二极管，提高了变频电源对交流电网的功率因数，可获得接近 1 的功率因数；

③ 电路结构简单，使装置的体积变小，重量减轻，造价下降，可靠性提高；

④ 改善了系统的动态性能和电机运行性能，通过对输出脉冲宽度的控制，可改变输出电压，加快了变频过程的动态响应，提高了调节速度，使调节过程中电压与频率的配合好。

4.5　铀浓缩工厂变频器的应用

本节将以某铀浓缩工厂为例，详细介绍其使用的两款 СПЧС-190-380-уХЛ4-1 型、СПЧС180-380Т 型引进型变频器及某型国产变频器应用情况。

4.5.1　СПЧС–190–380–уХЛ4–1 型变频器介绍

4.5.1.1　概述

СПЧС-190-380-уХЛ4-1 型变频器（以下简称 190 型变频器）以稳定的电压和频率用于为 405-1A 系统的两组同步磁滞型三相电机提供三相交流电。具体地说，380 V/50 Hz 的三相电源进入变频器，经过整流、逆变，最终产生 380 V/1 550 Hz 的稳压稳频的三相中频电源，然后分别经可控制静态开关 1TK 与 2TK，分两路送至Ⅰ型区段供电柜（有直流控制电源）和Ⅱ型区段供电柜（无直流控制电源），最后由区段供电柜向离心机供电，确保离心机稳定运行。

4.5.1.2　变频器技术特性

1. 变频器动力电源：380 V/50 Hz

2. 变频器控制电源：

直流：（220±50）V；交流：（380±10）V/50 Hz

3. 变频器输出电源：（380±19）V/（1 550±13）Hz

4. 在持续工况下变频器的输出功率（额定负荷状态下 $\cos\phi=0.9$）：130 kW

5. 输出端最大驱动功率（不大于 5 min），190 kW

6. 长期工作下输出端的功率因素：≮0.9

7. 变频器允许输入在额定工况下＜130 kW、$\cos\phi$＞0.9，用（400±20）V 的输出端电压长期连续工作。

8. 变频器允许输入电压在（380－19＋38）V 的范围内，调整输出电压；被调整电压的准确度保持在±5%（即±19 V）范围内。

9. 变频器输出端线电压的曲线波形与正弦波相接近，其失真系数：≯5%。

10. 输出线电压的不平衡系数：≯3%。

11. 变频器输出频率的稳定度：额定值的±0.1%。

12. 平均无故障工作时间：7 000 h。

13. 变频器在供电电压短时间（0.05 s 内）下降 30%时不断开，并保证在供电中断 3 s 时间内，之后自动启动。

14. 当供电电压下降大于 30%时，变频器在相应保护动作时断开，而后自动重复接通。

15. 变频器在事故状态下断开的有效保护：

1）当负荷接通时，输出端电压上升到高于 450 V；

2）当输出端处于缺相状态下；

3）当输出端短路时；

4）在变频器水冷系统中，当压差低于 98.1 kPa 的时间大于 2 min 时。

16. 变频器使用除氧冷却水来冷却其相应部件（冷却水可带走变频器散发出来热量的57%，约 20 kW，其余由空气带走），参数要求如下：

1）冷却水电阻率：≮1 MΩ/cm；（电导率≤μS/cm）

2）冷却水硬度：≯0.5 mgN/L；

3）冷却水含氧量：≯0.1 mg/L；

4）冷却水铜含量：≯0.2 mg/L；

5）冷却水 pH：6～7；

6）冷却水温度：10～30 ℃（当进口水温为 10～17 ℃时，检修期可以延长）；

7）冷却水流量：30 L/m；

8）水系统入口水压：392.4 kPa；

9）水系统入口与出口间压差：98.1～196.2 kPa。

变频器安装在级联大厅内，而级联大厅是处在空调运行厂房内，其温湿度及环境空气质量均满足变频器对安装运行的环境要求。

4.5.1.3 变频器的工作原理

变频器将工业频率的三相交流电变换成高频率的三相交流电。变频器是按照明显表示的直流电流环节方式下，依据电流独立逆变器的线路实现其工作特性的。

三相工业频率的交流电（380 V/50 Hz）通过三相桥式整流器整流，并输至电流独立的逆变器入口，将直流电转换成所需规定频率的三相交流电。

变频器柜中主要部件作用说明如下（参照图 4-11）。

整流器由可控硅组成，目的是减少输入电压的变化对变频器输出电压的影响，以及在事故工况下保护变频器。独立逆变器是按三相桥式电路装配的。为了切换逆变器的可控硅和补偿负荷的无功功率，利用了与变频器负荷并接的电容器。在整流器和逆变器间，接入直流电路的平滑扼流圈 Ld，在变频器给定的任何工作工况下，能保证逆变器输入端电流的连续性。为了使变频器输出电压的稳定，即为了稳定频率及逆变器出口处的输出电压值，可通过调整无功负载值的方法。接通附加的无功负载（即补偿器）实现。补偿器就是在逆变器输出端各相上所接的连成三角形的补偿装置，它由线性扼流圈（LK1、LK2、LK3），仅并联连接的可控硅，以及可减少可控硅中损失用的饱和扼流圈所组成。

变频器启动时，当负荷电机停机或以低于同步速度（S≥0.035）旋转时，则可变频器的输入端安装刀闸开关 P1，输入端上装有两组电流互感器。电流互感器 TT1、TT2、TT3 为测量仪表供电用；而互感器 TT4、TT5、TT6 为自动调节系统的电流传感器供电。整流器的输入端上接有各相扼流圈 LΦ1、LΦ3、LΦ3，用作整流器电路中发生事故时以限制电流增长数值和速度。逆变器上每个可控硅串联接入能确定可控硅状态的状态传感器ДC1～ДC6，以及减少可控制硅中切换损失的饱和扼流圈 PИ1～PИ6。为切换可控硅和补偿负荷无功功率，在逆变器输出端的各相上接有三角形连接的动力电容器组（C79～C84）。逆变器输出端上接有与接公共点星形连接的平衡电容器（C49～C78，859～C114）。逆变器输出端各相上装有测量用的电流互感器（TT7、TT8、TT9）

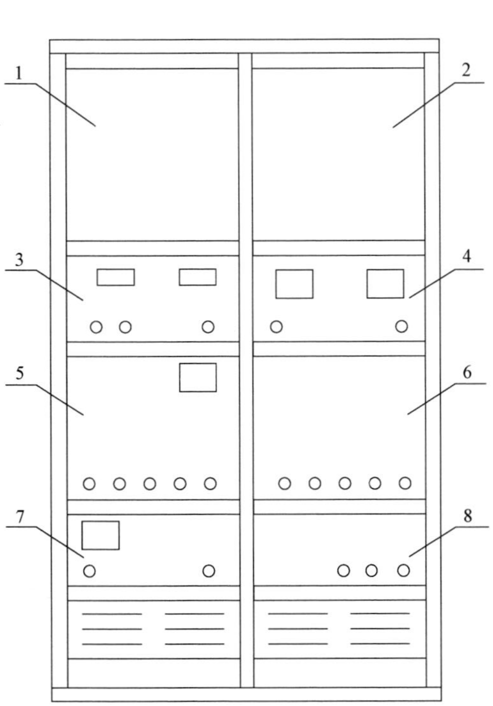

柜1

1. 控制面板ПУИ
2. 输入面板
3. 自动装置箱БА3
4. 调节器箱БР3
5. 传感器箱БД5
6. 可控硅控制箱БУТ2
7. 供电箱БП4
8. 可控硅接触器控制箱БУТК2

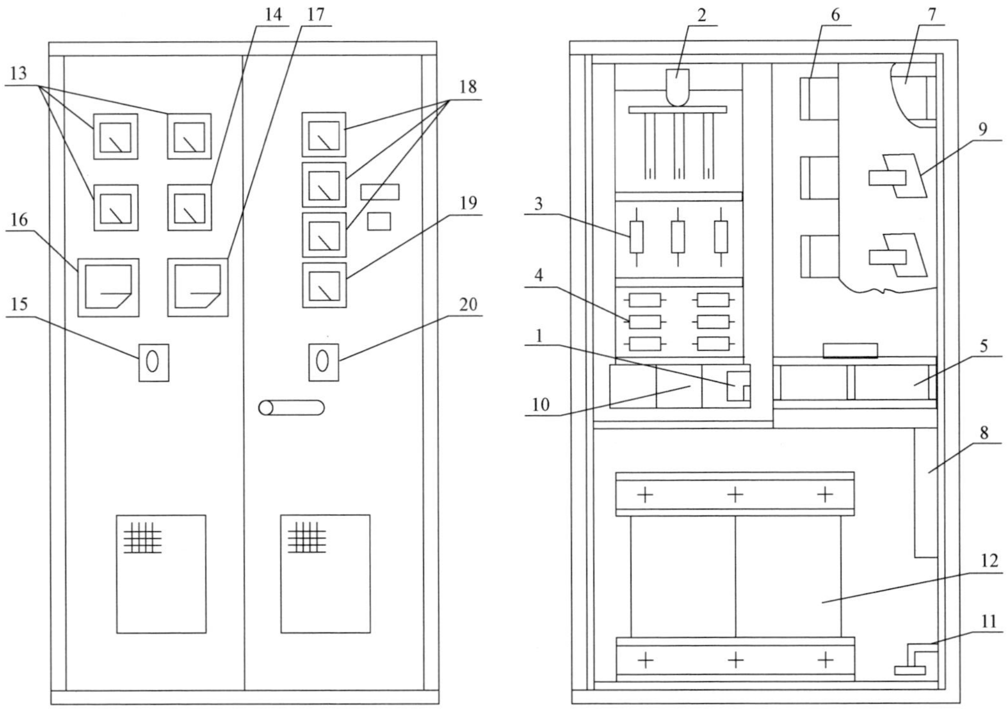

柜2

1. 为CYOA送电用的自动开关AB1
2. 输入刀闸开关P1
3. 输入保险器ПР1、ПР2、ПР3
4. 测量回路的保险丝ПР4～ПР9
5. 隔离变压器TP
6. 电流互感器TT1、TT2、TT3
7. 电流互感器TT4、TT5、TT6
8. 整流阻尼回路电容器
9. 整流器的可控硅单元
10. 温度保护单元
11. 水流继电器单元
12. 平滑扼流圈
13. 输入回路的电流表A1、A2、A3
14. 输入回路的电压表V1
15. 电压表供电回路切换开关
16. 直流回路电流表
17. 直流回路电压表
18. 输出回路电流表
19. 输出回路电压表
20. 电压表供电回路切换开关

图 4-11　变频器各柜配置图

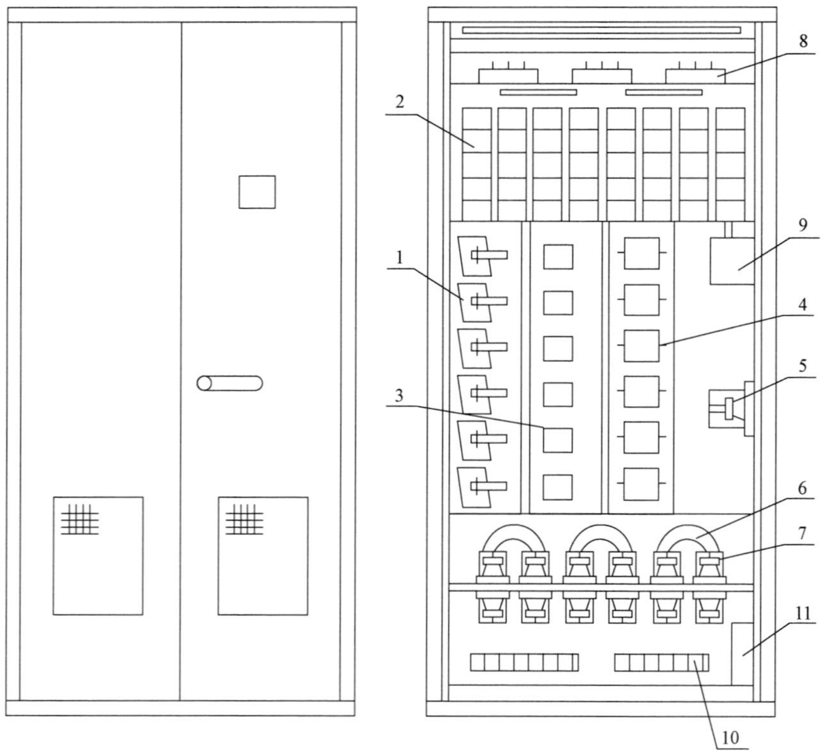

柜3

1. 逆变器可控硅单元
2. 逆变器阻容回路电容器和
   无接点启动器的可控硅单元
3. 逆变器可控硅状态传感器
4. 逆变器的饱和扼流圈
5. 电压截止单元
6. 输出回路测量仪表供电的电流互感器
7. 无接点启动器的可控硅单元
8. 启动扼流圈
9. 启动接触器
10. 平衡电容器
11. 变频器输出端阻尼电路的电容器

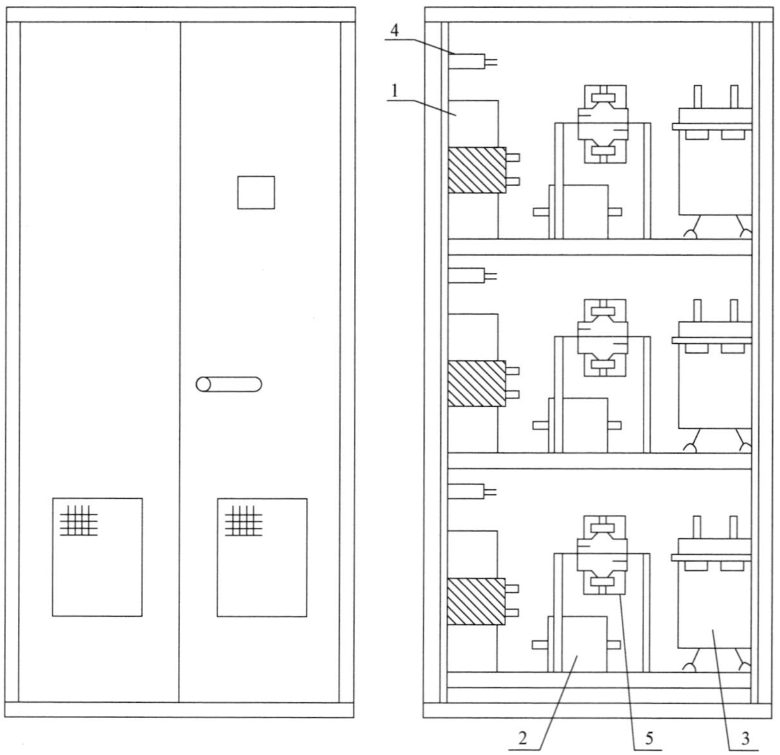

柜4

1. 补偿装置的扼流圈LK1～LK3
2. 补偿器的饱和扼流圈PK1～PK3
3. 切换电容器C79～C84
4. 平衡电容器 C85～C114
5. 补偿器的可控硅单元KУ-T1～KУ-T6

图 4-11　变频器各柜配置图（续）

利用启动扼流圈 Ln1、Ln2、Ln3 实现启动。扼流圈被接在变频器输入端和逆变器输出母线间，利用启动接触器 ПК 接通的。用单独的可控硅接触器（TK1、TK2）将每组的负载接到变频器的输出母线上，可控硅接触器由 3 对反并联连接的半导体开关元件组成。控制脉冲的形成和动力部分可控硅接通瞬间的调节，以及在事故工况下变频器元件的保护由控制和操作自动装置系统（СУОА）完成的。

4.5.1.4　变频器控制系统（СУОА）

1. 作用

前面提到变频器由 4 个柜子组成，柜子 1 内就配置的是静态变频器控制和操作自动装置系统，俄文名为 СУОА ÇСПЧС-190-380/М3，简称为 СУОА，是变频器控制的主要部分，柜 1 就是 СУОА 柜。СУОА 的作用就是控制静态变频器，并在各种工况下自动调节其参数，以及在事故状态下快速动作以保护变频器。

2. СУОА 的组成

从图 11 可知 СУОА 柜由框架、控制和显示面板（ПУN），自动开关面板、整流装置 УВ、可控硅控制箱 БУТ2、传感器箱 БД5、调节器箱 БР3、可控硅借助器控制箱 БУТК2、自动装置箱 БАЗМ 和供电箱 БП4 组成。六个单元箱结构和作用原理作简要介绍如下。

（1）可控硅控制箱 БУТ2

该箱用于控制整流器、逆变器及补偿器的可控硅，由以下五个系统组成：整流器控制系统（СУВ）、逆变器控制系统（СУИ）、补偿器控制系统（СУК）、基准电压电源（NOH）及准备情况检查系统、整流器、逆变器、补偿器同步系统（СВИК）。

由变频器输入来的 380 V 50 Hz 的同步电压，来实现形成控制整流器脉冲；当调节器箱 БР3 进入整流器的电压变化时，发生脉冲时间位置的改变（相位偏移）。СУВ 由六个相同的通道（按整流内半导体开关元件数量）组成，通道是装在 3 个相同型号的插件内（ФИВ6）。

控制逆变器的脉冲形成是用 380 V、FHOM3 同步电压实现（变频器的输出电压）。СУИ 是由配置在 3 个插件（ФИИ3）上的 6 个相同通道（按逆变器半导体开关元件的数目）组成。

СУОА 中的 СУК 是保证变频器在两种工况下工作：

1）在变频器启动时复合激发工况下，补偿器控制脉冲从启动脉冲内部发生 ПИК 电压中形成（启动脉冲、启动工况）；

2）当变频器工作在自激发工况下，补偿器控制脉冲从变频器输出电压中形成（同步电压 380 V，频率 FHOM3），用改变频率调节器（插件 БР3）电压的方法进行调整脉冲的时间位置（工作脉冲、工作工况）。

СУК 由六个（按补偿器半导体开关元件数）相同的装在 3 个插件中 φИК3 中的脉冲形成通道组成，启动脉冲发生器装在插件 ПИК3 中。

（2）可控硅接触器控制箱 БУТК2

БУТК2 箱用于形成可控硅接触器的控制脉冲，它包括三个控制通道："1TK""2TK""ПТК"。"2TK" 和 "ПТК" 的工作原理与 "1TK" 通道相似。"1TK" 通道包括：1）TK 控制电器、2）发生器、3）半导体开关元件 1-6 控制脉冲形成器、4）"切断 1TK" 信号形成装置。

“1TK”通道与 2TK”和“ПTK”通道的不同点是，它包括有“装置已准备好”的信号形成装置。“装置已准备好”信号形成构造中包括有集成电路 D4 和形成“0”电平（电压范围为 0～1.5 V）的装置已准备好信号的晶体管 VT20-VT22。如果切断所有的可控硅接触器（即在输出端“切断 1TK”，“切断 2TK”“切断 ПTK”形成“0”电平的信号），则装置的供电电压处于规定范围内。如果通道“1TK”“2TK”或“ПTK”之一的发生器工作或装置的电源电压不符合规定时，则在“装置已准备好”输出端的电压具有“1”电平（电压范围为 8～16 V）。

ПTK 通道的不同处是：按被控制的可控硅接触器中半导体开关元件的数量，它的组成构造包括两个输出通道。

（3）调节器箱 БP3

调节器箱用于变频器输出参数的调节和稳定，其组成为：整流器、电压调节器、频率传感器和频率调节器。

电压调节器用于在电压稳定的范围内稳定变频器的输出电压和在限制范围内的规定电平中限制变频器的输出功率；

频率传感器是用于获得与变频器输出电压频率成比例的电压，此电压进入 БYT2 箱到逆变器和补偿器可控制硅控制脉冲形成电路，以改进其在过渡状态下的工作。频率调节器用于：调节和稳定变频器输出电压的频率和相位；在接通和去掉负荷同步波动期间负荷参数变化时，稳定变频器的输出电气参数；在变频器输入端供电电压下降和切断时，变频器从输出频率稳定的工况下转换至输出电压稳定的工况（此工况下的频率由载荷的旋转频率决定）。

（4）传感器箱 БД5

БД5 箱用于检测变频器和动力电路元件输入端和输出端的下列参数：即

1）变频器输入端上有供电电压；

2）变频器输出母线与地短接的电流值；

3）变频器输出电流不对称的值；

4）变频器输出电压的频率；

5）变频器输出电压的值；

6）经过逆变器的可控硅和 БOH 可控硅有漏电；（БOH—电压切断装置，最大输出电压保护）

7）通过变频器切换电容器的电流值。

БД5 箱还可根据变频器输出电压的电平发出整流器、逆变器和补偿器的脉冲允许信号，或能够手动允许形成这些脉冲。

（5）自动装置箱 БA3M

自动装置箱 БA3M 用于：接到变频器上，并按专用程序把它同负载 H1 与 H2 断开；和确定处于设定范围内的参数信号，并形成（并按时选择）在这些参数超过标准范围时断开变频器和负载的信号。

БА3М 箱的前面板上有显示启动每个负载程序完成时的步进记数器。在箱中规定了两个相同负载 H1 和 H2 的启动程序。启动每个负载程序包括 120 步，1 步的间隙为 1 s。步进计数器是保证启动程序的信号分配器。在箱中 1 秒的发生器、步进计数器、程序装置插件 СП、相位和电压传感器 ДНФ 插件、接触器（TK1、TK2、ПТК）、控制插件 УК、存储部件 УП 插件、信号切断 CO 插件等结构与工作原理可查阅规程。下面简单介绍 120 步中步骤作用。

程序的起始步骤是预备性的，在此期间，把信号写入启动该负载的周期计数器，使故障信号存储器复位等。在 003 步上根据变频器输出端上是否有电压选择启动程序。在有电压时（按指令执行时间完成第二负载启动程序时），从程序中排序与启动变频器空转有关的操作。在 004 步上检查变频器（在动力部分中有水流等）和 CУОА 系统准备好自动启动。从 005 到 011 步上进行变频器的空载启动，并从组合激励状态转换到自激状态。

在 013 步上补充检查接通负载的可能性（负载没有和备用电源接通，分流接触器 KЩ 没有分流等）。从 016 到 018 步上选择负载和系统同步时接通，即该负载的接触器在变频器电压和零电平负载的剩余电压（这些电压的 UAB 相）从正区到负区的通行相重合时接通。019 步是在负载上设有剩余电压时，发生该负载强制接通 TK 的命令。

在 020—118 步上检查变频器在负载升周时的输出电压和频率；在 19 步上形成该负载启动程序结束的信号。

在 007、009、015 和 020—118 步上，电压和频率的检查，在其输出参数超出标准范围时，及在 CУОА 系统故障，接通负载程序间断时，出现事故信号等等，将保证启动和程序返回到初始状态（到 000 步）。在 001 步之前重复进行启动程序和发生负载事故信号，即保证（从两个接通的负载中）找出有故障的负载，或找出有故障的变频器。

（6）控制和显示盘 ПУИ

ПУИ 用于：反映变频器、负载和控制系统的当前状态；分别接通负载 H1 和 H2，并在“就地控制”状态中控制可控硅接触器；控制系统和外部控制信号状态。

ПУИ 是用绝缘材料做成的观察板，面板的上部反映出变频器结构原理图，下部示出事故和报警信号，以及在 МУ（就地控制）状态下变频器的控制系统。

（7）供电系统

供电系统由整流装置 УВ 和供电箱 БП4 组成。УВ 将工业频率的三相交流电压转换成 220 V 直流电压。УВ 由变压器、三相桥式整流器、滤波器及载荷电阻组成，如图 4-12 所示。

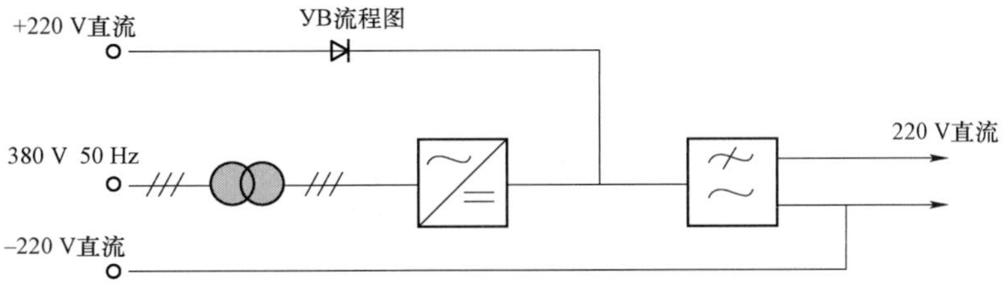

图 4-12　УВ 流程图

БП4 用于把（220±50）V 直流电压转换成 40 V（10 A）、22 V（10 A）、24 V（0.2 A）和 15 V（3 A）的稳定直流电压。为了保证输出电压的参数设定，以及防止过电流及负载过电压，БП4 由下列部件组成，其流程如图 4-13 所示。

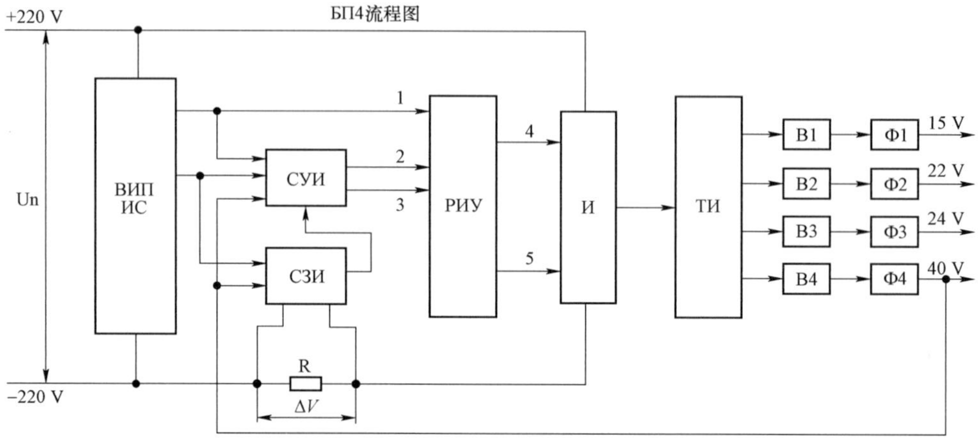

图 4-13 БП4 流程图

1）ВИПИС——二次同步电源
2）СУИ——逆变器控制电路
3）РИУ——双时钟控制脉冲分配器
4）И——桥式逆变器
5）ТИ——逆变器变压器
6）B1～B4——整流器（把交流电转换成直流电的转换器）
7）Φ1～Φ4——平滑滤波器
8）СЗИ——逆变器和负载保护电路

4.5.2 СПЧС180-380 T 型变频器介绍

СПЧС180-380 T 型晶体管变频器（简称 180 型变频器）是 405-Ⅱ期工程工程中频供电系统中的重要设备，属电压型变频器，是给主机供电的专用中频电源；该设备具有结构紧凑、集成化程度高、工作稳定、操作简单等特点。由于外方提供的资料有限，给运行及检修工作带来很大的困难。通过不断的学习和试验，我们对变频器的认识有了突破性的进展。下面我们将对其结构进行介绍，对变频器核心部分的原理及功能进行，为检修工作提供技术指导，为变频器的运行维护提供参考。

4.5.2.1 变频器的组成

180 型变频器由两个单面维护的落地式柜子组成，两个功率柜分别为 No1 柜和 No2 柜，非冗余关系，独立带载运行。两柜的动力回路组成和结构完全相同，控制系统略有差异，No2 柜中没有控制电源的供电匹配装置、地址转换开关和外围检验器，和 No1 柜共用以上三个器件。见图 4-14 所示。

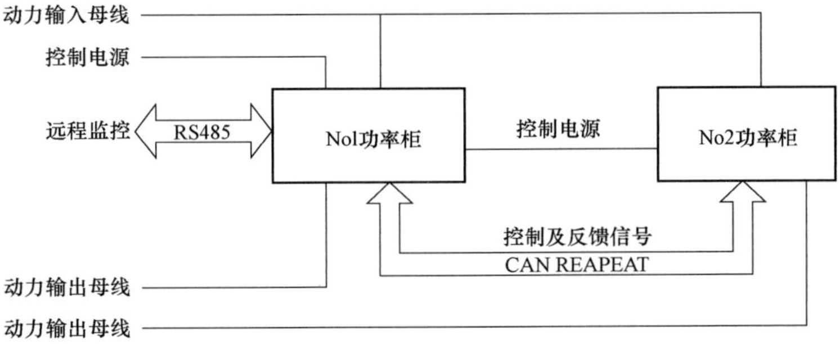

图 4-14　变频器结构图

4.5.2.2　变频器动力回路组成及原理

180 型变频器的动力回路包括整流回路、滤波回路、逆变回路、补偿回路。工频交流电压经三相半控桥式整流器整流，经直流网络的 LC 滤波器平整后，由自激电压逆变器转换成占空比不同、频率分别为 517 Hz、1 034 Hz、1 550 Hz 的矩形波，再经补偿装置滤波补偿后变成电压从 200～420 V 可调的三相正弦波中频电源，供主机使用（见图 4-15）。

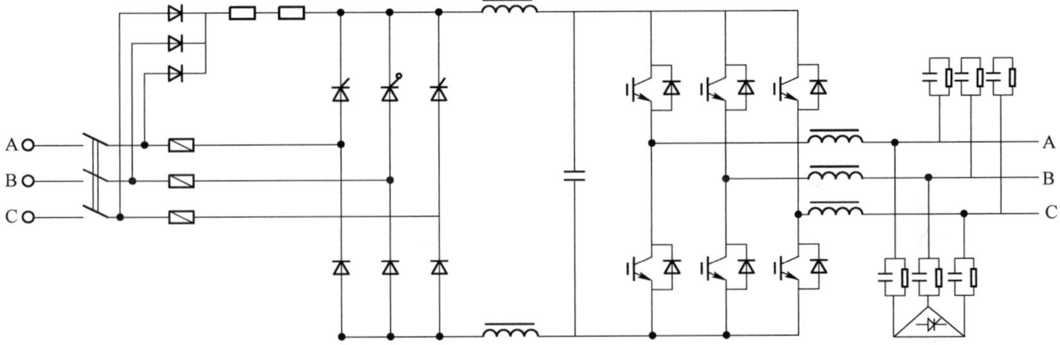

图 4-15　180 型变频器整机拓扑

1. 整流回路原理

整流回路由整流半控桥、充电电路 A20、整流器控制装置 УУВ1、以及 RC 保护电路组成，用来将 380 V、50 Hz 的三相工频交流电转换成直流电输出。

三相半控桥式整流电路由三个共阴极的晶闸管和三个共阳极的二极管组成；A20 充电电路保证通过限流电阻平衡地给滤波器的电容充电。当电压 U_d 达到 400 V 时，经过 20 s 的延时，整流器的可控硅电路接通，可控硅电路在额定电流下工作。整流桥可控硅的触发信号是 5 V 的电平信号，相当于可控整流电路的 $\alpha = 0°$ 时的情况，即共阴极的晶闸管和共阳极的二极管均在自然换相点换相如图 4-16 所示。整流可控硅只起到一个开关的作用，控制整流器的接通和断开。整流桥上各管的导通的时序如表 4-1 所示，三相桥式半控整流电路 $\alpha = 0°$ 时各管的工作情况

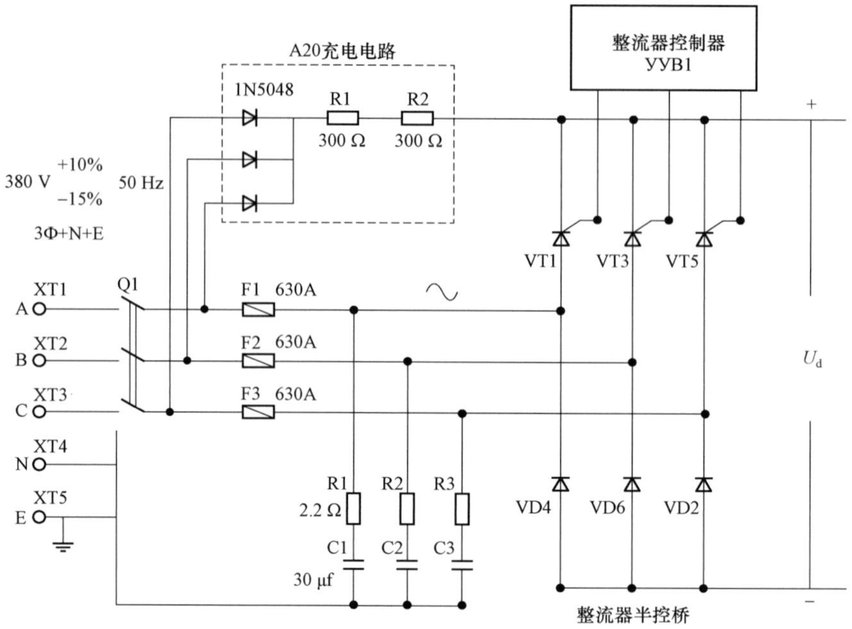

图 4-16　整流回路原理图

表 4-1　整流桥上各管导通时序

时段	1	2	3	4	5	6
共阴极组中导通的晶闸管	VT1	VT1	VT3	VT3	VT5	VT5
共阳极组中导通的二极管	VT6	VT2	VT2	VT4	VT4	VT6
整流输出电压 U_d	$U_a-U_b=U_{ab}$	$U_a-U_c=U_{ac}$	$U_b-U_c=U_{bc}$	$U_b-U_a=U_{ba}$	$U_c-U_a=U_{ca}$	$U_c-U_b=U_{cb}$

每只管子轮流导通 120°，相位相差了 60°。整流电路输出波形可用电源线电压波形表示，每个线电压输出了 60°。

如图 4-17，从输出波形中我们可以看出，一周期脉动 6 次，每次脉动的波形一样，故该电路为 6 脉波整流电路，其基波频率为 300 Hz。

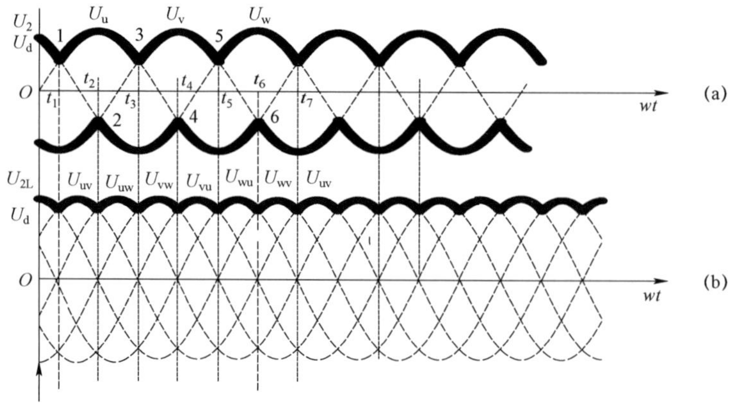

图 4-17　整流回路输出波形图

整流器的 RC 保护电路（C1～C3，R1～R3）用于抑制整流器二极管和可控硅上反电压的增长速度和增长量，对可控硅和二极管起到保护的作用。

2. 逆变回路原理

变频器的逆变回路采用三相 PWM 逆变电路，逆变桥由 6 只 IGBT V1～V6 和 6 只快速续流二极管 VD1～VD6 组成，如图 4-18 所示。PWM 脉宽调制采用谐波消除法，即适当安排开关角，在满足输出基波电压的条件下，消除不希望有的谐波分量，能够消除的谐波次数越多，结果也就越接近于正弦波。由于逆变器输出电压波形中的低次谐波对交流电机的附加损耗和转矩脉动影响最大，所以首先希望消除低次谐波。

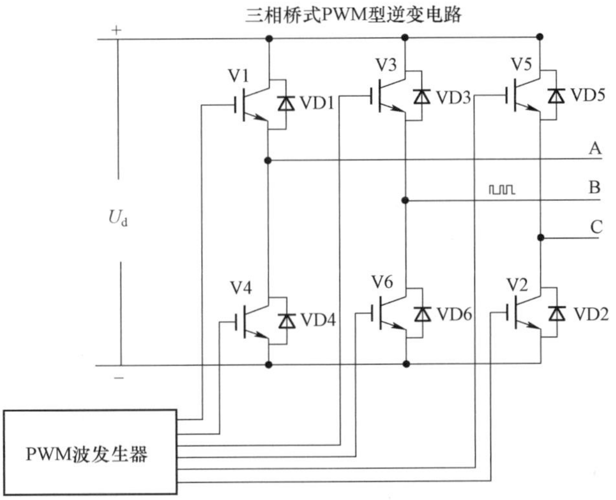

图 4-18　逆变器原理图

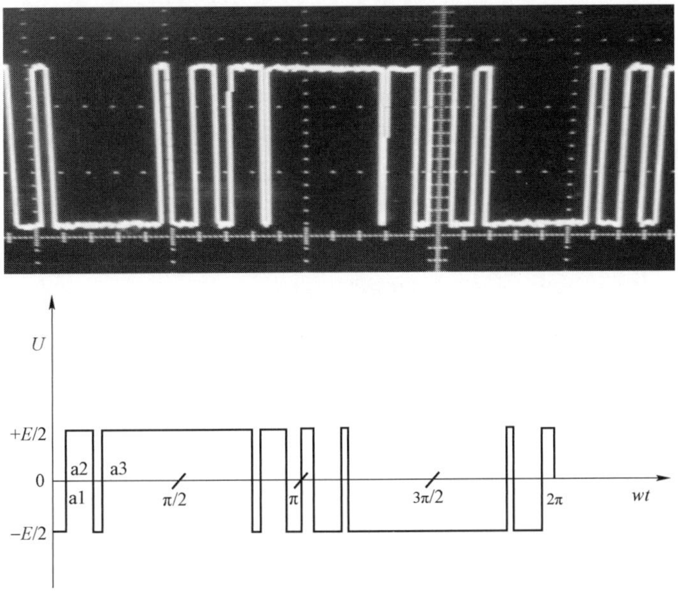

图 4-19　PWM 电压波形

4.5.2.3 控制系统的组成及功能

变频器的控制系统中主要的功能部件有中央处理器、控制电源匹配装置、IGBT 驱动板、整流器控制装置 УУВ1、分流可控硅控制器 УУТ1、补偿可控硅控制器 УУКТТ、电流传感器、热传感器、水压差传感器等，其中，中央处理器又由主检验控制器 ОК3、测量检验控制器 ИК2、二次电源 ВИП-14、外围检验器 МПК2 四个模块组成，是整个控制系统的脑干，起到监控、支配的作用，如图 4-20 所示。

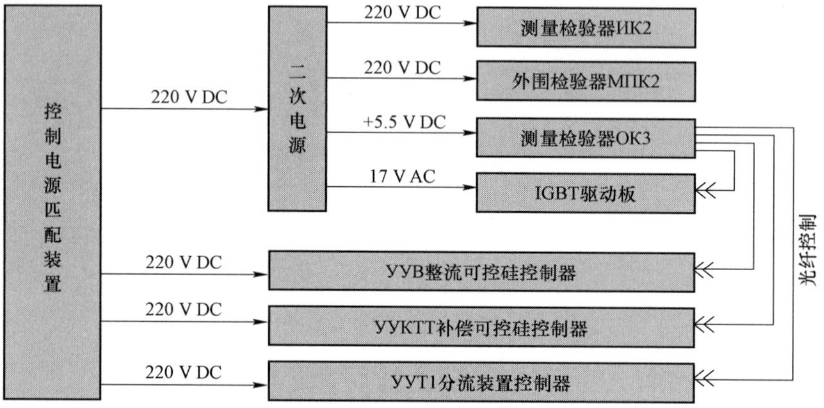

图 4-20 控制系统结构框图

根据安装位置的不同，中央处理器 ЦПУ 有两种型式，安装在 No1 柜里的是 ЦПУ3，它由主检验控制器 ОК3、测量检验控制器 ИК2、二次电源 ВИП-14、外围检验器 МПК2 四个模块组成。安装在 No2 柜里的是 ЦПУ4，它由 ОК3、ИК2、ВИП-14 三个模块组成，没有外围检验器 МПК2，如图 4-21 所示。因此，变频器两个功率柜状态信息的显示、调整和操作都在一个面板上实现，向中央控制室传送信息也是通过一个 МПК2 实现的。

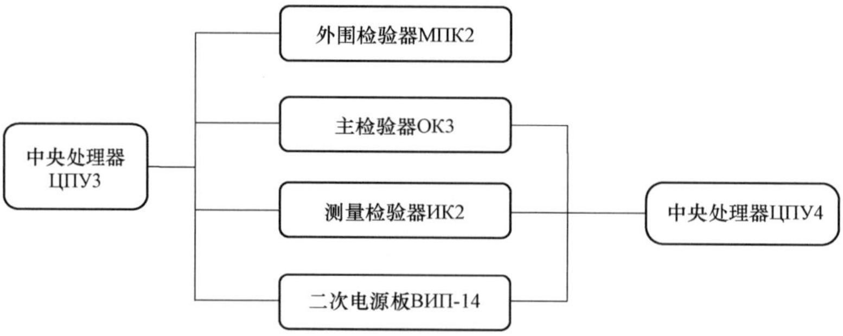

图 4-21 中央处理器的结构图

1. 主检验器 ОК3 的功能

主检验器 ОК3 主要由微控制器、事故信号逻辑处理器、供电稳定器、光信号收发器、CAN 总线收发器组成。如图 4-22 所示，主检验器主要功能是实现对动力模块 IGBT 和可控硅的诊断和控制；同时，检测并温度信号及水压差信号，检测电磁接触器和制动插头的状态；通过 CAN Repeat 接收 No2 柜的运行参数及各功能器件的状态信息，在外围检验器进行参数及状态显示。

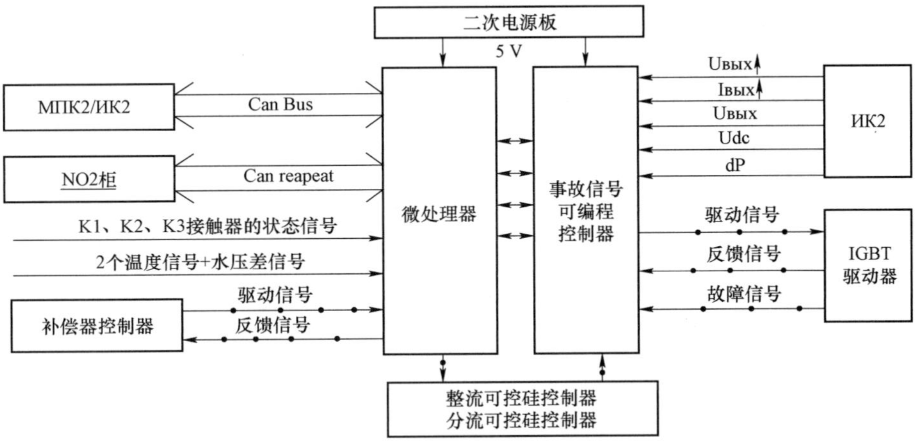

图 4-22　主检验器 OK3 功能图

主检验器 OK3 通过 CAN BUS 总线接收来自测量检验器 ИК2 的模拟量信号（电流、电压、有功、无功、温度），并参与程序控制与判断；同时来自测量检验器的 2 个故障信号 U 输出↑、I 输出↑直接到达事故信号逻辑处理器，参与变频器的硬保护；还有 3 个检测信号ΔP、U 输出、UDC 参与调节。

主检验器 OK3 通过 19 根光纤既能高效准确实现对动力模块 IGBT 和可控硅控制、诊断和信号显示，同时又实现了主回路和控制回路光电隔离，减少交叉干扰。

2. 测量检验器 ИК2 的功能

测量控制器由一个微控制器和一个输入参数测量器组成，如图 4-23 所示。输入参数测量器集成块主要将采集的变频器输入电压及电流信号通过计算处理后送给微控制器，微控制器本身接受通过专用测量通道传输回的输出电压、输出电流、输出频率、温度信号、水流量信号、有功、无功信号，并连同输入参数测量器送来的测量数据以信息形式沿 CAN 接口发送给主控制器和外围控制器，以诊断和显示信息。

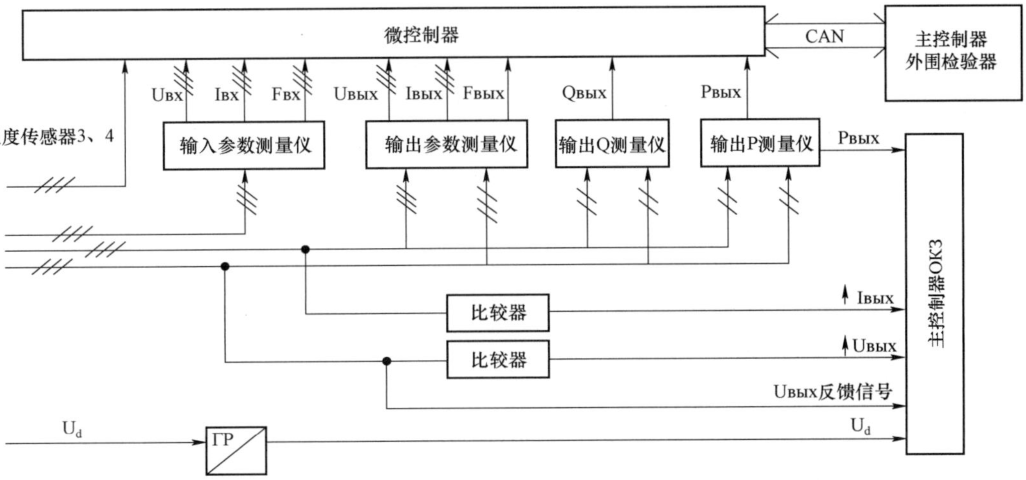

图 4-23　测量检验器 ИК2 的功能图

为了更好的保护变频器及负载的安全，测量控制器还设计了专门针对输出电压、电流越限的事故保护通道，通过比较器与设定的保护基准电压进行时时比对，并将故障信号直接送 OK3 进行故障相响应，以此保证快速处理信号。测量控制器也形成输出电压、直流电压、有功功率信号送抵 OK3 参与调节。

3. 外围检验器 MПК2 的功能

外围检验器 MПК2 主要由数字信号处理器、供电电压稳定器、缓冲记录仪、两个 CAN 接口驱动器、两个 RS485 通道、键盘及液晶显示器组成。如图 4-24 所示，外围检验器接收二次电源板提供的 +5.5 V 和 –20 V 电源信号，再通过电压稳定器输出，给板上的各控制器件提供稳定直流电源；同时来自电源板的主、备控制电源接通信号是两对节点信号，通过外围检验器进行逻辑与处理之后输出一对节点信号，送给供电检测台；外围检验器通过键盘及远控操作台接收外部命令信号后，通过接触器的缓冲记录仪，按程序控制依次给电源板上接触器电源通道晶闸管提供触发脉冲。

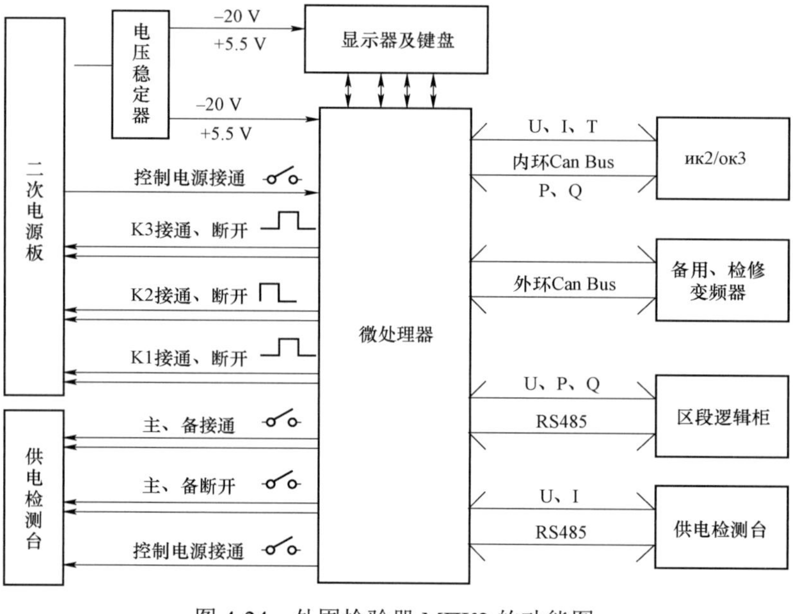

图 4-24 外围检验器 MПК2 的功能图

外围检验器 MПК2 有两条 CAN BUS 总线进行信号传输，CAN1 是是外围检验器 MПК2、测量检验器 ИК2 和主检验控制器 OK3 之间的内环线。测量检验器检测到的电流、电压、频率、温度、水流量等信号通过 CAN 总线传输给主检验器进行判断、参与程序控制，同时传输给外围检验器进行显示；各板的故障信号、各回路的状态信号都是通过 CAN 总线进行传输，在液晶显示器上进行显示；CAN2 是同组变频器之间的环线，用于工作、备用和检修变频器之间的状态信息连锁。

外围检验器 MПК2 另有两条 RS485 通道进行信息传输。RS485/1 是向区段逻辑柜传送 3 组模拟量信号 U、P、Q，用于主机电源信号检测及摩擦功耗的测量；RS485/2 通道传送 2 组模拟量信号 UВЫХ 和 IВЫХ 到供电检测台，用于对变频器输出电流、电压的实时监控。

因此，MПК2 是变频器与用户之间以及变频器与中央控制室之间联系的纽带。

4. 二次电源板 ВИП-14 的功能

二次电源板 ВИП-14 主要由脉冲变压器、17 V\10 kHz 交流电压振荡器和六个光电隔离通道组成，如图 4-25 所示。通过脉冲变压器输出稳定的 5.5 V、±15 V、－20 V 直流电源给中央处理器 ЦПУ 的控制单元板；通过交流电压震荡器输出 17 V、10 kHz 交流电源给光纤通讯线适配器；同时，为电磁接触器提供 220 V 直流控制电源。

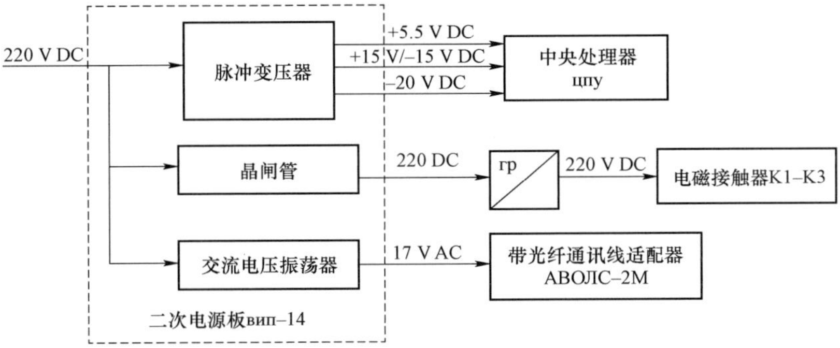

图 4-25　二次电源板 ВИП-14 功能简图

4.5.3 国产变频器

4.5.3.1 国产变频器概述

国产变频器是专门应用于商用离心工厂高速同步离心机的中频电源。它采用电力电子功率变换和 SPWM 波控制技术，将 50 Hz 工频交流电变为 517 Hz 和 1 550 Hz 两档输出的中频交流电。利用 PLC 作为系统的监控核心，对系统的状态进行综合检测、控制。国产变频器可用于主机启动与运行工况，同时也可以实现主机的过激运行。并机扩容的方式能够实现功率等级的提升，满足大功率系统运行的需要。原位在线自诊断技术的应用实现了闭环控制系统的故障自诊断，使得故障检修更加快捷、方便。由于采用了诸多先进的电力电子技术，因此，该变频器是一种具有良好的人机界面、输出容量大、过载能力强、噪音低、对电网污染小、效率高、智能化等特点且能够满足铀浓缩工厂需要的新型变频器。目前该变频器已形成系列产品，广泛用于 405-2 系统中。

4.5.3.2 设备组成

国产变频器主要由监控柜和功率柜组成，电气回路原理如图 4-26 所示。

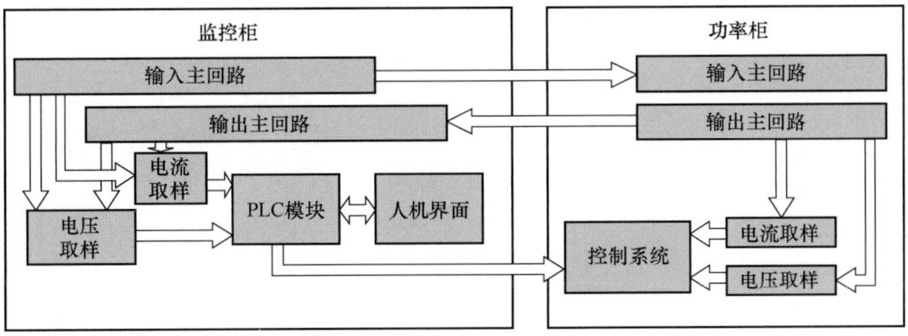

图 4-26　国产变频电源电气原理

1. 监控柜

监控柜主要是完成变频电源的启动、停车、故障检测、模拟量采集处理和显示、过激以及给定等功能。本部分主要是由西门子 314C 系列 CPU，和 CPU 本体所带的数字量输入输出点，模拟量输入输出通道和外部扩展的数字量输入输出模块，模拟量输入输出模块组成的 PLC 系统作为整个监控柜的控制核心，通过维博电压、电流传感器采集由功率柜送来的输入输出参数，通过继电器和 I/O 隔离板采集由功率柜送来的故障和反馈信号，与触摸屏通过 MPI 协议进行数据交换，实现对整个变频电源的时序控制、参数的设置和显示，如图 4-27 所示。

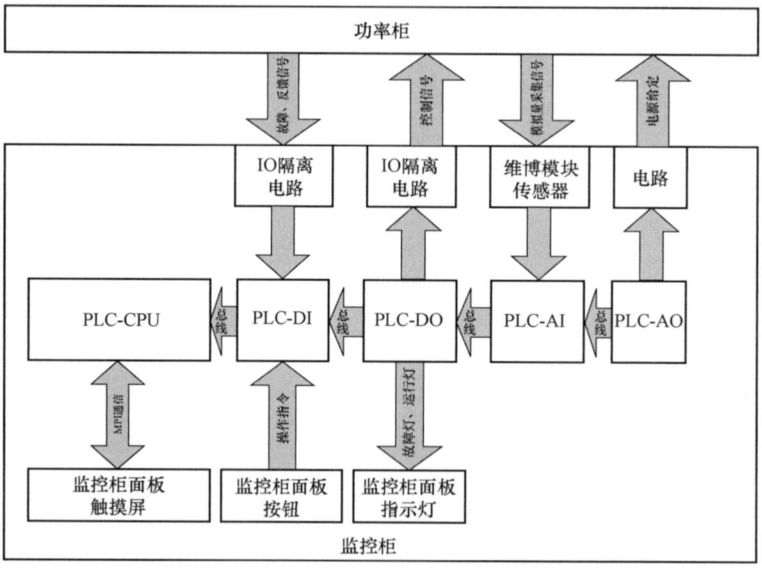

图 4-27 300D 国产变频电源监控柜

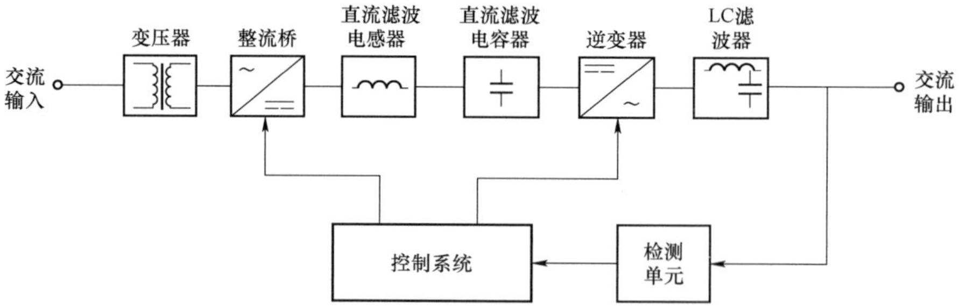

图 4-28 300D 国产变频电源功率柜

2. 功率柜

功率柜（如图 4-28）采用电力电子功率变换和 SPWM 控制技术，将 50 Hz 工频交流电变为 517 Hz、1 550 Hz 两档输出的中频交流电，用于同步电机群的运行供电和起动，具有输出容量大、过载能力强、波形品质好、体积小、噪音低、效率高、智能化等特点。也可以用于其他中频负载的集中供电。

4.5.3.3　变频器技术参数

1. 输入参数

电压范围：三相三线 380（1±10%）V；

频率范围：50（1±5%）Hz；

电流范围：满足最大输出功率；

控制电源：两路独立电源热冗余（有主备之分），无切换时间；

功率因数：≥0.9。

2. 输出参数

输出频率：517（1±0.1%）Hz；

1 550（1±0.1%）Hz；

两档固定、能转换。

额定电压：517 Hz：200（1±10%）V；

1 550 Hz：380（1－5%）V～380×（1＋10%）V；

1 550 Hz 过激：300～380 V；

输出方式：三相三线制；

整机效率：＞90%；额定工况；

输出失真度：线电压＜5%，正弦波；

输出电压三相不平衡：线电压不对称系数＜3%；

输出形式：可控硅开关。

3. 环境参数

壳体：PS4000 系列；

柜体防护等级：IP20；

冷却方式：水冷；

使用相对湿度：＜80%；

使用温度：5～30 ℃。

4.5.3.4　国产变频器的工作原理

国产变频器由监控单元和功率单元组成，其中，功率单元可以由 1 台、2 台或 3 台完全相同的功率柜组成，采用功率柜并联扩容的方式达到大容量使用的目的。监控单元由 1 台监控柜组成，监控柜根据不同的容量组合会有所不同，但功能基本相同。系统构建的方式可以根据负载的要求灵活搭配，以满足多种主工艺运行系统的需要。

1. 监控单元组成

监控单元由输出可控硅开关电路、系统监控电路、控制电源和辅助电路等组成，以实现输出功率分配、负载无冲击投切、设备操作控制、智能监控等功能。监控单元框图如图 4-29 所示。

（1）输出配电：主要由监控柜完成，功率柜的输出由线缆送至监控柜的输出配电母排，每台功率柜同相的输出接至同一条母排上，利用并机扩容的控制方式，提高了系统功率输出能力。

（2）监控单元：系统的监控单元由监控柜内的 PLC 控制单元、触摸屏、操作按钮、选择开关、各种参数变送器等构成。主要完成的功能是通过按钮、选择开关或者外部控制信号实现对系统的启动、停机；对电子开关的接通、断开等状态进行控制；接收各个功率柜的状态信号；通过电量传感器对系统参数进行检测，对系统做出相应的保护；显示系统状态并对操作命令及故障状态进行记录，以便查询；具备手动/自动过激功能，过激后节电效果显著。

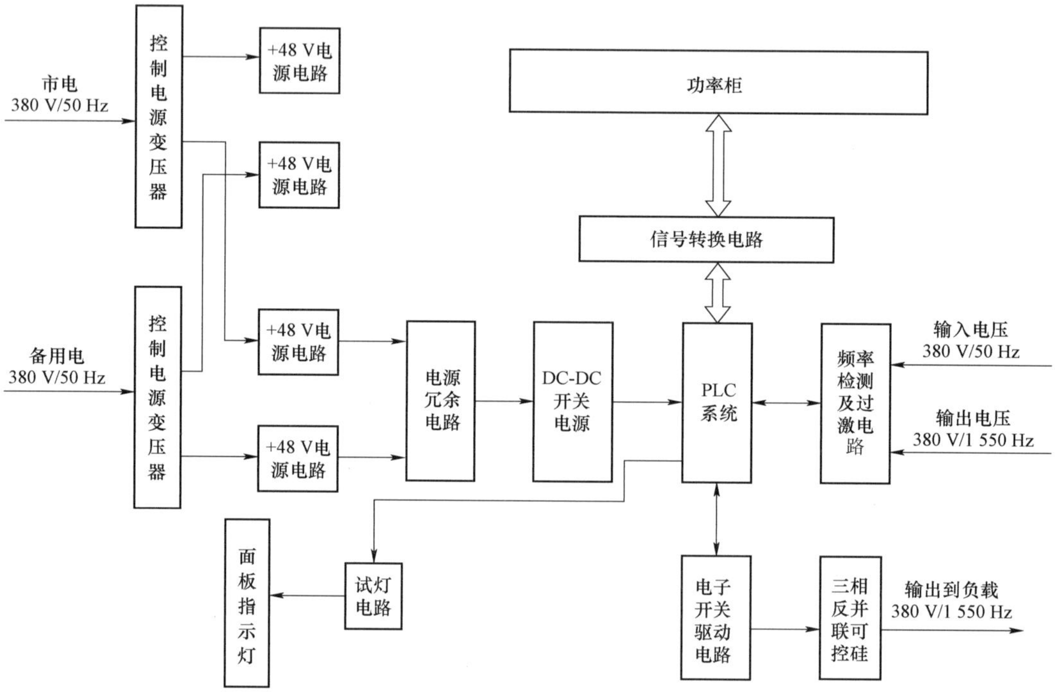

图 4-29 监控柜框图

（3）控制电源：本装置的控制电源是采用双电源冗余技术构成的。输入两路 380 V 交流电源，其中一路是市电，另一路是 UPS 不间断电源。变压器分别把两路交流电源进行降压及隔离，再经过整流电路，转变成为 48 V 的直流电源。两路 48 V 的直流电源由冗余电路进行转换，输入给下级的直流电源模块，产生需要的 24 V、15 V、5 V 等稳定的直流电源供给 PLC 控制器、显示器及其他电路板工作。

（4）检测系统：采用电流霍尔及电压霍尔元件，将装置的输入、输出电压及电流信号进行采样，经过信号转换电路进行转换，产生控制信号对装置进行实时控制。

2. 功率单元组成

功率单元由 1 台输入变压器、3 组完全相同的三相可控硅半控桥式整流电路、3 组完全相同的单相 IGBT 逆变电路、输出 LC 滤波电路、与整流和逆变单元配套的驱动和控制电路组成。功率柜框图如图 4-30 所示，功率柜动力回路原理图如图 4-31 所示。

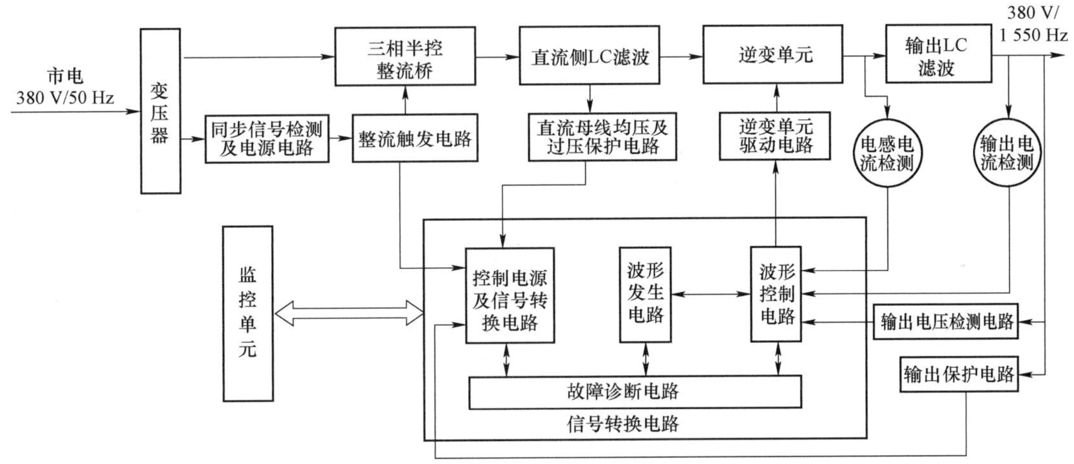

图 4-30　功率柜框图

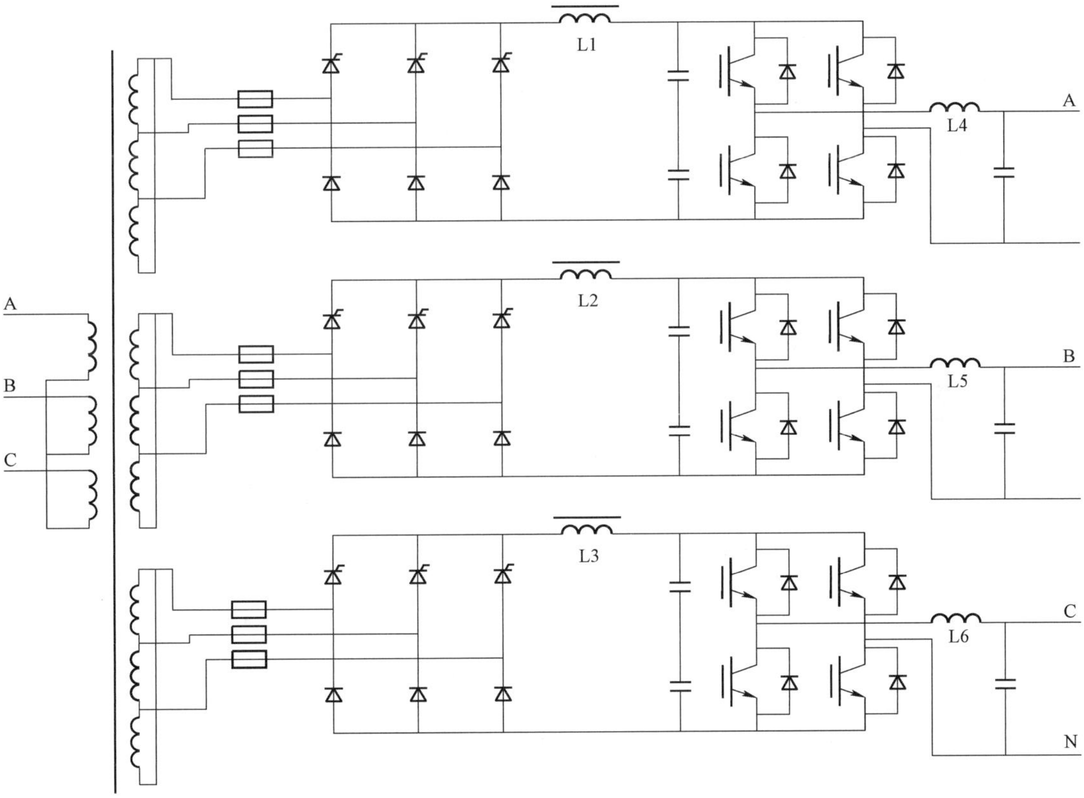

图 4-31　功率柜动力回路原理图

（1）输入移相变压器：三相三线 380 V/50 Hz 的市电经监控柜的输入开关后，由导线接至三条输入配电母排。输入移相变压器的作用主要有两个，第一是将市电与功率柜内部的功率回路隔离；第二是将一组三相三线的市电转换为三组三相三线的电压，其中变压器三组副边的电压按照相对应的相序依次相差 20°。当整流电路处于工作状态后，变压器原边的电流相当于副边三组电流的叠加，由于相位相差 20°，所以叠加至原边的波形等效为脉动很小的 18 脉波形，由于采用了该技术，使得输入电流谐波总畸变率降低到 10%以下。

（2）功率柜整流单元：市电经监控柜输入配电母排接至功率柜输入空开，输入空开的输出与功率柜输入功率变压器原边相连。输入功率变压器的输出分为三组，每组均为三相三线制，三组输出分别接至三组完全相同的三相半控桥式整流电路，整流电路的输出经过直流电感和大容量电解电容滤波后成为直流电。

（3）功率柜逆变单元：三相逆变单元无论是组成、结构或控制，均保持一致。三组直流母线电压作为输入与相对应的逆变单元直接相连，每组逆变电源分别包括 4 只 IGBT 组成的单相全桥逆变电路、吸收电路、驱动电路、输出 LC 滤波电路。

（4）功率柜控制单元：主要由各种电压、电流传感器组成，分别实现对输出电压、输出电流等参数的检测，并将这些电量参数送至控制单元，由控制单元根据输出电压、电流的反馈信号对系统进行控制，产生 SPWM 波，送至驱动电路。为了实现对系统出现异常情况下的保护，功率柜内部的故障信号均需汇总到故障保护单元，同时也需送至监控柜的 PLC 系统。由故障保护单元将这些故障信号综合后，产生停机的指令，在最短的时间内实现对系统的保护。

（5）故障自诊断单元：国产变频器在控制部分独立创建了一套变频器自诊断功能模块，在变频器出现故障时可以启用自诊断功能板进行变频器内部整流单元、逆变单元、输出可控硅开关组件、功率柜控制器、控制电源、霍尔元件等部件的故障诊断和定位。诊断结果会显示在故障诊断板的显示屏上，便于检修。

4.5.3.5 国产变频电源的控制技术

1. 国产变频器输入侧采用 18 脉移相变压器

国产变频器整流部分为半控桥式整流，输出电压调节是通过调整逆变器 IGBT 的通断来实现的，谐波不能到达变频器输入端；同时，它还采用了 18 脉移相变压器技术，使得输入电流谐波总畸变率降到 10%以下。

国产变频器输入侧移相变压器采用 Y/ddd 联接的形式。三组二次绕组依次滞后 20°，每一组二次绕组向一个三相半控桥式整流器供电，从而在变压器原边产生了一个 18 脉的电流。图 4-32 是国产变频器输入侧结构图，图 4-33 是 18 脉波整流电路电流波形图。

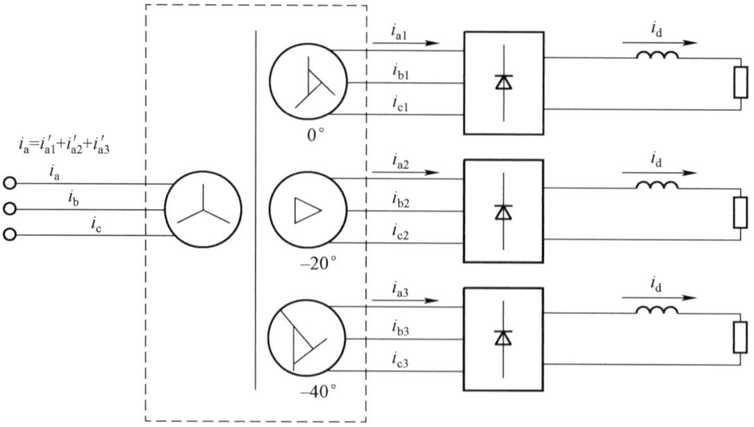

图 4-32 国产变频器输入侧结构图

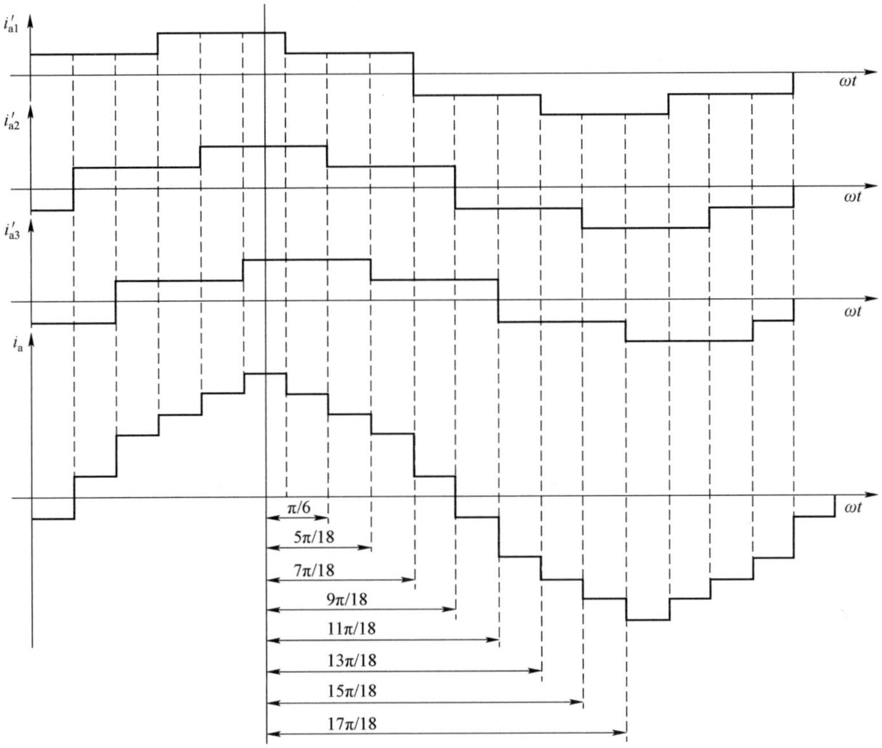

图 4-33　18 脉波整流电路电流波形

国产变频器输入侧电流畸变率小于 10%，190 型变频器可以达到 17.3%，所以 国产变频器产生的谐波对电网的污染更小。

2. 国产变频器逆变部分输出波形

（1）国产变频器逆变桥采用 IGBT 作为动力器件

国产变频器逆变电路选用 IGBT 作为开关组件，由于 IGBT 具有自关断能力，与可控硅相比不需要换相电路，控制思想先进、附加电路少，大大减少了故障点。

（2）国产变频器逆变桥波形控制

国产变频器的逆变电路选用 IGBT 作为开关组件，IGBT 是采用 SPWM 波进行控制。一般的 SPWM 波的产生如图 4-34、图 4-35 所示。

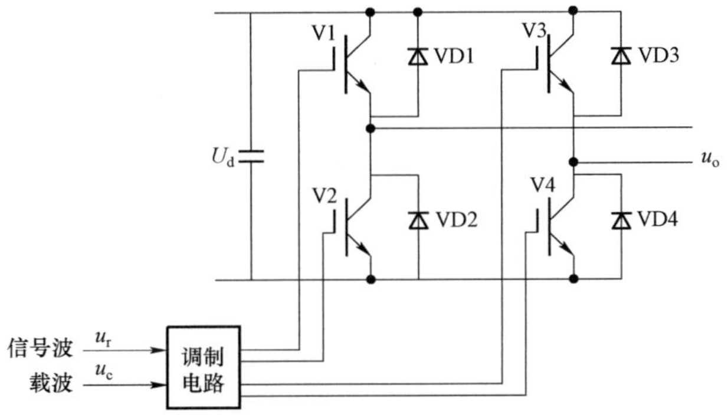

图 4-34　单相桥式 SPWM 逆变电路

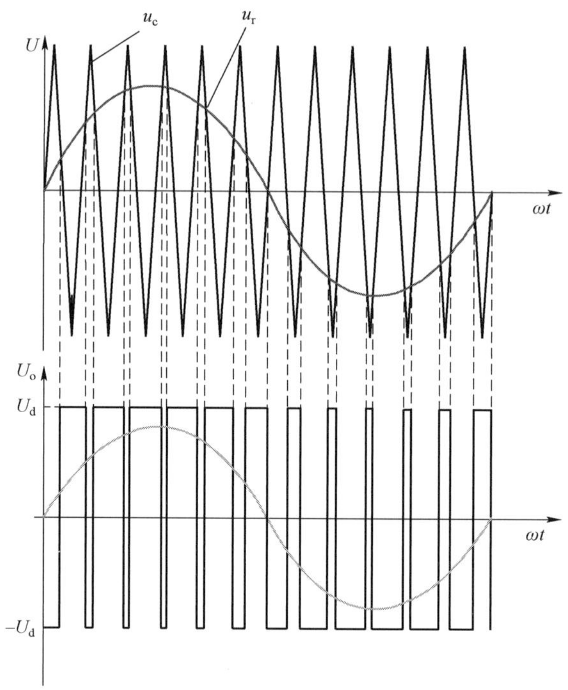

图 4-35 双极性 SPWM 控制方式波形

把正弦波作为信号波，三角波作为载波，正弦波和三角波相交，得到一组等幅矩形脉冲，再用这组矩形脉冲去控制逆变器各个 IGBT 的通断，则在逆变器输出端就可以获得一组类似的矩形波，再经过 LC 滤波就会得到比较光滑的正弦波。

从图 4-35 可以看出：

1）逆变器输出频率与正弦信号波频率相同，当逆变器输出端需要变频时，只要改变信号波的频率即可；

2）三角波与正弦波的交点即确定了逆变器输出脉冲的宽度和相位。用改变信号波幅值的方法，可以得到逆变器输出波的不同宽度，从而得到不同的逆变器输出电压。

因此，要在变频器输出侧得到期望的波形就必须产生一个标准的三角波和一个稳定的正弦波。

1）正弦波和三角波的产生

正弦波和载波产生过程如图 4-36 所示。

把期望得到的正弦波每个周期内划分为 256 个点，然后对这些点对应的电压幅值进行计算得到一个确定的数值，把这些数值存储在正弦波存储器的地址表中待选。

晶振输出的脉冲，经过分频后进入锁相环，锁相环保证了输出信号与输入信号相位相同，从锁相环输出的波形经过倍频电路后输出三角波作为载波。锁相环另外一路输出到正弦波存储器中，按照时序读取地址表中的幅值，再对这些幅值进行 D/A 转换就得到了一个完美的正弦波，把这个正弦波作为信号波不会受到其他电子元件的干扰，稳定性强。

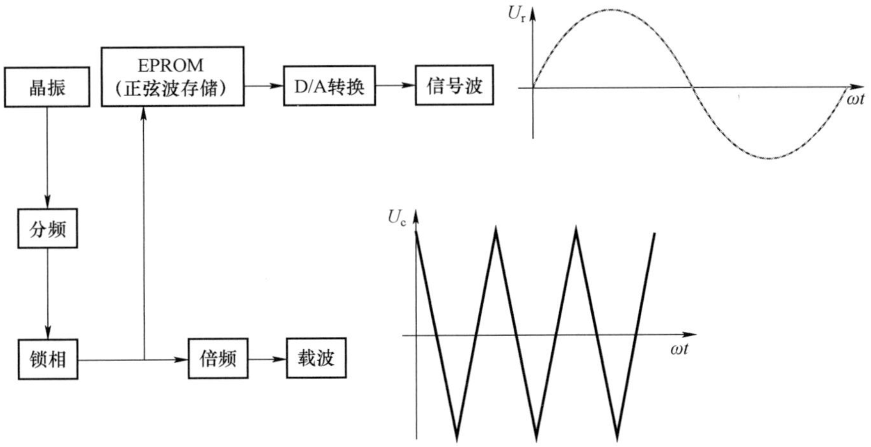

图 4-36 正弦波和三角波产生过程

2）波形控制技术

国产变频器功率柜控制电路主要完成输出电压的控制、检测和保护。电压输出控制采用双闭环结构，外环为有效值控制环，内环为波形控制环，双环调节器输出的偏差信号与三角波比较，产生 SPWM 控制脉冲，送至各功率单元，经驱动电路作用于逆变桥，具体控制如图 4-37 所示。

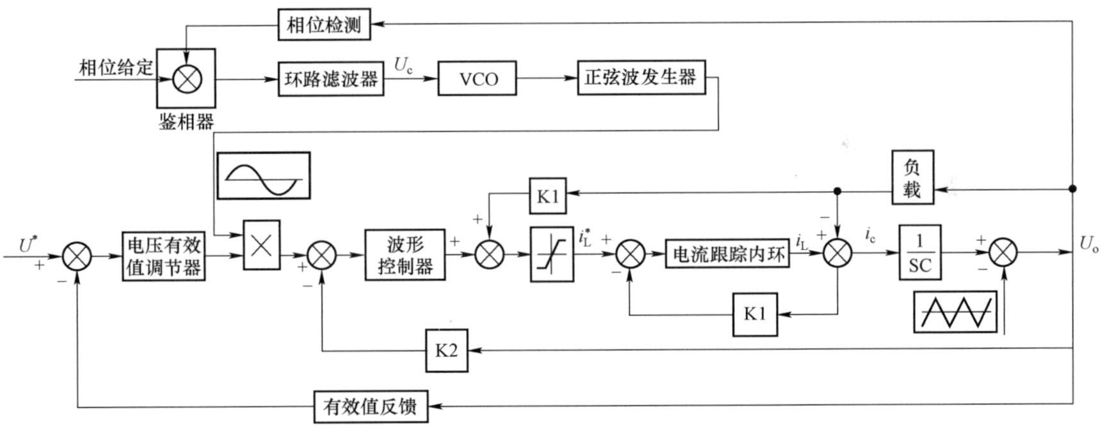

图 4-37 逆变器控制原理图

① 相位环

相位环主要包括鉴相器，环路滤波器、压控振荡器（VCO）、正弦波发生器等环节，它通过改变电压瞬时值给定的频率来调节输出电压的相位，对输出电压的相位及频率进行精确控制。

② 电压有效值环

电压有效值环通过改变电压瞬时值给定的幅值对输出电压的有效值进行精确控制。

③ 波形环

波形环位于电压有效值之内，对输出电压的波形进行实时控制，确保输出电压跟踪正弦波参考电压。

④ 电流控制环

电流内环是滤波电感电流 *i*L 实时地跟踪电感电流指令 *i**L，使电感电流 *i*L 被限制在 *i**L 限幅值所对应的电流之内，因此，滤波电感电流内环使系统具有自动的截流保护功能。负载电流前馈的引入使系统对负载的变化有及时的调节能力，动态响应特性大大提高。

3）SPWM 波二重化控制

为了提高变频器输出侧的波形品质，在 IGBT 控制端采取了 SPWM 波二重化技术，这样可使得在 IGBT 开关次数不变的情况下，产生的 SPWM 波的脉冲是不采用二重化技术的两倍，那么动力回路输出端的波形就越接近正弦波。二重化控制方式如图 4-38 所示。

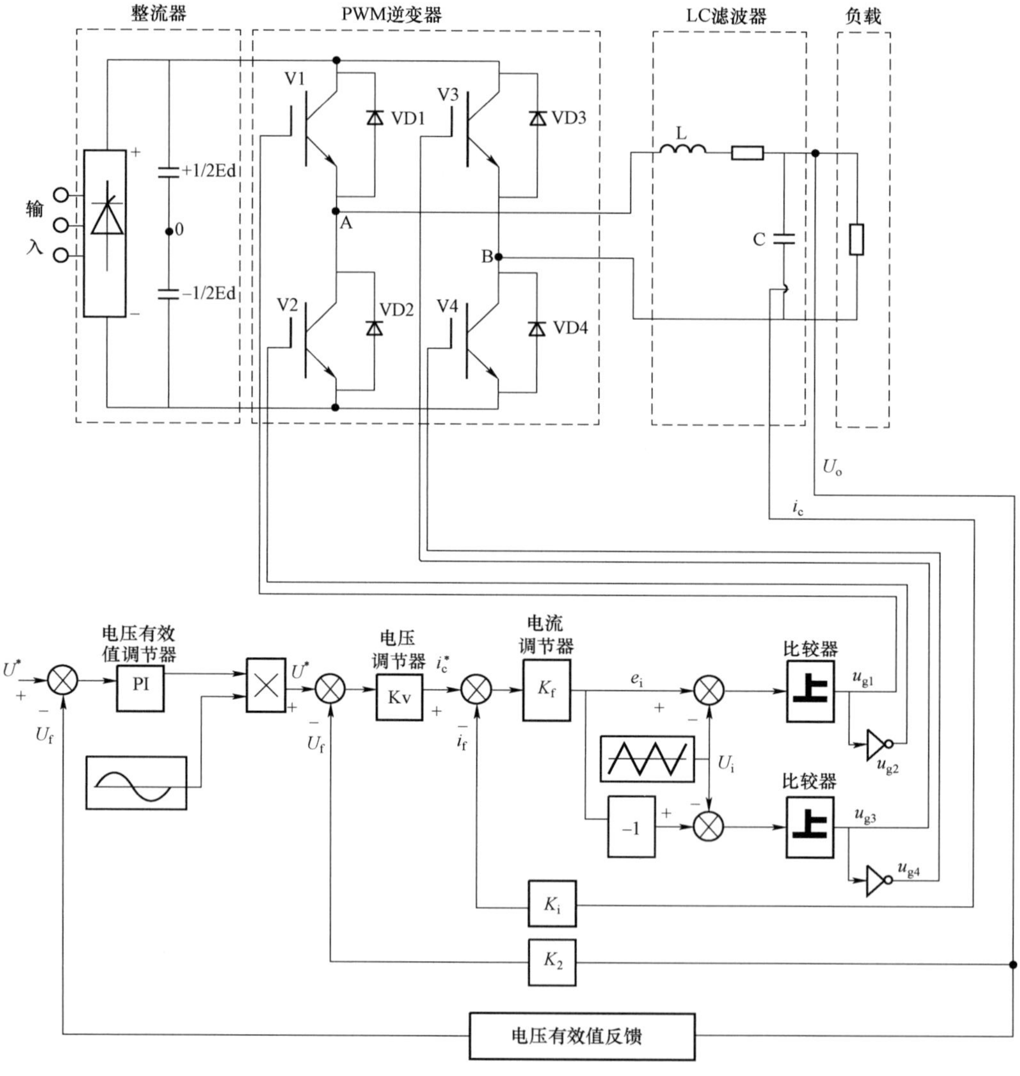

图 4-38　二重化控制方式图

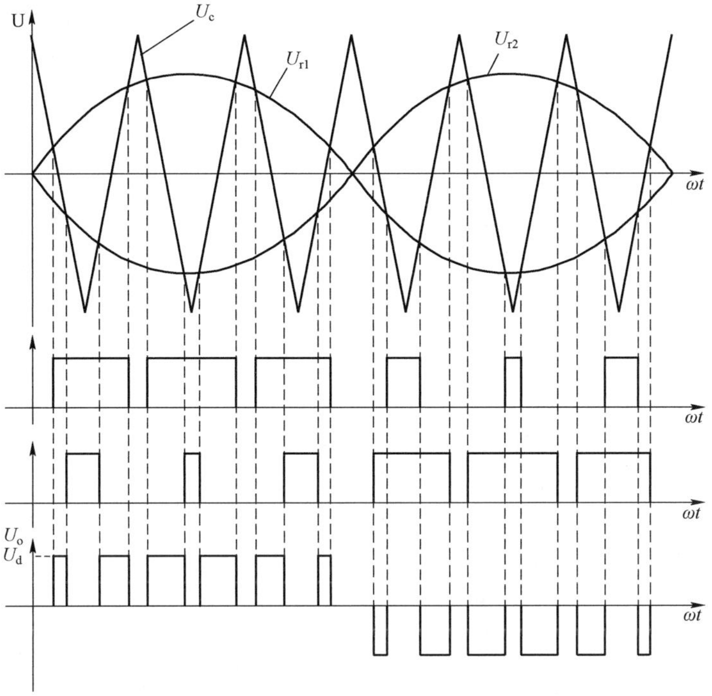

图 4-38　二重化控制方式图（续）

一般的变频器直接采用 SPWM 波对 IGBT 进行控制，在 国产变频器里采用的是一种新的逆变器控制方法，该方法是将控制单相半桥的 SPWM 波进行二重化组合后，对左右两个半桥进行分别控制，控制两个半桥所用的载波是同一个三角波，而信号波互差 180°。在图 4-38 中，设 0 点表示逆变器直流侧电压的中点，对于左半桥，当 $U_r>U_c$时，V1 导通，V2 关断，$U_{Ao}=+Ed/2$；当 $U_r<U_c$时，V1 关断，V2 导通，$U_{Bo}=-Ed/2$。对于右半桥，当$-U_r>U_c$时，V3 导通，V4 关断，$U_{Ao}=+Ed/2$；当$-U_r<U_c$时，V3 关断，V4 导通，$U_{Bo}=-Ed/2$。逆变器输出电压 $U_{AB}=U_{Ao}-U_{Bo}$。从图中还可以看出：在信号波 U_r的正半周，逆变器输出电压中仅存在正脉冲，在信号波 Ur 的负半周，逆变器输出电压中仅存在负脉冲。

表 4-2 是采用双极性 SPWM 波与二重化 SPWM 波对 IGBT 控制产生的脉冲对比。

表 4-2　逆变器输出脉冲对比

项目	一个周期内单管动作次数（次）	一个周期内逆变器输出侧脉冲的数量（个）
双极性 SPWM 波	12	12
二重化 SPWM 波	12	24

从表 4-2 中可以看出：在 IGBT 动作次数相同的情况下，采用二重化 SPWM 波产生的输出脉冲是采用双极性 SPWM 波控制的 2 倍，这样脉冲个数增加了，输出侧的矩形波更容易滤波成光滑的正弦波，减少了谐波量，提高了输出波形的质量。

4.5.3.6　变频器功能

1. 国产变频器除了使用表计及状态指示灯来表明设备的运行情况外，还配备了 10.4 英寸的触摸式液晶显示屏。该触摸屏配备专用的组态软件，可以显示变频器输入、输出电流、电压及频率、当前的运行状态及功能单元的故障诊断和存储，使得变频器的各项参数更加直观、准确。图 4-39 为显示屏显示的一个界面：

图 4-39　国产变频器参数显示界面

2. 国产变频器具有原位在线自诊断功能

国产变频器在控制部分独立创建了一套先进的原位在线自诊断功能模块，在变频器出现故障时可以启用自诊断功能板进行变频器内部整流单元、逆变单元、输出可控硅开关组件、功率柜控制器、控制电源等部件和组件的故障诊断和定位。结果会显示在故障诊断板的显示屏上，便于检修。自诊断功能模块是独立于国产变频器的，去除自诊断功能模块，变频器也可以正常工作；同样，只要变频器有输入电源，自诊断功能模块就可以对变频器进行故障检测，这样，即使变频器发生了很严重的故障，不能正常启动了，自诊断功能模块也可以发挥它的优势，找出故障点。

3. 其他功能

启停功能：TK 接通/断开功能；

过激功能：可以手动/自动选择；

过激后电压给定可设定（300～380 V）；

过激时间 3.5 ms；

过激总时间 20 min/三段，范围可设定；

自动重启功能：变频器内部故障或者电网波动，电源可以在 5 s 内自动启动。

紧急停车功能：可以紧急停机；

保护功能：本变频器提供了完善的保护和安全措施。变频器对关键电路和主要电气参数时刻进行监测，出现报警既能够在硬件中显示相关的报警信息，也可以在触摸屏显示、保存，报警不会影响电源的运行；变频器电源发生故障后电源立即关断（若电源故障重启失败，或者电源没有达到重启条件发生内部故障），使用户、用电设备、电源本身的风险降到最低。

4.6　变频电源的比较

通过前述对铀浓缩离心工厂在用的各类变频器的介绍，经过分析与对比，这三种类型的变频器各有特点。归纳起来，主要有以下几点：

4.6.1　整体性能

190 型变频器为进口设备，它的整流和逆变部分采用可控硅作为动力元件，整流产生的电流谐波畸变率可达到 17.3%，谐波注入电网，容易对电网造成污染。控制部分由分立元件组成，电路复杂，对检修人员技术要求比较高，检修难度大。因其动力元件结构庞大，能耗高、噪音大。

180 型变频器是引进的第二代产品，具有结构简单、集成化、智能化，节能效果显著、操作方便、运行可靠等优点，是相对比较理想的中频供电设备。但其元件是进口元件，维修困难，操作相对复杂。

国产变频器采用当今比较先进的电力电子功率模块变换和 PWM 控制技术，属于电压型变频电源，具有输入谐波分量小、输出容量大、超载能力强、效率高、智慧化等特点。

4.6.2　拓扑结构

190 型变频器整流部分为三相全控桥式整流，经前置扼流圈和电解电容组成直流滤波电路进行直流分量的滤波，输出电压调节要通过调整整流器可控硅导通角来实现，采用模拟量调节进行输出电压和频率的调节来控制变频器输出，逆变和输出滤波用可控硅进行控制，拓扑结构简单。

180 型变频器的动力回路包括整流回路、滤波回路、逆变回路、补偿回路。整流电路是三相半控桥式整流器，经直流网络的 LC 滤波器平整后，由自激电压逆变器转换成占空比不同的矩形波，再经补偿装置滤波补偿后变成电压可调的三相正弦波中频电源。其整流回路是通过充电回路实现的软启动。动力电源送电后，先通过充电回路给直流侧的电容充电；当电容两端的电压达到 400 V 后，延时 20 s 再接通整流器。充电时直流侧的波形和整流器接通后的整流波形相同，电压波形连续，逆变器采用 IGBT 器件组成三相桥式逆变电路，滤波器采用可控硅进行实时控制。

国产变频器其整流经输入移相变压器分三组输出，分别接至三组完全相同的三相半控桥式整流电路，整流电路的输出经过直流电感和大容量电解电容滤波后成为直流电。输出电压调节是通过调整逆变器 IGBT 的通断来实现的，谐波不能到达变频器输入端；同时，它还采用了 18 脉移相变压器技术，使得输入电流谐波总畸变率降到 10%以下，逆变部分采用三组桥式全波逆变电路，滤波回路采用简单的 LC 滤波。

4.6.3　主回路控制方式

190 型变频器逆变部分使用的动力元器件为可控硅，需要换相电路，控制系统附加电路较多，分立元器件占大多数，抗干扰能力差，功率消耗较大。若控制部分发生故障，变频器需要找到具体的分立元件，但是每个控制单元箱的分立元件很多，给检修带来很大的不便。主控部分采用模拟量进行控制，因而输出波形不稳定。

180 型变频器内部采用 DSP 控制，具有强大的数据处理能力和超高的运行速度，提高了整机的灵敏度和自动化程度；大规模的集成电路，也使控制系统更加简洁明了，同时也缩小了体积，节约了空间。变频器与变频器之间、变频器与监测台之间采用 CAN 总线和 RS485 进行信号传输，使传输速度更快、传输距离更远、信号传输更加安全可靠。

国产变频器的控制控制采用双闭环结构，外环为有效值控制环，内环为波形控制环，双环调节器输出的偏差信号与三角波比较，产生 SPWM 控制脉冲，送至各功率单元，经驱动电路作用于逆变桥。为了提高变频器输出侧的波形品质，在 IGBT 控制端采取了 SPWM 波二重化技术，这样可使得在 IGBT 开关次数不变的情况下，产生的 SPWM 波的脉冲是不采用二重化技术的两倍，那么动力回路输出端的波形就越接近正弦波。

4.6.4　逆变部分

190 型变频器的逆变回路是可控硅全控桥式逆变电路，并采用反向并联的可控硅来进行输出电压的滤波，从而得到正弦波，但是滤波只能消除阶梯波中的部分谐波，经过滤波后还有部分谐波存在，输出波形品质不好。逆变器的启动采用复合激励的方式，来提高逆变的可靠性。

180 型变频器的逆变回路采用三相 PWM 逆变电路，逆变桥由 6 只 IGBT 和 6 只快速续流二极管组成。PWM 脉宽调制采用谐波消除法，通过控制可控硅的导通角，在满足输出基波电压的条件下，能够有效地消除谐波分量，消除的谐波次数越多，输出电压就越接近于正弦波，因此，变频器的输出正弦波失真小，波形品质好。但由于逆变器输出电压波形中存在低次谐波，对负载电机的附加损耗和转矩脉动产生影响。变频器逆变回路输出端还接有可控制的滤波补偿装置，用来滤除逆变器输出电压中的高次谐波，同时作为负载电流的无功补偿。通过可控硅接触器来自动投入，滤波补偿电容可以按需投入，避免了补偿不够或者过补偿的情况，有效的提高了主机电源的质量。

国产变频器逆变部分采用单相全桥结构。逆变器选用 IGBT 作为开关组件。利用 IGBT 开关频率较高的优点，采用脉宽单极性调制方式（PWM）对逆变器进行控制。电压输出控制采用双循环结构，外环为有效值控制环，内环为波形控制环，双环调节器输出的偏差信号与三角波进行比较，从而产生 PWM 控制脉冲，作用于逆变桥。由于控制输出电压波形和有效值均与给定相同，因此输出电压波形稳定且正弦波形标准。PWM 采用单极性方式，即：将单相逆变器的两个桥臂分别控制，同一桥臂上下两只 IGBT 组件为互补通断，另一臂组件同时互补通断。

4.6.5　人机界面

190 型变频器采用表计及状态指示灯来表明设备的运行情况，巡检人员只能通过这些指示来判断设备的运行状态。

180 型变频器在操作显示系统中，配备了触摸式液晶显示屏，可对所需的参数值进行设置，为用户提供一个美观、方便的人机界面，大大增强了系统操作的实用性。用户可以直观的查询到变频器的所有动态电气参数（电压、电流、有功、无功以及变频器冷却水温度状态）。

国产变频器除了使用表计及状态指示灯来表明设备的运行情况外，还配备了 10.4 英寸的触摸式液晶显示屏，方便人机对话，并可以直接在触摸屏上进行操作和参数的调整。

4.6.6　维护检修

190 型变频器技术复杂，系统庞大，包括自动装置部分都是由分立元件组成的逻辑电路构成的，器件老旧，维修困难，没有强有力的技术支撑，目前维修人员主要依靠更换单元箱的方式进行系统的维护，备品备件短缺。

180 型变频器也是进口的变频器，构成原理相对比较复杂，控制器虽然已经国产化，但因其具有数字逻辑控制，检修过程复杂；变频器内部空间狭小，各部件布局紧凑，维修不便，尤其是逆变 IGBT 组件，三相部件安装密集，拆装及其困难。

国产变频器在监控系统独立设计了一套先进的原位在线自诊断功能模块，在变频器出现故障时可以启用自诊断功能板进行变频器内部整流单元、逆变单元、输出可控硅开关组件、功率柜控制器、控制电源等部件和组件的故障诊断和定位，结果会显示在故障诊断板的显示屏上，便于检修。

4.7　变频电源的功能

4.7.1　负载过激磁（过激）

电机的过激是指主机电机定子为盘式同步磁滞型，三相绕组采用“Y”接法。利用磁滞电机转子的磁滞特性，通过电源短时间内对输入参数的改变，向机器定子瞬时增加能量，定子磁场发生突变，使转子被额外磁化，而使转子的磁场增强并且不容易消磁，转子磁滞特性发生变化，磁场牵引力增大，转子磁场方向与定子磁场方向夹角变小，同步性更高，同时同步转矩减少，其消耗的能量降低，故降低电源有功功率能够满足电机同步运行要求。

根据磁滞电机转子的磁滞特性原理，在变频电源带机器负载正常运行后，通过变频电源输出叠加短时间高电压，给同步电机充磁过激，待稳定后将变频电源输出三相交流电压逐步降低，并保证电机同步运行。在过激瞬间观察变频电源输出共模电压和功率因数，并对电容器的配置进行计算和试验调整，确保机器受到冲击较小。

通过有效地过激，变频器能够节省大约（输出有功差）13.6%的电能。

4.7.2 过载能力

200%额定电流。

4.7.3 自动重启动

保护性停机后，设备具有延时自启动功能，监测系统确认故障已解除，延时 2 s 后，自动重启动。

4.7.4 保护功能

1. 输出过压：高于 420 V，报警；高于 455 V，延时 5 s 动作；高于 600 V，立即动作。
2. 输出欠压：低于 340 V，报警；低于 250 V，立即动作。
3. 输出频率超差：超过额定值±1%，立即动作。
4. 输出三相电流不平衡：超过±30%，立即动作。
5. 输出短路：输出相间或相对地间短路，立即动作。
6. 输入欠压：任何一路输入电压低于 340 V，报警；主电源电压低于 300 V，立即动作，封锁全部功率器件输出。
7. 功率模块过热：散热器温度高于 75 ℃，延时 5 s 立即动作。
8. 冷却水压力降低：压力低于 1.1 Pa 超过 2 min，立即动作。
9. 紧急停车：当变频电源本身及负载突发事故时，快速切断变频电源。

4.7.5 变频电源的智能监控功能

4.7.5.1 主要参数检测

输入：电源电压、电流、频率、功率、功率因数、备用电源电压、备用电源电流；

输出：母线电压、母线总电流，输出回路电流、功率、功率因数；

冷却：冷却水压力、流量，功率柜内温度。

4.7.5.2 状态监测

输入、输出断路器开关状态、功率器件工作状态、输入电源状态。

4.7.5.3 故障报警

保护功能所能完成的所有故障保护类型，当保护发生时，均能在显示屏上显示故障信息和发生时刻，并进行声光报警。

4.7.6 故障诊断功能

整流单元、逆变单元、输出晶闸管开关组件、功率柜控制器、控制电源等部件和组件的故障诊断和定位。

4.7.7 操作显示功能

1. 完成参数和状态设置、系统操作显示功能。
2. 显示器：显示所有检测参数、所有监测状态和单线图方式。

3. 手动操作：设备启动/停机、输出静态开关的接通/断开、紧停，手动/自动转换旋钮。
4. 指示灯：电源、运行、故障、输出静态开关的接通。

4.8　电源的维护

无论是什么样的变频电源，它们都属于电力电子设备，是长期通电运行的。任何电子产品从设计、制造到使用，都有一定的周期和寿命，作为离心工厂使用的变频器，更是需要 24 h 不间断地运行，才能保证主机的正常供电，因此，变频电源的维护、维修就显得十分重要。

4.8.1　设备日常维护

设备的日常维护是由设备的维修人员或操作人员负责。由于中频电源设备复杂，对设备的日常维护工作要求比较高，因此对设备操作人员的素质和能力的要求也比较高。操作员应会正确使用电气设备，同时对设备进行检查，清洁及紧固等方面的维护。这方面的工作是操作员在对设备进行检查时同时进行的。

（1）检查。操作员应对所管理的设备的运行状况、运行参数、振动、声音、温度、是否有异味等进行检查，以人的感官或利用简易检测仪表来进行设备检查。

（2）清洁。对设备及附属设备和周围环境进行清扫，保持其本来面目和光泽，不能留有死角。将生产现场的所有物品加以定置、定位，按照使用频率和目视化准则合理布置，摆放整齐。

（3）紧固。在检查中如果发现设备的非转动部位的紧固螺栓发生松动，要及时上紧固定。

4.8.2　设备的点检

设备点检按照设备区域划分、检查路线图、规定的业务流程进行。工厂应当根据自身设备的特点编制相应的点检计划，点检标准，并对点检工作结果进行跟踪考核。具体来说就是“八定”。

（1）定人员。点检作业的核心是专职点检员的点检，它不是巡回检查，而是固定点检区的人员，做到定地点、定人员、定项目等，不轻易变动人员。

（2）定地点。预先设定好设备的点检计划表，包括明确设备的点检部位、项目和内容，以使点检人员能够心中有数，做到有目的、有方向地进行点检。

（3）定方法。对不同的点，采用不同的点检方法，常常称“五感”，即听、看、闻、摸、尝。

（4）定周期。对于故障点的部位、项目、内容均有明确预先设定的周期，并通过点检人员素质的提高和经验的积累，进行不断的修改、完善，摸索出最佳的点检周期。

（5）定标准。点检标准是衡量或判别点检部位是否正常的依据，也是判断此部位是否劣化的尺度。

（6）定表式。点检计划表（或点检作业卡）是点检员实施点检作业的指南，也是点检员心中的一份自主管理蓝图。

（7）定记录。点检实绩记录有固定格式，包括作业记录、异常记录、故障记录和倾向记录等。这些完整的记录为点检业务的信息传递提供了有价值的原始数据。

（8）定点检业务流程。

4.8.3 设备的故障管理

设备故障管理工作是设备管理的基础工作，企业掌握设备状况的基本工具之一。对设备故障进行分析整理，不仅可以了解设备的状况，有针对性地采取改善行动，避免错误重复发生，而且还可以提高维修人员的技术水平，提高维修效率。另外设备的故障信息，对于设备的设计制造单位来讲，也是非常宝贵的信息，是其进行设备更新换代的基础之一。设备故障的分析是十分复杂的工作，涉及的技术领域非常广泛。故障分析有三种形式：

（1）综合统计方式。这是针对工厂设备总体发生的故障概率分析。如各类设备发生故障的概率；按故障发生的现象或原因分类的故障概率；某类大量使用的设备所发生故障类型的分类概率。针对概率发生高的设备故障，制定技术的或管理的措施，找出降低改种设备故障的方法，加以实施。

（2）典型失效分析方式。对某些重要设备或部位发生缺陷和失效，或者经常发生的失效模式，就要找出其内在的原因。为此需要利用技术分析的手段和借助专业分析仪器加以解决，这就是失效模式分析技术。破坏环境分析：对设备工作环境中的介质、温度、压力、有害物质、腐蚀产物，或对大气及周边条件等进行分析。模拟分析：模拟失效构件的工作条件，以验证失效分析的结论。

（3）故障诊断分析。采用监测诊断仪器对运行中的设备进行监测和诊断，从而找出故障发生和发展变化的状态及趋势。一般步骤如下；设备运行中的状态监测→故障诊断分析→趋势预报。当设备停机后，对故障设备解体检查和检测，验证故障结论并与诊断分析对照。其方法包括腐蚀监测、振动监测、温度监测、声音监测、润滑监测等。

4.8.4 设备修理的类别

修理属于定期修理，一般分为大修、中修、小修、二级保养、项修、预防性实验六种，具体组织实施时，各个修理项目可以根据设备的新旧、精度情况而组合进行。

1. 大修：设备全部解体，电气线路被分割，机械更换或修理易磨损件，附在其上的电机与电气拆下，机械按出厂标准恢复原有精度和生产能力，也可以结合技术改造进行。电气对原有电气线路加以分析，结合新元件和新技术加以改进，对原有电机要拆修，必要时予以更换。对配电箱和操纵台要更换破旧元件、联接线和管道中电源线原则上予以更换。

2. 中修：设备部分解体，部分电气线路被部分机械易磨损件修换。恢复设备精度和性能。部分电气元件更换，原电气线路根据情况作适当改动。

3. 小修：设备部分拆换易磨损件。清洗、调整、紧固机件，使设备正常生产。电气作检查，调换少量失灵电气元件，对各种电线接头予以紧固，电机加以清洗。

4. 二级保养：设备部分解体检查、修换易磨损件，清洗设备。检查部分精度并予以修复。电气上配合修理，损坏的电气元件予以更换。

5. 预防性试验：对于电网、输变电设备、生产设备的电力拖动系统，常用电气绝缘工具等都要进行定期的预防性试验。目的是通过试验，发现问题，安排维修和更换，以消除隐患，防止发展为大故障和事故。试验项目一般为绝缘耐压试验、接地电阻测量、绝缘电阻测量、电器保护装置可靠性试验等。各种电器预防性试验都有试验项目和试验周期的规定。

除上述外，在生产过程中，生产设备出现的故障或发生的事故，都要进行故障修理，这些不属于修理计划的范围。

第5章

中频供电监测系统

5.1 中频供电监测系统的作用

5.1.1 系统概述

供电监测系统是基于低压配电系统的监测与管理，主要实现对中频供电系统、UPS 系统、自用电系统及辅助工艺供电系统的供电情况监测。

该系统主要由站控管理层、中间通信层和现场监控层等三部分组成。其中，站控管理层主要实现对现场设备状态信息和数据集中显示，完成实时在线监测显示、报表打印、事件报警和控制命令下发等功能，对重要信息量进行数据库存储。中间通信层主要完成对现场设备状态信息和数据的转换，实现系统中间通讯命令传输。现场监控层主要实现对现场设备参数和状态等数据量的采集，完成上层通讯命令和指令。

设备及通讯层间通讯可采用总线形式或以太网构成，实现数据传输。

5.1.2 作用

1. 实时显示各开关状态，信号状态及动作累计数据。
2. 实时显示电流、电压、频率数据。
3. 实时显示当前各装置，通讯，打印机等工作状态，出错自动报警。
4. 动态显示供电系统状态，数据自动刷新，大于整屏画面可漫游移动。
5. 动态显示开关变位，电流、电压、频率越限报警，并存储相关历史报警数据。
6. 具有系统运行参数定时记录功能和自动抄表功能。根据运行工况及现场情况，可在线修改各测量电量各种特征，优化及扩充系统。
7. 对于系统配置参数修改及系统功能操作，配有多种授权密码，整个系统操作控制安全可靠。
8. 具有在线帮助功能。

5.2　系统构成及原理

5.2.1　中频供电自动监测系统结构

中频供电自动监测系统结构图如图 5-1 所示，该系统是一种基于串口通讯服务器 Nport Server 的新型分布式监测系统，系统主要是由数据采集层组成，数据采集层主要由 27 套现场监测装置组成，数据管理层是由 2 台 CPU 为 PⅡ350 MHz 的服务器组成，整个系统的工作过程首先是由现场监测装置采集现场实时数据，并将采样数据编码后，再通过 RS232 光电隔离现场开关变位信号经计算机处理后送至模拟屏进行灯、光报警显示。两台服务器与 Nport Server 之间通过以太网相连，并可实现再主、备数据采集机之间的热冗余功能。

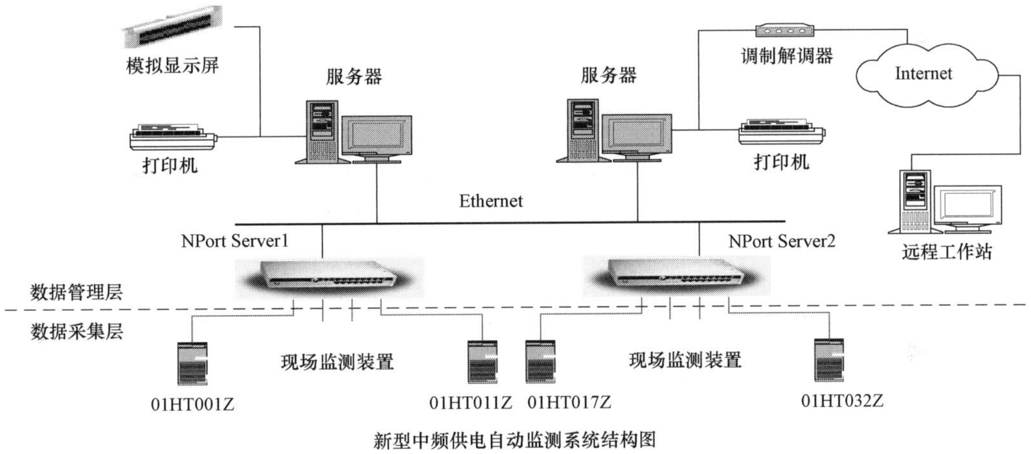

图 5-1　系统结构图

5.2.2　原理介绍

5.2.2.1　现场监测装置的主要功能

现场监测装置的主要功能是采集现场的各种供电系统运行状态参数，其中主要包括：开关状态、电流量、电压量和频率量，现场监测装置将各种实时采样数据编码后通过光电隔离通讯接口上发至数据管理层。该装置还具有 4 位 LED 面板显示功能，可进行现场实时数据的查询，并具有现场报警显示及报警查询功能，方便了现场操作人员就地对事故状态的查询。

5.2.2.2　前置设备

现场设备主要由现场的多台检测台组成，检测台之间以及检测台与中控室设备可通过工业控制总线或以太网构成通讯网络，进行信息互联传输。被检测设备可通过自身的工业控制总线接口与检测台直接建立通讯连接，也可通过转换电路将各类信号转换为检测台可识别的数字量，再由检测台内部 CPU 进行数据处理。检测台可采集现场的各供电系统运行状态参数，如开关状态、电流值、电压值、频率值和报警信息等，并对实时采样数据进行编码，再通过光电隔离通讯总线或以太网络向上发送至站控层。

1. 开关量输入电路

将代表外部设备状态的触点引入输入回路，利用光耦进行隔离并将强电信号转换为弱电信号，送入核心芯片进行逻辑判断。开关量输入电路如图 5-2 所示。

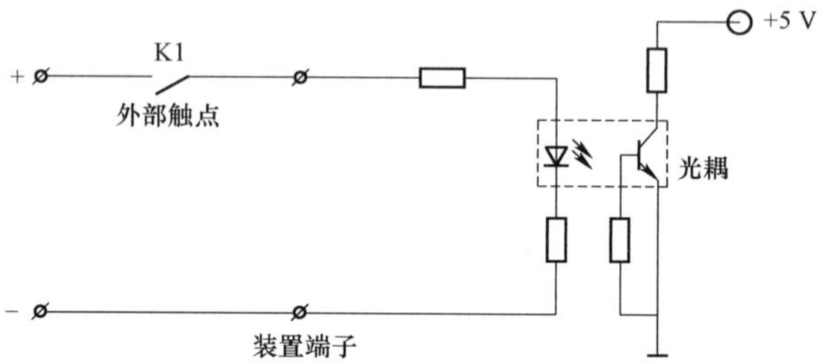

图 5-2　开关量输入电路

2. RS485 通讯电路

数字量采集通常利用通讯总线传递数据信息。用于上位机与下位机之间的通讯信号传输，通常基于封装 RS485 通讯模块进行电路构建，必要时为了降低线路通讯干扰，可采用光电隔离型 RS485 通讯模块。RS485 采用半双工通讯方式，仅需一根屏蔽双绞线即可完成传输任务，且屏蔽干扰性能较好。RS485 通讯电路如图 5-3 所示。

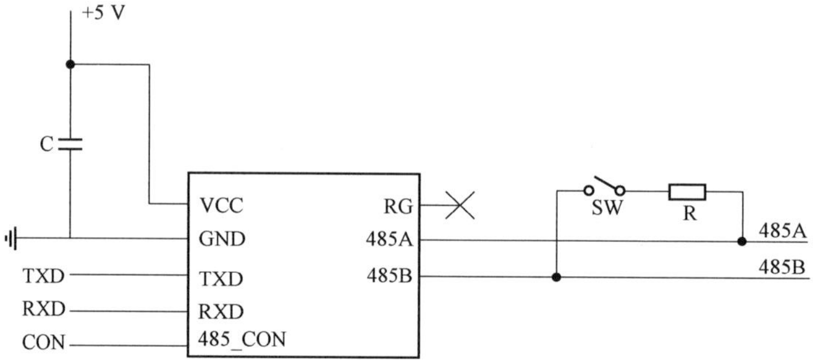

图 5-3　RS485 通讯电路

3. 模拟量采集电路

模拟量采集常采用 A/D 模数转换电路。A/D 模数转换电路作为模拟与数字电路的接口，可将模拟量信号转换为数字信号。一般的模拟量通过传感器或变送器转换为 0～5 V 电压信号或 4～20 mA 电流信号，该转换信号通入 Analog 输入端，利用比较器输出串行数字量 data 信号，输出至数字信号处理器（通常为 CPU）。

A/D 转换电路具有四项功能：采样、保持、量化和编码。

A/D 转换器可分为以下几类：积分型、逐次逼近型、并行比较型/串并行型、Σ-△调制型、电容阵列逐次计较型和压频变换型。如图 5-4 所示为积分型 A/D 转换电路。

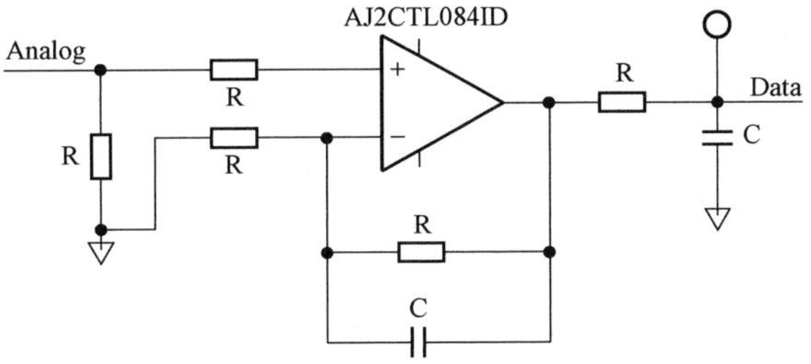

图 5-4　模拟量采集电路

5.2.2.3　中控室设备

中控室设备一般由 2 台主备冗余服务器计算机、1 台操作控制计算机和 1 套模拟屏组成，若服务器计算机具备操作控制功能，则可以不配置操作控制计算机。服务器计算机与操作控制计算机间通讯利用局域网连接。由现场检测台上传的信号，经过服务器计算机进行数据处理后，向操作控制计算机输出数据信息，同时服务器计算机通过光电隔离的驱动电路控制模拟屏 LED 指示灯，来模拟现场设备状态，也可通过大屏显示器同步显示操作控制计算机中的运行操作信息。

（1）模拟屏：利用 LED 灯或显示器模拟指示现场设备运行状态。

（2）模拟屏驱动：用于完成模拟屏状态显示、声光报警控制驱动，以及模拟屏按钮操作信息采集。

（3）操作站：负责人机交互，由人工操作完成对系统运行的控制管理。

（4）服务器：负责整个供电监测系统的运行数据管理、存储、分析，以及报警、显示的输出。

（5）打印机：对设备状态、参数进行报表打印。

5.2.2.4　系统的基本要素

1. 开关量

一般指触点的“开”和“关”状态。分为有源开关量和无源开关量。有源开关量也称阶跃信号，有 220 V AC、110 V AC、24 V DC、12 V DC 等信号。无源开关量即干接点。常用于断路器、隔离开关、继电器及按键的开关量信号。为防止干扰，利用光耦进行隔离。

2. 数字量

指在时间和数量上都是离散的物理量，由 0 和 1 组成，经过编码形成规律信号。

3. 模拟量

指在时间和数量上都是连续的物理量，在连续变化过程中任何一个取值都是一个具体有意义的物理量。模拟量可以为电压、电流等电信号，也可为压力、温度、湿度、位移、声音等非电信号。

4. 模拟电路

监测系统中，需要监测电流、电压等参数信息，1A 系统利用单片机作为核心控制，需要用变送器将不可直接测量的信号转换为单片机可处理的电模拟信号。A/D 转换是一个滤波、采样保持和编码的过程。模拟信号经带通滤波，采样保持电路，变为阶梯状信号，通过编码器，使阶梯状信号中的各个电平变为二进制码。可分为电流型模拟量和电压型模拟量。

电压型模拟量即变送器将测量信号转换为 0～5 V 电压输出（运放直接输出，信号功率小于 0.05 W），通过 A/D 转换后形成数字信号供单片机读取。抗干扰能力差，线路损耗破坏精度，叠加交流成分会使单片机误判，导致控制错误或损坏设备。不适用于远距离传输或电磁干扰严重的场合。

电流型模拟量，当前常采用 4～20 mA 的电流输出范围，另外还有 0～20 mA、0～5 mA 等形式。电流变送器输出最小电流或最大电流时，分别代表电流变送器所标定的最小和最大额定输出值。例如，测量范围为 0～100 A 电流变送器，4 mA 对应 0 A 值，20 mA 对应 100 A 值，0 mA 作为调试用，表示故障或通讯断开。

5. 数字电路

数字电路中研究的主要问题是输入/输出信号的状态“0”或“1”间的逻辑关系。数字量可通过数字电路进行传输，便于计算机处理。各类通讯总线所使用的均为数字电路，如 Modbus 总线、Profibus 总线、Can 总线等。

6. Modbus 工业通讯总线

Modbus 是一种通信协议，以总线形式构建系统，通过 24 中总线命令实现主从控制器间信息交互。Modbus 协议定义了控制器可识别和使用的信息结构，而不考虑通讯网络拓扑结构。Modbus 协议应用于电子控制器上的一种通用语言，成为了通用工业标准。其物理接口可为 RS232、RS485、RS422、RJ45，通讯介质为屏蔽双绞线或光纤。

7. 以太网

以太网（Ethernet）是一种基带局域网规范，当今局域网采用的最通用的通信协议标准。它使用载波监听多路访问及冲突监测技术（CSMA/CD），以 10 M/s 的速率运行在多种类型的电缆上。分类有标准以太网（10 Mbit/s）、快速以太网（100 Mbit/s）和 10 G 以太网（10 Gbit/s）。

8. 遥测

实时电流、电压、基波电流、基波电压、功率、功率因素、电能、频率、谐波电流电压含有率、谐波电流电压总畸变率数据。

9. 遥信

报警、故障脱口、欠电压、断路器本体位置、合闸准备就绪、分合闸位置等断路器状态数据。

10. 遥控

遥控即远程分合现场断路器或接触器。

11. 遥调

遥调即远程保护参数读取和修改。

5.3 中频供电监测系统的应用实例

本节仍以某铀浓缩工厂为例，通过对其前后三期工程中频供电监测系统的详细介绍，使大家对中频供电监测系统的发展有一个较深入的了解。

5.3.1　Ⅰ期工程供电监测系统

5.3.1.1　系统组成及原理

中频供电自动监测系统适用于主工艺供电系统的设备供电状态及运行参数的自动监测及报警、记录和打印。中频供电自动监测系统是由 27 台现场监测装置、1 套模拟显示屏、1 台打印机及 2 套服务器组成，如图 5-5 所示。

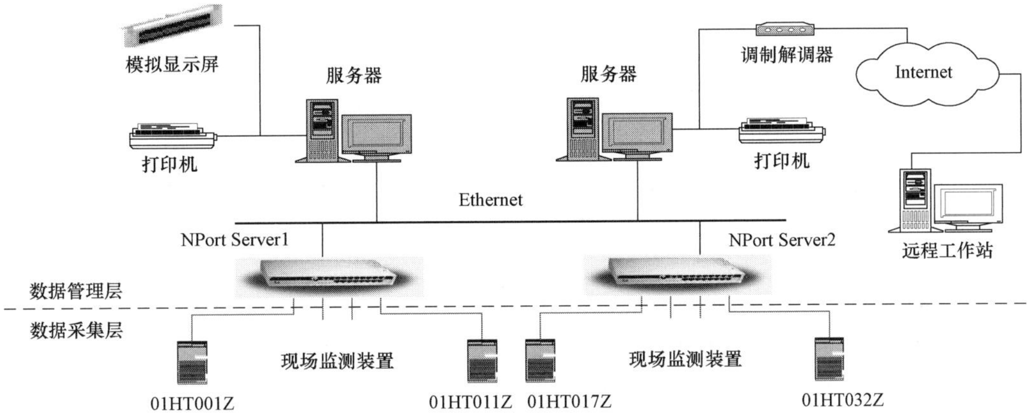

图 5-5　Ⅰ期工程供电监测系统结构

中频供电自动监测系统是一种基于串口通讯服务器Nport Server的新型分布式监测系统。该系统的数据采集层主要由 27 套现场监测装置组成，数据管理层是由 2 台 CPU 为 PⅡ350 MHz 的服务器组成，整个系统的工作过程首先是由现场监测装置采集现场实时数据，并将采样数据编码后，再通过 RS232 光电隔离通讯接口经 Nport Server 上传送至主数据采集服务器，并由服务器显示和记录实时数据。同时，现场开关变位信号经计算机处理后送至模拟屏进行灯、光报警显示。两台服务器与 Nport Server 之间通过以太网相连，并可实现再主、备数据采集机之间的热冗余功能。

5.3.1.2　检测台结构

检测台结构如图 5-6 所示，该装置主要由七块单元板组成，它们分别是显示板、电源板、CPU 板、开关板 A、电压板、电流板、开关板 B。

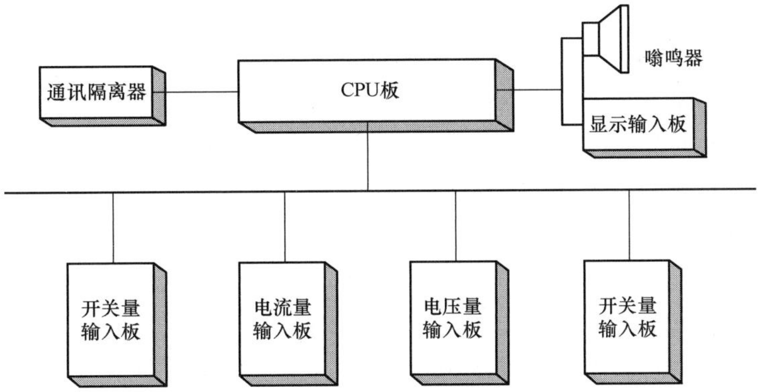

图 5-6　检测台结构

（1）显示板

显示板主要有 4 位 LED 七段数码管，5 个报警灯，1 个通讯指示灯及 4 个按键组成。4 位 LED 用于显示现场数据，5 个报警指示灯用于指示报警类型，4 个按键用于键盘输入及操作功能选择。

（2）电源板

现场装置电源采用集成电路型开关电源，该电源具有稳定度好，工作效率高，发热量小的特点。电源输入可采用交、直流 220 V 两种输入方式，电源输入侧带有保险及电源开关，输出电压侧均采用发光管工作指示，十分便于维护。电源输出分为+5 V、±12 V，+24 V。其中+5 V 路供各个单元板内部使用，±12 V 供电压板使用，+24 V 供开关板使用。

（3）CPU 板

CPU 板的主要作用是采集各个数据采集单元板上的信号并将采样数据编码后通过光电隔离通讯口发送出去，同时接收用户按键输入信息，进行实时数据显示和设定值的设定及存储记忆。

（4）开关量板

开关量板分为 A 板、B 板，其内部电路结构完全一致，区别仅在于插件位置和单元板拨码开关 U18 的拨码位置不同而已。开关量 A 板的拨码开关应将 1、2、3、4 置为“ON”，5、6、7、8 置为“OFF”，开关量 B 板的拨码开关应将 1、2、3、4 置为“OFF”，5、6、7、8 置为“ON”。每块开关量板最大可采集中 32 路开关输入量，每个装置最大可采集 64 路开关输入量。开关量输入板的输入回路采用了光电隔离及去抖动采样算法，保证了开关量采集的可靠性。

（5）电压板

每块电压板可同时采集 8 路电压量及其频率量，电压量的采集首先由电压传感器降压，后经电阻分压，又经隔离运放放大后，再由精密整流电路整流后送入 ADC 采样回路。频率量则是由隔离放大后，经整形电路整型后产生采样输入信号的。电压量输入侧采用隔离型运放输入方式，可有效地保证外输入信号与单元板内信号的完全隔离。

（6）电流板

每块电流板可采集 16 路 0～5 mA 的电流信号，其中单数电流测量回路对应区段供电柜的主回路，双数电流测量回路对应区段供电柜的备用回路。

5.3.1.3 软件系统

中频供电自动监测系统软件总体结构如图 5-7 所示，该软件系统是为配合 405DVM 型现场监测装置而开发的新一代电力自动化系统，该系统通过高速网络系统将功能强大的主计算机系统及现场数据采集装置有机灵活地联系在一起，可对现场的各种开关状态，电流量、电压量、频率量进行实时测量与监视。该系统具有人机介面友好，操作简单，系统整体有较高的可靠性和稳定性，报警反映迅速，并具有良好的移植性，兼容性及扩展性，为用户的使用带来了许多方便。

（1）监测系统软件功能

监测系统采用主、辅机热冗余工作方式，提供事件报警、越限事件、报警顺序显示及查询功能，同时具备自检功能，历史数据、报表及历史报警均可打印输出。实时显示各类参数、状态信息，并具备定时记录功能和自动抄表功能。

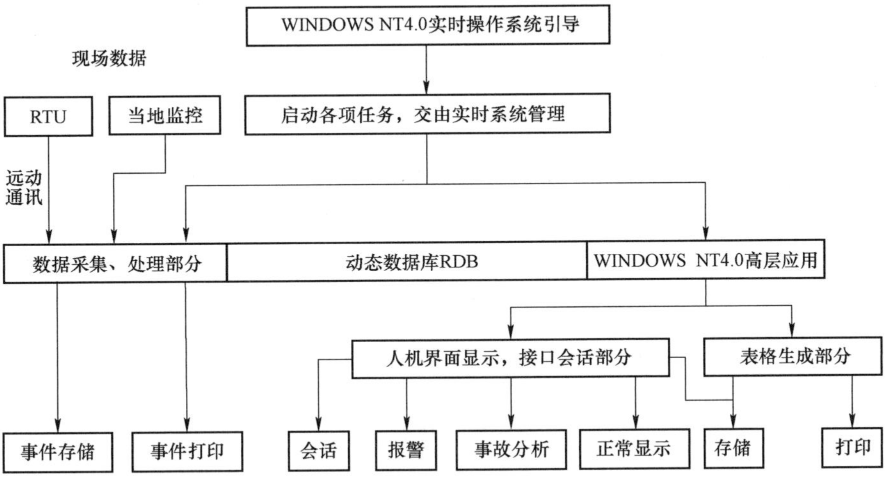

图5-7 中频供电自动监测系统软件总体结构

（2）监测系统软件操作

监测系统软件界面分为三个显示区，顶图区、主图区和底图区。

1）顶图区

顶图区就是用户菜单功能选择区，该区反映分层的用户功能选择内容，主要包括按系统显示类型分类的菜单按钮，如："一期供电状态""二期供电状态""开入量表""电流量表"，"电压量表"等等分类菜单选择。该图区用来提供用户按类别选择系统图形显示调用的主菜单，还显示有系统名称及厂家名称及当天的日期及时钟。各主功能为第一级选择，各自可包括有第二级子功能选择调用。

2）底图区

底图区就是系统功能区，该区反映系统运行的实时信息，事件及越限报警指示灯及查询按键，系统自检报警指示灯及查询按键，时钟修改选择按钮，系统设置按钮，子站号选择框，当前主显示画面页号及总页数，主画面显示移动滚动条及按钮。任何显示过程中都可按动底图区选择按钮获得相应的系统功能。

3）主图区

运行时屏幕（CRT）主显示区反映最终选择功能后的主要图形及信息，如主接线图、实时数据表等的详图，根据选择功能不同而显示不同画面。在主显示区中，有些图形设有相关功能选择按钮，称为"直接选择"功能按钮，可直接显示相关联的画面及执行相关的功能。如：显示遥测数据表时，选择"屏拷"功能按键，就打印当前画面数据。底图区中显示相关当前主图区画面总页数和当前显示页数，帮助用户掌握查看当前显示内容进程。

4）菜单功能

"菜单功能"这里是指屏幕画面中顶图区的菜单按键所包含的内容和使用说明，而顶图区按键及相关显示内容，系统不可见功能等内容均纳入"系统功能"部分中说明。"菜单功能"及"系统功能"部分在使用中可互相辅助参考使用。

“菜单功能”中包括第一层菜单选择项，“一期供电状态”“开入量表”“电流量表”“报表管理”“装置状态”“供电系统图”；第二层菜单选择项，“一期供电状态”“电压量表”“频率量表”“系统配置”“下发命令”“历史事件查询”。

通过点击菜单，可进入不同的对话界面，从而进行便捷的设备监控工作。

5.3.2 Ⅱ期工程供电监测系统

5.3.2.1 系统组成及原理

Ⅱ期工程供电监测系统由 28 个检测台（HT001Z-HT028Z）、7 个中央控制室调度盘（GT001Z-GT007Z）、7 个显示驱动箱（GT101Z-GT107Z）、1 台操作站计算机（GT221Z）和 2 台服务器计算机（GT211Z）组成。

现场检测台利用 Modbus 通讯协议和 RS-485 串行通讯端口，将采集的实时、断续调制信号处理后传输至中控室服务器。互为冗余的两台服务器共同完成数据管理层的工作，通过以太网、RS-485 端口分别与操作台计算机和显示输出盘建立通讯连接。操作台计算机采用西门子公司的组态软件 WinCC 显示供电系统的实时数据和状态，显示输出盘将处理后的信号在调度盘上进行灯状态显示和声光报警。系统原理如图 5-8 所示。

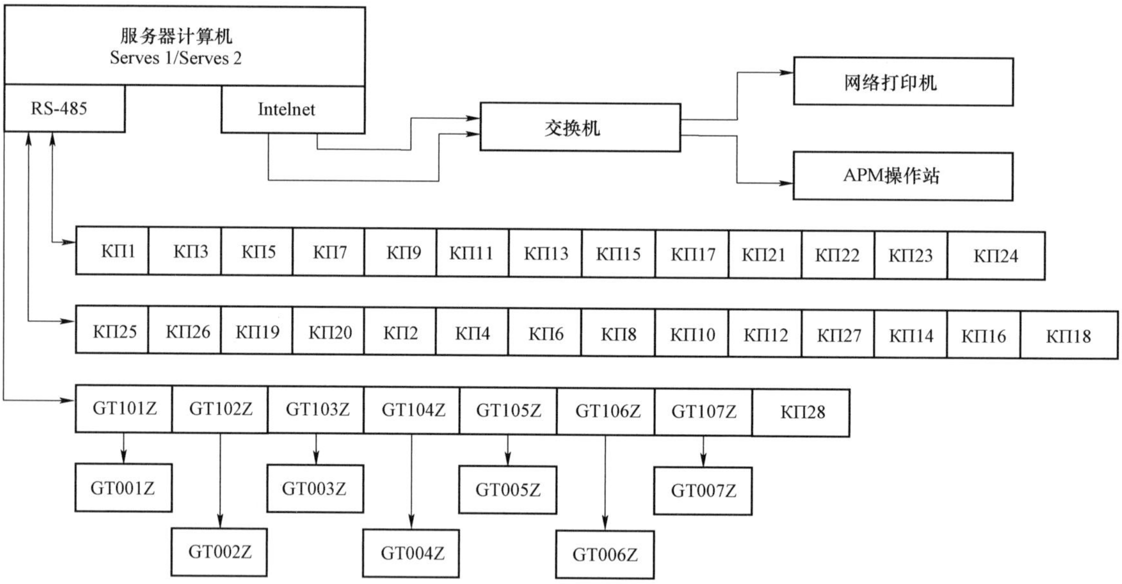

图 5-8 供电监测系统设备连接原理图

5.3.2.2 现场检测台结构及各部件功能

现场检测台由 1 块 “线路转接板”、1 块“公共母板”、1 块“检测台与服务器通信电路板”、1 块“32 通道节点信号采集板”、1 块“模拟信号采集板”、2 块“变频器与检测台通信板”和 1 块“AC/DC 电源”组成，检测台结构如图 5-9 所示。

检测台内各电路板功能如下：

（1）线路转接板：普通单根线路（开关量信号）到标准接插件的转接。

（2）公共母板：利用 ISA 总线完成各电路板间数据信息传输，并实现电源转接。

（3）检测台与服务器通信电路板：直接与服务器交换数据，将收集到的电压、电流、开关与阀门状态等数据打包上传至服务器。

（4）32 通道节点信号采集板：完成各设备运行状态、开关节点工作状态、阀门工作状态信息的采集。

（5）模拟信号采集板：采集 UPS 电源的直流电压和绝缘阻值。

（6）变频器与检测台通信板：采集变频电源输出电压和电流信息。

（7）AC/DC 电源：将 AC220 V/50 Hz 电源转换成 DC5 V 为检测台供电。

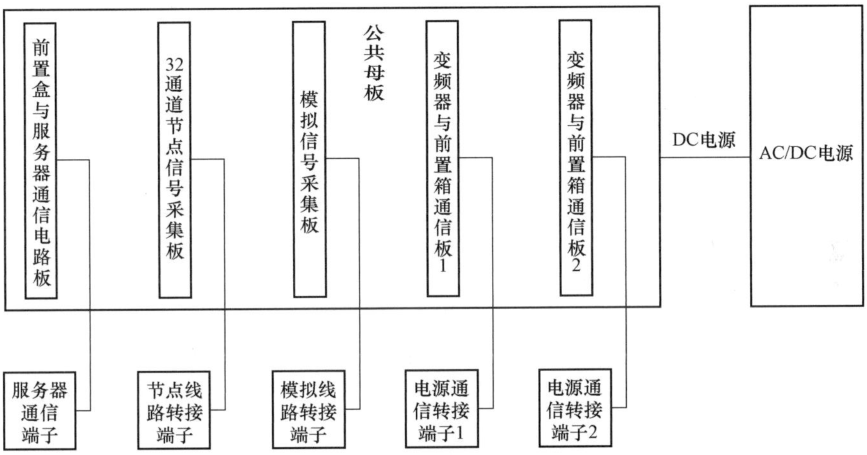

图 5-9　检测台结构图

依据国产备品备件科研工作要求，2014 年已将个别现场检测台进行了电路板改造，将原电路板替换为国产电路板。涉及的检测台为 HT001Z、HT025Z、HT026Z 和 HT028Z。

5.3.2.3　显示驱动箱结构及各部件功能

显示驱动箱结构与检测台结构相似，区别在于显示驱动箱有 3 块 32 通道模拟屏控制板，但无变频器与检测台通信板和模拟参数采集电路板。显示驱动箱结构如图 5-10 所示。

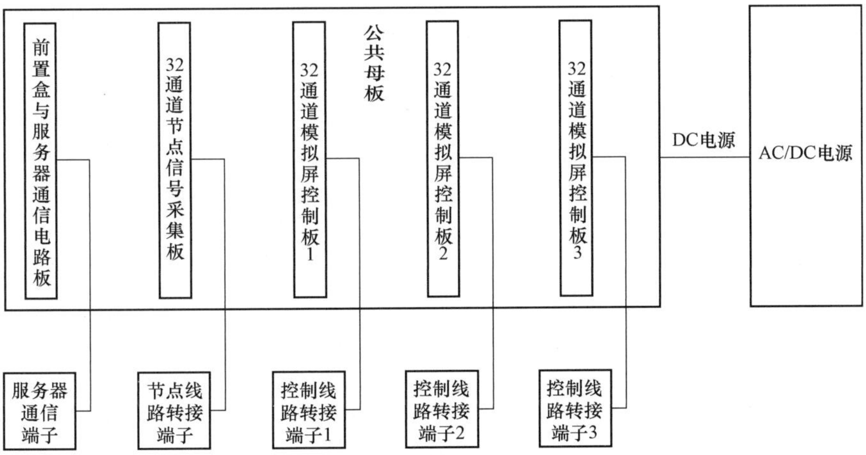

图 5-10　显示驱动箱结构

显示驱动箱内各电路板功能如下：

（1）32 通道节点信号采集板：完成模拟屏上按钮信息采集。

（2）32 通道模拟屏控制板：完成模拟屏上指示灯的亮、灭、闪烁控制，报警器控制。

依据国产备品备件科研工作要求，2014 年已将 6 个显示驱动箱进行了电路板改造，将原电路板替换为国产电路板。涉及的检测台为 GT103Z、GT104Z、GT105Z、GT106Z 和 GT107Z。

显示驱动箱中仅由 2 个模块组成：模拟屏控制板和电源。模拟屏控制板由 RS485 电路 1、RS485 电路 2、RS485 调试、处理器 ARM、96 通道模拟屏控制电路和 32 通道节点采集电路，共 6 部分组成。模拟屏控制板原理和安装结构示意如图 5-11、图 5-12 所示。

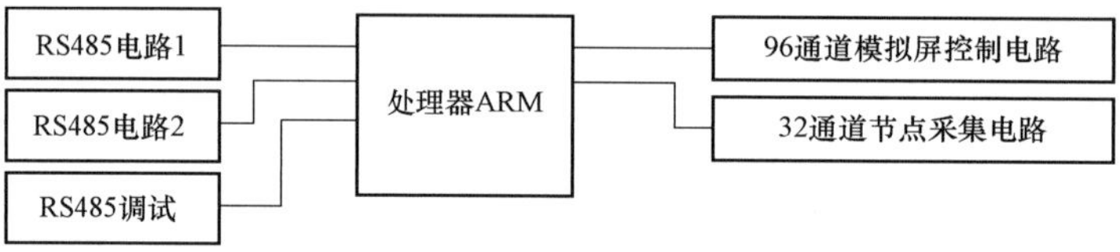

图 5-11 模拟屏控制板原理框图

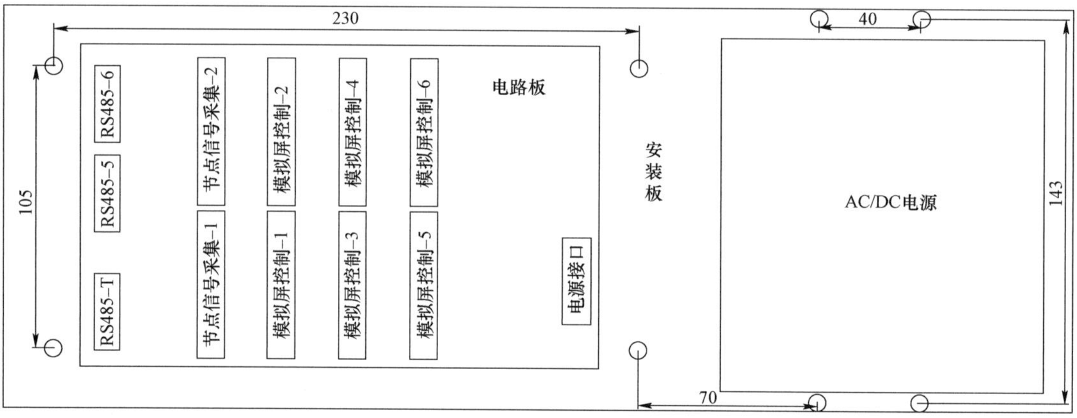

图 5-12 模拟屏控制板安装结构示意图

模拟屏控制电路板各部分电路功能如下：

（1）RS485 电路 1 和 RS485 电路 2，替代服务器 RS485 通信电路板，用于模拟屏驱动箱与控制室服务器主机和备机通信。

（2）32 通道节点采集电路，替代 32 通道节点采集电路板，用于现场开关节点状态信息与按钮信息采集。

（3）96 通道模拟屏控制电路，替代 3 块 32 通道模拟屏控制板，用于模拟屏指示灯的亮、灭、闪烁控制，报警器控制。

（4）RS485 调试：用于监测各通信线路中的数据（设计保留功能）。

（5）处理器 ARM：完成系统综合信息处理、管理和分发。

此外，针对科研还对电源进行更换。电源转换模块安装于检测台或模拟屏驱动箱中。可从市场直接采购，其电源接口与检测台或模拟屏驱动箱中一致。输入为 UPS 系统 AC

220 V/50 Hz 电源，经三个相互隔离的电源模块，分别输出±12 V、+12 V 和+5 V 直流电。±12 V 用于 UPS 系统直流盘 4～20 mA 信号采集电路，+12 V 用于现场开关节点 DI 信号采集电路，+5 V 用于 ARM 处理器供电和 RS485 通信电路。

5.3.2.4　服务器计算机系统软件

服务器监测系统软件为 KP Data Server 3.0，可收集汇总现场检测台上传的所有数据信息，并整理为报表形式集中显示，利用通讯电缆将数据信息发送至操作站计算机和显示输出盘。打开该程序后，Windows 窗口将出现 KP Data Server 3.0（405）窗口，操作运行程序后，可查看通讯干线 Line1、Line2、Line3 均进入工作状态；若停止运行程序，通讯干线停止工作。

信号界面中，KП19-24、KП27-28 采集开关量信号，信号模块为 MID4-OX100；KП1-18 采集开关量信号和 RS485 数字量信号，信号模块为 MID4-OX100 和 MODBUS-MAV150；KП25-26 采集开关量信号和 4～20 mA 模拟量信号，信号模块为 MID4-OX100 和 MODBUS-MAV150；显示输出盘输出开关量信号，信号模块为 MDO6-0X200 和 MDO6-0X210。此外，利用服务器计算机可直接为现场检测台下装检测台软件。

5.3.2.5　操作站 WinCC 组态软件

操作站计算机采用西门子公司的组态软件 WinCC 来进行数据信息显示。WinCC 组态软件将服务器发送来的数据信息模拟显示现场设备的运行状态和实时运行参数。

操作站 WinCC 监控界面分为：中频监控界面、UPS 监控界面、通讯界面和水系统监控界面。其中，中频监控界面由六个监控板块组成，显示配电室开关状态、变频器状态和参数信息；UPS 监控界面由一个监控板块组成，显示 UPS 系统整流器、逆变器、可控硅切换柜、双电源切换柜和水泵状态信息，以及直流盘状态和参数信息；通讯界面由一个监控板块组成，显示三条通讯干线的通讯状态；水系统监控界面由一个监控板块组成，显示空调和制冷机的状态信息。

操作站 WinCC 信息菜单下设信息接收日志、信息回执日志、信息解除日志、工艺过程信息和历史工作日志。

信息接收日志内主要显示最新的设备接通或断开状态信息，即当现场设备状态变更为接通时，该日志将出现设备的接通状态的信息，以字母 C 表示（设备部件接通或设备事故、故障存在）。当操作员确认信息接受后，该信息将重新上传信息表内删除，并直接转存至历史信息查询表和综合信息表。当设备接通状态在短时内更改为断开状态，且操作员未及时确认信息接受，信息状态栏内将出现 CG，操作员确认信息接受后，C 和 G 状态的两条信息同时转存至历史信息查询表。

信息解除日志内主要显示设备工作或事故状态解除信息，以字母 G 表示（设备部件断开或设备事故、故障解除）。当操作员去人信息接受后，该信息将重新上传信息表内删除，并直接转存至历史工作日志。

信息回执日志内主要显示首次出现的设备信息，而不显示设备状态。此日志中的信息描述是唯一的，不会重复出现。运行新的不含历史信息的监控程序时，系统将对首次接通的设备状态信息进行记录。

工艺过程信息表内主要显示操作站计算机连接局域网络的状态信息，状态栏只存在 C

接通状态，信息描述一般为“群组分级排列显示未更新”，表示系统沿用上次分级排列显示，系统显示正常。

历史工作日志内主要显示设备信息说明、设备状态（C、G、QS 和 Acknowlegement-System）、信息长度。查询历史信息必须在历史工作日志内进行。

5.3.2.6　模拟屏显示

服务中心配电室、供取料配电室和自用电配电室内各取 3 个开关量信号：1 区段输入开关接通、2 区段输入开关接通和联络盘开关接通。指示灯亮表示开关接通，指示灯灭表示开关断开，指示灯闪烁则表示开关状态变更。电压检测灯亮表示调度盘 GT001Z-GT007Z 中供电中断，电压检测灯灭表示调度盘 GT001Z-GT007Z 中供电正常。配电室指示灯在调度盘 GT007Z 上的布局如图 5-13 所示。

图 5-13　配电室输入盘和联络盘指示灯

监测工艺变压器供电的信号有：主回路输入、备用回路输入、3 至 4 路输出、区段母线有电、呼叫调度盘。输入输出开关的辅助触点检测该开关是否接通，即指示灯亮表示输入输出开关接通，指示灯灭表示输入输出开关断开；区段母线有电指示灯亮表示变压器输出母排带电，灯灭表示母排失电；呼叫调度盘指示灯亮表示变压器故障，灯灭表示变压器正常。变压器指示灯间逻辑为：任意输入开关接通，则区段母线有电灯亮，而呼叫调度盘灯灭；两个输入开关断开，则区段母线有电灯灭，而呼叫调度盘灯亮。另外，每个调度盘底部均有三个按键，与操作站软件显示的按键一致，三个键从左至右以此为：试灯、消声和消闪。试灯用于检查对应调度盘指示灯能否正常点亮，消声用于消除 1#调度盘上端蜂鸣器声音报警，消闪用于消除任意设备变更状态时引起的指示灯闪烁。调度盘主工艺配电室指示灯布局如图 5-14 所示：

每台变频器指示灯信号共有 5 个，分别为主变频器接通、备用变频器接通、冗余控制电接通、主变频器事故、备用变频器事故。变频器指示灯结构如图 5-15 所示：

单一分段整流器指示灯由 1 个输入开关接通灯、1 个整流器故障灯和一个整流器事故灯组成；直流盘指示灯由 1 个整流器输入开关接通灯、1 个蓄电池输入开关接通灯和 1 个直流盘故障灯组成；逆变器由 1 个直流盘输入开关接通灯和 1 个逆变器故障灯组成。整流器-逆变器指示灯结构如图 5-16 所示：

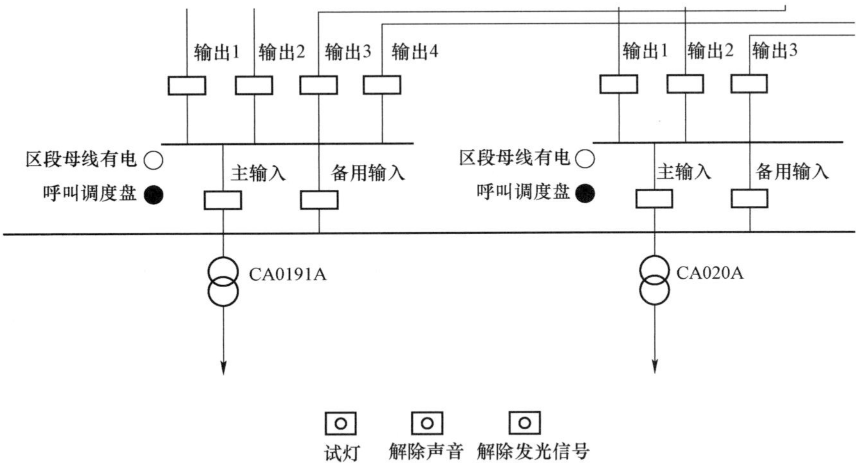

图 5-14　调度盘主工艺配电室指示灯

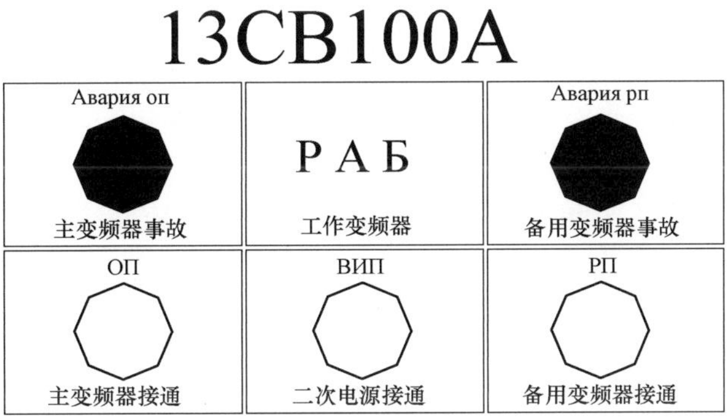

图 5-15　变频器指示灯

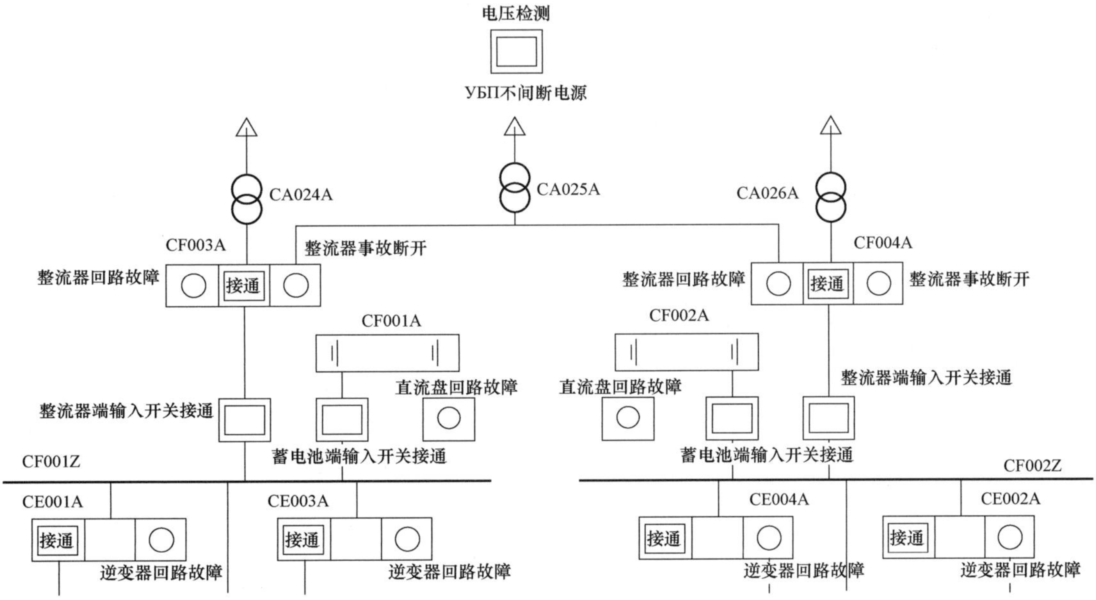

图 5-16　整流-逆变指示灯

UPS 配电盘指示灯共有 12 个，其中 CE001Z、CE002Z、CF007Z、CF008Z、CE019Z、CE018Z、CE009Z 和 CE008Z 为输入开关接通灯，CE017Z 和 CE018Z 为可控硅切换柜故障灯，另外 CE018Z 和 CE019Z 还各有一个故障灯，表示自逆变器的主电源断开且转换刀闸箱电源切换至自用电配电箱 CH033Z 或 CH034Z 供电。UPS 配电盘指示灯如图 5-17 所示。

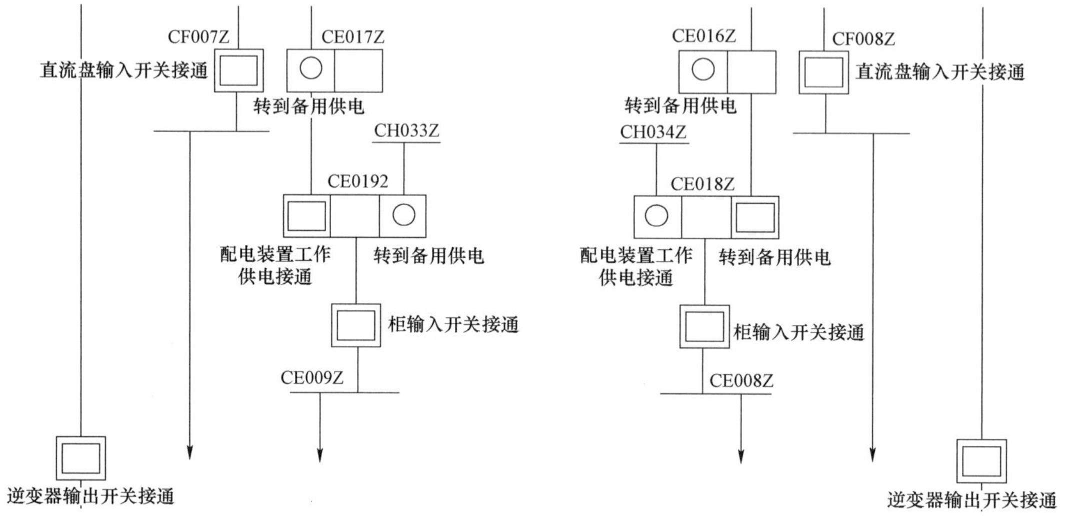

图 5-17　UPS 配电室配电盘指示灯

大厅内有 6 个 UPS 双电源切换柜 CE010Z-CE015Z，其指示灯由 1 个主电源接通灯和 1 个转换至备用电源灯组成；1～8 机组可控硅切换柜、MKK 可控硅切换柜和 9～13 机组可控硅切换柜均只有 1 个转换至备用电源灯，表示相应分段内的任意机组可控硅切换柜的主电源断开，备用电源投入，但负荷运行情况应依据现场状况而定。信号柜 HS001Z 和 HS002Z 的信号灯“信号柜故障”为综合故障信号，该信号包括了整流器、逆变器和信号柜本身的故障信号。自用电配电室内包含 3 个指示灯信号：1 区段 CH001Z 输入开关接通、2 区段 CH002Z 输入开关接通和联络盘开关接通，灯信号含义与辅助工艺、服务中心配电室类似。大厅 UPS 配电盘指示灯如图 5-18 所示。

水系统有 3 台主机冷却泵、4 台变频器冷却泵、2 台主机加热泵和 2 台补压机冷却泵。每台泵各有 1 个泵故障信号，信号从水泵控制柜中引出，属综合故障信号。水泵故障指示灯如图 5-19 所示。

5.3.3　Ⅲ期工程供电监测系统

5.3.3.1　系统基本构成

Ⅲ期工程供电监测系统按照分层分散分布的原则，将系统分成站控层，前置层，现场层 3 层结构，具备开放式，网络式，模块化，可扩展性强的系统特点。系统通过现场层采集具体被监控设备的数据，并传输到相应的前置柜，通过前置柜内的交换机或者串口服务器将数据上传到站控层机柜室，机柜室服务器计算机进行数据处理后传送到 07d 控制室的监控计算机上。监控计算机利用串口与 LED 显示屏建立通讯，同步、放大显示监控计算机窗口界面的所有内容。流程如图 5-20 所示。

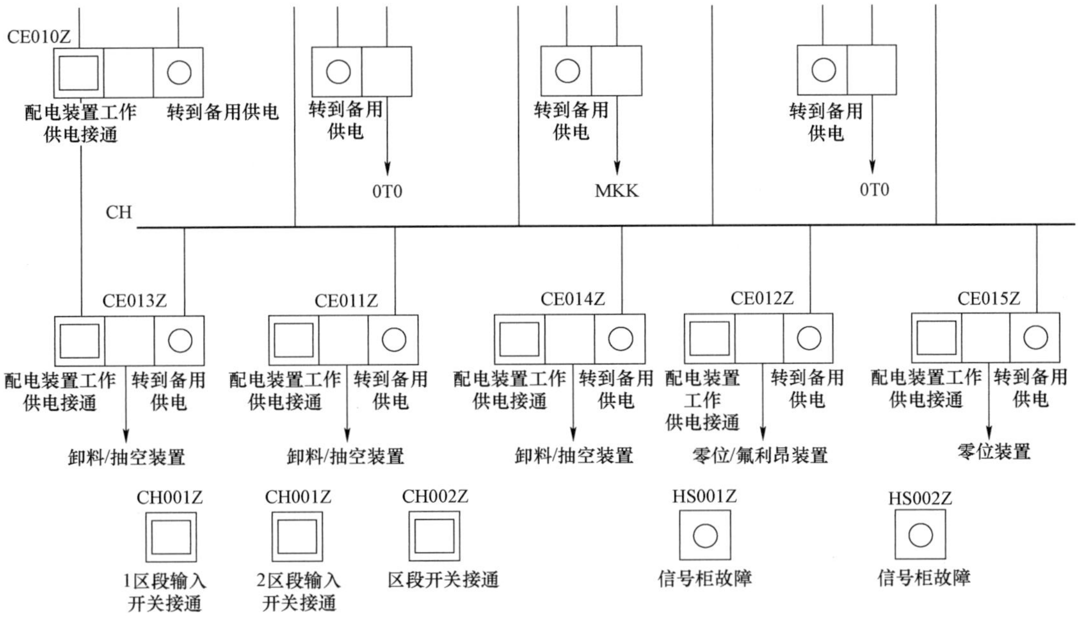

图 5-18　大厅 UPS 配电盘指示灯

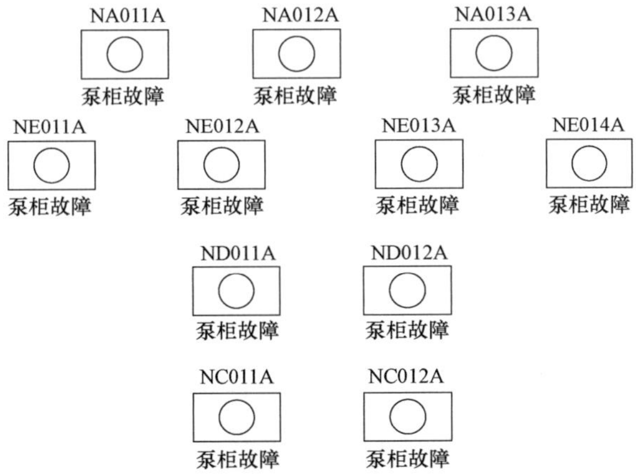

图 5-19　水系统泵故障指示灯

其中，优耐特控制器与串口服务器间通讯采用 RS485 总线，PLC 与 X124 交换机间通讯采用以太网，串口服务器与 X206-1 交换机或 X414 交换机间通讯采用以太网，X414 交换机与 X206-1 交换机间通讯采用光纤，X414 交换机与监控计算机间通讯采用以太网。

供电监测系统电源均为单路供电，电源来自于 0Ⅲ期工程-1_UPS 配电室和 0Ⅲ期工程-3_UPS 配电室内的抽屉式开关。

5.3.3.2　站控层

站控层主要由 07d 控制室内的 2 台监控计算机构成，采用双机热冗余的方式，主机和辅机间可实现双机无扰动切换，保证工作的连续性和可靠性。此外，主控系统还配置了 1 套液晶显示屏和一套 A3 激光打印机。

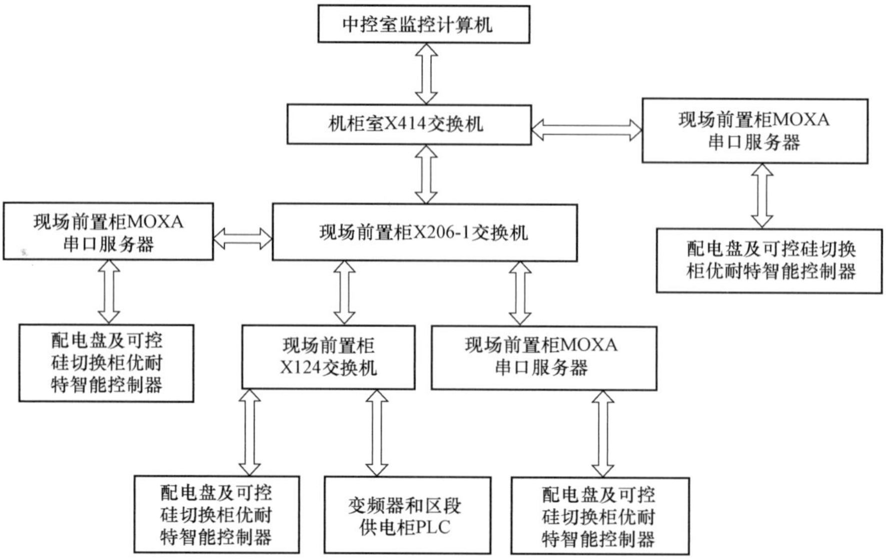

图 5-20　供电监测系统流程

监控计算机的软件界面主要分为全局界面、中频供电界面、UPS 供电界面、辅助供电界面、中央平台界面、实时数据界面、记录查询界面、系统事件界面和帮助界面等九个部分。通过各类界面可查看整个系统供电设备实时数据及运行状态，查看历史数据记录，历史趋势图，报警记录。

监控计算机软件界面的指示灯颜色有 4 种，分别表示设备处于不同的状态。若为绿色，表示该设备或开关为正常/接通状态。若为灰白色，表示该设备或开关为停机/断开状态。若为红色，表示设备故障报警。若为黄色，表示通讯故障。

5.3.3.3　前置层

前置层是连接现场层和站控层的中间层，将现场层传输来的信号汇集后向站控层上传。前置层设备包括西门子交换机和 MOXA 串口服务器。与现场层通过 RS-485 通讯总线、以太网与现场层监控单元相连接，与站控层使用光纤接口、网口连接。

系统按连接的设备网络可分为两类，第一类与变频器连接的网络；第二类与外围低压设备连接的网络。对于变频电源部分，设备单元中 PLC 控制器对需要监测的模拟量和状态量已进行了采集并存储在自身的数据存储块内，对于这些设备的监测需要进行通信连接，通过以太网连接到监控单元网络通信设备。对于辅助外围的只能设备，采用了 RS-485 通信，将每台智能设备连接到 MOXA 串口服务器，串口服务器再通过以太网经过交换机和光纤模块将对这些电信号转化为光信号，信号通过光缆发送到机柜室，再由机柜室的 X414 交换机将光信号转换为电信号，通过 2 个千兆以太网口将信号传给两台服务器。

Ⅲ期工程供电监测系统一共有前置柜 23 个，分布于Ⅲ期工程机柜室、工艺大厅、变频器间、工艺变电所、自用电变电所 UPS 变电所、变频器间等处。前置柜分布如图 5-21 所示。

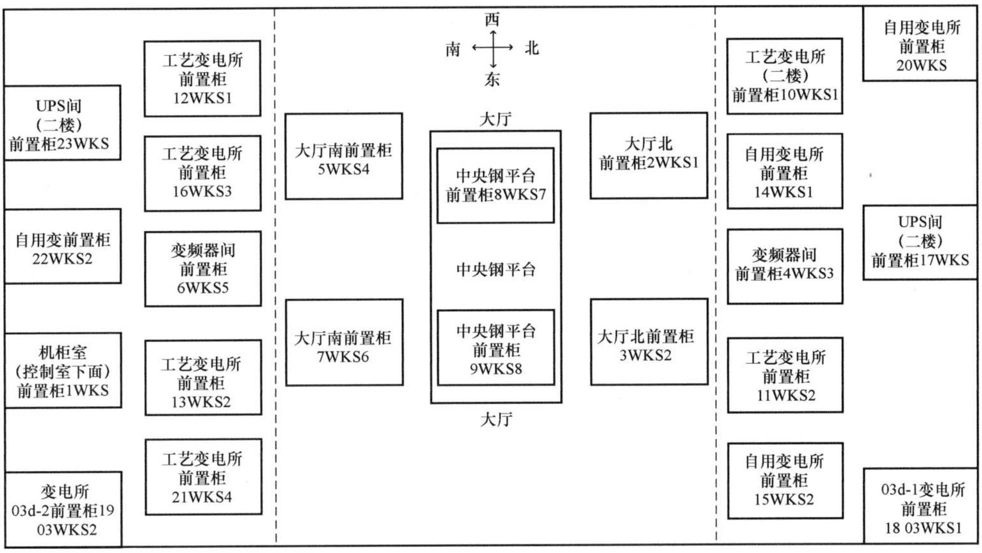

图 5-21　前置柜具体分布图

（1）MOXA 串口服务器

MOXA 通讯控制器也称串口服务器，可将 8 台串口设备接入以太网络，只需对现有串口设备进行基本配置便可对数据进行透明传输。串口服务器可通过计算机软件直接访问网络中的热河串口设备，实现了对分散串口设备的集中管理。

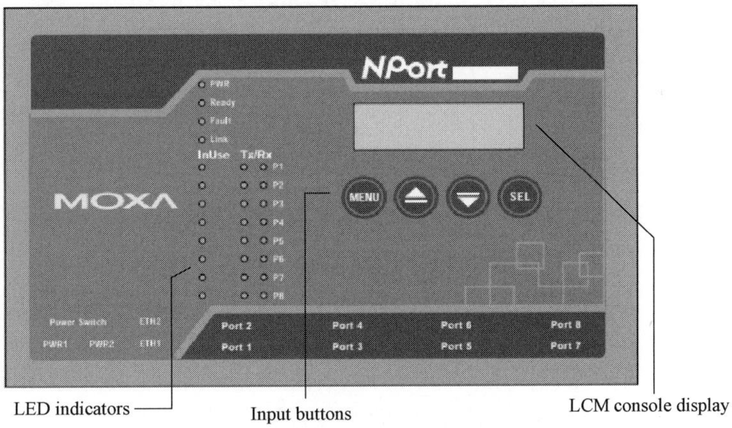

图 5-22　MOXA 串口服务器面板

其中，MOXA 的面板可分为三个部分：LCM 显示屏、输入按键和 LED 指示。

LCM 显示屏用于显示 MOXA 工作参数设置和浏览工具菜单。

输入按键区有 4 个按键，分别为 MENU、上、下和 SET。通过 MENU 菜单键可进入系统内部进行参数浏览，上、下键可用于选择对应菜单项，SET 用于对应参数设置。

LED 指示区域各灯指示含义如下：

READY：绿色表示设备就绪可以进行通讯，灯灭表示未上电或者模块存在故障；

Fault：红色表示串口服务器是否有故障；

Link：绿灯常亮表示没有数据传输，绿灯闪烁表示线路上有数据传输；

InUse：绿灯表示相关的串口已配置并启用；

TX：绿色表示串行设备有数据发送，灯灭表示无数据；

RX：橙色表示串行设备有数据接收，灯灭表示无数据。

（2）交换机

西门子 X414 交换机自身带有 2 个 1 000 Mbit/s 以太网接口和 12 个 100 Mbit/s 以太网接口，通过 MM492-2LD 扩展了 4 个 100 Mbit/s 光纤接口。综合冗余管理，三层路由功能，办公室网络功能（RSTP，VLAN…），网络管理，带有 C-PLUG。电源连接为 1×4 针端子排，信号触发连接为 1×4 针端子排，数字信号输入为 2×5 针端子排，交换介质插槽为 C-PLUG。电源电压为 2×DC24 V（18～32 V），电流消耗为 2 000 mA，未安装介质模块时功率为 15 W，最大配置时功率低于 48 W。

西门子 X206 交换机属于网管型交换机，带有 6 个 100 Mbit/s 以太网接口，1 个 100 Mbit/s 单模 BFOC 光纤接口。电源连接为 1×4 针端子排，信号触发连接为 1×2 针端子排，交换媒介连接为 C-PLUG。电源电压为 2×DC24 V（18～32 V），电流消耗为 200 mA，功率为 4.8 W。

西门子 X124 交换机为非网管型工业以太网交换机，带有 24 个 100 Mbit/s 以太网接口。接口类型为 24×RJ45 接口，电源连接为 1×4 针端子排，信号触发连接为 1×2 针端子排。电源电压为 2×DC24 V（18～32 V），电流消耗为 200 mA，功率为 4.8 W。

5.3.3.4 现场层

现场层设备主要有变频器、区段供电柜、DELIXI 万能断路器、常熟万能断路器、优耐特智能控制器、UPS 设备，前置层设备把监控模块连接起来，形成若干个监控单元。这些设备采集的信号分为开关状态信号、故障状态信号、运行状态信号、停止状态信号、电流参数信号、电压参数信号和频率参数信号等。其中状态信号为数字量 DI 信号，参数信号为模拟量 AI 信号。

（1）西门子 PLC

300D 变频器和区段供电柜内部逻辑和数据采集都通过西门子 PLC 内部的 314C-2PN/DP CPU 实现。CPU 对变频器和区段供电柜的状态及参数信号进行采集，利用以太网与现场数据采集屏内的 X124 交换机进行数据通讯。

PLC 的 CPU 带有两个网口，这两个网口具有交换机功能。PLC 的 IP 地址是在组态里设置的，通过 MPI 电缆下载程序。使用 B 类 IP 地址，在中央大厅里的 9 个供电单元的变频器、区段供电柜分别对应 9 个网段的 PLC。西门子 PLC 通讯基于西门子的 S7 连接进行通讯，每个区段供电柜所传输的数据都保留在 DB2、DB5 这两个数据块里，这里一共 29 个变量，其中 9 个为 REAL 型变量，20 个为 BOOL 型变量；变频器需要监控的数据块为 DB9，DB4 这两个数据块，这里一共 64 个变量，其中 13 个为 REAL 型变量，51 个为 BOOL 型变量。

（2）优耐特智能控制器 UNT-MMI-B

耐特智能控制器通讯参数设置菜单结构如图所示，在“初始界面”里选择“参数设置”，输入设置密码“9998”再选择“系统设置”，进入系统设置画面，在系统设置界面中选择“通讯”选项进入通讯设置界面，如图 5-23 所示。

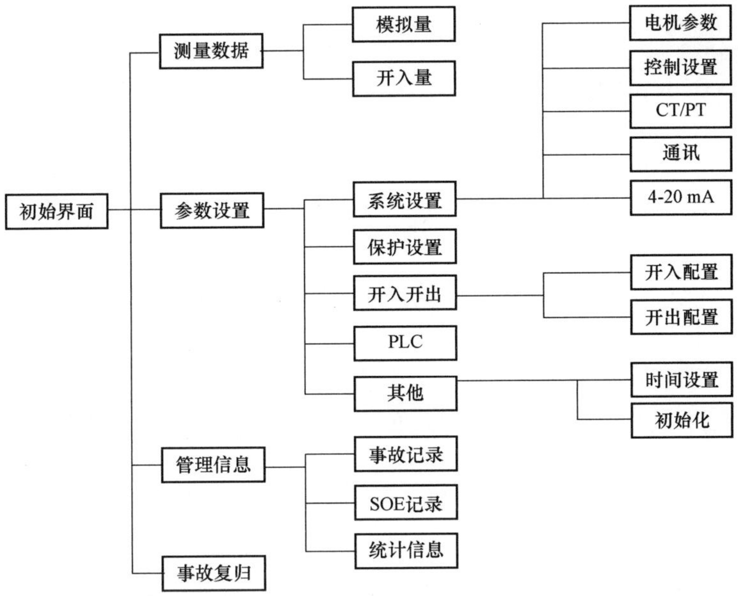

图 5-23　优耐特控制器的菜单结构

（3）德力西万能断路器

德力西 CDW6-2000 断路器有两种传输方式：RS485/RS422，本监测系统中使用 RS485。断路器通讯地址可手动设置，通讯协议和波特率均与常熟断路器一致。

在控制面板按“设置功能键”进入功能设定画面，按＋、－键到通讯设置选项，按“确认键”进入通讯设置界面，选择“通讯设置”选项，按“确认键”进入后，设定 MODBUS 通讯地址根据地址配置表来设置。

（4）常熟万能断路器

常熟 CW2-4000/4 可通信智能型万能式断路器采用标准 MODBUS-RTU 通讯方式，设定波特率为 19 200 bps，无奇偶校验，停止位设定为 2 位。串口参数设置正确，才能使上位机与断路器正常进行 MODBUS 通信。当断路器与 MOXA 通信控制器双方超过 200 ms 无应答时，判断为通信超时。

5.3.3.5　模拟显示

上下层通讯正常情况下，计算机监控界面将显示现场任意受监测设备的数据信息，即断路器、隔离开关、变频器和 UPS 的状态、参数及报警。设备或开关显示为绿色时，表示接通；灰色表示停机断开；红色表示故障；黄色表示通讯断开。监控界面如图 5-24 和图 5-25 所示。

选择菜单栏中实时数据，可查看全局图，鼠标点击指定设备将弹出设备的数据分页。

选择菜单栏中记录查询，可查看指定设备的运行参数。开启历史趋势图，可查看设备运行的参数趋势，可辅助判断因外部因素导致设备异常的原因。

选择帮助，可查阅系统的详细操作说明。

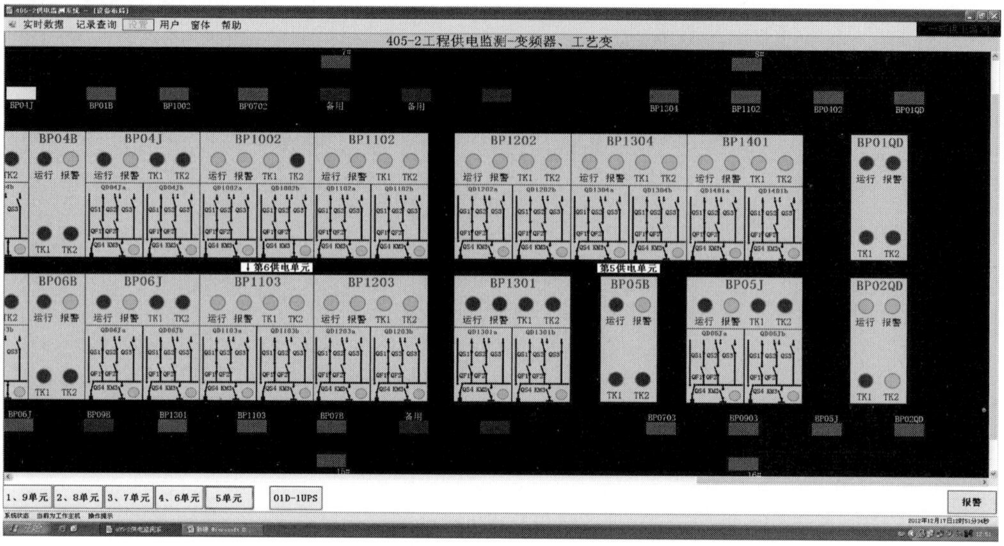

图 5-24　供电系统总布局

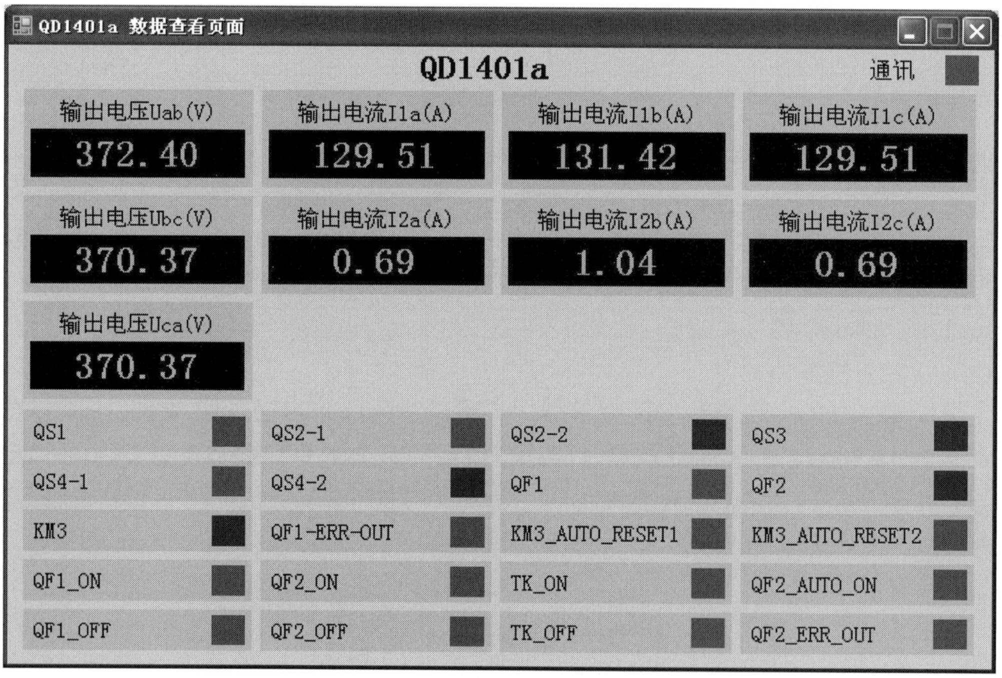

图 5-25　变频器状态参数

5.4　供电监测系统基本维护

供电监测系统是一个对周围环境因素影响较大的系统，它由各种信号线，服务器，交换机，主机组成。在对监控系统设备维护过程中，应对一些情况加以防范，尽可能使设备运行正常，主要需做到防潮，防尘，防雷，防干扰工作。

5.4.1　硬件维护工作

1. 定期检查各检测台和显示输出盘通讯板的工作状态是否正常，最直观的检查方式即观察通讯灯闪烁频率是否正常。

2. 定期检查电缆与设备端子排连接是否正常，特别是交换机端口和串口服务器端口，确保线路连接正常。

3. 定期检查计算机工作状态及封闭柜内的温度是否正常，散热情况是否良好，风扇运行情况是否正常。

4. 检查调度盘各信号灯指示是否正常，对损坏的部件应及时更换。

5. 定期检查系统中各个设备的供电情况，特别是操作站和服务器的供电是否正常。

6. 定期进行清灰处理。

5.4.2　软件维护工作

1. 妥善保存系统恢复软件，应保存在 D 盘或便携式 U 盘内，并定期对程序进行检查，防止系统恢复软件故障或缺失。

2. 严禁在操作站或服务器计算机上使用未做杀毒处理的移动存储介质，严格执行计算机保密管理。

3. 定期对系统进行信息记录压缩保存、备份，方便日后查阅。

4. 严禁任意将程序许可证文件移动或删除。

5. 监控程序运行期间，禁止切换窗口界面。

第 6 章

直流、UPS 系统

6.1　直流系统

直流系统是应用于水力、火力发电厂，各类变电站和其他使用直流设备的用户，为给信号设备、保护、自动装置、事故照明、应急电源及断路器分、合闸操作提供直流电源的电源设备。

6.1.1　直流系统概述

直流系统是一个独立的电源。它不受发电机、厂用电及系统运行方式的影响，并在外部交流电中断的情况下，保证由后备电源——蓄电池继续提供直流电源的重要设备。直流屏的可靠性、安全性直接影响到电力系统供电的可靠性和安全性。直流系统是以电池容量标称，如 65 Ah，100 Ah，常用名称 GZDW-65 Ah，GZDW-100 Ah。

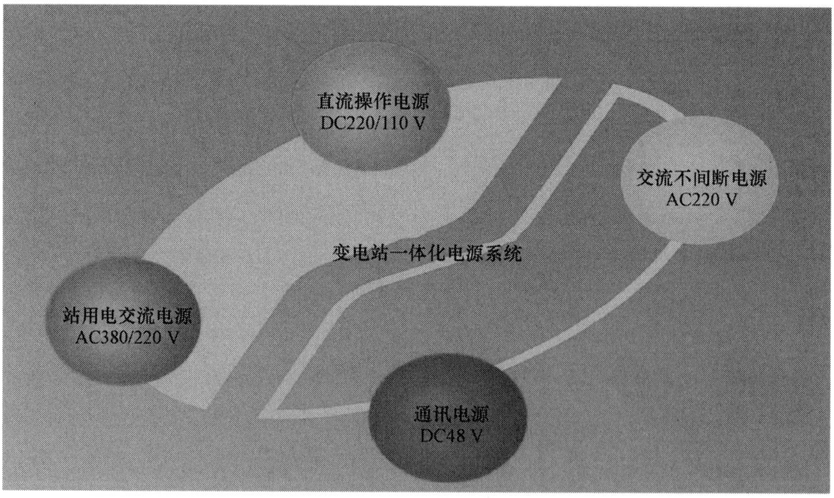

图 6-1　变电站一体化电源系统

直流系统主要由交流配电单元、充电模块、直流馈电、集中监控单元、绝缘监测单元、降压单元和蓄电池组（包括维护蓄电池组的充放电装置）等部分组成（见图 6-3 直流系统盘柜）。两路交流输入经交流配电单元选择其中一路交流输入提供给充电模块；充电模块输出稳定的直流，一方面对蓄电池组补充充电和提供合闸输出，另外通过降压单元提供控制输出，为负载提供正常的工作电流（见图 6-4 直流系统流程图）；绝缘监测单元可在线监测直流母线和各支路的对地绝缘状况；集中监控单元可实现对交流配电单元、充电模块、直流馈电、绝缘监测单元、直流母线和蓄电池组等运行参数的采集与各单元的控制和管理，并可通过远程接口接受后台操作员的监控。

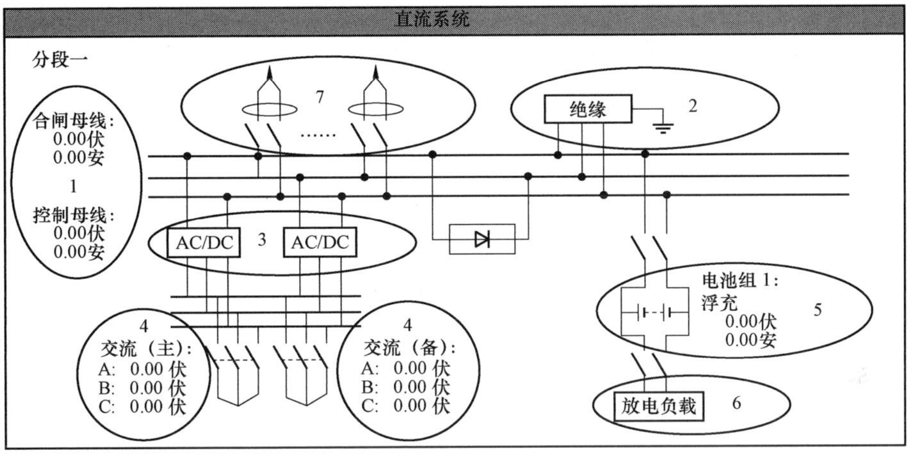

图 6-2　直流系统概述

图 6-3　直流系统盘柜

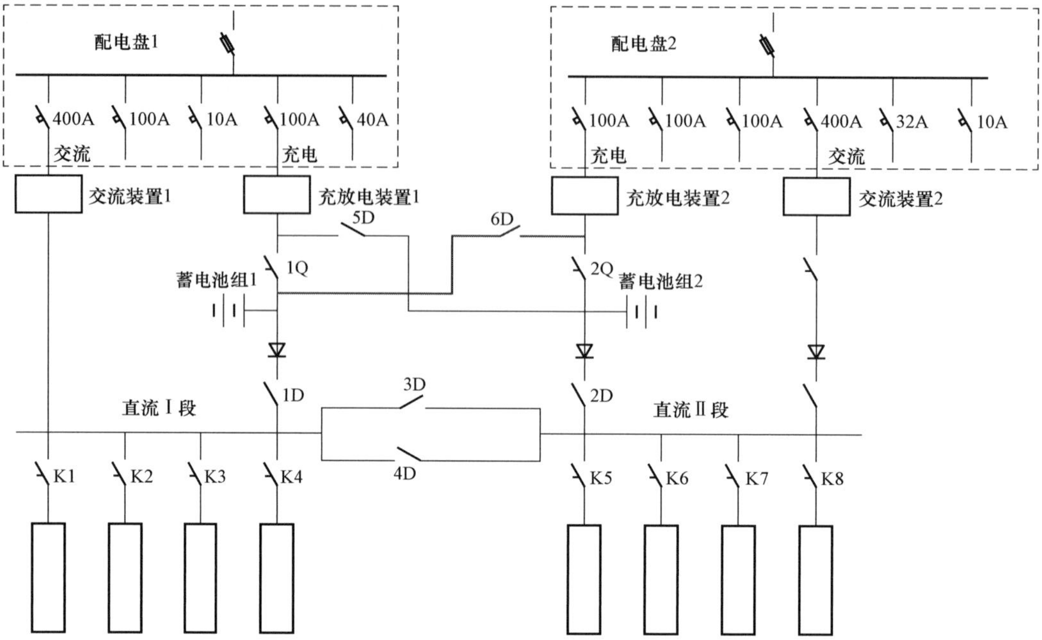

图 6-4 直流系统流程图

6.1.2 直流系统的用途

广泛应用于水力、火力发电厂，各类变电站和其他使用直流设备的用户（如发电厂、变电站、配电站、石化、钢铁、电气化铁路、房地产等），为信号设备、保护、自动装置、事故照明及断路器分、合闸操作提供直流电源。它也同样广泛的应用于通信部门、计算机房、医院、矿井、宾馆，以及高层建筑的可靠应急电源，用途十分广泛。还有直流系统的心脏是蓄电池，对蓄电池进行科学的维护是直流系统的核心工作。

铀浓缩（离心）工厂直流系统用途主要有，高压系统用变电站、配电站的直流系统；低压系统用 100 Hz、DC 220 V 的直流系统等。高压系统用直流系统为信号及远动设备、保护及自动装置、事故照明、断路器（隔离开关）分合闸操作提供直流电源的电源设备。100 Hz 直流系统为两个 100 Hz 逆变间提供两路直流 240 V 动力电源，通过每台逆变器的输入开关箱中双掷刀闸选择使用，逆变器的用户就是主工艺系统的 100 Hz 补压机。补压机是主工艺系统中重要设备，在工艺管道中气体经补压机增压后，流动速度符合要求，补压机的结构类似离心水泵，由进气管、工作叶轮、扩压器、蜗空、出气管及电机等部件组成。直流 220 V 系统为主艺系统供电区段供电柜、备用变频器自动装置柜、联锁柜、变频器等设备提供直流 220 V 控制电源；为控制室自控仪表设备供电。下图为高压直流系统原理图。

6.1.3 直流系统的组成

直流系统主要由两大部份组成。一部份是电池屏，另一部份是直流充电屏（直流屏）。电池屏就是一个可以摆放多节电池的机柜（800×600×2 260）。电池屏中的电池一般是由 2～12 V 的电池以 9 节到 108 节并联方式组成，对应电的电压输出也就是 110 V 或 220 V。

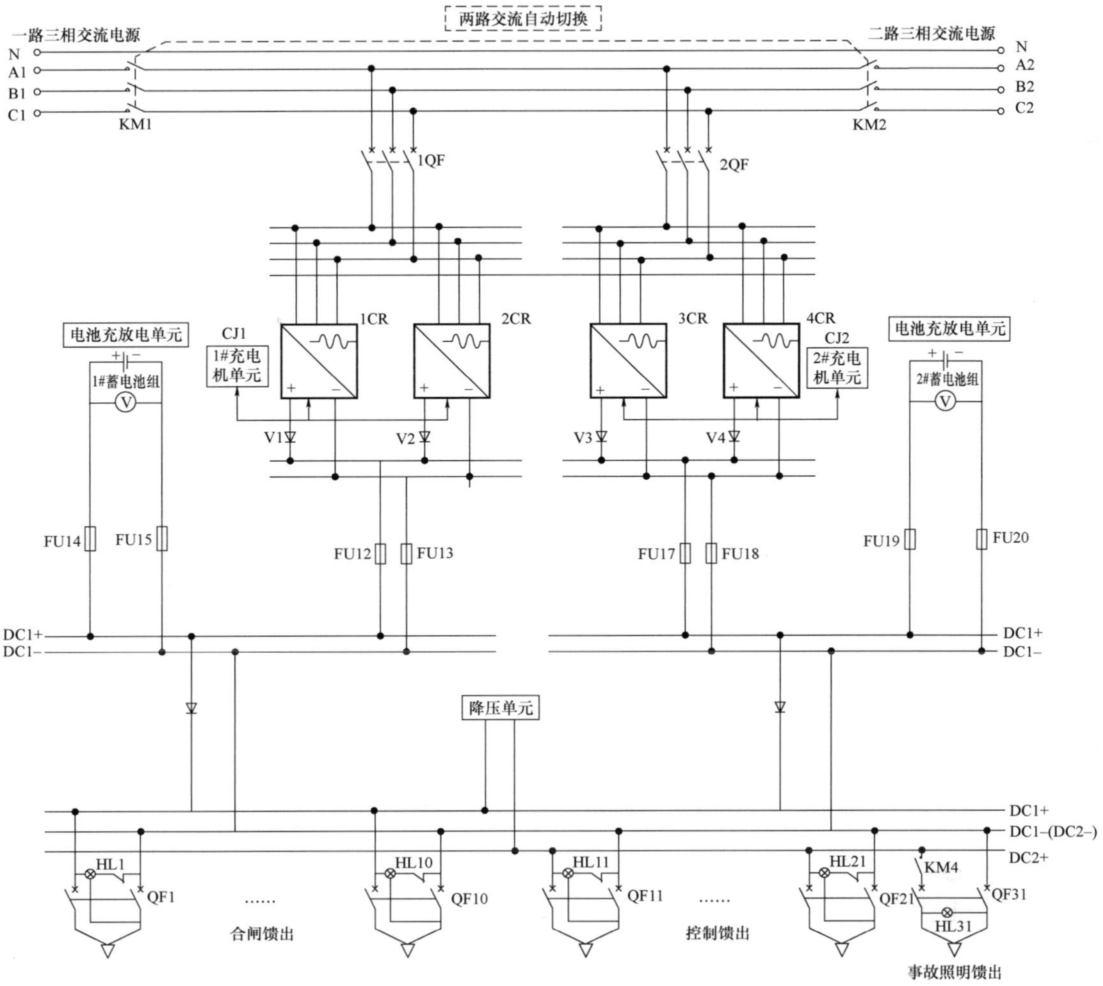

图 6-5　高压直流系统原理

目前使用的电池主要是阀控式密封免维护铅酸电池。直流屏主要是由机柜、整流模块系统、监控系统、绝缘监测单元、电池巡检单元、开关显检测单元、降压单元及一系列的交流输入、直流输出、电压显示电流显示等配电单元。

6.1.3.1　整流模块系统

电力整流模块就是把交流电整流成直流电，有单机模块、整流装置和充电装置等几种类型。单机模块通常是以通过电流大小来标称（如 2 A 模块、5 A 模块、10 A 模块、20 A 模块等等），按设计理念的不同也可以分为：风冷模块、独立风道模块、自冷模块、自能风冷模块和自能自冷模块；整流装置和充电装置主要由输入系统、整流变压器、整流器，控制回路，保护回路及风冷系统组成，整流器采用三相桥式全控整流电路，利用运算放大器组成的 PI 调节器为中心的双闭环自动调节系统。它可以多台并联使用，实现了 N+1 冗余。模块输出是 110 V、220 V 稳定可调的直流电压。模块自身有较为完整的各种保护功能如：输入过压保护、输出过压保护、输出限流保护和输出短路保护等。

6.1.3.2　监控系统

监控系统是整个直流系统的控制、管理核心。其主要任务是：对系统中各功能单元和蓄电池进行长期自动监测，获取系统中的各种运行参数和状态，根据测量数据及运行状态及时进行处理，并以此为依据对系统进行控制，实现电源系统的全自动管理，保证其工作的连续性、可靠性和安全性。监控系统分为两种：一种是按键型还有一种是触摸屏型。监控系统提供人机界面操作，实现系统运行参数显示，系统控制操作和系统参数设置。

6.1.3.3　绝缘监测单元

直流系统绝缘监测单元是监视直流系统绝缘情况的一种装置，可实时监测线路对地漏电流，此数值可根据具体情况设定。当线路对地绝缘降低到设定值时，就会发出告警信号。直流系统绝缘监测单元目前有母线绝缘监测、支路绝缘监测。

6.1.3.4　电池巡检单元

电池巡检单元就是对蓄电池在线电压情况循环检测的一种设备。可以实时检测到每节蓄电池电压的多少，当哪一节蓄电池电压高过或低过设定时，就会发出告警信号，并能通过监控系统显示出是哪一节蓄电池发生故障。电池巡检单元一般能检测 2～12 V 的蓄电池和循环检测 1～108 节蓄电池。

6.1.3.5　开关量检测单元

开关量检测单元是对开关量在线检测及告警干节点输出的一种设备。比如在整套系统中哪一路断路器发生故障跳闸或者是哪路熔断器熔断后开关量检测单元就会发出告警信号，并能通过监控系统显示出是哪一路断路器发生故障跳闸或者是哪路熔断器熔断。开关量检测单元可以采集到 1～108 路开关量和多路无源干节点告警输出。

6.1.3.6　降压单元

降压单元就是降压稳压设备，是合母电压输入降压单元，降压单元再输出到控母，调节控母电压在设定范围内（110 V 或 220 V）。当合母电压变化时，降压单元自动调节。保证输出电压稳定。降压单元也是以输出电流的大小来标称的。降压单元目前有两种，一种是有级降压硅链（见下图），一种是无级降压斩波。有级降压硅链有 5 级降压和 7 级降压，电压调节点都是 3.5 V，也就是说合母电压升高或下降 3.5 V 时降压硅链就自动调节稳定控母电压。无级降压斩波就是一个降压模块，它比降压硅链体积小，它没有电压调节点所以输出电压也比降压硅链要稳定。还有过压、过流、和电池过放电等功能。不过目前无级降压斩波技术还不是很成熟，所以还是降压硅链使用较广泛。

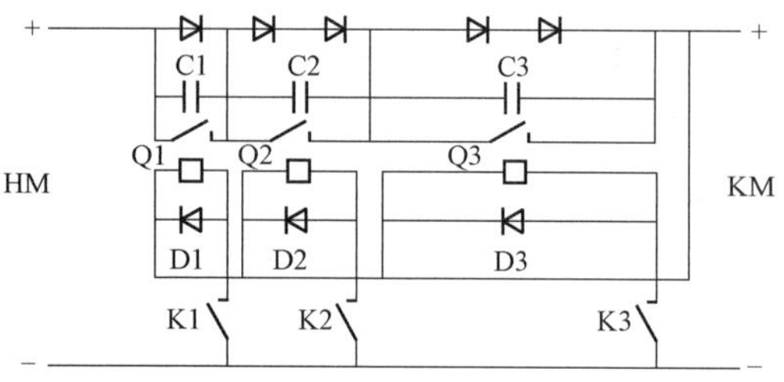

图 6-6　控制 5 级硅链示意图

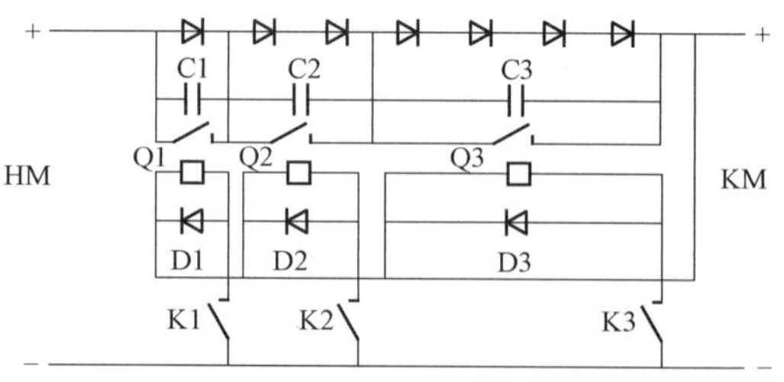

图 6-7　控制 7 级硅链示意图

6.1.3.7　配电单元

配电单元主要是直流屏中为实现交流输入、直流输出、电压显示、电流显示等功能所使用的器件如：电源线、接线端子、交流断路器、直流断路器、接触器、防雷器、分流器、熔断器、转换开关、按钮开关、指示灯以及电流、电压表等。

6.1.4　电池容量选择和模块的配置

电池容量选择要进行直流负荷的统计。直流负荷按性质分为经常负荷、事故负荷、冲击负荷。经常负荷主要是保护、控制、自动装置和通信设置。事故负荷是指停电后必须由直流系统供电的负荷，如 UPS、通信设置等。冲击负荷是指极短时间内施加的大电流负荷。比如断路器分、合闸操作等。根据上述三种直流负荷统计就可以计算出事故状态下的直流持续放电容量。一般在 220 kV 的变电站直流系统的蓄电池要选择两组电池，电池容量是 150～200 Ah；110 kV 的变电站直流系统的蓄电池要选择一组电池，蓄电池容量是 100～150Ah；35 kV 的变电站直流系统的蓄电池要选择一组电池，蓄电池容量是 50～100Ah。模块数量的配置是要全部模块输出额定电流总值要≥最大经常负荷加蓄电池充电电流（蓄电池充电电流是按 0.1～0.2 C）。如 100 Ah 的蓄电池组其充电电流是 0.1C×100=10A，在不计算经常负荷的情况下选用额定电流 5 A 电流的模块总共 2 台模块就可以满足对蓄电池的充电，要实现 $N+1$ 冗余总共选择 3 台 5 A 模块。

6.1.5　直流系统技术指标

6.1.5.1　整流装置的参数如下（各生产厂家给定参数有异，根据负载不同来确定个别参数）：

（1）使用条件：

① 在海拔 2 000 m 以下工作。

② 环境温度不低于 −10 ℃，不高于 +45 ℃，设备存储的环境温度允许为 −40～+60 ℃。

③ 环境最大相对湿度不超过 85%（环境温度 25 ℃）。

④ 运行地点无强烈震动，无导电尘埃，没有腐蚀金属和破坏绝缘的气体或蒸汽。

⑤ 在室内场合下使用。

⑥ 倾斜度：＜5°。

⑦ 不符合以上条件的特殊使用单位应在定货时提出，以保证本产品能够可靠地工作。

（2）直流屏模块化技术指标

① 交流输入电压：323～456 V（380−15%+20% V）

② 交流输入频率：（50±1）Hz

③ 交流输入电压不对称度：≤5%

④ 功率因数：＞0.9

⑤ 输入 2～19 次各次谐波电流含有率：＜30%

⑥ 直流额定电压：50 V、115 V、230 V

⑦ 直流标称电压（U_n）：48 V、110 V、220 V

⑧ 充电电压调整范围：（90%～125%）U_n

⑨ 直流控制母线电压范围：（85%～112.5%）U_n

⑩ 直流动力母线电压范围：（87.5%～117.5%）U_n

⑪ 稳流精度：不大于±1%（在 20%～100%输出额定电流时）

⑫ 稳压精度：不大于±0.5%（在 0%～100%输出额定电流时）

⑬ 均流不平衡度：≤5%

⑭ 纹波系数：≤0.5%

⑮ 效率：>90%

⑯ 设备负载等级：负载等级为一级，即连续输出额定容量

⑰ 噪声：≤55 dB（距装置 1 m 处）

⑱ 冷却方式：采用自然冷却或强迫风冷

⑲ 对时接口：SNTP 对时

⑳ 通讯接口：RS485/RS232 通讯接口及以太网通讯接口

㉑ 通讯规约：Modbus RTU、IEC61850 规约

（3）整体化整流装置技术指标：

① 输入电压：三相 AC 380±10% V，（50±1）Hz

② 工作方式：100%连续

③ 稳压精度：≤±3%

④ 纹波因素：≤2%

⑤ 过压指示：≥250 V

⑥ 欠压报警：≤195 V

⑦ 限流调节：可调

⑧ 运行噪音：≤85 dB

⑨ 绝缘等级：B 级

（4）充电装置主要技术参数如下：

① 输入电压：三相 AC 380±10%V，（50±1）Hz

② 工作方式：100%连续

③ 稳压精度：≤±2%

④ 稳流精度：≤±3%

⑤ 纹波系数：≤±2%

⑥ 噪音：额定电流 1 000 A 以下≤50 dB

⑦ 充电装置输出电压：≯270 V 可调，输出电流≤70 A

⑧ 均充电电压：≤N×2.35 V，单体 2.35 V（根据蓄电池厂家要求）

⑨ 浮充电电压：N×2.25 V，单体 2.25 V（根据蓄电池厂家要求）

6.1.5.2　有源充放电装置主要技术参数如下

表 6-1　科威尔 EBD 系列 EBD100-800-300 参数

主型号	EBD100	
具体型号	EBD100-800-300	
交流电源输入电压	380 V AC±10%；3Φ3W+G；频率 50 Hz±3 Hz	
电能质量	功率因数	≥0.99
	电流谐波（THD）	≤3%
通道数	1 通道	
功率	100 kW	
额定电流	±300 A	
输出直流电压范围	24～800 V	
输出直流电压精度	±（0.1%FS+5dgt）	
输出直流电流精度	±（0.1%FS+5dgt）	
响应时间	电流上升/下降响应	10 ms（0～90%）
	充、放电转换时间	20 ms（−90%～90%）
	主通道数据采集速度	10 ms
输出纹波	≤0.2%FS	
整机效率	≥94%	
能量反馈	全功率段能量回馈	
通讯/控制程序	通讯方式	2 路 CAN，LAN，RS485
	工步文件工步数	≤9 999
	循环次数	≤9 999 次
	循环嵌套	最大支持 10 层
保护功能	输入侧保护	欠压，过温，过流，缺相等
	输出侧保护	过压，过流，反接，欠压等
	安全保护	电压上/下限，电流上/下限，同时保护值可设定，保护后可在故障信息中查询
设备噪音	≤65 dB/1 m 距离	
防护等级	IP21	
冷却方式	强制风冷	
环境条件	环境温度	−10～40 ℃
	海拔高度	2 000 m 以下
	环境湿度	0～90%（非冷凝）
尺寸	宽×深×高	1 000×800×2 200 mm

表 6-2　ZYNB13 系列参数

标准规格	三相输出：380 V/220 V（三相四线）	
额定直流输入电压	220 DC	
直流输入电压变化范围	170～264 V DC	
额定放电电流	125 A	
放电电流人工调节范围	额定电流的 30%～100%	
交流输入电压变化范围	330～430 V AC	
输入稳流精度	≤±2%	
功率因数（PF）	≥0.98	
噪声	≤60 dB	
效率	≥85%	
测量显示精度	蓄电池电压	≤1%
	放电电流	≤1%
	放电容量/Ah	≤2%
	时间/（s/h）	≤10
其他	结构形式	柜式
	安装地点	室内
	大气压力	86～106 kPa
	环境温度	−5～+45 ℃
	湿度	30%～90%

6.1.6　直流系统工作原理

6.1.6.1　整流装置工作原理

直流系统正常工作时，整流装置带全部负荷运行，整流装置对电池进行浮充电，浮充电压为 N×2.25 V，整流装置输出电压略高于充电柜电压。充电装置输出母线与整流装置输出母线通过一个二极管进行隔离。当整流装置故障时，整流装置输出母线电压降低，系统由电池组带全部负荷运行。

6.1.6.2　充电装置工作原理

充电装置采用三相桥式全控整流电路，将 380 V、50 Hz 三相交流电波变换为可调的直流 220 V 电源，供给输出负荷及为蓄电池组浮充电。充电装置工作在恒压限流状态，设备具有来电自启动功能，启动后充电装置处于均充电状态，1 min 后自动转为浮充电状态，各操作键均为手动转换。

6.1.6.3　有源充放电装置工作原理

EBD 系列电池包充放电测试电源采用高性能 DSP（数字信号处理 Digital Signal Processing）控制板以及全彩触摸屏人机交互界面，实时显示系统运行的状态参数和故障，用户可以通过显示屏设置需要的电压、电流和功率。系统结构采用集成模盒组成，实现功率高度密度化。AC/DC 采用双控 PWM 整流及逆变控制，DC/DC 采用降压电路，系统运行可靠，精度高，响应速度快。

EBD 系列电池包充放电测试电源结构图如下图，直流源主要由主电路和控制电路两部分构成。

电池包充放电测试电源的主电路由四象限整流电路和双 DC/DC 电路构成，交流输入通过整流器获得整流电压，再通过 DC/DC 电路得到输出可调的直流电压和直流电流。通讯接口主要是为了与上位机与下位机之间的信息交换，以查看直流源的工作点等信息。

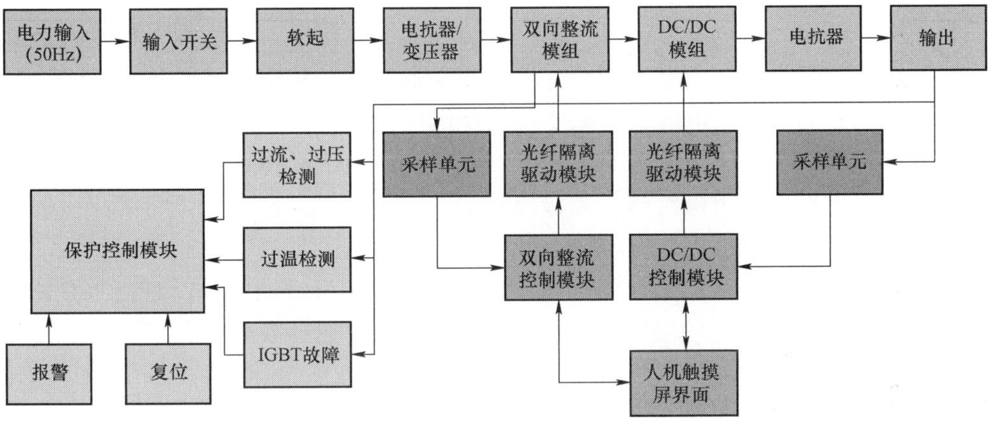

图 6-8　EBD 系列电池包充放电测试电源结构图

ZYNB13 系列有源逆变蓄电池放电装置中主电路采用三相 PWM 整流电路（如图 6-9 所示）。交流侧的工频变压器起隔离和变换电压的作用，LC 滤波为高频噪声滤波器，用于滤去 PWM 整流电路的开关噪声。三相 PWM 整流电路中采用 IGBT 作为开关器件。该装置在控制蓄电池恒流放电的同时，将蓄电池释放的能量回送到电网，工频变压器除电气隔离外，还起变换电压作用。有源逆变蓄电池功率变换回路由逆变、升压两部分组成，逆变电路采用高频 PWM 正弦逆变技术，使注入电网的电流为正弦波，并将能量无污染地送回电网。升压电路将输出交流电压升高，以便将能量送回电网。装置通过电流霍尔检测输入电流，与给定电流比较来控制输入电流，达到恒流放电的目的。通过电压霍尔监测输入电压，在输入电压达到所设定的蓄电池放电保护电压时，装置关机保护，避免蓄电池深度放电。通过同步锁相电路使输出电压波形与电网保持同频、同相，输出电流与电网电压反相，从而向市电电网回馈能量。

6.1.6.4　三相桥式全控整流电路

三相桥式整流电路是由两组三相半波电路发展而来，一组为共阴极组，一组为共阳极组，如果它们的感性负载完全相同，$L_1=L_2=L/2$，$R_1=R_2=R/2$，在相同的控制角α下负载

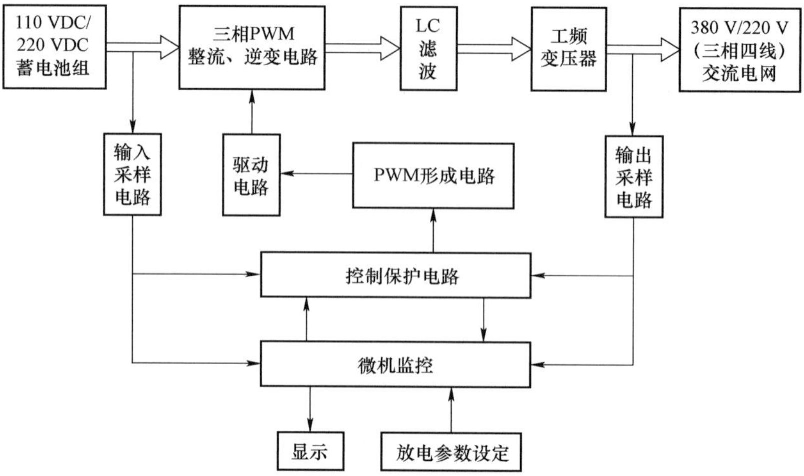

图 6-9 ZYNB13 系列有源逆变蓄电池放电装置结构图

电流完全相同，则零线中电流 $I_0=I_{d1}-I_{d2}=0$。如果将零线拆除，就成为三相桥式整流全控整流电路。由于共阴极组在正半周导通，流经变压器的是正相电流；而共阳极组在负半周导通，流经变压器的是反相电流。因此变压器绕组中没有直流磁通势，每相绕组正负半周都有电流流过，提高了变压器绕组的利用率。以上从结构组成和基本原理初步了解三相桥式全控整流电路实质是共阴极组与共阳极组整流电路的串联，为了更详细掌握三相桥式整流电路，以下对其工作原理进行分析。

三相桥式全控整流电路实为三相半波共阴极组与共阳极组的串联，且控制角α完全相同，因此整流输出电压就是三相半波整流电路的两倍，在感性负载时：

$$U_d = 2\times1.17U_2\cos\alpha = 2.34U_2\cos\alpha = \frac{2.34}{\sqrt{3}}U_{2L}\cos\alpha = 1.35U_{2L}\cos\alpha \qquad (6\text{-}1)$$

式中，U_{2L}——变压器二次绕组的线电压有效值。

很显然，三相桥式电路与三相半波电路相比，在输出电压相同的情况下，三相桥式晶闸管要求的最大正反向电压可比三相半波线路中的晶闸管低一半。

习惯上希望三相全控桥的六个晶闸管触发的顺序是 VT1—VT2—VT3—VT4—VT5—VT6，因此晶闸管是这样编号的：VT1 和 VT4 接 u 相，VT3 和 VT6 接 v 相，VT5 和 VT2 接 w 相，VT1、VT3、VT5 组成共阴极组，VT4、VT6、VT2 组成共阳极组，如下图所示。

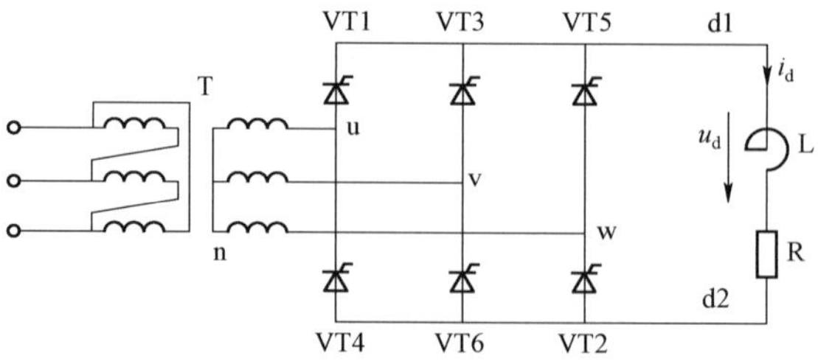

图 6-10 三相桥式全控整流电路

为了搞清楚α变化时各晶闸管的导通规律并分析输出波形的变化，下面研究几个特殊控制角时的情况。先分析$\alpha=0$，即在自然换相点触发换相时的情况。如图 6-11 所示。

图 6-11 是$\alpha=0$ 的波形。为了分析方便起见，把一个周期等分 6 段。在第Ⅰ段期间，u 相电位最高，因此共阴极组的 VT1 触发导通，v 相电位最低，共阳极组 VT6 触发导通。这时电流由 u 相经 VT1 流向负载，再经 VT6 流入 v 相。变压器 u、v 两相工作，加在负载上的整流电压为$u_u-u_v=u_{uv}$。

经过 60° 后进入第Ⅱ段。这时 u 相电位仍最高，VT1 继续导通，但 w 相电位最低，经自然换相点触发 w 相的 VT3，电流即从 v 相换到 w，VT6 承受反压而关断。变压器 u、w 两相工作，在负载上的电压为$u_u-u_w=u_{uw}$。

其余依次类推，在第Ⅳ段，VT3、VT4 导通，w、v 两相工作。再下去又重复上述过程。

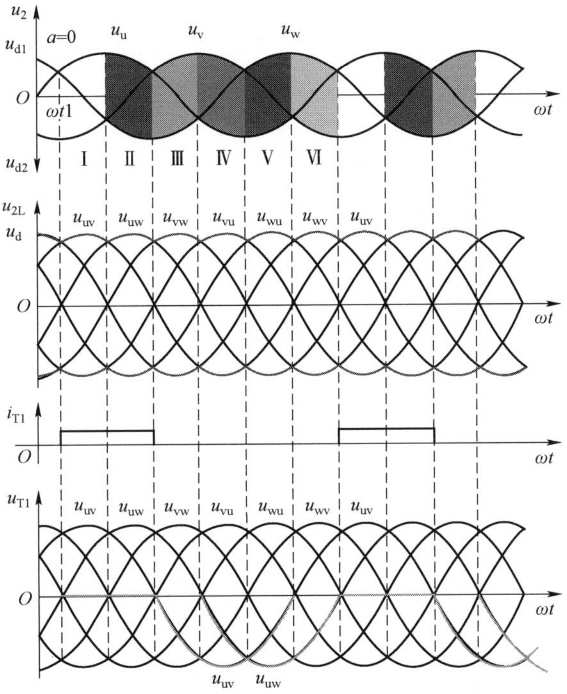

图 6-11　三相桥式全控电感性负载$\alpha=0$ 时波形

三相桥式全控整流电路中，六个晶闸管导通顺序是：

→VT6－VT1→VT1－VT2→VT2－VT3→VT3－VT4→VT4－VT5→VT5－VT6

每隔 60° 有一管换相。

从上述三相桥式全控整流电路的工作过程可以看出：

1）三相桥式全控整流电路在任何时刻都必须有两个晶闸管导通，才能形成导电回路，其中一个晶闸管是共阴极组，另一个晶闸管是共阳极组。

2）关于触发脉冲的相位，共阴极组的 VT1、VT3、VT5 之间应互差 120°，共阳极组的 VT4、VT6、VT2 之间也互差 120°。接在同一相的两管，如 VT1 和 VT4，VT3 和 VT6，VT5 和 VT2 之间则互差 180°。

3）为了保证整流桥合闸后共阴极组和共阳极组各有一个晶闸管导电，或者由于电流断续后能再次导通，必须对两组中应导通的一对晶闸管同时给触发脉冲。为此，可以采取两种办法：一种是使每个触发脉冲的宽度大于 60°（一般取 80°～100°），称宽脉冲触发；另一种是在触发某一号晶闸管的同时给前一号晶闸管发一个脉冲，相当于用两个窄脉冲等效替代大于 60° 的宽脉冲，称双脉冲触发。这两种触发方式见下图，图中 1～6 为脉冲序号，1′～6′ 为补脉冲序号。例如当要求 VT1 导通时，除了给 VT1 发触发脉冲外，还要同时给 VT6 发一触发脉冲。欲触发 VT2 时，必须给 VT1 同时发一触发脉冲等。因此，用双脉冲触发，在一个周期内对每个晶闸管需要连续触发两次，两次脉冲前沿的间隔为 60°。双脉冲电路比较复杂，但它可减小触发装置的输出功率，减小脉冲变压器的铁芯体积。用宽脉冲触发，虽然脉冲次数少一半，为了不使脉冲变压器饱和，其铁芯体积要做得大些，绕组匝数多些，因而漏感增大，导致脉冲的前沿不够陡（这对多个晶闸管串并联时很不利），增加去磁绕组可以改善这一情况，但又使装置复杂化，故通常多采用双脉冲触发。

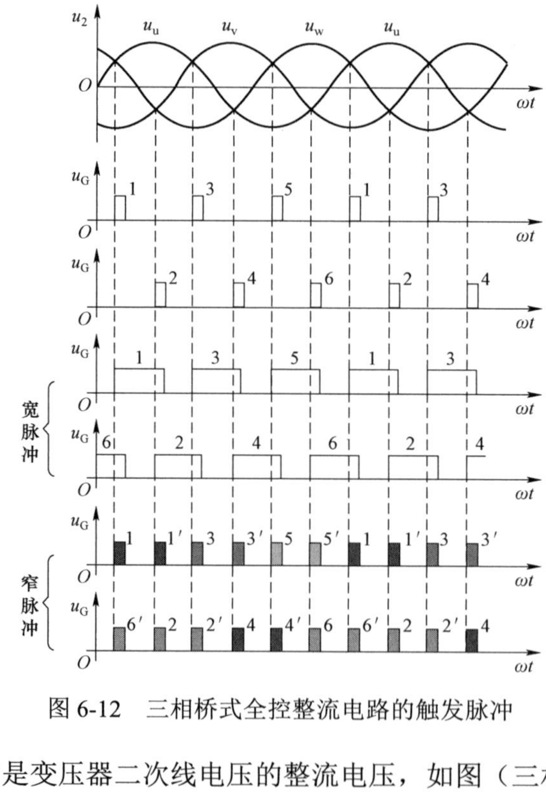

图 6-12　三相桥式全控整流电路的触发脉冲

4）三相桥输出的是变压器二次线电压的整流电压，如图（三相全控桥电感负载 $\alpha=0$ 时的波形）波形是相对零点的，输出应是两相相减后的波形即线电压波形。如波头 u_{uv}、u_{uw}、u_{vw}、u_{vu}、u_{wu}、u_{wv} 均为线电压的一部分，是上述线电压的包络线。三相桥的控制角 α 仍从自然换相点算起，因相电压的交点与线电压的交点在同一相位，故线电压的交点同样是自然换相点。同时可以看出，三相全控桥的整流电压在一个周期内脉动 6 次，脉动频率为 300 Hz，比三相半波时高一倍。

5）$\alpha=0$ 时晶闸管承受的电压波形示于图（三相全控桥电感负载 $a=0$ 时的波形）。电路在任何瞬间仅有两臂的器件导通，其余 4 臂的器件均承受反向线电压。例如在 Ⅰ 段期间，VT1 和 VT6 导通，此时 VT3 和 VT4 承受反向线电压 u_{uv}，VT2 承受反向线电压 u_{vw}，VT5 承受反向线电压 u_{wu}。如果仅看 VT1 的波形，则在第 Ⅰ 和第 Ⅱ 期间，VT1 导通，仅有很小的正向压降。在第 Ⅲ 和第 Ⅳ 期间，由于 VT3 导通，故 VT1 承受反向线电压 u_{uv}。在第 Ⅴ 和 Ⅵ 期间，由于 VT5 导通，VT1 承受反向线电压 u_{uw} 与三相半波时的波形相同。

当控制角 $\alpha>0$ 时，每个晶闸管都不在自然换相点换相，而是从自然换相点向后移 α 角开始换相。下图所示为电感负载、$\alpha=30°$ 时的电压波形，分析方法与 $\alpha=0$ 时相同。

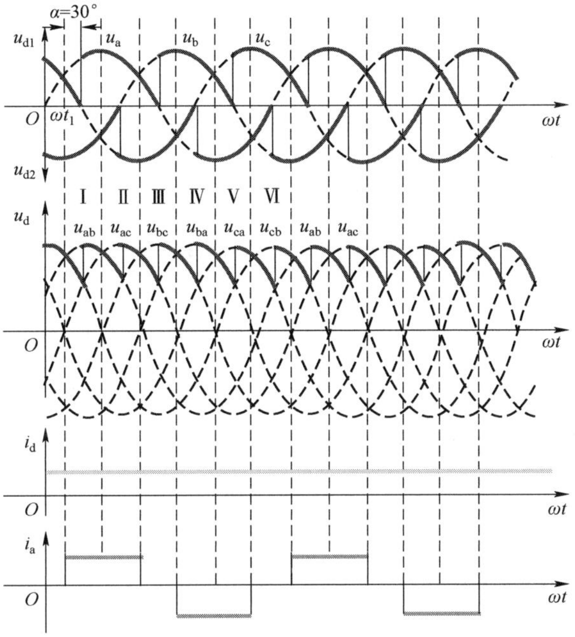

图 6-13　三相桥式全控电感性负载 $\alpha=30°$ 时波形

从 α 角开始把一个周期 6 等分，在第 Ⅰ 段，VT1 和 VT6 导通，其间虽经过共阳极组的自然换相点，w 相电压开始低于 v 相电压，VT2 开始承受正向电压，由于未被触发因此不能导通，有 VT6 继续导电，这就是与不可控整流电路工作情况的根本差别之处，直到第 Ⅱ 段开始时触发 VT2，才迫使 VT6 关断。负载电流从 VT6 转移到 VT2 上，进入第 Ⅱ 段，其余类推。

下图为电感性负载，$\alpha=60°$ 时的电压波形，电路原先是 VT5 和 VT6 工作，在 ωt_1（相当于 α）时触发 VT1 导通，则 VT5 关断，此时导电器件为 VT1 和 VT6，输出电压为 u_{uv}，过 60° 后 u_u 与 u_v 相等，$u_{uv}=0$，输出电压为零，此时立即触发 VT2，VT2 导通并关断 VT6，出电压为 u_{uw}，其余类推。

当 $\alpha>60°$ 时，晶闸管换相时瞬时值已为负值，由于电感的作用，导通的晶闸管继续导通，整流输出出现了负的电压波形，使整流电压值降低，当 $\alpha=90°$ 时且负载为电感性时，在电流连续情况下输出电压波形的正负面积相等，输出电压的平均值为零，见图 6-14、图 6-15 所示。

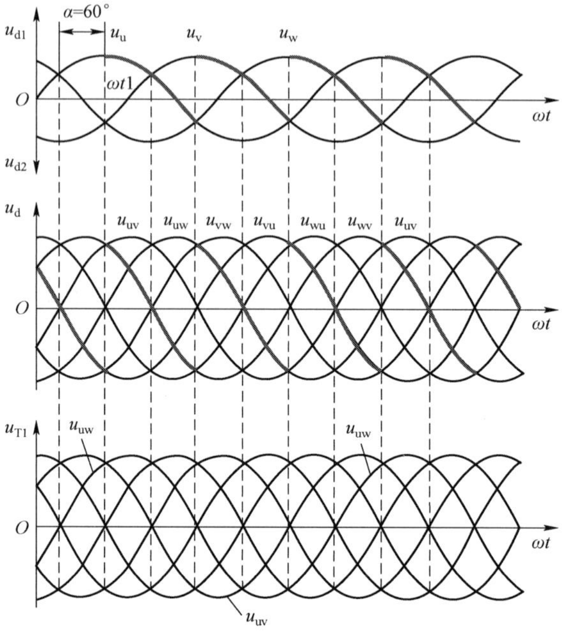

图 6-14 三相桥式全控电感性负载$\alpha=60°$时波形

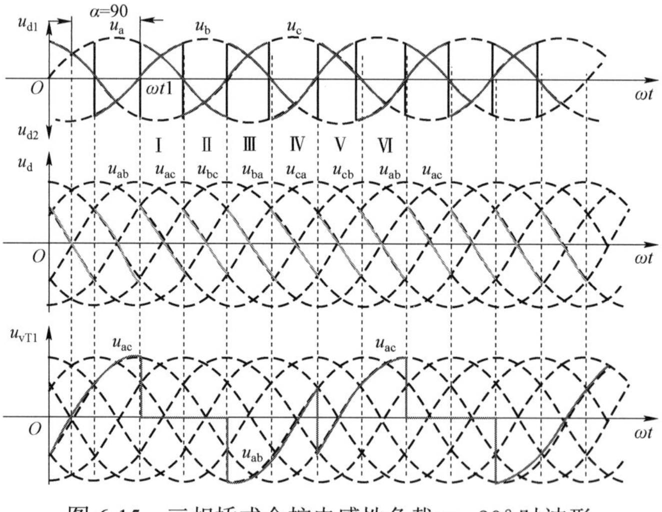

图 6-15 三相桥式全控电感性负载$\alpha=90°$时波形

由以上可见，当$\alpha<60°$时，U_d 波形均连续，对于带大电感的反电动势，i_d 波形由于电感的作用为一条平滑的直线并且也连续。当$\alpha>60°$时，如$\alpha=90°$时电阻负载情况下的工作波形如图所示，U_d 平均值继续降低，由于电感的存在延迟了 VT 的关断时刻，使得 U_d 的值出现负值，当电感足够大时，U_d 中正负面积基本相等，U_d 平均值近似为零。这说明带阻感的反电动势的三相桥式全控整流电路的α角的移相范围为 90°。

至于电阻性负载，当$\alpha \leq 60°$时，由于输出电压波形连续，电流波形亦连续，在一个周期中，每个晶闸管导电120°，负载电流$i_d = u_d / R_d$，整流电压波形与电感性负载时相同。当$\alpha > 60°$时，由于线电压过零变负时晶闸管即阻断，输出电压为零，电流波形不连续，图中去掉u_d波形中的负值部分，即$\alpha = 90°$时电阻负载的u_d波形，可以看出，当$\alpha > 60°$时一周期中每个晶闸管分两次导电，共导电$2 \times (120° - \alpha)$。当$\alpha = 120°$时，输出电压为零，可见电阻负载时，最大移相范围是120°

6.1.7 直流系统日常维护

蓄电池和整流装置（充电装置）构成了直流系统的电源部分。

蓄电池的作用：提供事故跳闸等操作电源；交流停电、充电装置损坏等情况下，提供保护控制等设备的工作电源。

整流装置（充电装置）的作用：提供正常的负荷电流；提供蓄电池浮充电流；提供蓄电池均充电流。

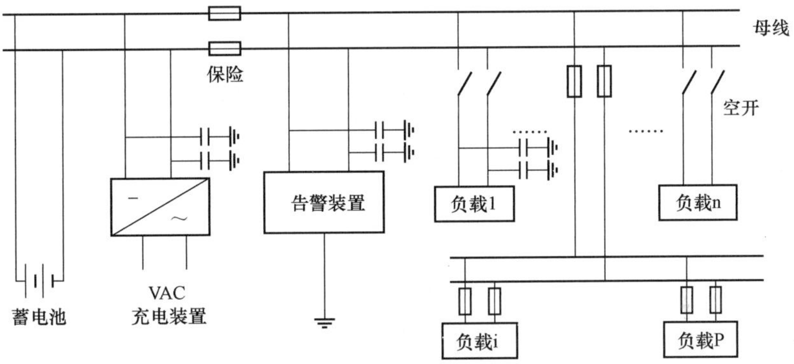

图6-16 直流系统流程图

6.1.7.1 直流系统专业名词

1）初充电

新的蓄电池在交付使用前，为完全达到荷电状态所进行的第一次充电。初充电的工作程序应参照制造厂家说明书时进行。

2）恒流充电

充电电流在充电电压范围内，维持在恒定值的充电。

3）补偿蓄电池在使用过程中产生的电压不均匀现象，使用其恢复到规定的范围内而进行的充电。

4）恒流限压充电

先以恒流方式进行充电，当蓄电池组端电压上升到限压值时，充电装置自动转换为恒压充电，直到充电完毕。

5）浮充电

在充电装置的直流输出端始终并接着蓄电池和负载，以恒压充电方式工作。正常运行时充电装置在承担经常性负荷的同时向蓄电池补充充电，以补偿蓄电池的自放电，使蓄电池组以满容量的状态处于备用。

6）补充充电

蓄电池在存放中，由于自放电，容量逐渐减少，甚至于损坏，按厂家说明书，需定期进行的充电。

7）恒流放电

蓄电池在放电过程中，放电电流值始终保持恒定不变，直放到规定的终止电压为止。

8）容量试验（蓄电池）

新安装的蓄电池组，按规定的恒定电流进行充电，将蓄电池充满容量后，按规定的恒定电流进行放电，当其中一个蓄电池放至终止电压时为止。

按以下公式进行容量计算：

$$C = I_f t$$

式中，C——蓄电池组容量，Ah；

I_f——恒定放电电流，A；

t——放电时间，h。

9）核对性放电

在正常运行中的蓄电池组，为了检验其实容量，将蓄电池组脱离运行，以规定的放电电流进行恒流放电。

只要其中一个单体蓄电池放到了规定的终止电压，应停止放电。按 3.8 条计算蓄电池组的实际容量。

10）稳流精度

交流输入电压在额定电压±10%范围内变化、输出电流在 20%～100%额定值的任一数值，充电电压在规定调整范围内变化时，其稳流精度按以下公式计算：

$$I = (I_M - I_Z) / I_Z \ 100\%$$

式中，I——稳流精度；

I_M——输出电流波动极限值；

I_Z——输出电流整定值。

11）稳压精度

交流输出电压在额定电压±10%范围内变化，负荷电流在 0%～100%额定值变化时，直流输出电压在调整范围内的任一数值时其稳压精度按以下公式计算：

$$\delta_U = (U_M - U_Z)/U_Z \ 100\%$$

式中，δ_U——稳压精度；

U_M——输出电压波动极限值；

U_Z——输出电压整定值。

12）纹波系数

充电装置输出的直流电压中，脉动量峰值与谷值之差的一半，与直流输出电压平均值之比。按以下公式计算：

$$\delta = 0.5(U_f - U_g)/U_p \ 100\%$$

式中，δ——纹波系数；

U_f——直流电压中的脉动峰值；

U_g——直流电压中的脉动谷值；

U_p——直流电压平均值。

13）效率

充电装置的交流额定输入功率与直流输出功率之比。按以下公式计算：

$$\eta = W_A / W_D \ 100\%$$

式中，η——效率；

W_D——直流输出功率；

W_A——交流输入功率。

14）“三遥”功能

遥信功能、遥测功能、遥控功能的简称。

15）均流及均流不平衡度

采用同型号同参数的高频开关电源模块整流器，以（$N+1$）或（$N+2$）多块并联方式运行，为使每一个模块都能均匀地承担总的负荷电流，称为均流。

充电装置在浮充电状态下，调整高频开关电源模块总输出电流为 50%额定电流，分别测量每个模块的输出电流并记录，计算模块的均流不平衡度 i。

$$i = (I_m - I_z)/I_e \ 100\%$$

式中，i——均流不均衡度；

I_m——模块输出电流波动最大值；

I_z——模块输出电流平均值；

I_e——模块额定输出电流值。

16）电磁兼容

设备或系统在电磁环境中，能正常工作，并不对环境中的任何事物产生不允许的电磁骚扰的能力。

17）严酷等级

在抗扰性试验中规定的影响电磁量的值。

18）共模电压

在每一导体和所规定的参照点之间（往往是大地或机架）出现的相量电压的平均值。

19）差模电压

在规定的一组有效导体中任意两导体之间的电压。

20）蓄电池容量符号

C5——5 h 率额定容量，Ah；

C10——10 h 率额定容量，Ah。

21）放电电流符号

I5——5 h 率放电电流，数值 C5/5，A；

I10——10 h 率放电电流，数值 C10/10，A。

6.1.7.2 直流系统日常维护（运行状态）

1）对整流装置、充电柜、直流馈电屏柜、蓄电池组体进行清扫，保持设备外观整洁。

2）整流装置、充电柜、直流馈电屏检查：① 核对监控单元、绝缘监察装置、蓄电池管理单元的整定值；② 检查监控单元均充记录是否符合定值要求；③ 检查直流屏表计、监控单元、绝缘监测装置等电压、电流显示值应与现场测量值一致；④ 检查交流电源输入正常；⑤ 检查直流馈电屏的端子排连接应可靠，且标号应清晰正确，端子排的接地端子引至屏上的接地线应用铜螺丝钉压接，接触要牢靠，屏板应与发电厂的接地网相连。

3）蓄电池组检查：① 对每个电池外观进行仔细检查，包括：电池箱、盖和电极是否有损坏的痕迹；电极有否生锈；电池盖和电极柱封口有无过度膨胀及热损害或熔融的迹象，电池盒、导轨、电池架等有无机械或热损害等。每只蓄电池外观及连接片应清洁良好，无壳体膨胀、破裂、电液渗漏；② 检查蓄电池联接线松紧程度是否合适，蓄电池之间、蓄电池组之间、蓄电池组与控制装置之间的连接应合理方便；③ 检查每只蓄电池电压及蓄电池组总电压是否正常；④ 检查蓄电池室通风情况，通风应良好；⑤ 测量蓄电池组温度，检查并记录温度异常的电池。

6.1.7.3 直流系统常见故障及其处理

在充电柜集中监控器的面板上有指示灯分别对应系统故障、模块故障、母线故障和熔丝故障。当直流系统故障时，对应的指示灯点亮，并驱动信号盘“直流系统故障”光字牌发出声光信号。以下列举了各种故障时可能出现问题的原因，可根据各种原因逐步排除故障。

1）系统故障

① 交流电源故障：三相交流电源缺相、停电或过压、欠压；② 蓄电池电压过低：蓄电池电压低于用户设置的蓄电池欠压值；③ 绝缘故障：正、负控母的绝缘降低；④ 模块故障及熔丝故障；⑤ 控母、合母电压异常；以上故障时都要起动系统故障。

2）模块故障

① 整流模块出现关机保护：模块内部过热、输出过压或功率回路异常，交流输入过欠压、缺相；

② 模块与监控器不能正常通讯；

③ 模块的设置有误；

3）母线故障

控母、合母电压异常：控母、合母电压高于设定的过压值或低于设定的欠压值。

4）熔丝故障

① 蓄电池熔断器熔断；

② 合母整流模块输出熔断器熔断；

故障发生时，还可通过监控器查询故障的具体内容，即操作“故障”键（只在故障时才有）或查看历史记录。依据故障情况作相应处理。

5）母线绝缘故障

母线绝缘故障后，在微机绝缘监测仪上操作“故障”键，当“支路绝缘”菜单反色显示时，按其序号对应的数字键，即可查出故障支路编号（在馈线开关处已标明）及接地极性和接地电阻。

6）阀控蓄电池的故障及处理

① 阀控蓄电池壳体异常造成的原因有：充电电流过大，充电电压超过了蓄电池厂家要求，内部有短路或局部放电、温升超标、阀控失灵。处理方法：减小充电电流，降低充电电压，检查安全阀体是否堵死。

② 运行中浮充电压正常，但一放电，电压很快下降到终止电压值，原因是蓄电池内部失水干涸、电解物质变质。处理方法是更换蓄电池。

6.1.7.4　接地故障

1）接地故障现象

① 据 DL/T 856—2004《电力用直流电源监控装置》A.1 直流系统发生接地故障或绝缘电阻低于整定值（220 V 绝缘定值 25 kΩ；110 V 绝缘定值 7 kΩ；48 V 绝缘定值 1.7 kΩ）时，直流绝缘检测装置应可靠动作。

② 国家电网公司《直流电源系统运行规范》第二十八条：“220 V 直流系统两极对地电压绝对值差超过 40 V 或绝缘降低到 25 kΩ以下，48 V 直流系统任一极对地电压有明显变化时，应视为直流系统接地。”

2）接地产生的原因

绝缘老化、破损：如电缆、绝缘座；机械振动：电缆距金属较近，机械振动磨损电缆绝缘；灰尘沉淀、潮湿：如接线端子、PCB 板集有灰尘，在空气湿度较大的情况下，绝缘下降；生锈：如仪器仪表的金属外壳；漏水：如端子箱、压力表密封不好；裸露：如备用电缆芯没有包好。

3）接地故障的危害

直流系统接地故障的危害有：误动、拒动、损坏直流电源。

4）接地故障的处理

当直流系统发生接地时，由直流系统检测装置发出预告信号，此时，应首选确定是正极接地还是负极接地；是完全接地还是绝缘电阻降低，然后根据运行方式、检修、操作及气候等因素的影响，判断可能的接地点及确定寻找接地点的方法和步骤。

当直流系统发生接地时，由直流系统检测装置发出预告信号，此时，应首选确定是正极接地还是负极接地；是完全接地还是绝缘电阻降低，然后根据运行方式、检修、操作及气候等因素的影响，判断可能的接地点及确定寻找接地点的方法和步骤。

常用的接地故障查找方法有：① 通过测量正负极对地电压，确定是正极还是负极接地；② 对两段母线进行区分，使查找的接地范围不会扩大；③ 退出运行中有误报现象的直流绝缘测试仪；④ 立即停止二次回路的施工或检修试验，并拉开其工作电源，看信号是否消除；⑤ 采用分段分部位拉路法来确定直流接地点。采用这种方法时，操作电源一定要由蓄电池供电，先停不重要的回路，如信号回路和照明回路等。由于直流接地回路一旦从直流系统中脱离，直流系统母线的正负极对地电压就会出现平衡，因此，通常采用直流接地回路瞬间停电的办法来确定直流接地点，这就是所谓的“拉路法”。但由于直流系统是不间断电源，人们不能随意对其停电，“拉路法”常造成直流系统控制或保护回路跳闸等事故。

6.2　UPS 系统

6.2.1　UPS 系统概述

UPS（Uninterruptible Power System；Uninterrupted Power Supply），即不间断电源，是一种含有储能装置，以逆变器为主要组成部分的恒压恒频的不间断电源。是为满足高可靠和高质量供电要求而发展起来的一种新型供电系统。主要用于给计算机、计算机网络系统或其他电力电子设备提供不间断的电力供应。当市电输入正常时，UPS 将市电稳压后供应给负载使用，此时的 UPS 就是一台交流市电稳压器，同时它还向蓄电池充电；当市电中断（事故停电）时，UPS 立即将蓄电池的电能，通过逆变转换的方法向负载继续供应交流电，使负载维持正常工作并保护负载软、硬件不受损坏。为满足对高可靠和高质量电源的需求，不间断电源系统正广泛的应用于各个领域，它具有如下特点：输出电压稳压精度高，工作频率稳定，电压失真度小，输出波形上不存在任何干扰，无论市电电网供电正常与否，它都能在毫无时间中断的情况下，提供高质量的交流电源。

UPS 是针对中国电网环境和网络监控和网络系统、医疗系统等对电源的可靠性要求，克服中、大型计算机网络系统集中供电所造成的供电电网环境日益恶劣的问题，以全新的数字技术研制出的第三代工频纯在线式智能型 UPS。直流电源，是维持电路中形成稳恒电流的装置。如干电池、蓄电池、直流发电机等。UPS 和直流电源是企业重要的供电保障设备。

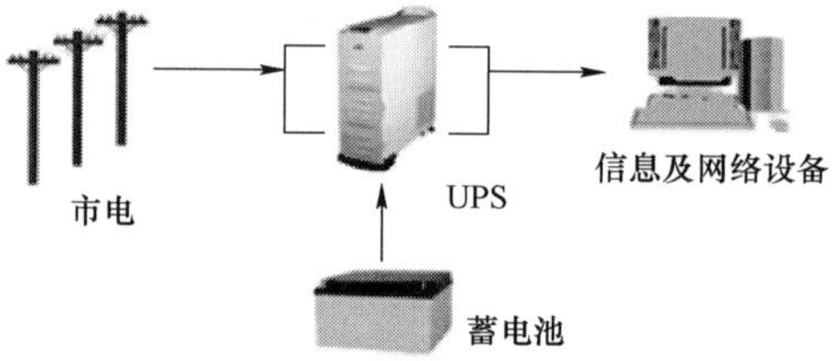

图 6-17　UPS 系统流程图

6.2.2　UPS 系统的用途

6.2.2.1　电网问题

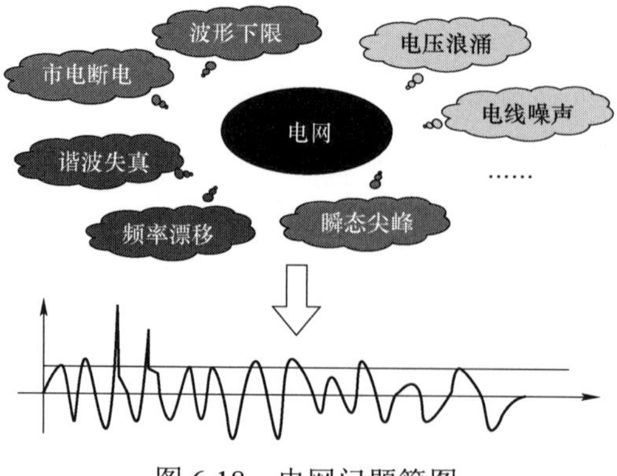

图 6-18　电网问题简图

6.2.2.2　电网问题对设备的危害

表 6-3　电网影响

电网问题	引发原因	现象
市电断电	停电、空气开关跳闸	零电压持续 2 个周波以上
电压浪涌	大型设备关闭或雷击引起	电压高于 110%额定值，持续一个或多个周波
波形下陷	大型设备突然启动、电网切换	电压峰值高达 6 000 V，持续时间一般为 0.5～5 个周波
瞬态尖峰	闪电、电子开关工作，电焊	
谐波干扰	电动机、电焊机、广播通信设备、无线通信设备、微波设备	
频率漂移	小水电，发电机	

电源中断、电压波动、瞬态尖峰、电源浪涌、高压脉冲——造成服务器、路由器、磁盘阵列等精密设备数据丢失、设备损坏、死机、停止工作等。

谐波污染、线间噪声、频率漂移——造成网络传输误码率大增，数据传输速度低下等。

不间断电源现已广泛应用于：矿山、航天、工业、通讯、国防、医院、计算机业务终端、网络服务器、网络设备、数据存储设备等领域。精密的网络设备和通信设备是不允许电力有间断的，以服务器为核心的网络中心要配备 UPS 是不言而喻的，即使是一台普通电脑，其使用三个月以后的数据文件等软件价值就已经超过了硬件价值，因此为防止数据丢失而配备 UPS 也是十分必须的。

UPS 的四大功能① 高可靠性不间断供电——保证动力的连续性；② 电网稳压、净化功能——高质量供电、绿色电源；③ 电池管理功能——越长电池使用寿命；④ 智能监控功能——解决 UPS 维护问题。

6.2.3　UPS 系统的组成

UPS 电源系统由五部分组成：主路、旁路、电池等电源输入电路；进行 AC/DC 变换的整流器（REC）；进行 DC/AC 变换的逆变器（INV）；逆变和旁路输出切换电路；蓄能电池。其系统的稳压功能通常是由整流器完成的，整流器件采用可控硅或高频开关整流器，本身具有可根据外电的变化控制输出幅度的功能，从而当外电发生变化时（该变化应满足系统要求），输出幅度基本不变的整流电压。净化功能由储能电池来完成，由于整流器对瞬时脉冲干扰不能消除，整流后的电压仍存在干扰脉冲。储能电池除可存储直流直能的功能外，对整流器来说就像接了一只大容量电容器，其等效电容量的大小，与储能电池容量大小成正比。由于电容两端的电压是不能突变的，即利用了电容器对脉冲的平滑特性消除了脉冲干扰，起到了净化功能，也称对干扰的屏蔽。频率的稳定则由变换器来完成，频率稳定度取决于变换器的振荡频率的稳定程度。为方便 UPS 电源系统的日常操作与维护，设计了系统工作开关，主机自检故障后的自动旁路开关，检修旁路开关等开关控制。

一个完备的大型的 UPS 系统，是由 UPS 主机、电池、市电（发电机）、后台监控或网络监控软/硬件等单元共同组成的。

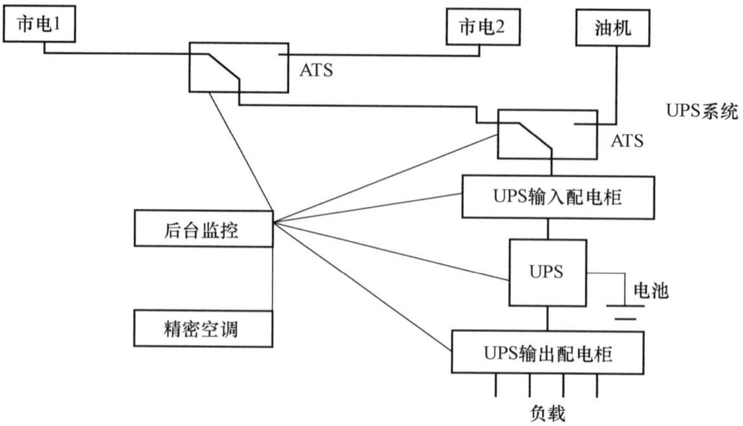

图 6-19 大型的 UPS 系统流程图

6.2.4 电池容量选择和模块的配置

6.2.4.1 电池选配——功率算法

根据每 2 伏单元放电功率计算电池容量（AH）

$$W=\frac{P\times 1\,000\times\cos\varphi}{\eta\times N\times 6} \tag{6-2}$$

式中，P——UPS 容量，VA；

W——每 2 伏单元提供的功率，W；

η——UPS 效率（一般可取 0.9）；

$\cos\varphi$——UPS 输出功率因数（一般取 0.8）；

N——一组电池中电池数量（此处为 12 V 电池）。

注：若 2 V 电池则 $N\times 1$；6 V 电池则 $N\times 3$；

放电终止电压一般取 1.67 V，根据客户要求电池支持时间查表，决定电池型号及组数，如查表结果组数过多（>3），则考虑大容量电池。

上述计算公司是按 UPS 满载考虑，可视客户情况，按 80%负载计算（可降低容量或组数）。

例：7 200/30 kVA UPS，客户要求支持 30 min，计算 W。

$$W=\frac{P\times 1\,000\times\cos\varphi}{\eta\times N\times 6}=\frac{30\times 1\,000\times 0.8}{0.9\times 32\times 6}=138\ \text{W} \tag{6-3}$$

查表：大力神 UPS12-225 电池（75 Ah），当终止电压为 1.67 V 时，30 min 可以提供 161 W 功率，故选一组（32 只）则可达到要求。

6.2.4.2 电池选配——电流算法

根据最大放电电流计算电池容量（AH），最大放电电流。

$$I_{\max}=\frac{P\times 1\,000\times\cos\varphi}{\eta\times V_{\text{end}}} \tag{6-4}$$

式中，$I_{\max}$——最大放电电流，A；

P——UPS 额定容量，kVA；

$\cos\varphi$——UPS 输出功率因数（一般取 0.8）；

η——UPS 效率（一般取 0.9）；

V_{end}——该型号 UPS 放电终止电压，V。

查放电曲线确定电池放电率，计算所需电池容量。

$$电池容量（AH）=K\times 电池最大放电电流\times 放电时间$$

其中，K 为调整系数，如下表：

表 6-4　调整系数

用户要求的放电时间	0.5	1	2	3	4	5	6	8	9	10
25 ℃时系数	2.86	2	1.64	1.34	1.26	1.20	1.12	1.07	1.03	1

例：7 200/30 kVA UPS 电池支持时间 1 h 的电池容量计算。

$$I_{max}=\frac{P\times 1\,000\times\cos\varphi}{\eta\times V_{end}}=\frac{30\times 1\,000\times 0.8}{0.9\times 32\times 10}=83.33\ \text{A} \tag{6-5}$$

从曲线上查得调整系数 K 为 2：电池容量＝2×83.33×1＝176 Ah≈200 Ah

6.2.5　UPS 系统技术指标

1）负载

负载可分三类，10 kVA 以下为小负载，10～60 kVA 为中负载，60 kVA 以上为大负载。

2）输出电压的谐波含量（失真）

谐波电压对电路中的参考电压及低电压工作的逻辑电路会造成噪声。

3）阶跃负载

当一部分负载接通或断开时，都会使负载产生阶跃变化。由于 UPS 不能瞬时更正这种突然变化的电流，输出电压就会产生相应的变化。小负载由于只接很少的设备，有时会出现 100%的阶跃负载。中等负载出现的阶跃不超过 50%。而大负载只有在不正常的运行状态下才可能出现超过 25%的阶跃负载。一般的逆变器设计都能满足小于 25%的阶跃负载。

4）非线性负载

指电感性负载或电容性负载。在计算机系统中，非线性负载主要是主机、打印机（特别是激光打印机）和显示终端等；线性负载主要是磁盘和磁带设备。一般小负载是非线性负载；中负载是线性与非线性负载相近或其中一种稍大；而大负载一般是线性负载，因为大负载由多台设备构成，运行中此起彼伏，宏观看起来总负载比较稳定。

5）效率

对于一个大系统来说，效率必须足够高。比如一个 125 kVA 的 UPS，若只有 85%的效率，那么每年多消耗的费用相当于初始投资的 30%。

6）体积

中小型 UPS 要求体积要尽可能小。

7）噪声

UPS 不间断电源的噪声水平不应超过它所在环境要求的噪声水平。

表 6-5　UPS 基本技术指标（以 UL33 为例）

容量		20 kVA	30 kVA	40 kVA	60 kVA
型号		UL33-0200L	UL33-0300L	UL33-0400L	UL33-0600L
主路输入	输入电压	380 V（线电压）			
	输入方式	三相三线			
	功率因数	＞0.99			
	谐波电流	＜3%			
	电压范围	+15%～−45%；−20%～−45%之间降额使用			
	频率范围	50 Hz±10%			
旁路输入	输入电压	380 V（线电压）			
	输入电压范围	±10%			
	输入方式	三相四线			
	频率范围	50 Hz±10%			
输出	稳态电压精度（平衡负载）	±1%			
	动态电压瞬变	±5%（0～100%负载变化）			
	动态瞬变恢复时间	＜60 ms			
	电压畸变（线性负载）	THD＜2%（相电压）			
	电压畸变（非线性负载）	THD＜5%（相电压）			
	功率因数	＞0.8（滞后）			
	频率跟踪范围	50 Hz±2 Hz			
	频率精度（电池逆变）	±0.1%			
	三相相位差	120±1°（平衡或不平衡负载）			
	100%不平衡负载电压时稳压精度	±2%			
	频率跟踪速率	＜1 Hz/s			
	逆变器过载能力	105%额定负载＜负载＜125%额定负载时，10±0.1 min 后转旁路输出； 125%额定负载＜负载＜150%额定负载时，1 min 后转旁路输出； 负载＞150%额定负载时，200 ms 后转旁路输出			
	旁路过载能力	135%额定电流下可长期带载；1 000%额定电流 20 ms			
	输出电流峰值比	3:1			
	切换时间（正常模式）	0			
	切换时间（ECO 模式）	15 ms			

续表

容量		20 kVA	30 kVA	40 kVA	60 kVA
型号		UL33-0200L	UL33-0300L	UL33-0400L	UL33-0600L
系统	系统效率（线性负载）	87%	88%	89%	90%
	电池逆变效率（线性负载）	92%	93%	93%	94%
	显示	LCD＋LED			
	MTBF（单机系统）	120 万 h（MTTR＝4 h）			
	安规要求	CCEE			
	噪声（2 m）	<60 dB			<65 dB
	空载环境（1＋1）	<1 A			
	空载环境（3＋1）	<2 A			
	电流不平衡度（1＋1）	<1%			
	电流不平衡度（3＋1）	<2%			
	绝缘电阻/Ω	>2 M（500 VDC）			
	绝缘强度	（输入、输出对地）2 820 VDC，1 min 无飞弧，漏电流<3.5 mA			
	电涌保护	达到 IEC6064-1 规定的Ⅳ类安装位置要求，即承受 12/50 μs＋8/20 μs 混合波能力不低于 6 kV/3 kA			
	防护等级	IP21			
电池节数		12 V 电池 30 节或 2 V 电池 180 节			
外形尺寸（W×H×D）/mm		600×1 400×860		800×1 800×860	
机柜重量/kg		440	528	654	811

表 6-6　大功率工频 UPS 和高频 UPS 技术对比表

序号	高频机	工频机
1	采用 IGBT 整流技术，根据统计数据，IGBT 整流故障率远高于可控制硅整流	采用可控硅整流技术，系统可靠性高
2	输出有高次谐波，高频谐波耦合在零线上，可能抬升零地电压。很难满足 IBM，HP 等服务器厂家对零地电压小于 1 V 的场地需求	输出配置隔离变压器，零地电压增量为零，更可靠保证负载运行
3	逆变器直接挂接负载，抗负载冲击能力弱，降低逆变器的可靠性	输出隔离变压器自身短路阻抗的作用及高频衰减隔离特性，使得工频机具有很好的抗负载冲击能力，降低负载突变和短路对 UPS 的影响
4	逆变器直接带载，带不平衡负载能力弱	通过变压器的负载重新分配，提高了 UPS 带不平衡负载的能力
5	负载直挂，带非线性负载的能力弱	输出变压器具有 3N 次谐波电流的隔离能力，带非线性负载的能力强
6	无输出隔离变压器，在 UPS 故障的情况下存在输出直流电压损坏负载的风险	即使在 UPS 故障的情况下也不存在输出直流电压的风险，负载更加安全可靠

续表

序号	高频机	工频机
7	主路旁路 N 线必须相同，因此无法实现主旁路不同源配置	可以实现主旁路不同输入源的配置方案，满足高可靠性场地的配电要求
8	某些厂家的高频机输入零线中断时，UPS 无法正常工作，当市电和柴油发电机切换时，因零线短时“缺失”可能出现“零偏”故障，造成输出闪断，负载掉电的重大故障	隔离变压器重新生成中心点，UPS 输入零线中断时可正常工作
9	采用专用充电器，充电能力弱。只能满足短时间（5～10 min）后备电池的充电能力，长延时配置时电池充电能力不足，电池寿命严重缩短	电池直接挂接母线，在负载不足满载时可将剩余的整流器容量用于充电，特别适应中国客户长延时配置后备电池的需求
10	电池与逆变器之间增加了电压变换电路，降低了电池放电时系统效率，同等负载时需配置更多的电池。且系统可靠性降低	电池直接挂接母线，逆变效率高，节省电池的配置容量

6.2.6　UPS 系统工作原理

目前，应用最广的大型不间断电源还是传统 UPS，它主要由整流 AC-DC、逆变 DC-AC 和静态旁路、维修旁路等部分电路组成，DC 母线上挂接蓄电池，输入 AC 正常时，经整流和逆变两次转换后为负载供电，同时为蓄电池浮充，输入 AC 中断时，蓄电池由浮充转放电，经逆变器为负载供电，对负载来说，感受不到输入端电源的中断。蓄电池电压低限保护后转旁路工作；UPS 设备检修时，转维修旁路工作。UPS 工作原理见下图。

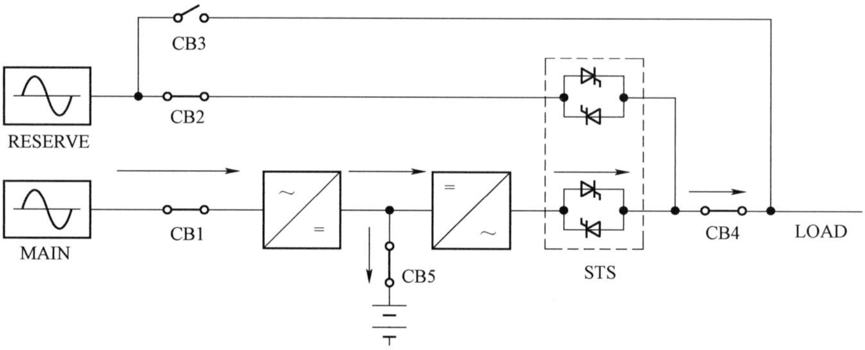

图 6-20　UPS 工作原理图 1

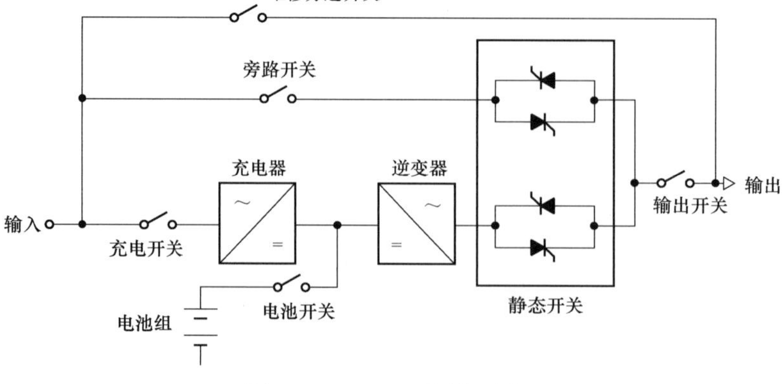

图 6-21　UPS 工作原理图 2

6.2.6.1　常见四种架构 UPS 原理

1）后备式 UPS 的基本原理

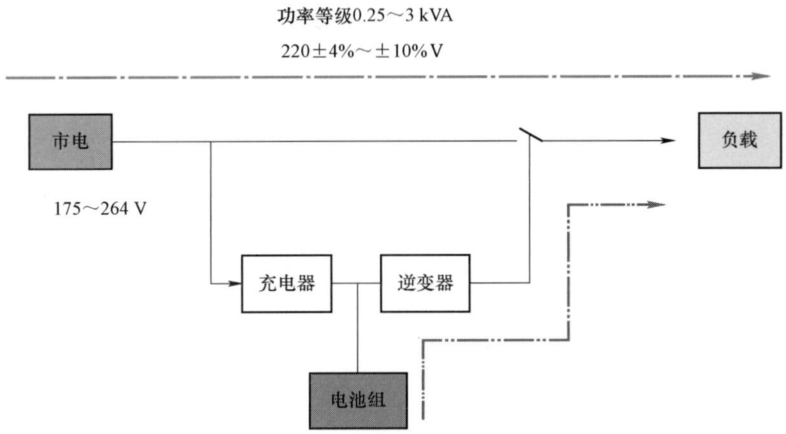

图 6-22　后备式 UPS 工作原理图

2）互动式 UPS 的基本原理

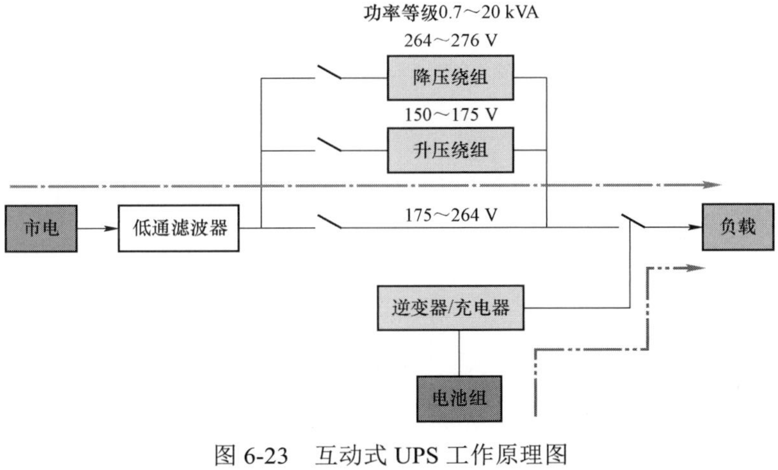

图 6-23　互动式 UPS 工作原理图

3）Dalta 变换 UPS 的基本原理（一）

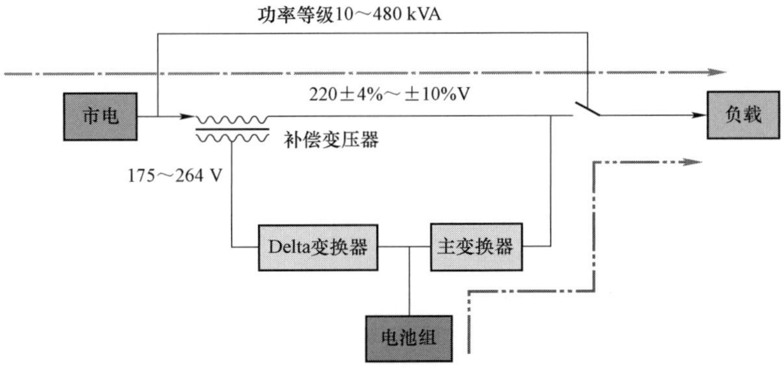

图 6-24　Dalta 变换 UPS 工作原理图 1

4）Dalta 变换 UPS 的基本原理（二）

——市电正常时，85%能量有市电直接提供，15%能量有一个逆变器提供，

——当市电异常时，100%能量有电池提供。

——无法解决市电上的谐波污染，比如：频率异常、浪涌、噪声等，将直接输入到重要负载。

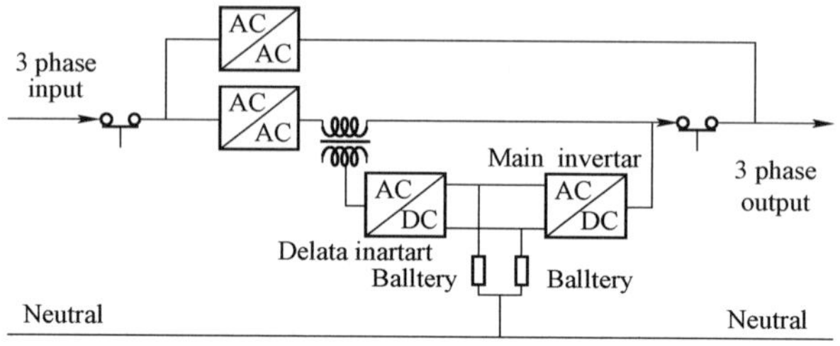

图 6-25　Dalta 变换 UPS 工作原理图 2

5）在线式 UPS 的基本原理（一）

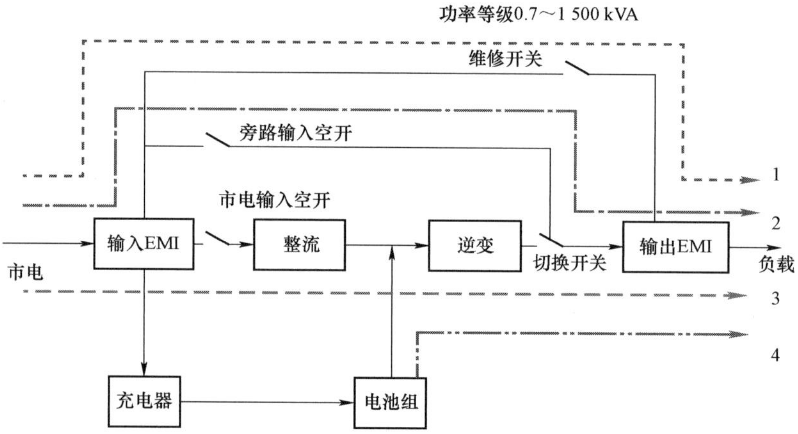

图 6-26　在线式 UPS 工作原理图 1

6）在线式 UPS 的基本原理（二）

不管电网电压是否正常，输出交流电压都要经过逆变器，即逆变器始终处于工作状态。

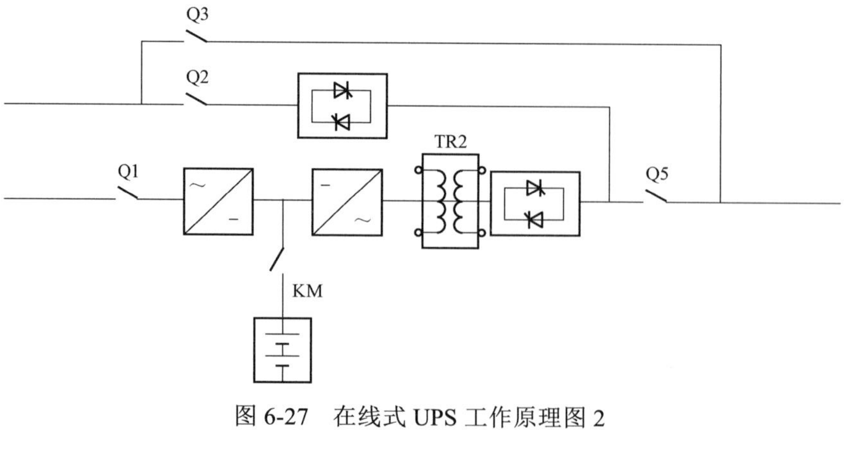

图 6-27　在线式 UPS 工作原理图 2

四种架构 UPS 性能对比，如表 6-7 所示。

表 6-7 四种架构 UPS 性能对比

	在线式	Dalta 变化	互动式	后备式
市电模式下逆变器状态	工作	85%能量直接市电提供	热备	不工作
输出电源质量	最高（不停电，稳压，净化功能）	较高，无法解决电网谐波污染等问题	中等（不停电，近似稳压功能）	低（仅近似不停电功能）
切换时间	零	零	4 ms 左右	5～12 ms
功率范围	＞1 kVA	10 kVA	0.5～5 kVA	＜1 kVA
成本	高	较高	中等	较低

6.2.6.2 UPS 工作模式

1）市电逆变工作模式

在主路市电正常时，UPS 一方面通过整流器、逆变器给负载在线提供高品质交流电源；另一方面通过整流器为电池充电，将能量储存在电池中，如图 6-28 所示。

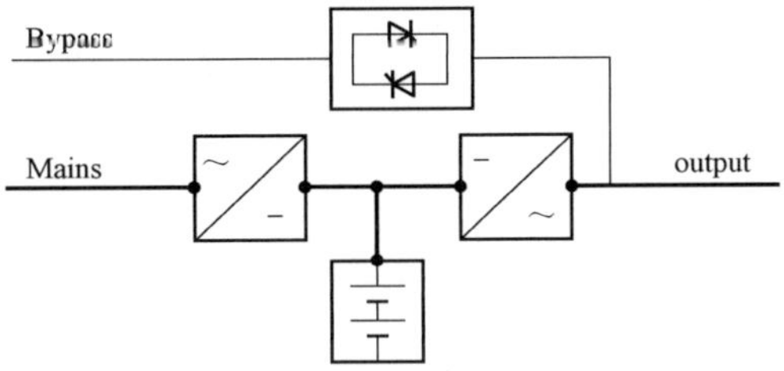

图 6-28 市电逆变工作模式

2）电池逆变工作模式

当主路市电掉电或不正常时，系统自动无间断地切换到电池工作模式，由电池逆变出用户所需的三相四线交流电源向负载供电。市电恢复后系统自动无间断地恢复到正常工作模式，如图 6-29 所示。

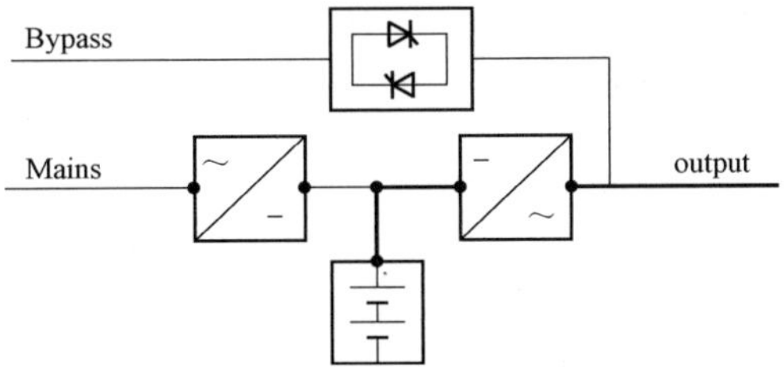

图 6-29 电池逆变工作模式

3）静态旁路工作模式

旁路工作方式有两种，一种能自动恢复到正常工作模式；另一种需人工干预才能回到正常工作模式。在逆变器过载延时时间到、逆变器受大负载冲击等情况下，系统自动无间断切换到静态旁路电源向负载供电。在 UPS 恢复正常后，系统自动恢复正常供电方式。当用户关机，或主路市电掉电（或不正常）且电池储能耗尽，或发生严重故障等情况下，逆变器关闭，系统会停留在旁路工作模式。此后若需恢复到正常工作模式，则需要用户重新开机，如图 6-30、图 6-31 所示。

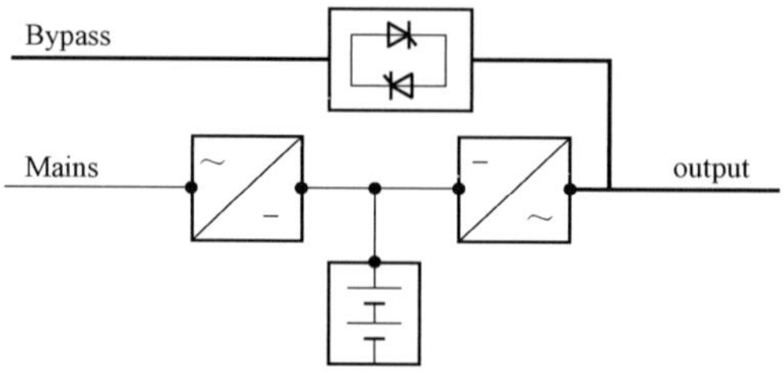

图 6-30 静态旁路工作模式

4）维修旁路工作模式

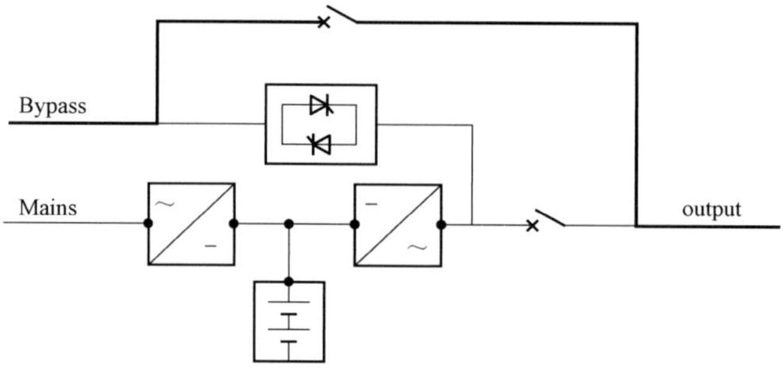

图 6-31 维修旁路工作模式

6.2.6.3 整流器

功能：将市电 AC 电源转换成稳定的 DC 电源（直流稳压电源）输送足够能量供给逆变器带负载和给电池充电。缓启动功率爬升。

主要组成：整流桥中小容量 UPS 采用二极管、IGBT；中/大容量 UPS 采用 SCR、IGBT；DC 滤波电容；PFC 功率因数校正电路（Power Factor Correction）。

器件介绍：电力二极管、晶闸管 SCR、绝缘门极双极型晶体管 IGBT。

其他器件：例如：电力场效 P-MOSFET、门极可关断晶闸管 GTO、双向晶闸管 TRIAC、光控晶闸管 LCT、MOS 控制晶闸管 MCT、集成门极换流晶闸管 IGCT 等等。

1）可控硅整流理论基础

图 6-32 可控硅整流原理图

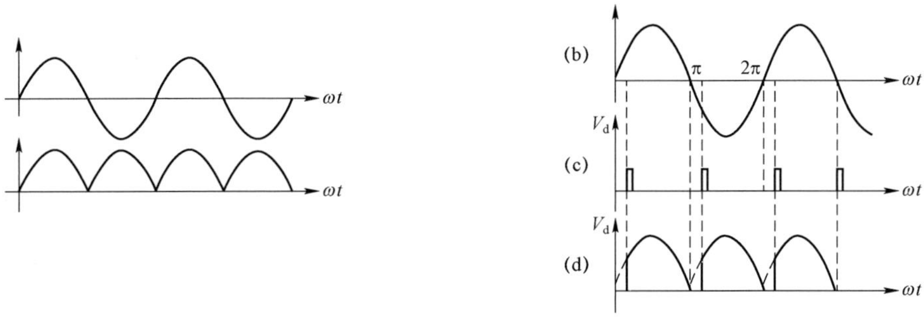

图 6-32　可控硅整流原理图（续）

2）三相全桥 SCR 整流器

三相全桥 SCR 整流器可控硅整流结构简单，控制易实现，可靠性高。

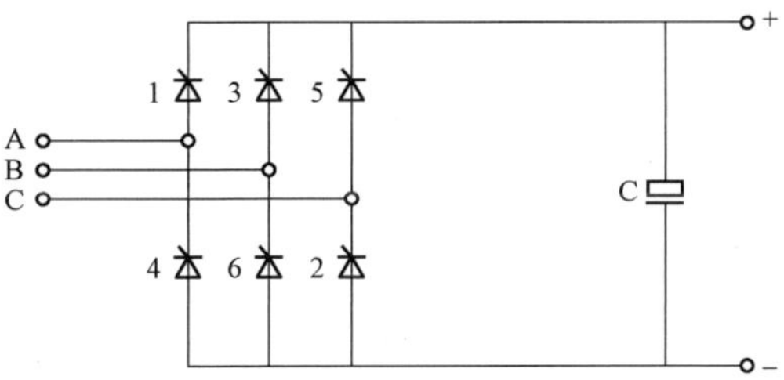

SCR触发脉冲顺序：1—2—3—4—5—6—1…

图 6-33　SCR 整流动力线路简图

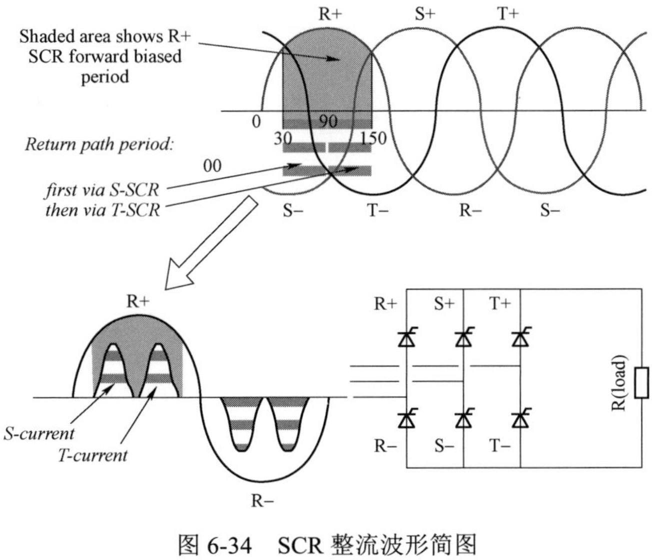

图 6-34　SCR 整流波形简图

3）12 脉冲整流器

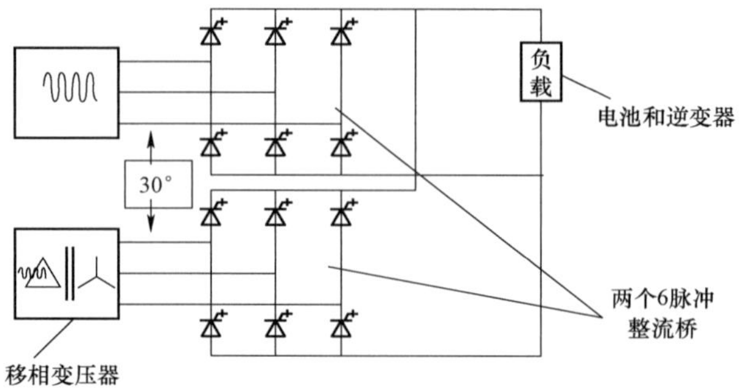

图 6-35 12 脉冲整流简图

4）三相全桥 IGBT 整流

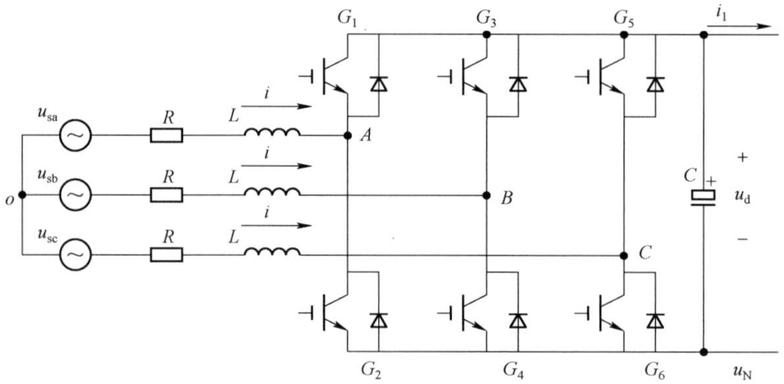

图 6-36 三相全桥 IGBT 整流简图

5）PFC 工作原理（功率因数校正）

目的：使输入电流在控制电路的作用下，跟随输入电压波形，接近正弦波，提高输入功率因素。

当功率管导通时，等效如下图，二极管 D 截止，电感 L 储能，感应电压为左正右负。电容向负载收电。

当功率管截止时，等效如下图，二极管 D 导通。电感中的磁场将改变找 L 两瑞的电压极性，以保持电流不变。电感 L 上的感应电压与输入电 IY1 串联，对电容充电和向负载供电。

控制电路根据输出电压和电流的变化，控制功率管的导通和关断时间，就可以控制输出电压的大小。

6）控制要求

① 设定充电电压

② 输出稳定的 DC 电源，DCV 波动≤t1%，纹波＜1%

③ 相序保护（三相 SCR）

④ 输入限流

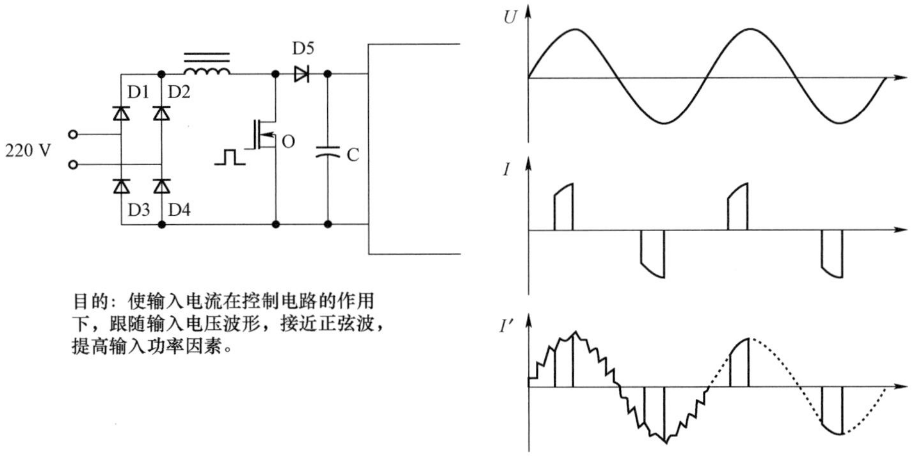

图 6-37　PFC 工作原理简图

⑤ 充电限流

⑥ 浮充/均充自动转换

⑦ 电池测试与保护

⑧ 即时/定时电池检测

⑨ 温度补偿 2～3 mv/℃

⑩ 自动调整放电终止电压

6.2.6.4　逆变器

功能：把整流器或电池送来的 DC 电源变换成电压稳定（额定值+1%），频率稳定（额定值±1%～2%，本机振荡精度可达额定值 0.05%），谐波含量少（THD＜5%，在峰值因数为 3:1），干净的再生正弦波 AC 电源供给负载。允许 DCV 变化范围：320～490 V。

组成：IGBT 三相逆变桥；AC 输出滤波电容；输出变压器；控制逻辑电路。

1）半桥方案：经典逆变技术

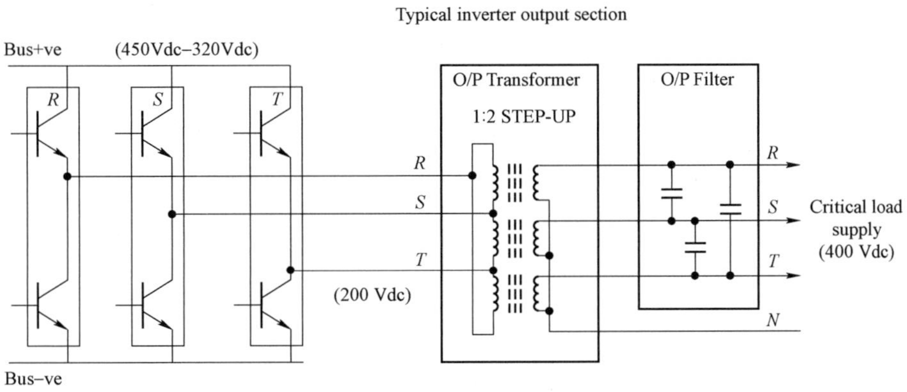

图 6-38　经典半桥逆变简图

2）全桥方案：经典逆变技术

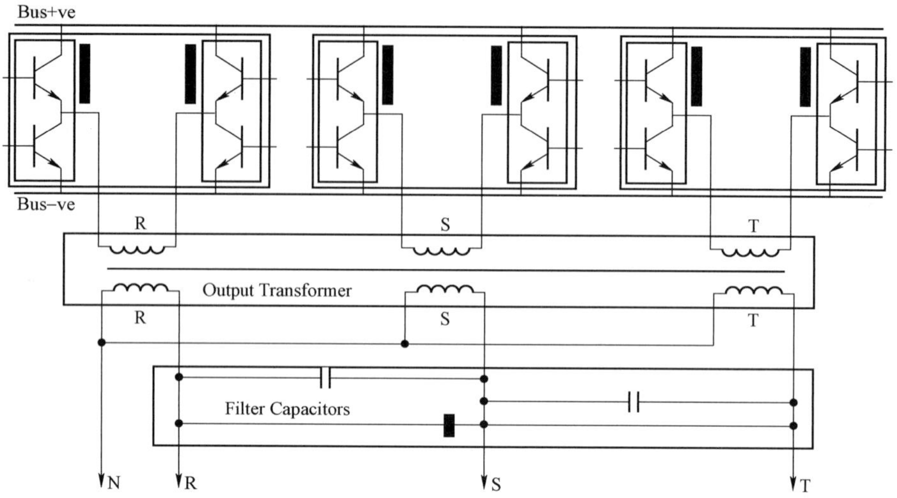

图 6-39 经典逆变简图

3）控制要求

① 负反馈调控输出电压；各相电压分相调整，瞬态变化恢复快。

② 三相电压相位角保持稳定 120°+1°。

③ 良好限流功能，遇到过载或短路时保护 IGBT。

④ 精准的本机振荡频率、锁相同步技术保证可调整的同步窗口，可调整的同步跟踪速率。

⑤ 完善的保护功能和自检功能。

⑥ 输出电缆线压降正动补偿。

6.2.6.5 静态开关

功能：在发生以下情况时，无中断地（同步）把负载电源转接到旁路电源：UPS 输出端发生过载、甚至短路、逆变器故障（包括过温，超/欠压）；具有比逆变器更强过载能力（100%可达 200 ms）。

组成：用 SCR 做成无触点开关，在旁路和逆变器侧各有一组。正因为无触点，开关整流速度快，从而保证转换无中断，不会产生因电弧引起的高频干扰，影响负载运行。

1）静态开关（一）

旁路实现逆变器不能正常工作时的市电带载反向并联静态开关组。

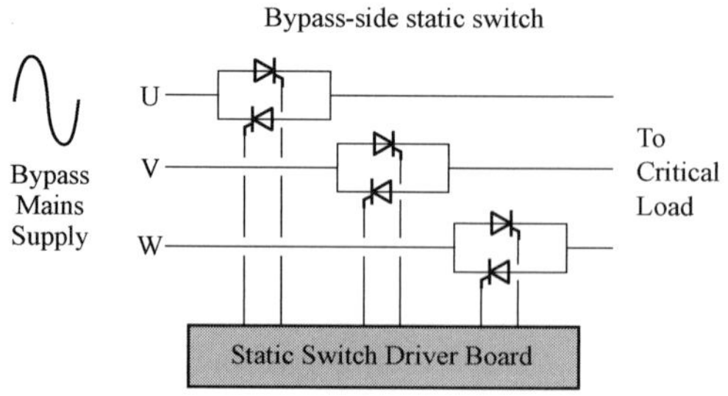

图 6-40 静态开关简图

2）静态开关（二）

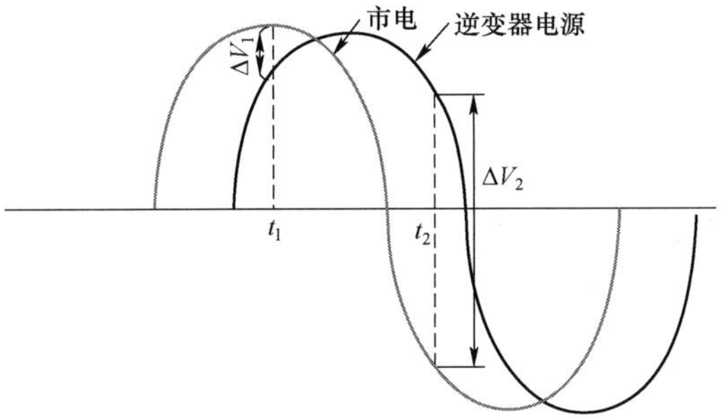

图 6-41　静态开关波形简图

3）静态开关（三）

① 两组静态开关门驱动信号互锁，防止同时导道。

② 检测市电电压，当市电电压超限（一般为+10%）时禁止转换。

③ 检测输出电压决定是否进行转换。

④ 过载检测，决定是否转换至旁路。

6.2.6.6　手动维修旁路

功能：为在不中断负载电源情况下，检修 UPS。辅助触点发出信号，禁止逆变器启动。

组成：加锁的手动开关。

控制：手动控制、严格按操作步骤，把负载从逆变器供电转到手动维修旁路及恢复逆变器供电。

6.2.6.7　电池

功能：当市电中断或超限时，供给逆变器能量（DC 电源）保证负载电源不会中断。

组成：阀控铅酸电池（VRLA）——全密封免维护电池；电池柜或电池架；电池开关；安装在电池柜内或电池房内温度传感器。

控制：三位电池开；DC 欠压保护；温度检测信号；电池开关状态指示。

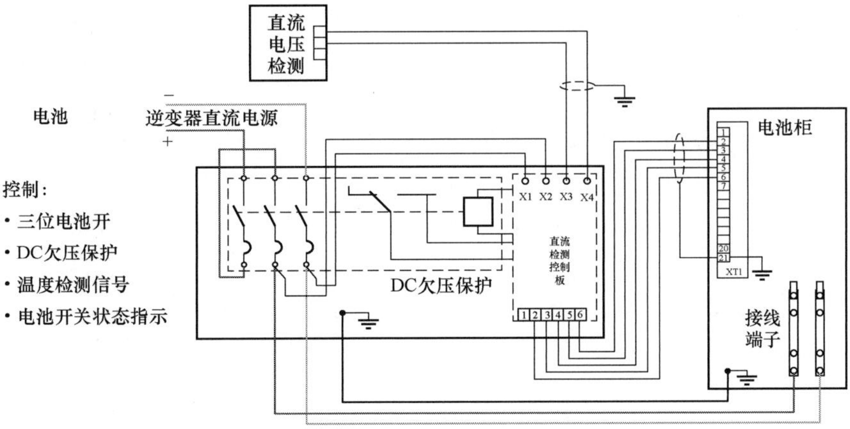

图 6-42　电池状态简图

6.2.7 UPS 系统日常维护

6.2.7.1 蓄电池维护

在使用不间断电源系统的过程中，人们往往片面地认为蓄电池是免维护的而不加重视。然而有资料显示，因蓄电池故障而引起 UPS 主机故障或工作不正常的比例大约为 1/3。由此可见，加强对 UPS 电池的正确使用与维护，对延长蓄电池的使用寿命，降低 UPS 系统故障率，有着越来越重要的意义。除了选配正规品牌蓄电池以外，应从以下几个方面入手正确地使用与维护蓄电池：

1）UPS 电源在正常使用情况下，主机的维护工作很少，主要是防尘和定期除尘。特别是气候干燥的地区，空气中的灰粒较多，机内的风机会将灰尘带入机内沉积、当遇空气潮湿时会引起主机控制紊乱造成主机工作失常，并发生不准确告警，大量灰尘也会造成器件散热不好。一般每季度应彻底清洁一次。其次就是在除尘时，检查各连接件和插接件有无松动和接触不牢的情况。

2）虽说储能电池组目前都采用了免维护电池，但这只是免除了以往的测比、配比、定时添加蒸馏水的工作。但外因工作状态对电池的影响并没有改变，不正常工作状态对电池造成的影响没有变，这部分的维护检修工作仍是非常重要的，UPS 电源系统的大量维修检修工作主要在电池部分。

① 储能电池的工作全部是在浮充状态，在这种情况下至少应每年进行一次放电。放电前应先对电池组进行均衡充电，以达全组电池的均衡。要清楚放电前电池组已存在的落后电池。放电过程中如有一只达到放电终止电压时，应停止放电，继续放电先消除落后电池后再放。

② 核对性放电，不是首先追求放出容量的百分之多少，而是要关注发现和处理落后电池，经对落后电池处理后再作核对性放电实验。这样可防止事故，以免放电中落后电池恶化为反极电池。

③ 平时每组电池至少应有 8 只电池作标示电池，作为了解全电池组工作情况的参考，对标示电池应定期测量并做好记录。

④ 日常维护中需经常检查的项目有：清洁并检测电池两端电压、温度；连接处有无松动，腐蚀现象、检测连接条压降；电池外观是否完好，有无壳变形和渗漏；极柱、安全阀周围是否有酸雾逸出；主机设备是否正常。

3）免维护电池要维护，不是什么无稽之谈，应从广义的维护立场出发，做到运行、日常管理的周到、细致和规范性，保证设备（包括主机设备）保持良好的运行状况，从而延长使用年限；保证直流母线经常保持合格的电压和电池的放电容量；保证电池运行和人员的安全可靠。这就是电池维护的目的，也是电池运行规程中包括的内容和进行规则。

4）当 UPS 电池系统出现故障时，应先查明原因，分清是负载还是 UPS 电源系统；是主机还是电池组。虽说 UPS 主机有故障自检功能，但它对面而不对点，对更换配件很方便，但要维修故障点，仍需做大量的分析、检测工作。另外如自检部分发生故障，显示的故障内容则可能有误。

5）对主机出现击穿，断保险或烧毁器件的故障，一定要查明原因并排除故障后才能重新启动，否则会接连发生相同的故障。

6）当电池组中发现电压反极、压降大、压差大和酸雾泄漏现象的电池时，应及时采用相应的方法恢复和修复，对不能恢复和修复的要更换，但不能把不同容量、不同性能、不同厂家的电池联在一起，否则可能会对整组电池带来不利影响。对寿命已过期的电池组要及时更换，以免影响到主机。

7）何时需要替换电池

一般情况下还需要了解要挂接 UPS 的设备的电源要求。对服务器装置而言，这可能包括 CPU（和其他附加的设备）、监视器、外部路由器、集中器单元和布线中心，设备的背面提供了有关这些设备的电源要求，设备上的标牌列出了各单元使用的功率。UPS 具有一个 VA（伏安）额定值，即线路电压与电流（安培）的乘积。用户首先需要将要挂接到 UPS 上的设备的各个功率要求加起来，再去购买可以处理这么大负荷的 UPS。先从要挂接的每种设备背面了解电流额定值，并将它与电压（通常为 120/220 V）相乘；然后，将所有设备的值加起来，再去选择一个处理能力比该负荷高出 20%的 UPS。

挂接到文件服务器的 UPS 通常需要一个附加电缆，用于在 UPS 使用后备电源时警告文件服务器，服务器于是将进行关机程序。请记住查问 UPS 供应商，确保用户的操作系统可以使用此功能。

某些供应商已经为他们的电源保护设备开发出某些高级功能。American Power Conversion 的 Smart-UPS 系列通过一种称为 PowerChute 的软件控制程序为网络管理员提供诊断信息。该软件安装在服务器上并通过电缆与 UPS 通信，这样，管理员可以跟踪电源质量、UPS 工作温度、线路频率、UPS 输出电压、最大和最小线路功率、电池功率强度、线路电压和 UPS 负荷。

6.2.7.2 UPS 维护

1）UPS 的使用环境要求

放置位置必须平稳；UPS 机箱各面距墙壁必须保持足够的通风距离；远离热源，无阳光直射，无腐蚀性；保持正常的温度和湿度；保持室内洁净。

2）使用 UPS 时须考虑负载的大小及特性

UPS 额定输出功率是标志该产品能驱动多大功率负载的重要参数，它随负载功率因数的变化而变化，如 1 kVA 的 UPS 并不一定能驱动 1 kVA 的负载，为了延长 UPS 的使用寿命，UPS 不宜长期处于满载状态下运行。后备式 UPS 一般选取额定功率的 60%～70%的负载量，在线式 UPS 一般选取额定功率的 70%～80%的负载量。同时 UPS 也不宜长期处于过度轻载状态下运行。

3）做好 UPS 的防感应雷害工作

雷击是所有电器的天敌，一定要注意保证 UPS 的有效屏蔽和接地保护。雷害主要是因雷云空对地或空对空放电所引起的一系列反应造成的。当云层放电时，附近架空电源线和通信线路因电磁感应现象会产生感应高电位脉冲。这些高电位脉冲沿着电源线或通信线进入 UPS，而 UPS 中采用了大量的 CMOS 集成电路模块和控制用的 CPU 等微电子器件，它们对雷电的电磁脉冲非常敏感，因此很容易被击坏。在 UPS 具备有效屏蔽和良好保护接地的前提下，一定要做好电源线和通信线（例如远端监控信号线）的防雷过压保护。

4）使用维护与保养注意事项

① 禁止在 UPS 输出端口接带有感性的负载。

② 使用 UPS 电源时，应务必遵守产品说明书或使用手册中的有关规定，保证所接的火线、零线、地线符合要求，用户不得随意改变其相互的顺序。

③ 严格按照正确的开机、关机顺序进行操作。避免因负载突然加载或突然减载时，UPS 电源的电压输出波动大，而使 UPS 电源无法正常工作。

④ 严禁频繁地关闭和开启 UPS 电源。一般要求在关闭 UPS 电源后，至少等待 6 s 后才能开启 UPS 电源，否则，UPS 电源可能进入“启动失败”的状态，即 UPS 电源进入既无市电输出，又无逆变输出的状态。

⑤ 禁止超负载使用。UPS 电源的最大启动负载最好控制在 80%之内，如果超载使用，在逆变状态下，时常会击穿逆变管。实践证明：对于绝大多数 UPS 电源而言，将其负载控制在 30%～60%额定输出功率范围内是最佳工作方式。

⑥ 电池的放电要求：一般 UPS 对电池放电有保护措施，但放电至保护关机后，电池又可以恢复到一定的电压，但这时不允许重新开机，否则会造成电池过放电。UPS 必须重新充电后才能投入正常使用。

⑦ 新购买的 UPS（或存放一段时间的 UPS），必须先对电池充电之后才能投入正常使用。否则无法保证备用时间。

⑧ 对于长期无停电的 UPS，应当每隔 3～6 个月对 UPS 放电，然后重新充电。这样才能延长电池的使用寿命。

⑨ 对于长期存放的 UPS，应当每隔 3～6 个月对 UPS 开机使用和充电，否则 UPS 主机和电池都会损坏。

⑩ 定期对 UPS 电源进行维护工作。清除机内的积尘，测量蓄电池组的电压，检查风扇运转情况及检测调节 UPS 的系统参数等。

5）UPS 设备日常维护

① 每天巡检 2 次。

② 检查 UPS 显示控制操作面板，确认液晶显示面板上的各项显示单元都处于正常运行状态，所有电源的运行参数都处于正常值范围内，在显示的记录内没有出现任何故障和报警信息，检查各信号灯工作正常；

③ 每天记录 UPS 的运行情况，电压、电流值，发现问题及时处理；

④ 仔细听运行时噪声是否有可疑的变化；

⑤ 观察风扇的过滤网是否堵塞；

⑥ 保持蓄电池外部清洁；

⑦ 蓄电池组运行状态检查：

运行温升：蓄电池在浮充状态时不发热，若发现个别电池有发热现象应立即检查原因，及时处理，若发现整组电池发热，首先应检查电池的运行状态（强充或放电均有一定的温升），是否浮充电流过大或电池组发生外部微短路等现象，发现问题应及时处理。

检查蓄电池组的连接点，接触是否严密，有无氧化，并涂以凡士林油。

⑧ 外观检查：

是否有机械性损坏，设备内是否有小动物尸体；设备内部是否落有导电性的污垢或灰尘；堆积的灰尘是否影响了散热。

6）UPS 设备定期维护

① 每月测量一次蓄电池组的电压及单体电池的电压，若发现电池的电压偏低或不均匀，及时处理。

② 模拟市电失电试验：让蓄电池向直流母线放电，动作正常后，立即恢复交流电源，蓄电池应能自动切断放电回路，该试验的操作时间不超过 5 min，要确保 UPS 输出，不可间断，模拟失电试验每年两次（春检和秋检期间开展）。

③ 每年对蓄电池核对容量 2 次，对蓄电池核对容量有两个目的：

了解蓄电池的实际运行容量；对蓄电池组进行一次活化，使电池容量均匀。

④ 每年对市电电源进行校验，采取从进线柜（低压配电室）分别断开主电源和备用电源的方法，检验进线开关的完好性（春检和秋检期间开展）。

⑤ 每年对 UPS 所有切换模式进行定期检验（春检和秋检期间开展）。包括：整流-逆变供电模式；蓄电池供电模式；自动旁路供电模式；手动旁路供电模式。

⑥ 应定期对 UPS 控制系统作如下检查：

a. 检查控制的显示模块显示与运行情况是否一致，显示无黑屏及乱码，如遇此现象尽快更换显示模块。

b. 检查显示控制屏是否有异常声响，如有报警及其他异常现象及时处理。

c. 检查显示控制屏操作按钮，确认各按钮功能正常，切换检查有关功能和参数，如遇异常及时上报处理。

⑦ UPS 不间断电源应避免频繁的开机关机，最好长时间处于开机状态。确实需要关机的，应在关机后 5 s 以上再开机。

⑧ 检查电池组至 UPS 导线是否老化，老化的应及时更换相同载流面积的导线，尽量避免增加不必要的导线长度。

⑨ 检查通信是否正常、数据是否准确，异常情况及时处理。

⑩ 要确保所配接的负载容量不超过 UPS 电源容量的三分之二。

⑪ 储能电池的工作全部是在浮充状态的，要定期充电放电，建议每年进行两次放电测试。放电前应先对电池组进行均衡充电，以达全组电池的均衡。

⑫ 每季度应彻底清洁一次。其次就是在除尘时，检查各连接件和插接件有无松动和接触不牢的情况。

⑬ 当 UPS 电池系统出现故障时，查明原因，分清是负载还是 UPS 电源系统；是主机还是电池组，逐步排查解决。

7）UPS 设备检修

① 检修周期

表 6-8　UPS 设备检查周期及内容

周期	检查内容
每天	1. 检查告警指示、显示功能；2. 接地保护检查；3. 检查继电器、断路器、风扇是否正常；4. 清洁设备

续表

周期	检查内容
春检和秋检	1. 检查防雷保护；2. 检查接线端子的接触是否良好；3. 检查开关、接触器等器件接触是否良好；4. 检查自动切换功能；5. 检查自动旁路和手动旁路性能；6. 检查市电进线、整流装置、逆变装置等性能是否完好；7. 清洁设备；8. 蓄电池充放电测试；9. 蓄电池电压、内阻测试

② 检修内容

外观及接线检查。

通电前检查。

交流电源的检验。

切换功能模块调试。

清洁并检测蓄电池两端电压、温度；连接处有无松动，腐蚀现象、检测连接条压降；电池外观是否完好，有无壳变形和渗漏；主机设备是否正常。

UPS 监控系统信号、报警保护功能试验。

蓄电池电压、内阻检测。

蓄电池充放电试验。

蓄电池充电恢复。

UPS 系统测试现场清理。

当电池组中发现电压反极、压降大、压差大和酸雾泄漏现象的电池时。应及时采用相应的方法恢复和修复，对不能恢复和修复的要更换，但不能把不同容量、不同性能、不同厂家的电池联在一起，对寿命已过期的电池组要及时更换，以免影响到主机。

6.2.7.3　大型 UPS 电源的日常维护和检查

1）UPS 的维护注意事项

安全注意事项：当用户在维护 UPS 时，应随时记住：除非 UPS 已完全切断了同市电电源、交流旁路电源和蓄电池组之间的输入通道，以及切断同用户总线相连的输出通道，否则，在 UPS 中总是存在有致命高压电源的。用户在对 UPS 内部执行任何检修操作前，请务必仔细阅读你所选购的 UPS 所附有的用户手册中的所述的各项安全操作事项。

2）定期维护

由于在 UPS 中，仅在用于冷却功率驱动器件（IGBT 管和 SCR 器件）的散热风扇中才存在有可动的机械部件，其余的部件是由固态电子元件所构成的，因此不存在磨损的问题。基于上述原因，对用户来说，除确保 UPS 总是运行在恒温和洁净工作环境之外，其他的维护工作量是很小的。大量实践证明，如果用户能执行有序的维护操作和及时的检查记录，则可确保 UPS 总是运行在最佳的运行状态之中。这是因为，如果有完整的维护记录可及早地发现可能导致出现严重事故的故障隐患或苗头。

① 日检

这种检查的目的主要是为了积累 UPS 电源的运行经验和及时发现故障苗头。当操作人员在执行每日例行的巡视检查 UPS 时，请注意检查如下部件：

现场观察 UPS 的操作控制显示屏，确认位于该显示屏上的 UPS 运行状态的模拟流程指示灯的指示都处于正常状态，所有的电源运行参数值都是处于正常值范围之内，在显示屏上没有出现任何故障和报警信息。

检查是否有明显过热的痕迹。

听听音响噪声是否有可疑的变化，特别注意听 UPS 的逆变器输出变压器的响声。当出现异常的“吱吱”声时，则可能存在接触不良匝间绕组绝缘不良。当出现有低频的“钹钹”声，则意味着变压器存在有明显的偏磁现象。

确保位于 UPS 机柜上空气过滤网没有任何的堵塞物。

当发现 UPS 的输出电压有异常升高时，应着重检查 UPS 逆变器的输出滤波电容是否完好。

如果有可能，记录下述巡视检查结果，并请注意分析是否有任何明显偏离正常运行状态的事件发生。

② 周检

在 UPS 的模拟流程运行显示屏上，执行下述的检测任务，并将相关数据记录下来。

测量和记录：蓄电池组的浮充电压值。

测量和记录：蓄电池的充电电流。

测量和记录：UPS 的三相输出电压。

测量和记录：UPS 的三相输出电流。

如果发现在此次检查中所测量到的数值与前次所记录下的值存在有明显的差别时，应设法查明和记录究竟有什么样的新增负载（负载大小、类型及安装地点）被连接到 UPS 的输出端上或从用户的负载总线上被撤掉。实践证明，对维修工程师来说，这些信息和资料对他们日后排除故障是十分有用的。

如果发现有任何明显地偏离过去所测量到的电源运行参数值，但又找不到合理的原因来解释它们时，你最好同公司的客户服务部联系，以便寻求技术支援。

③ 年检

每年除对 UPS 进行一次彻底的清扫去垢之外，还应执行下述的维修检查。由于在执行“年检”操作时，可能会涉及 UPS 机内的高压工作部件。一般来说，应由能充分理解高压部件工作原理的、并经工厂培训过的工程师来执行将负载从 UPS 逆变器供电通道上切换到维修旁路供电通道上这样的重要操作。如果用户决定由自己来执行这种维护操作的话，至关重要的是：应按下述操作步骤，不仅需要将 UPS 电源置于完全停机状态，而且还应完全切断市电电源、交流旁路电源和蓄电池等输入电源的供电通道。在此，我们仍需强调，执行“年检”的人员应是事先经过培训的训练有素的人员。

首先按上述的“周检”操作方法对 UPS 进行检查。

按照所推荐关机的操作程序，将 UPS 置于关机状态。

将 UPS 的外接市电电源的输入开关切断（如果配置有“分离式”交流旁路装置时，还要切断交流旁路的输入电源）和切断蓄电池组的输入开关。

采用检查在市电输入接线端，电池组的输入接线端和 UPS 的输出接线端上是否还有电压的办法来再次确认 UPS 已被置于完全的断电状态之中（对于配置有分离旁路装置的 UPS 来说，还应检查交流旁路电源的输入接线端）。

通过打开 UPS 机柜上的带铰链的安全门的办法，检查 UPS 电源的内部部件是否完好。

仔细检查 UPS 中的各功率驱动元件和印刷电路插件板，在此，应特别注意观察下述部件：

电解电容器：检查是否有漏液、“冒顶”和膨胀等现象发生；

变压器线圈及连接器件和扼流圈：检查是否有过热色变和分层脱落等现象，并确认所有的电力电缆紧固连接端都是被牢固的连接着；

电缆和接线端子：检查电缆的外皮是否有龟裂、掉渣、擦伤和破损。检查所有位于印刷电路板上的接插件是否接触牢固可靠；

检查所有的电源保险丝的完好程度是否安装牢固；

印刷电路板：检查电路板的洁净度及电路完整性。如果发现有任何的变质或性能恶化的迹象时，就应该更换该电路板或作必要的维修。

用真空吸尘器清扫 UPS 机内的各部件或用能提供低压空气气流的吹风机来清除任何外来的残渣和灰尘。

重新接通 UPS 的市电输入电源。

按照正确的开机操作步骤，在重新开机启动 UPS 后，把负载切换到 UPS 逆变器的供电通道上。

如果可能，把位于 UPS 输入配电柜中的市电输入开关断开，将 UPS 置于带载运行状态下来检查电池组的后备供电时间是否在规定的范围之内。当电池组的端电压下降到仅比电池组的临界关机电压高 40～50 V 左右时，立即闭合上述市电输入开关（注：当电池组的端电压下降到它所预置的“电池电压过低”自动关机电压值时，电池组的断路器开关会自动跳闸）。此时，UPS 的逆变器将在停止供电的同时，自动将负载切换到交流旁路电源的供电通道上。这种试验用来检测电池组的实际后备供电时间。

3）保养性维护

我们建议用户要定期地检查所有的输入、输出电力电缆及其连接端子。但在执行此类检查之前，要求将 UPS 供电系统置于完全停电状态，因此，这就要求选择适当的时机。但一般来说，这种全面停电维护的间隔时间应以不超过 3 年为宜。

4）蓄电池的维护

一般来说，在 UPS 中所用的蓄电池都是阀控式密封免维护电池。因此，对电池的维护仅局限于确保电池的工作环境温度尽可能地被控制在 20～25 ℃和处于洁净和干燥的工作环境中即可。请注意：由于对阀控电池和非密封电池的维护操作步骤是完全不同的。一般来说，是不宜对密封免维护电池执行“升压均衡”充电操作的。因为这是一种弊多利少的“均充”操作法。有关具体的操作步骤应遵照电池生产厂的要求进行。最好能定期地（半年左右）测量、记录下电池中各单元电池的端电压数据，以便预测电池的“老化”变化趋势。

第 7 章

辅助工艺系统供电

7.1 辅助工艺系统供电结构

辅助工艺系统包括水辅系统、空调系统、供取料系统和液化均质系统，其涉及的电源分别来自 10 kV 分段，下设冷冻站、冷却站、水处理厂房、风机房等厂房用电设备供配电系统如图 7-1 所示。

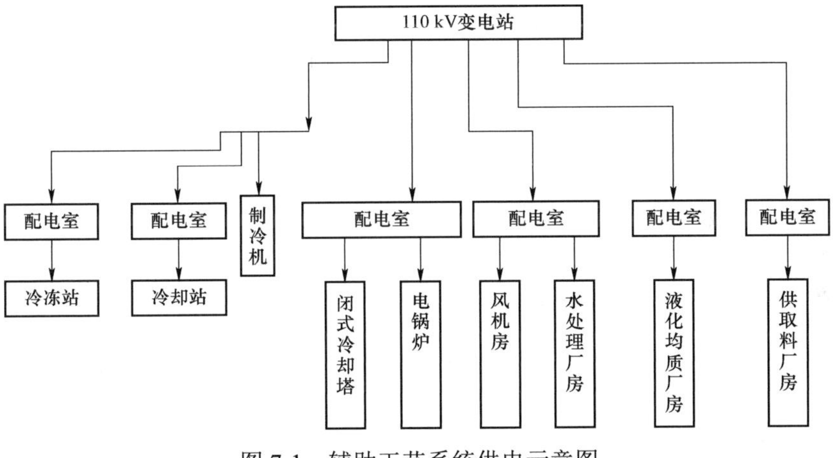

图 7-1　辅助工艺系统供电示意图

高压设备制冷机、主机装置冷却泵、主机装置冷却泵 1#电源等高压用电设备电源来自 10 kV Ⅱ段母线。2#制冷机、4#制冷机、2#主机装置冷却泵、3#主机装置冷却泵、2#电源等高压用电设备电源来自 10 kV Ⅰ段母线。

辅助工艺配电室中1#变压器带2#冷却水循环泵、3#冷却塔、4#冷却塔、5#冷却塔、6#冷却塔、2#变频装置冷却泵、4#变频装置冷却泵、1#冷却循环泵、2#加热装置泵、01-2 送回风机、01-4 送回风机、07-2 送回风机、2#室外机、4#室外机、6#室外机、03-2 送风机等低压用电设备；2#变压器带1#冷却水循环泵、3#冷却水循环泵、1#冷却塔、2#冷却塔、7#冷却塔、8#冷却塔、1#变频装置冷却泵、3#变频装置冷却泵、2#冷却循环泵、1#加热装置泵，01-1 送回风机、01-3 送回风机、07-1 送回风机、1#室外机、3#室外机、5#室外机、03-1 送风机等低压用电设备。

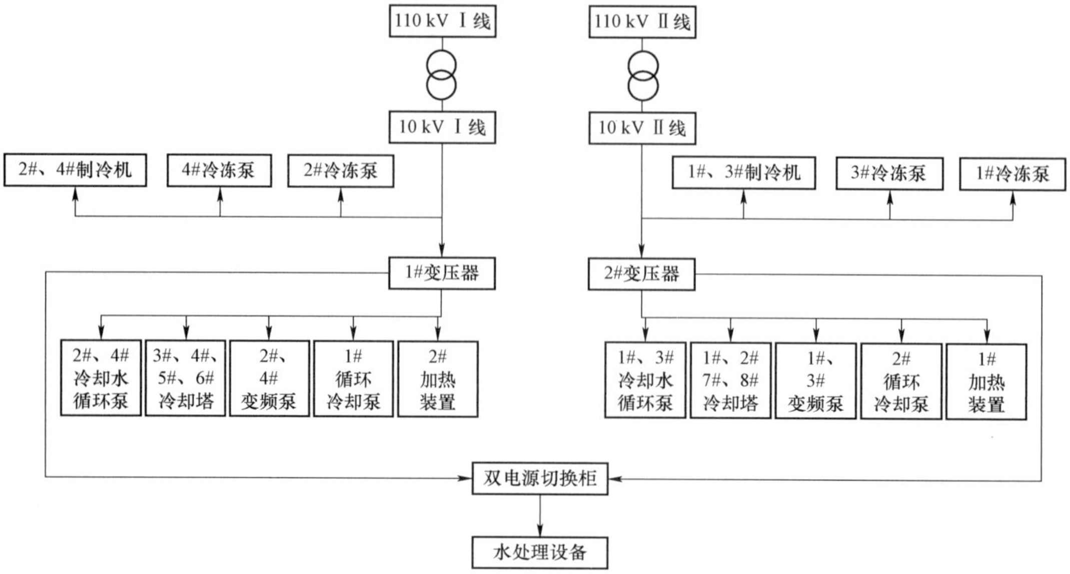

图 7-2　水辅系统供电结构图

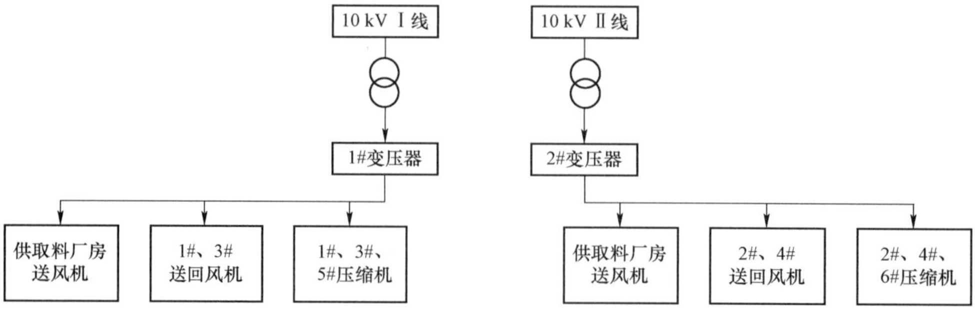

图 7-3　空调系统供电结构图

7.2　水辅系统供电

7.2.1　水辅系统结构

冷冻水系统的主要任务是提供合格的冷冻水，冷冻水出水温度应 5～15 ℃总管供水压力应大于等于 0.18 MPa 满足主工艺系统的需要。冷冻水系统工艺流程示意图如下。

7.2.2　冷水机组运行介绍

7.2.2.1　冷水机组工艺原理

冷水机组由压缩机、冷凝器、节流装置和蒸发器组成，用管道将其连接成一个封闭的系统。制冷剂在蒸发器内与冷冻水发生热量交换，吸收冷冻水的热量并汽化，产生的低压制冷剂蒸汽被压缩机吸入，经压缩后以高压排出。压缩机排出的高温、高压气态制冷剂在冷凝器内被循环冷却水冷却，凝结成高压液体，高压液体经节流装置节流，变成低温低压湿蒸汽，进入蒸发器，其中的低压液体在蒸发器中再次汽化制冷，如此循环。

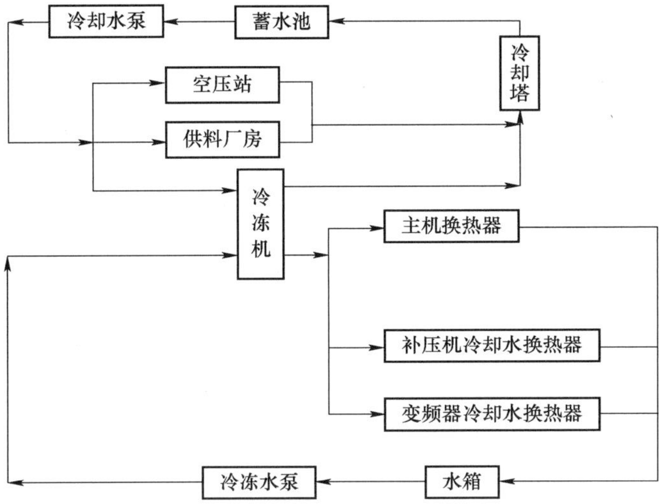

图 7-4　水辅系统工艺图

图 7-5　冷水机组实物图

7.2.2.2　冷水机组容量控制

冷水机组的主要部件是按满负荷制冷量来选定的。因此，容量控制的目的是保证蒸发器冷冻水出口温度恒定，当负荷变化时，由位于压缩机叶轮进口处的导流叶片（进口导叶）来调节，该叶片的开度由一杆壁自动调节，杆壁与压缩机机壳外电机相连。叶片开度的自动调节功能，其保证了压缩机性能和制冷负荷的有效匹配，满负荷时导叶全开，最小负荷时导叶全关。

7.2.2.3　彩色图像显示控制中心

彩色图像显示控制中心是用于 R-134a 离心式冷水机组中基于微处理的控制系统，它控制导叶来调节冷冻水出口温度，并限制电机电流。控制中心持续监测制冷机的各个部件运行状况并记录下停机原因，运行人员可通过该图形界面观察机组的各种运行数据和进行启、停机操作。

7.2.2.4 故障分析

表 7-1 制冷机故障检查表

故障	原因	故障排除
1. 现象：排气压力过高		
冷凝温度与冷却水出水温度差超出正常范围	冷凝器中有空气	
排气压力过高	冷凝器传热管太脏或结垢	清洁冷凝器换热管，检查水质
	冷却水温度过高	降低冷却水的进口温度
冷却水的进、出口温差超出正常范围，但蒸发压力正常	循环冷却水量不够	增大循环冷却水量
2. 现象：吸气压力过低		
蒸发器趋近温度超出正常范围，同时排气温度过高	制冷机充注量不足	对系统检漏，并添加制冷剂
	可变节流孔板问题	清除堵塞
蒸发器趋近温度超出正常范围，但排气温度正常	蒸发器换热管太脏或者堵塞	清洁蒸发器换热管
冷冻水温度过低，同时电机电流小	跟系统容量相比，负荷不足	检查导叶电机的运行和低水温切断设定值
3. 现象：蒸发压力过高		
冷冻水温度过高	导叶未能打开	检查导叶电机的定位电路
	系统过载	确保导叶全部打开（不要让电机过载），直到负荷降低为止
4. 现象：按下系统启动键后，油压尚未建立		
控制中心上显示的油压过低，压缩机不能启动	油泵反转	检查油泵的转向和电路
	油泵不转	检查变频油泵是否发生电气故障
5. 现象：当油泵运行时油压异常的高		
当油泵运行时，按下油压显示键，显示油压异常的高	高油压，传感器故障	更换高/低油压传感器
6. 现象：油泵出现振动或者发出噪声		
按下油压显示键，油泵有时出现振动或者发出异常噪声	缺油，油位低于泵的入口位置	检查油位
	油泵磨损或者不工作	检修/更换油泵
7. 现象：油泵功率下降		
油泵功率下降	油泵间隙过大，泵零件磨损	检查和更换磨损件
	油泵进口堵塞	检查油泵进口
当变频油泵增加到 55 Hz，维持目标油压值	油过滤器太脏	更换油过滤器
8. 现象：回油系统停止从油/制冷剂中取样		
油/制冷剂不能返回	回油系统的干燥过滤器太脏	更换油干燥过滤器
	回油系统的引射器中的喷嘴或者孔板堵塞	检查喷嘴是否脏堵，用清洗剂清洗或者更换

7.2.3　高压电机

高压电动机是指额定电压在 1 000 V 以上的电动机。常使用的是 6 000 V 和 10 000 V 电压，由于国外的电网不同，也有 3 300 V 和 6 600 V 的电压等级。高压电动机产生是由于电机功率与电压和电流的乘积成正比，因此低压电机功率增大到一定程度（如 300 kW/380 V）电流受到导线的允许承受能力的限制就难以做大，或成本过高。需要通过提高电压实现大功率输出。高压电机优点是功率大，承受冲击能力强；缺点是惯性大，启动和制动都困难。

7.2.3.1　类型

高压电机分为：高压同步电机；高压异步电机；高压异步绕线式电动机；高压鼠笼型电机等。

7.2.3.2　用途应用

各种电动机中应用最广的是交流异步电动机（又称感应电动机）。它使用方便、运行可靠、价格低廉、结构牢固，但功率因数较低，调速也较困难。大容量低转速的动力机常用同步电动机（见同步电机）。同步电动机不但功率因数高，而且其转速与负载大小无关，只决定于电网频率，工作较稳定。在要求宽范围调速的场合多用直流电动机，但它有换向器，结构复杂，价格昂贵，维护困难，不适于恶劣环境。20 世纪 70 年代以后，随着电力电子技术的发展，交流电动机的调速技术渐趋成熟，设备价格日益降低，已开始得到应用。电动机在规定工作制式（连续式、短时运行制、断续周期运行制）下所能承担而不至引起电机过热的最大输出机械功率称为它的额定功率。电动机运行时需注意使其负载的特性与电机的特性相匹配，避免出现飞车或停转。电动机能提供的功率范围很大，从毫瓦级到万千瓦级。电动机的使用和控制非常方便，具有自起动、加速、制动、反转、掣住等能力，能满足各种运行要求；电动机的工作效率较高，又没有烟尘、气味，不污染环境，噪声也较小。由于它的一系列优点，所以在工农业生产、交通运输、国防、商业及家用电器、医疗电器设备等各方面广泛应用，一般电动机调速时其输出功率会随转速而变化。

7.2.3.3　调速

高压电机调速技术可分为如下几种：

1. 液力耦合器

在电机轴和负载轴之间加入叶轮，调节叶轮之间液体（一般为油）的压力，达到调节负载转速的目的。这种调速方法实质上是转差功率消耗型的做法，其主要缺点是随着转速下降效率越来越低、需要断开电机与负载进行安装、维护工作量大，过一段时间就需要对轴封、轴承等部件进行更换，现场一般较脏，显得设备档次低，属淘汰技术。早期对调速技术比较感兴趣的厂家，或者是因为当初没有高压调速技术可以选择，或者是考虑到成本的因素，对液力耦合器有一些应用。如自来水公司的水泵、电厂的锅炉给水泵和引风机、炼钢厂的除尘风机等。如今，一些老的设备在改造中已经逐渐被高压变频替换掉。

2. 高低高型变频器

变频器为低压变频器，采用输入降压变压器和输出升压变压器实现与高压电网和电机的接口，这是当时高压变频技术未成熟时的一种过渡技术。由于低压变频器电压低，电流却不可能无限制的上升，限制了这种变频器的容量。由于输出变压器的存在，使系统的效率降低，占地面积增大；另外，输出变压器在低频时磁耦合能力减弱，使变频器在启动时带载能力减弱。对电网的谐波大，如果采用 12 脉冲整流可以减少谐波，但是满足不了对谐波的严格要求；输出变压器在升压的同时，对变频器产生 dv/dt 也同等放大，必须加装滤波器才能适用于普通电机，否则会产生电晕放电、绝缘损坏的情况。如果采用特殊的变频电机可以避免这种情况，但是就不如采用高低型的变频器了。

3. 串级调速变频器

将异步电机部分转子能量回馈至电网，从而改变转子滑差实现调速，这种调速方式采用可控硅技术，需要使用绕线式异步电动机，而如今工业现场几乎都采用鼠笼式异步电动机，更换电机非常麻烦。这种调速方式的调速范围一般在 70%～95%，调速范围窄。可控硅技术容易造成对电网的谐波污染；随着转速的降低，电网侧功率因数也变低，需要采取措施补偿。其优点是变频部分容量较小，比其他高压交流变频调速技术成本稍低。这种调速方式有一种变化形式，即内反馈调速系统，省却了逆变部分的变压器，将反馈绕组直接做在定子绕组里，这种做法要更换电机，其他方面的性能与串级调速接近。

7.2.3.4 保护装置

电动机差动保护装置主要用在大型发电厂，化工厂等地方。如果发生严重故障导致电机烧毁，将严重影响生产的正常进行，造成巨大的经济损失，因此必须对其提供完善的保护。而电动机综合保护装置主要针对中小型电动机，为其提供电流速断，热过载反时限过流，两段式定时限负序，零序电流，转子停滞，启动时间过长，频繁启动等保护功能。对于 2 000 kW 以上特大容量电动机，则无法满足其内部故障时对保护灵敏度与速动性的要求，因而使用电动机差动保护装置并配合综合保护装置，为高压电动机提供更可靠更灵敏的保护措施。电动机差动装置设计成三相式纵差保护，因为 2 000 kW 以上特大容量的电动机所在的 3 kV、6 kV、10 kV 电网一般是变压器中性点经高电阻接地或不接地的电网，三相式纵差保护不但能作为电动机定子绕组及引出线相间短路的主保护，而且可作为单相接地故障的主保护，作用于瞬时跳闸。

7.2.4 低压电机

电动机又称马达，是一种将电能转化成机械能，并可再使用机械能产生动能，用来驱动其他装置的电气设备。在电路中用字母“M”表示。电动机通过磁场和绕组电流作用产生驱动转矩，作为用电器或各种机械的动力源。电动机广泛应用在机械、冶金、石油、煤炭、化学、航空、交通、农业以及其他各种工业中。

7.2.4.1 三相异步电动机结构

三相异步电动机的两个基本组成部分为定子（固定部分）和转子（旋转部分）。此外还有端盖、风扇等附属部分。

定子铁芯由厚度为 0.5 mm 的相互绝缘的硅钢片叠成，硅钢片内圆上有均匀分布的槽，其作用是嵌放定子三相绕组 AX、BY、CZ。

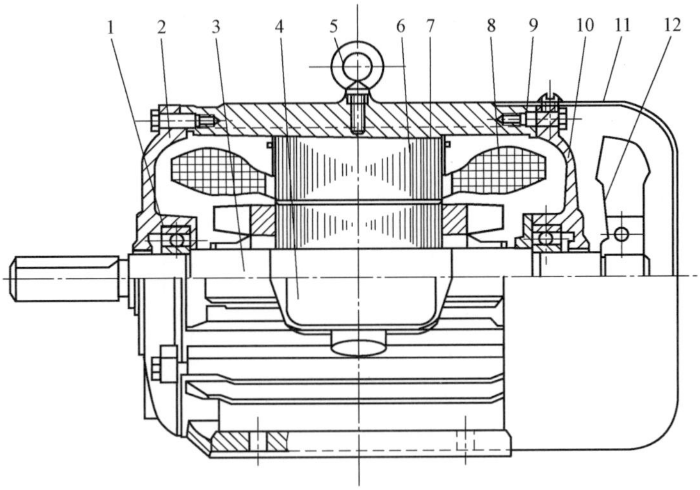

图 7-6 三相笼型异步电动机结构图

1—轴承；2—前端盖；3—转轴；4—接线盒；5—吊环；6—定子铁芯；7—转子；
8—定子绕组；9—机座；10—后端盖；11—风罩；12—风扇

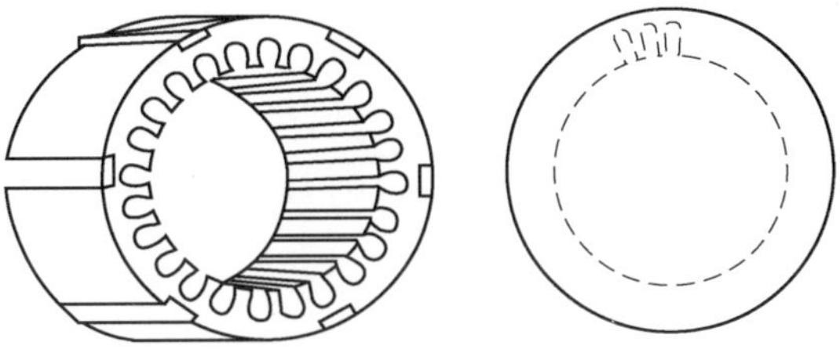

(a) (b)

图 7-7 定子铁芯及硅钢片

（a）定子铁芯；（b）硅钢片

定子绕组为三组用漆包线绕制，对称地嵌入定子铁芯槽内的相同的线圈。每个绕组即为一相，每个绕组在空间相差 120° 电角度。通入三相对称电流时，就会产生旋转磁场。定子三相绕组的六个出线端都引至接线盒上，首端分别标为 U_1，V_1，W_1，末端分别标为 U_2，V_2，W_2。三相绕组可接成星形或三角形。如图 7-8 所示，其中（a）为星形，（b）为三角形。

转子由三部分组成：转子铁芯、转子绕组和转轴。转子铁芯是用 0.5 mm 厚的硅钢片叠压而成，套在转轴上，作用和定子铁芯相同，一方面作为电动机磁路的一部分，一方面用来安放转子绕组。异步电动机的转子绕组分为绕线形与笼形两种，由此分为绕线转子异步电动机与笼形异步电动机。100 kW 以下的异步电动机一般采用铸铝笼型异步电动机。鼠笼式电动机由于构造简单，价格低廉，工作可靠，使用方便，成为了生产上应用得最广泛的一种电动机。为了保证转子能够自由旋转，在定子与转子之间必须留有一定的空气隙，中小型电动机的空气隙约在 0.2 mm 至 1.0 mm 之间。

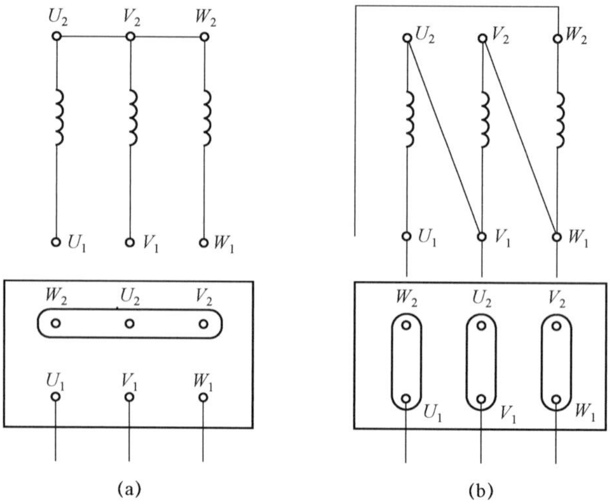

图 7-8 定子绕组接线方式

（a）Y 型；（b）△型

7.2.4.2 三相异步电动机工作原理

在装有手柄的蹄形磁铁的两极间放置一个闭合导体，当转动手柄带动蹄形磁铁旋转时，将发现导体也跟着旋；若改变磁铁的转向，则导体的转向也跟着改变。如图 7-9 所示。由此总结出三相异步电动机的工作原理：当磁铁逆时针旋转时，磁铁与闭合的导体发生相对运动，导体切割磁力线而在其内部产生感应电动势 e 和感应电流 i（右手定则）。感应电流 i 又使导体受到一个电磁力 f 的作用（左手定则），电磁力 f 驱使导体以转速 n 逆时针旋转，转子转动的方向和磁极旋转的方向相同。

三相异步电动机中的电磁关系同变压器类似，定子绕组相当于变压器的原绕组，转子绕组（一般是短接的）相当于副绕组。

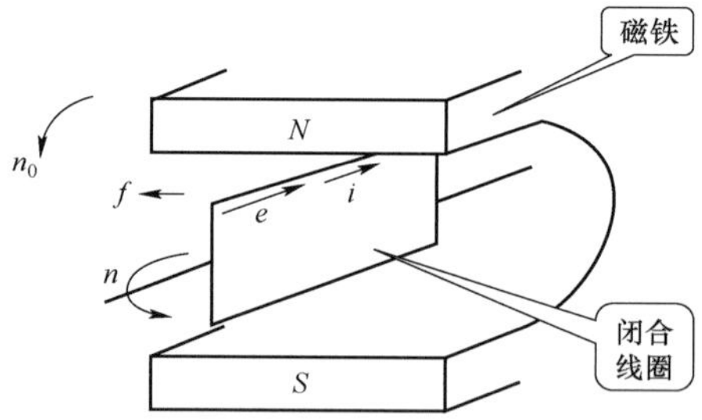

图 7-9 三相异步电动机工作原理

三相定子绕组 AX、BY、CZ，它们在空间按互差 120° 的规律对称排列，并接成星形与三相电源 U、V、W 相联。如图 7-10 所示。

其中，i_U、i_V 和 i_W 分别为流入三个定子绕组线圈的电流，幅值相等、频率相同，但相位不同，相位互差 120° 。

$$i_U = I_m \sin(\omega t) \tag{7-1}$$

$$i_V = I_m \sin(\omega t + 120°) \tag{7-2}$$

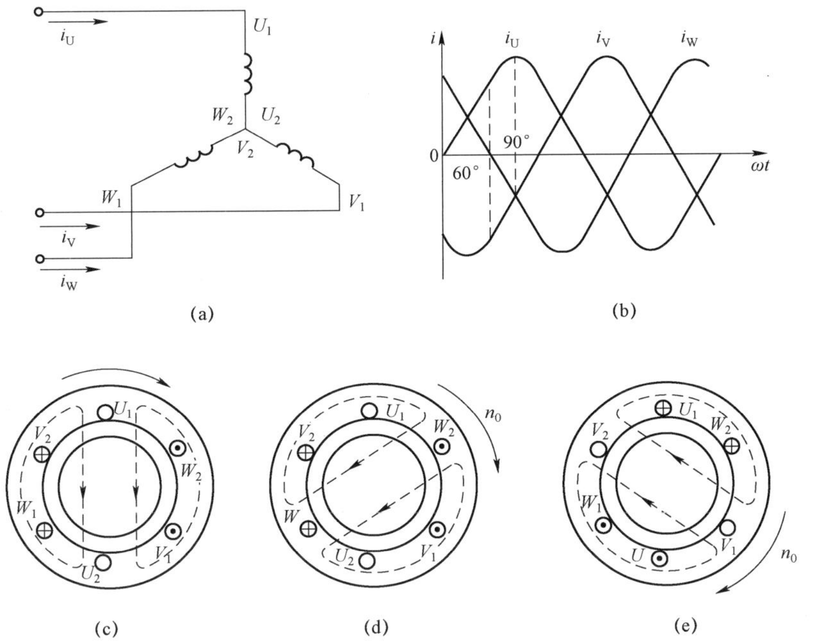

图 7-10　旋转磁场产生原理

（a）三相对称绕组 Y 型联结；（b）三相对称电流的波形；（c）$\omega t=0°$；（d）$\omega t=60°$；（e）$\omega t=120°$

$$i_W = I_m \sin(\omega t - 120°) \tag{7-3}$$

当 $\omega t=0$ 时，i_U 为 0，U_1U_2 线圈中无电流，i_V 为负，V_1V_2 线圈中电流从 V_2 流入 V_1 流出，i_W 为正，W_1W_2 线圈中电流从 W_1 流入 W_2 流出。

当 $\omega t=60°$ 时，i_W 为 0，W_1W_2 线圈中无电流，i_V 为负，V_1V_2 线圈中电流从 V_2 流入 V_1 流出，i_U 为正，U_1U_2 线圈中电流从 U_1 流入 U_2 流出。

当 $\omega t=120°$ 时，i_V 为 0，V_1V_2 线圈中无电流，i_U 为负，U_1U_2 线圈中电流从 U_1 流入 U_2 流出，i_W 为负，W_1W_2 线圈中电流从 W_2 流入 W_1 流出。

利用右手螺旋定则可得合成磁场的方向。当定子绕组中的电流变化一个周期时，合成磁场也按电流的相序方向在空间旋转一周。随着定子绕组中的三相电流不断地作周期性变化，产生的合成磁场也不断地旋，因此称为旋转磁场。

旋转磁场的方向是由三相绕组中电流相序决定的，若想改变旋转磁场的方向，只要改变通入定子绕组的电流相序，即将三根电源线中的任意两根对调即可。这时，转子的旋转方向也跟着改变。

7.2.4.3　三相异步电动机经典控制

1. 三相异步电动机的正反转控制

三相异步电动机接触器联锁的正反转控制的电气原理图如图 7-11 所示。线路中采用了两个接触器，即正转用的接触器 KM_1 和反转用的接触器 KM_2，它们分别由正转按钮 SB_2 和反转按钮 SB_3 控制。这两个接触器的主触头所接通的电源相序不同，KM_1 按 L_1—L_2—L_3 相序接线，KM_2 则对调了两相的相序。控制电路有两条，一条由按钮 SB_2 和 KM_1 线圈等组成的正转控制电路；另一条由按钮 SB_3 和 KM_2 线圈等组成的反转控制电路。

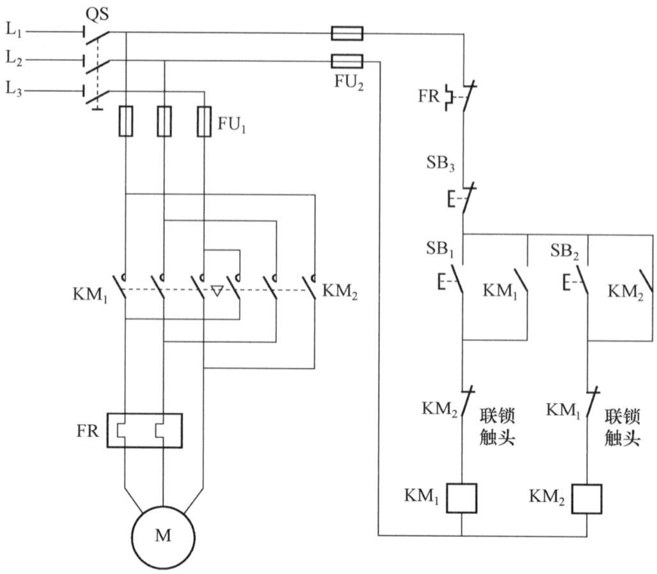

图 7-11　三相异步电动机正反转控制

控制原理：当按下正转启动按钮 SB_2 后，电源相通过热继电器 FR 的动断接点、停止按钮 SB_1 的动断接点、正转启动按钮 SB_2 的动合接点、反转交流接触器 KM_2 的常闭辅助触头、正转交流接触器线圈 KM_1，使正转接触器 KM_1 带电而动作，其主触头闭合使电动机正向转动运行，并通过接触器 KM_1 的常开辅助触头自保持运行。反转启动过程与上面相似，只是接触器 KM_2 动作后，调换了两根电源线 U、W 相（即改变电源相序），从而达到反转目的。

互锁原理：接触器 KM_1 和 KM_2 的主触头决不允许同时闭合，否则造成两相电源短路事故。为了保证一个接触器得电动作时，另一个接触器不能得电动作，以避免电源的相间短路，就在正转控制电路中串接了反转接触器 KM_2 的常闭辅助触头，而在反转控制电路中串接了正转接触器 KM_1 的常闭辅助触头。当接触器 KM_1 得电动作时，串在反转控制电路中的 KM_1 的常闭触头分断，切断了反转控制电路，保证了 KM_1 主触头闭合时，KM_2 的主触头不能闭合。同样，当接触器 KM_2 得电动作时，KM_2 的常闭触头分断，切断了正转控制电路，可靠地避免了两相电源短路事故的发生。这种在一个接触器得电动作时，通过其常闭辅助触头使另一个接触器不能得电动作的作用叫联锁（或互锁）。实现联锁作用的常闭触头称为联锁触头（或互锁触头）。

2. 三相异步电动机的 Y—△起动控制

控制原理：

1）按下启动按钮 SB_2 后，电源通过热继电器 FR 的动断接点、停止按钮 SB_1 的动断接点、△形连接交流接触器 KM_2 常闭辅助触头，接通时间继电器 KT 的线圈使其动作并延时开始。此时时间继电器 KT 虽已动作，接点应断开，但其延时接点是瞬间闭合延时断开的（延时结束后断开），同时通过此 KT 延时接点去接通 Y 形连接的交流接触器 KM_3 的线圈回路，则交流接触器 KM_3 带电动作，其主触头去接通三相绕组，使电动机处于 Y 形连接的运行状态；KM_3 辅助常开触头闭合去接通主交流接触器 KM_1 的线圈。

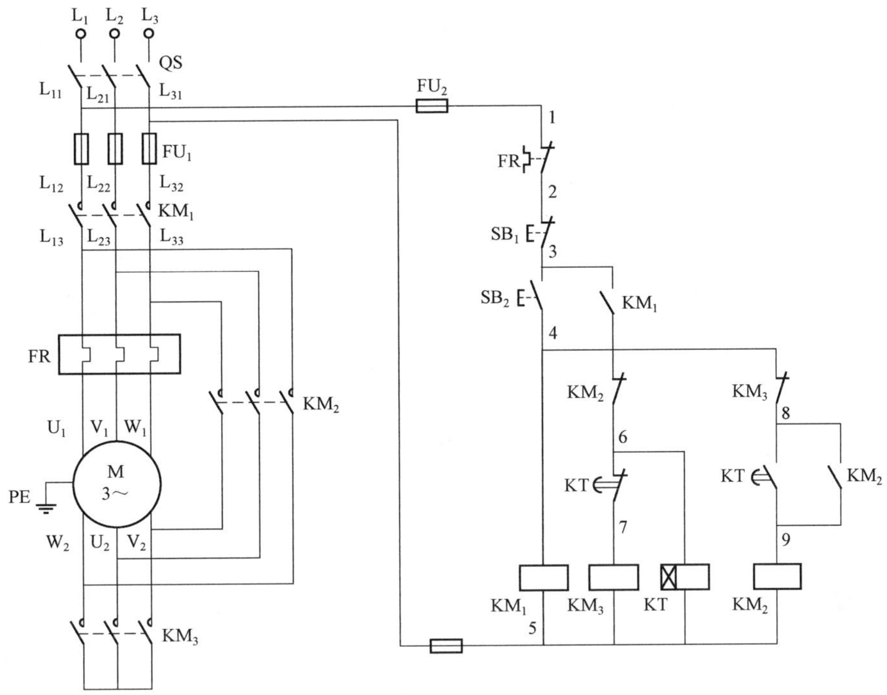

图 7-12　三相异步电动机的 Y—△起动控制图

2）主交流接触器 KM_1 带电启动后，其辅助触头进行自保持功能（自锁功能）；而 KM_1 的主触头闭合去接通三相交流电源，此时电动机启动过程开始。

3）当时间继电器 KT 延时断开接点（动断接点）KT 的时间达到（或延时到）电动机启动过程结束时间后，时间继电器 KT 接点随即断开。

4）时间继电器 KT 接点断开后，则交流接触器 KM_3 失电。KM_3 主触头切断电动机绕组的 Y 形连接回路；同时接触器 KM_3 的常闭辅助触头闭合，去接通△形连接交流接触器 KM_2 的线圈电源。

5）当交流接触器 KM_2 动作后，其主触头闭合，使电动机正常运行于△形连接状态；而 KM_2 的常闭辅助触头断开使时间继电器 KT 线圈失电，并对交流接触器 KM_3 联锁。电动机处于正常运行状态。

6）启动过程结束后，电动机按△形连接正常运行。

7.3　空调系统供电

7.3.1　空调系统电器介绍

风机是一种利用旋转叶轮，依靠输入的机械能，提高气体压力并排送气体的机械，它是一种从动的流体机械。一般是将电能转换为空气动能的电动机，由电风扇发展而来。风机的主要结构部件是叶轮、机壳、进风口、支架、电机、皮带轮、联轴器、消音器、传动件（轴承）等。

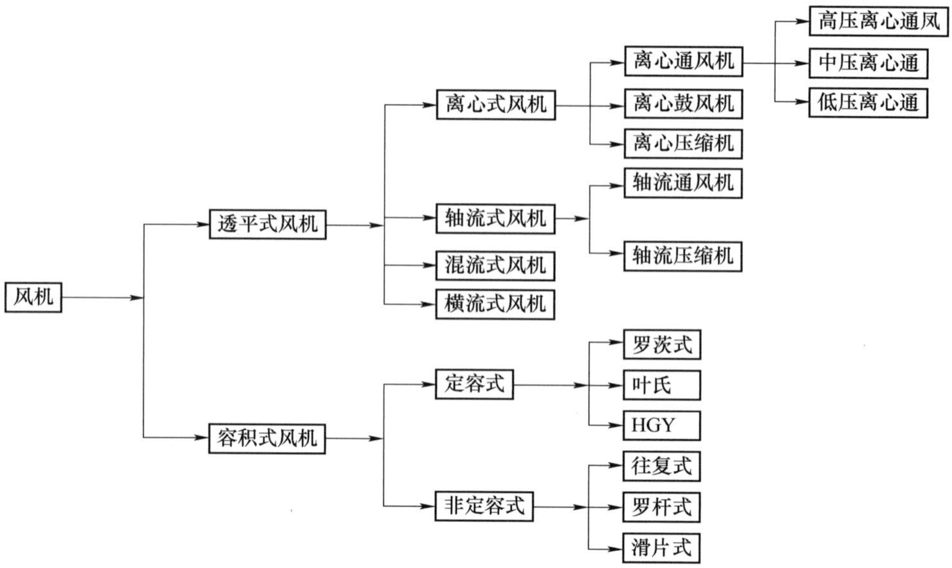

图 7-13　风机的分类

风机按压力可分为低压风机、中压风机、高压风机。按出口压力（升压）分为：通风机（≤1.5×10^4 Pa）、鼓风机（1.5～35×10^4 Pa）、压缩机（≥35×10^4 Pa）。最常见的风机包括离心式风机，轴流式风机和贯流式风机。离心式风机，气流沿平行旋转轴的方向流入叶轮，被高速旋转的叶轮沿垂直旋转轴的方向甩出，通过蜗壳的收集，从出口排出；轴流式风机，气流沿平行旋转轴方向流入叶轮，被旋转叶轮加压以后，仍然沿平行旋转轴方向流出叶轮，通过下游的扩压器收集，排出；贯流式风机，气流沿垂直旋转轴方向流入叶轮，穿过叶轮以后，仍然沿垂直旋转轴方向流出。风机通常利用电动机进行动力驱动，将电能转化为空气动能，常见传动方式有 6 类。

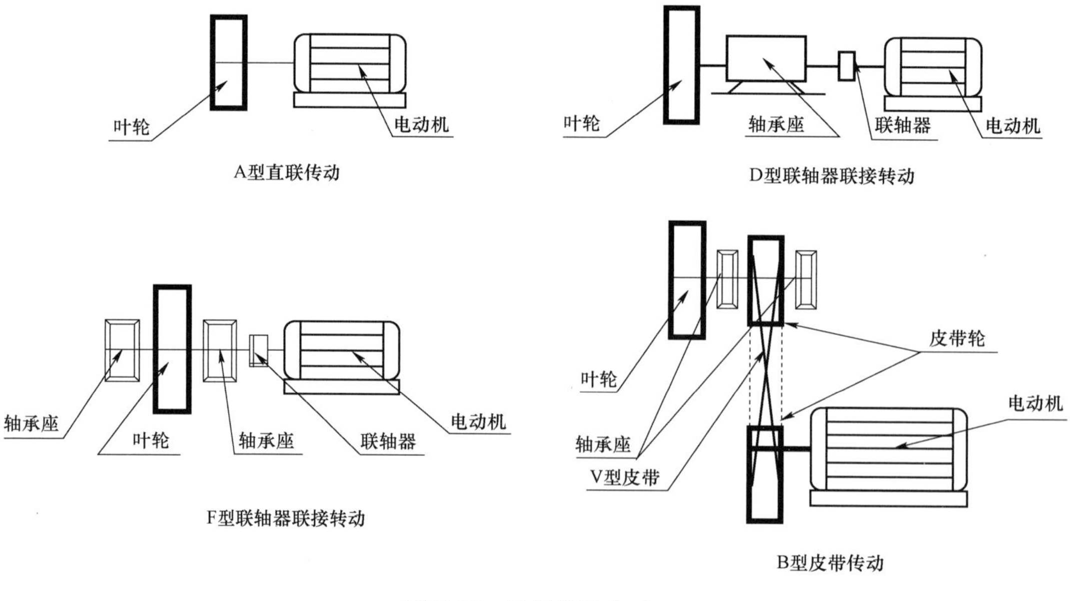

图 7-14　风机传动方式

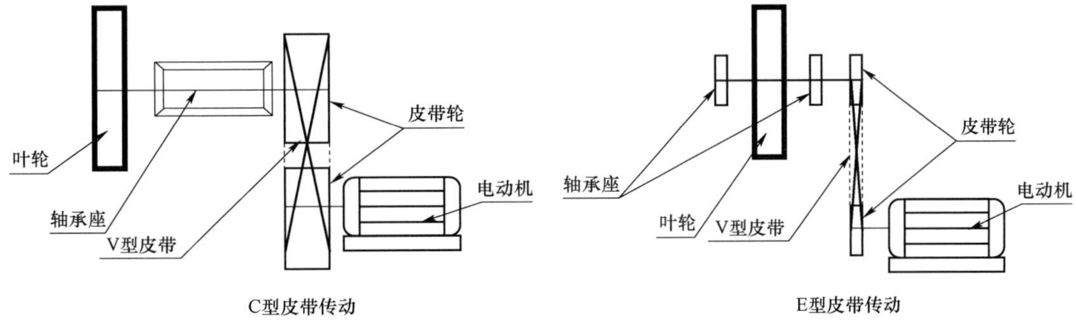

图 7-14　风机传动方式（续）

大厅温度控制应为 t_n = 14～20 ℃，送风机出口露点温度≤10 ℃，大厅空气露点温度低于主机冷却水进水温度 0.5～1 ℃。中央控制室室内温度应为 t_n =（20～24）℃，相对湿度：≤60%。

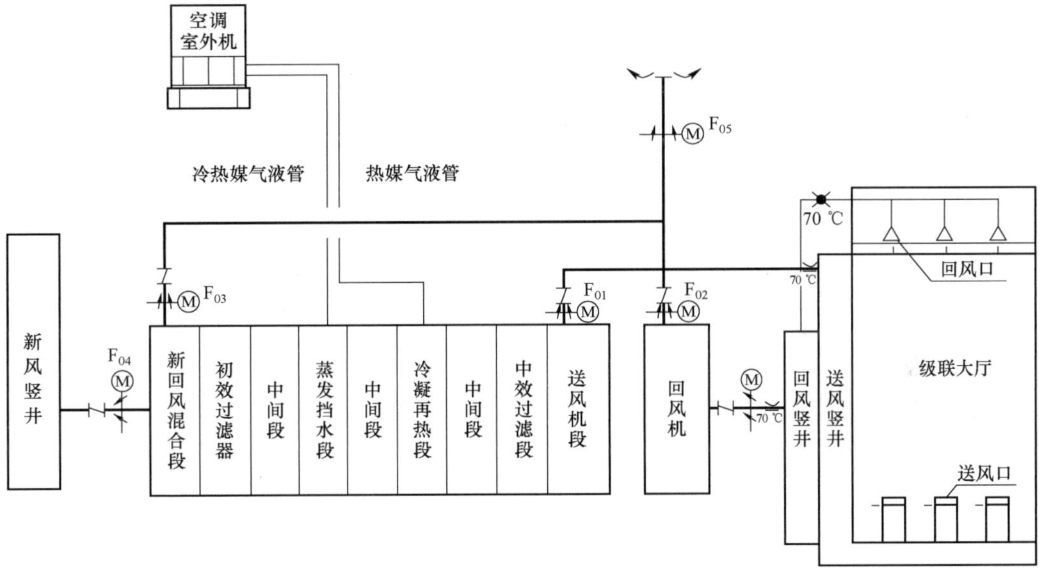

图 7-15　空调系统工艺流程图

7.3.2　直膨式空调机组

7.3.2.1　直膨式空调机组介绍

直膨式空调机组为全空气系统，可整机安装于屋顶或户外空间，无须机房，节省建筑空间，节约土建费用。机组无冷却、冷冻水系统，节省了冷却塔、水泵、管道等附属设备投资，降低了工程造价。用户设备安装时，只需连接少量的控制线与电源线以及送、回风管道即可机组投入运行，节省了施工时间与费用。机组采用制冷剂与空气直接换热的直膨式高效循环系统，无冷冻水系统间接换热的中间环节，降低了损耗，整个空调系统的能量利用比冷冻水空调系统提高了 10%～15%。另外，每台机组均具有多级能量调节，自动增减载适应用户使用侧的负荷变化，过渡季节机组可全新风运行，节能低耗，降低运行费用。

机组采用低噪声全封闭柔性涡旋压缩机及运动部件极少的半封闭螺杆压缩机，配备了专利钵形轴盘式吸噪型直联传动大扭角、低噪声轴流风机，机组其他运动部件均采取了完备的隔震措施，确保运行平稳可靠，噪声低，震动小。机组户外安装，空调系统室内无风机等运动部件，故室内送风更宁静。

图 7-16 直膨式空调机组实物图

7.3.2.2 工业级的控制设备

机组采用工业级可编程控制器，人机界面采用文本显示器或触摸屏，系统可靠性高，抗干扰能力强，可在各种工作环境下可靠运行。控制器可扩展 RS485 接口，方便实现机组群控联网。机组控制系统高度自动化，采用 PID、模糊控制等先进控制技术，控制精度高，稳定性好，用户只需在安装于室内的人机界面上设定所需温湿度，按下开机按钮，控制系统即可根据测点温湿度自动调节机组能量。机组具有全面多重保护，当有故障时，机组自动停机并在人机界面弹出对应故障信息。为了保证机组安全运行，控制系统具有多重密码权限保护，防止非授权人员改变参数设定值，使机组运行更安全、稳定。

7.3.2.3 操控保护功能

控制界面全中文显示，操作简单方便，操作人员无须培训即可按屏幕中文提示正确操作机组，控制屏独立安装在控制室内，方便用户远程操作，多种控制模式可选。压缩机频繁启动保护、压缩机最短运行时间保护、过滤网检测、出风风量不足检测、高压保护、低压保护、压缩机电流过载保护、风机电流过载保护、电源保护（缺相、逆相、过压、欠压、相间平衡）、压缩机排气温度过高保护、压缩机油位保护、压缩机油压差保护。

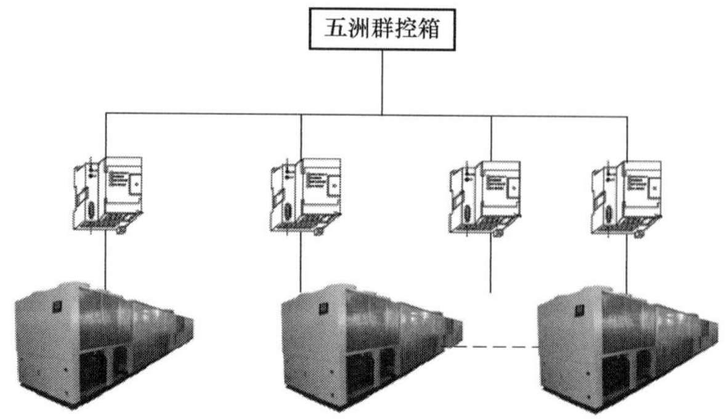

图 7-17 空调通讯网络图

机组控制系统可通过增加通讯模块扩展标准通讯口，支持多种通讯协议：Modbus、PPI、FROFIBUS-DP、TCP/IP 等，还可以带有无源触点进行远程监控。

7.3.3　电动阀与电磁阀

7.3.3.1　电动阀

在风机和水泵设备上安装大量了电动阀与电磁阀控制阀门开关和行程。

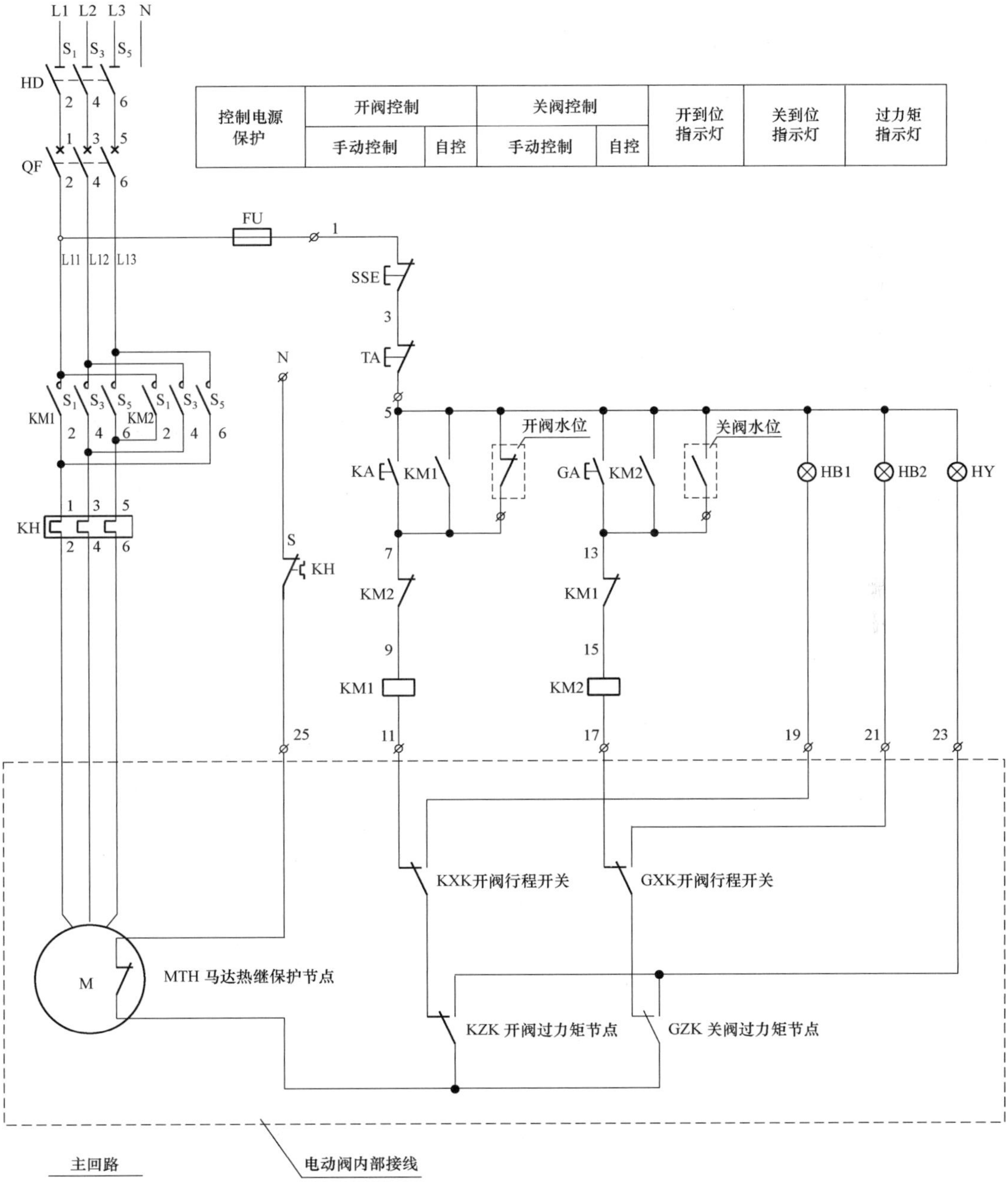

图 7-18　电动阀的控制原理图

电动阀（motor-driven valve 或者 electric valve）。用电动执行器控制阀门，从而实现阀门的开和关。其可分为上下两部分，上半部分为电动执行器，下半部分为阀门。不仅可以实现开关作用，调节型电动阀还可以实现阀位调节功能。

电动执行器的行程可分为：90°角行程和直行程两种，特殊要求还可以满足 180°、270°、360°全行程。由角行程的电动执行器配合角行程的阀使用，实现阀门 90°以内旋控制管道流体通断；直行程的电动执行器配合直行程的阀使用，实现阀板上下动作控制管道流体通断。

电动阀通常由电动执行机构和阀门连接起来，经过安装调试后成为电动阀。电动阀使用电能作为动力来接通电动执行机构驱动阀门，实现阀门的开关、调节动作。从而达到对管道介质的开关或调节目的。电动阀使用电能作为动力来接通电动执行机构驱动阀门，实现阀门的开关、调节动作。电动阀电气控制原理等同于电动机的正反转控制及限位控制。

主回路中采用 2 个接触器 KM1 和 KM2 实现电动机 M 的正反转控制；热继电器 KH 作为主回路的过载保护。电动阀内部接线具有 MTH 作为电机的过载保护、KZK 开阀过力矩和 GZK 关阀过力矩保护，以及 KXK 和 GXK 实现阀门的行程控制。

当隔离刀闸 HD 手动接通后，接通断路器 QF，将进行如下工作：

（1）点动 KA 按钮，电机未反转状态下 KM2 常闭节点吸合，KM1 线圈得电，驱动电机正转，开阀。

（2）点动 KA 按钮，电机未正转状态下 KM1 常闭节点吸合，KM2 线圈得电，驱动电机反转，关阀。

（3）当开、关阀动作执行至行程限位置时，动作停止，并指示开、关阀已到位。

（4）当开、关阀过程中因异常故障致使电机过力矩运行时，将进行过力矩保护，停止运行，并指示故障。

（5）容器内安装有液位传感器，将节点信号引入控制回路时，可实现容器内流体的自动控制。

7.3.3.2 电磁阀

电磁阀（Electromagnetic valve）是用电磁控制的工业设备，是用来控制流体的自动化基础元件，属于执行器，并不限于液压、气动。用在工业控制系统中调整介质的方向、流量、速度和其他的参数。电磁阀有很多种，不同的电磁阀在控制系统的不同位置发挥作用，最常用的是单向阀、安全阀、方向控制阀、速度调节阀等。

电磁阀的工作原理：通电时，电磁线圈产生的电磁力作用，通过控制阀体的移动来推动阀芯切换，流体进入腔体内形成压力差来推动活塞带动活塞杆，活塞杆带动机械装置。当断电后，恢复为原状态。

按照电磁控制部分对换向阀推动方式的不同，分为直动式和先导式电磁阀。直动式电磁阀直接利用电磁力推动阀芯换向，而先导式电磁阀利用电磁先导阀输出的先导气压推动阀芯换向。

直动式电磁阀工作原理：线圈通电时，静铁芯产生电磁力，阀芯手到电磁力作用向上移动，密封垫抬起，使 1、2 接通，2、3 断开，阀处于进气状态，可控制气缸动作。当断电时，阀芯靠弹簧力的作用恢复原状，即 1、2 断，2、3 通，阀处于排气状态。

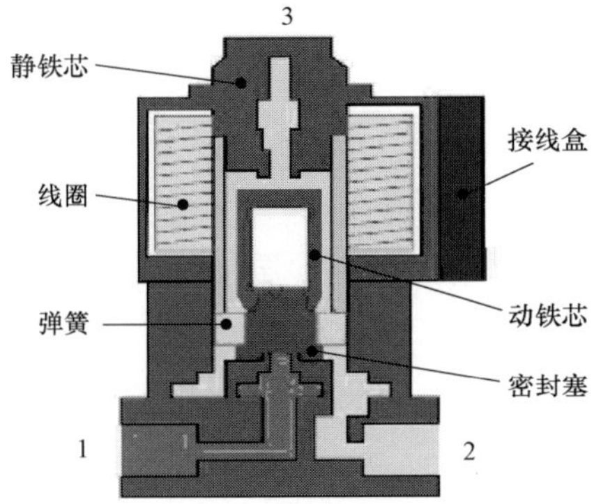

图 7-19　直动式电磁阀工作原理

先导式电磁阀工作原理：起始状态，1、2 进气，4、5 排气；当线圈通电时，静铁芯产生电磁力，使先导阀动作，上腔室压力迅速下降，在关闭件周围形成上低下高的压差，压缩空气通过气路进入阀先导活塞使活塞启动，在活塞中间，密封圆面打开通道，1、4 进气，2、3 排气；当线圈断电时，先导阀在弹簧作用下复位，入口压力通过旁通孔迅速腔室在关阀件周围形成下低上高的压差，关闭阀门。

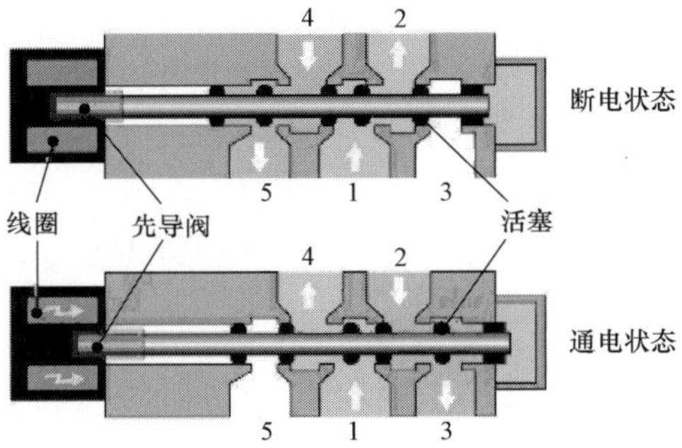

图 7-20　先导式电磁阀工作原理

7.3.4　水泵、风机变频控制

水泵、风机均采用电动机驱动，正常情况下，只允许电动机沿固定方向运行，有时还必须兼顾启动和调速功能。过去，各种运用到风机、水泵等采用电动机驱动的设备，通常利用改变极对数或改变转差率的方式来进行调速，也会利用星－角降压启动、自耦降压启动、串电阻降压启动等方式来进行电动机的启动控制。但是，上述调速或启动控制方式需增加复杂的辅助设备或附件。

而变频控制兼具软启动、软停车、驱动、正反转和调速控制功能于一体，减少了较为复杂的附件配置。因此，利用变频器控制电动机运行是有着独特优势的。对设备来讲，使用变频器的目的无非有三个：

（1）对电动机实现节能：使用频率范围为 0～50 Hz，具体值与设备类型、工况条件有关。

（2）对电动机实现调速：使用频率范围为 0～400 Hz，具体值按工艺要求而定，受电动机允许最大工作频率的制约。

（3）对电动机实现软起动、软制动频率的上升或下降，可人为设定时间、实现起动、制动平滑无冲击电流或机械冲击。变频器的使用可节省电能，降低生产成本，减少维修工作量，给实现生产自动化带来方便和好处，应用效果十分明显，对产品质量、产量、合格率都有很大提高。

变频控制主回路的 3 种常见方案。

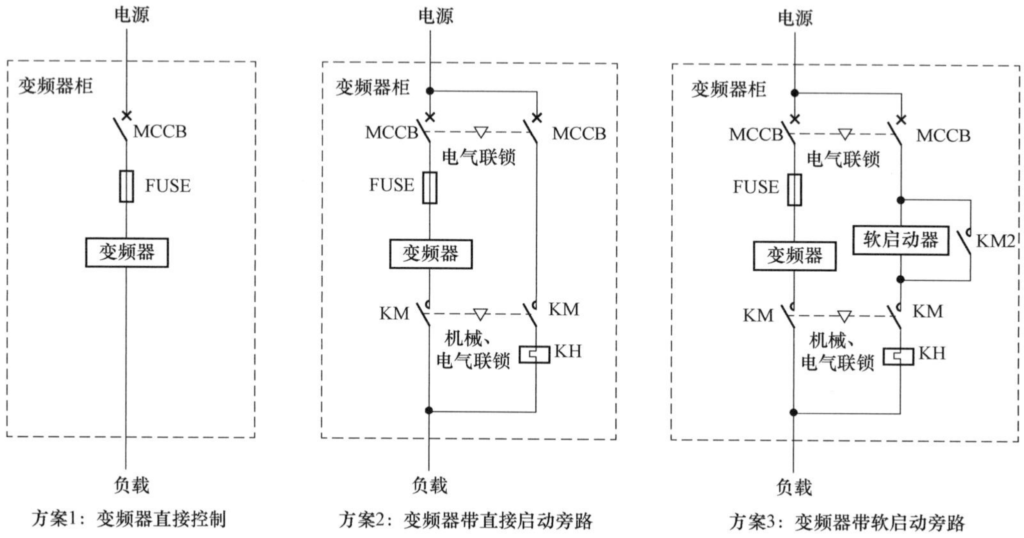

图 7-21　变频控制主回路方案

风机、水泵是典型的二次方减转矩负载。在低速下，负载转矩非常小，用变频器运转，在温度、转矩方面均不存在问题。二次方减转矩负载需要注意的是，速度提高到工频以上，所需功率急剧增大，有时超过电动机、变频器的容量，导致不能运转或过热，所以不要轻易提高频率。

风机水泵用变频器的控制方法有多种，可根据具体情况选用。下面介绍几种常用的方案。

（1）手动调节

操作人员根据仪表指示，手动调节变频器的频率以改变风量或流量，满足生产要求。手动调速接线方式如图 7-22 所示，采用外部模拟量（电压/电流）方式的变频调速控制。当启动/停车开关接通时，电动机 M 正向起动；启动/停车开关断开时，电动机便停止。电动机启动后，可人工调节频率设定电位器，对变频器输出频率进行调节，利用频率表进行频率监视。频率设定电位器上调（向 10 V 端调节），变频器输出频率提升，电动机转速提高，风机风量或水泵流量加大；频率设定电位器下调（向 GND 端调节），变频器输出频率降低，电动机转速下降，风机风量或水泵流量减小，达到对风机、水泵的手动控制。

（2）变频调速器的双位控制

双位控制的电路原理如图 7-23 所示。X4 与 X5 两个端子，具有控制变频器升速和降速的功能。虚线部分 SP 为电接点压力表，SP1 和 SP2 分别为压力的下限接点和上限接点。

直接控制 X4 与 X5 的状态，即当 X4 与 CM 接通时，变频器的输出频率 fx 上升，断开时，fx 停止上升。而当 X5 与 CM 接通时，fx 下降，断开时 fx 停止下降。

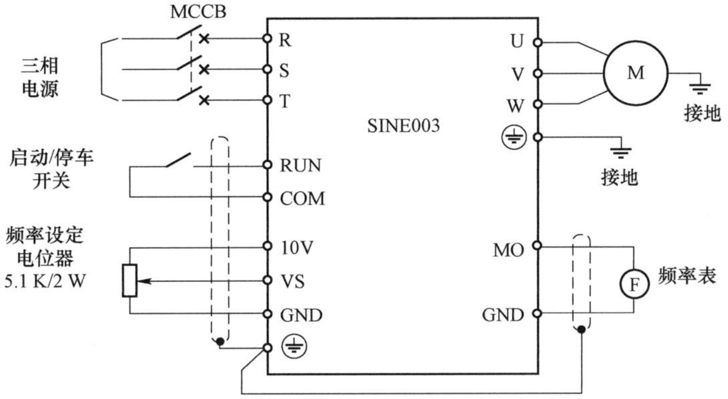

图 7-22　手动调速接线方式

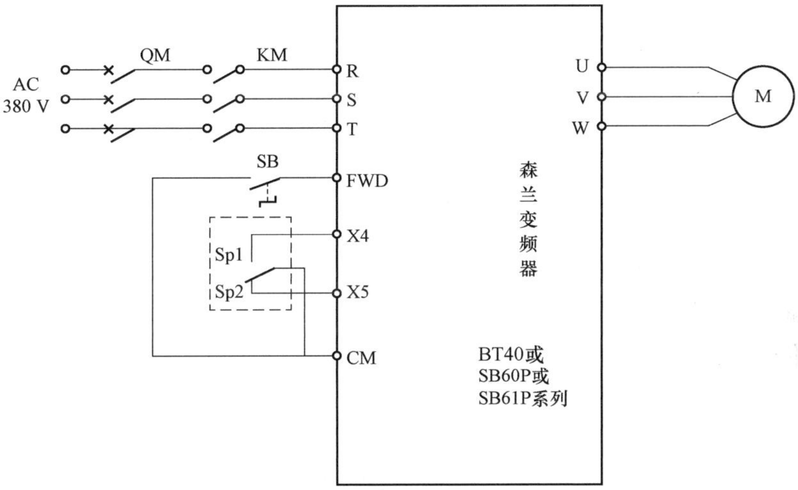

图 7-23　双位控制原理图

设运行前压力为 0，SP1 为接通状态。将转换开关 SB 闭合，由于 X4 与 CM 处于接通状态，电动机正向起动并升速，水压 PX 上升。当 PX＞PL 时（PX 为实际压力，PL 为压力的下限值），SP1 断开，即 X4 与 CM 断开，电动机保持现有的转速。

如果由于用水量增加，导致实际压力又低于下限压力（PX＜PL），则 X4 与 CM 再次接通，使电动机再升速，直至 PX＞PL、X4 与 CM 断开时为止。

如果由于用水量减少，导致 PX＞PH（PH 为压力的上限值），则 SP2 接通，即 X5 与 CM 接通，因而电动机减速，直到 PX＜PH、SP2 断开时为止，电动机又保持现有的转速运行。这样，就可以使供水压力始终保持在上限值 PH 和下限值 PL 之间。

（3）采用 PID 调节的变频调速供水电路

采用 PID 调节器和变频器构成闭环系统控制，可以提高供水压力的控制精度，改善控制系统的动态响应，所以应用也十分广泛。

恒压供水控制系统的基本控制策略是：采用电动机调速装置与控制器构成控制系统。系统的控制目标是当用户用水量发生变化，导致管网压力发生变化时，利用压力变送器测出泵站总管的实际压力，与系统设定的给定压力值进行比较，根据差值进行运算处理后，由 PLC 发出控制指令，控制泵电动机的投运台数和运行变量泵电动机的转速，从而达到给水总管道压力稳定在设定的压力值，使管网出水口的压力始终保持不变，从而稳定供水压力，并达到节约电能的目的。在一定范围内保持出水压力恒定，可以通过改变转速来调节流量，并且没有压力升高带来的损失。这种特性表明，调节水泵转速，改变出水流量，使压力稳定在恒压线上，就能够完成恒压给水。变频调速的关键是通过改变电动机工作电源频率达到改变电机转速的目的。

图 7-24 所示为利用变频器进行恒压供水系统的控制原理。VRF 是变频器的电压给定信号的输入端。为防止水池缺水时水泵因空转而受到损害，在 FWD 与 CM 之间接入水位开关 ZJ2。当水位低于标定水位时，此接点断开，变频器将停止输出，水泵停止工作。只有水位高于标定水位时，水泵才能继续工作。

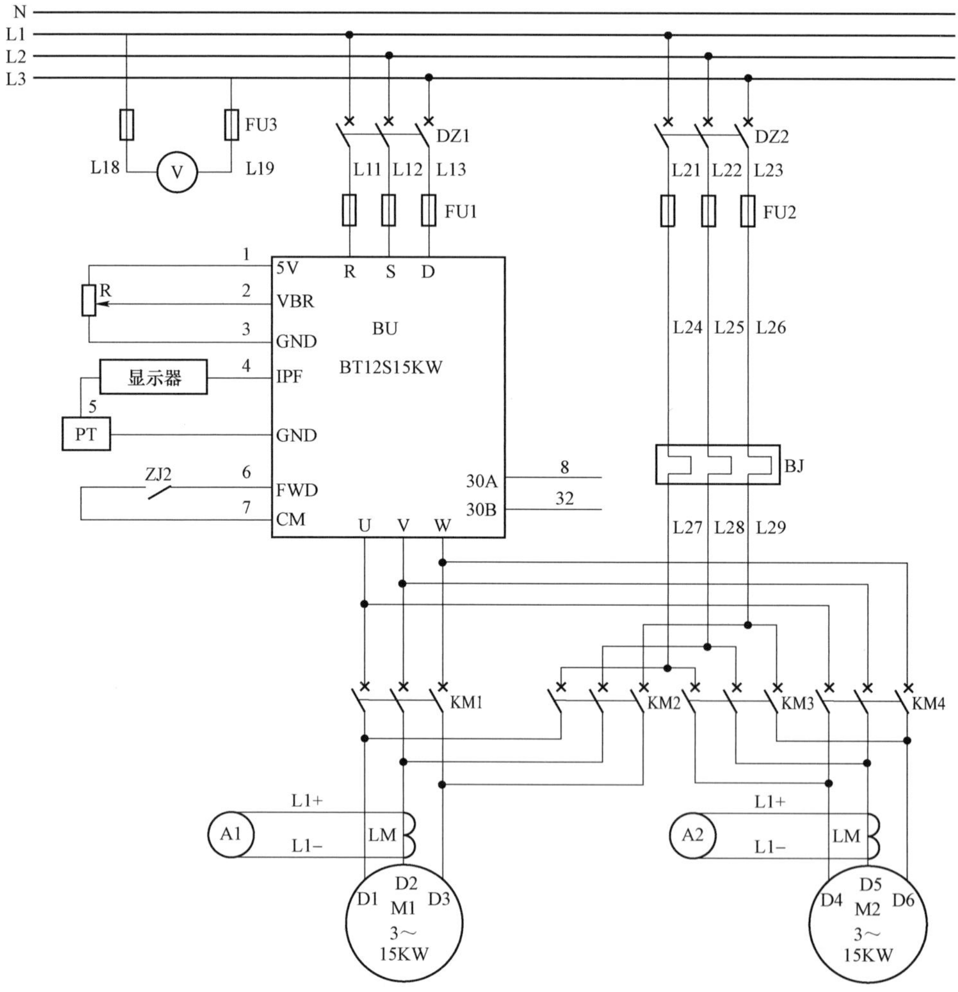

图 7-24　恒压供水控制原理

PID 调节器应设定一个目标值，目标值是与用户要求的压力相对应的值，通常按所需压力与远传表量程间比值的百分数取值。工作时，反馈值将随时与目标值比较，并按预置的 P、I、D 值调整变频器给定信号，从而调整水泵转速，改变水泵流量，使压力保持恒定。

7.4 供取料系统供电

7.4.1 引进供取料工艺简介

早期引进外方系统供取料厂房采用 2.5 m^3 带夹板容器作为供料及贫料容器，用 1 m^3 容器作为精料容器。供料容器外壁可加温至 100 ℃以上，但内部温度控制在 60～70 ℃范围内，采用分阶段加热办法供料，开始供料前，先加热供料容器上部，以后再根据供料情况加热中部及下部，供料系统中装有 ΓA 仪表，以监控其轻杂质含量。贫料及精料容器工作时是放在－20 ℃盐水冷凝的迪瓦瓶内，也采用补压机以提高精贫料容器的冷凝能力。供取料厂房内不设置液化记料系统。我国扩散法分离工厂采用以上供料方法，但所用容器大小不同，现在国内工厂离心法分离车间的供取料分离中，精料与贫料系统也选采用盐水冷凝装置，贫料容器为仿制外方的 2.5 m^3 容器，精料为 740 L 容器。外方也有压热罐装置，但那是用于原料转移的，将 2.5 m^3 容器内原料转至 48X 或 48Y 容器内，以供其他单位使用。

7.4.2 国内供取料工艺简介

20 世纪 90 年代前，国内工厂是按分离能力小规模设计而成的，由供料厂房承担供取料工艺全部任务。20 世纪 90 年代中期，国家决定扩建高分离能力规模的商用工厂，比原来能力扩大了 4 倍。为此，在综合设计合理，节约投资，便于运行等因素后，决定将原供取料系统改为供料与精料厂房，另外新建收料厂房，专门用于收取贫料。由于供料厂房面积及位置所限，不可能将其扩建，供料厂房与收料厂房相隔较远，从运行管理而言将供精贫布置在一个厂房内合理，但由于收料厂房是新建的，建筑面积比供料厂房大，使贫料系统布置合理，适宜于采用新工艺，而且从工艺上讲，贫料系统也是可以独立的。

从 20 世纪 90 年代后期开始，新的供取料系统投入正式运行，随着生产能力不断提升，以及国内外信息交流的增加，在不影响系统正常运行前提下，先后对精料与贫料系统开展了技术改进试验活动，并最终取得成功，外方专家参观了国内供取料系统后认为国内现行的精料与贫料系统工艺技术为领先水平。

7.4.3 供取料系统主要设备供电结构

供取料系统主要设备供料双电源切换箱的保温箱、冷风箱、收料箱、滑阀真空泵，电动阀双电源切换箱的贫料电动阀、精料电动阀、供料电动阀、真空电动阀、净化电动阀、吹洗电动阀等，及其他起重机、液下泵等设备。

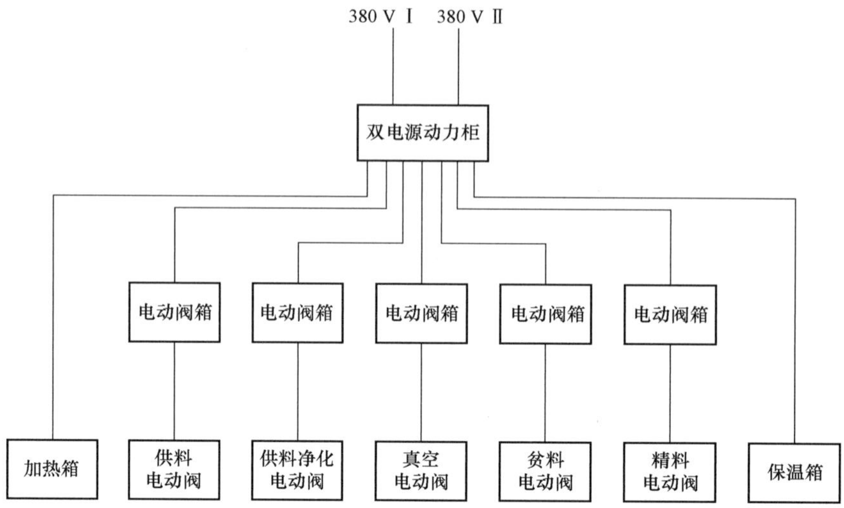

图 7-25　图供取料厂房主要设备供电结构图

7.5　液化均质系统供电

7.5.1　液化均质系统介绍

液化均质浓缩后的 UF_6 产品进行加热液化，利用 UF_6 的压力、温度与相态三者变化关系的物理性质，从而进行充分对流均质，以保证产品同位素、杂质混合均匀，同时也负责容器抽空、配料等生产工艺。

液化均质工艺流程为：将盛装物料的精料容器使用专用连接管与压热罐（用于加热装料容器的设备，有大、小两种规格的压热罐）工艺管道相连，准备状态检查合格后，启动压热罐加热，分阶段升温并严格控制升温速度，使物料在容器内均匀受热。达到三相点充分液化后，继续加热向 93 ℃升温，并维持（93±3）℃恒温 12 h 以上，液化均质期间根据压力情况适时净化。液化均质合格后，进行分装或取样（样品用于分析检验、仲裁、用户鉴定），结束后收集液化容器或取样管线内的剩余物料。产品容器连接管经吹洗、深抽后将容器拆除。待产品容器中的物料充分固化后，转入核物料运输中心并称重。

7.5.2　液化均质供电系统结构

液化均质配电室内共有 7 块低压配电柜，电源分别来自 10 kV 两段，分列运行，变压器的容量为 1 000 kVA。正常运行方式下，主电源带配电室全部负荷，异常运行方式下，备用电源带全部负荷，手动操作提供照明、生活、安全、保卫等小负荷用电。另供电系统包含一套 UPS 系统。

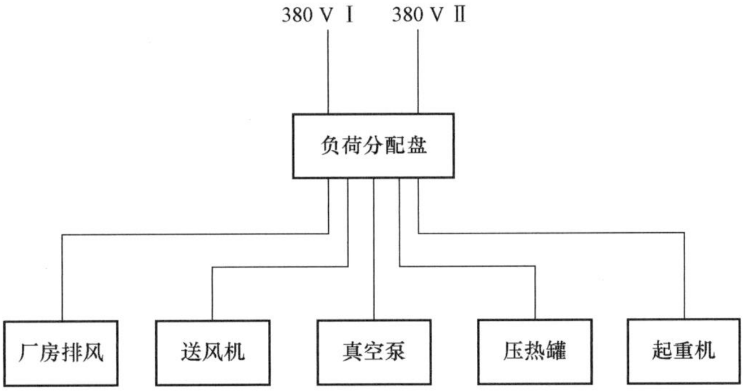

图 7-26　液化均质厂房主要设备供电结构图

7.5.3　压热罐电气系统

7.5.3.1　压热罐电气系统介绍

压热罐电气系统主要由全数字触摸屏智能电力调整器、加热器、交流接触器、变频器、冷却风机、压热罐风扇等组成。在控制室 DCS 上可以对压热罐中风扇变频器电源接通/断开、风扇的启/停、加热器接通/断开进行操作。压热罐在正常工作时，调整器能够根据控制信号的变化对输出电压幅值进行连续调节，当压热罐温度达到设定标准时，控制信号（PID）被截断，调整器输出截止，停止加热。

7.5.3.2　全数字触摸屏智能电力调整器的型号及技术规格

液化均质厂房安装有 8 台压热罐，4 台压热罐采用谦和 QH3A-200A-YX-R 型全数字触摸屏智能电力调整器，另外 4 台压热罐采用英杰 KTY3S-2-0025 型全数字触摸屏智能电力调整器。

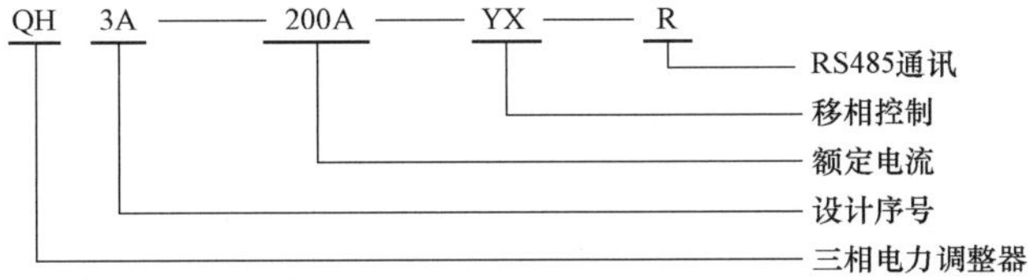

图 7-27　QH3A-200A-YX-R 型全数字触摸屏智能电力调整器

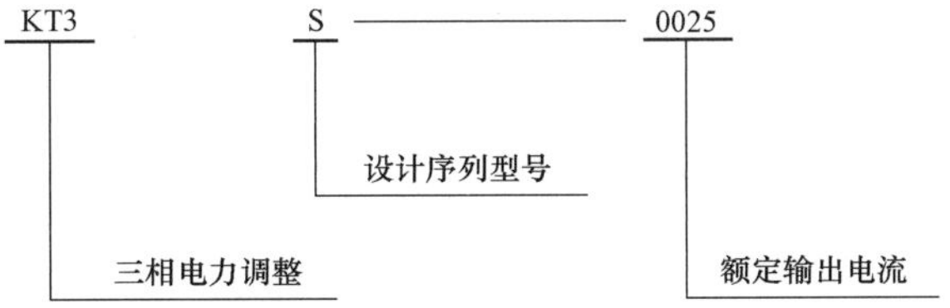

图 7-28　英杰 KTY3S-2-0025 型全数字触摸屏智能电力调整器

7.5.3.3　日常维护检查方法及要求

压热罐电气系统日常维护包括动力柜的检查、接触器的检查、全数字触摸屏智能、电力调整器的检查、压热罐系统加热器检查、变频器的检查、压热罐风扇的检查、冷却风机的检查。压热罐电气控制系统检查标准见表 7-2。

表 7-2 压热罐电气控制系统检查标准表

项目名称	内容
基本性能要求	设备的各项技术性能指标及参数符合设计标准，电力调整器的输出电压可以根据控制信号（PID）的不同进行连续调节
输入电压范围/V	AC 380±10%
频率/Hz	50
额定电流/A	25
输出电压范围/V	输入电压的 0～98%
外观及绝缘状况	设备整齐、清洁，外观内外表面无脱漆、损坏现象，系统绝缘良好
系统保护	安全可靠，在发生故障时可迅速断开电源，保证压热罐系统安全运行
风机工作状况	能够稳定实现变频运行
试运行状况	设备运行平稳，无异常噪声
资料完整状况	设备技术资料及图纸完整
检修记录	建立完整的设备试验、设备检修记录

第 8 章

电气系统的运行和管理

8.1 节约电能

电能是现代国民经济生活不可或缺的重要能源，更是工业生产的主要能源和动力，在能源依然紧张的今天，为了合理利用能源，降低能耗，提高经济效益，节约电能尤为重要。铀浓缩（离心）工厂主要用电负荷是主工艺系统、辅助工艺冷却系统、照明系统及非生产办公生活用电，属大工业用户，用电成本占公司总成本较重份额，电能的有效使用可以使企业减少电费开支，降低产品生产成本，提高企业经济效益，增加财富积累，促进生产的发展，从而提升企业竞争力。

8.1.1 节约电能的方法

节约电能的方法分为技术措施节电和管理措施节电，主要包括用电计划编制、制定节能目标、落实节能措施、开展节能对标、积极采用节能新技术、新工艺、新设备、新材料，重视节能，做好用能统计分析，持续开展主辅工艺系统运行工况优化调整、持续开展节能的宣传教育等措施。

8.1.1.1 建立健全科学的能源管理制度

1）加强能源基础管理，每年编制详细的电力消耗预算和节电目标，做好用电监测统计分析，定期开展电力消耗分析，及时发现电力消耗超预算情况并制定改进措施，持续跟踪落实节能措施。积极推行节电目标管理，科学合理制定节电目标任务，并将节电目标分解到各单位及相关责任人，同时做好目标激励考核工作。

2）根据国家节约能源相关法律法规，加强非生产性用电管理，积极采取技术上可行，经济上合理的技术措施和管理措施，加强照明管理和空调设施管理，做好办公信息化设备的管理，减少非生产环节中电力损失和浪费，更有效、更高效地利用电力资源。

3）做好新建、扩建和技改工程的节电论证工作，技术主管部门应严格审核项目可行性报告中的节电节能分析报告，把不合理用电问题控制在消耗源头。积极采用节电新工艺、新技术、新设备、新材料，避免生产工艺落后、技术落后、设备选型不合理等现象，做好用电负荷的计算、测算，杜绝变配电设备大马拉小车的现象，提高电能的转换、输送效率。

4）做好节能对标工作，强弱项、补短板。走出去学习先进管理经验，请进来介绍节电新技术、新工艺。定期开展电力消耗统计分析和平衡分析工作，准确掌握电力消耗现状，及时发现电能消耗存在的问题并针对性地采取措施进行改进，巩固已有的节能成果，提高电能利用效率。

5）做好高压供电系统运行方式的优化、变配电设备检修计划编制、辅助系统运行方案的编制、制冷机周期性保养计划的编制等工作，保证两回供电线路的负荷平衡，避免尖峰负荷产生，降低计费周期内供电线路的最大需量，从而降低基本电费，降低能源成本。

6）加强节能宣传教育，积极推广节能新技术，全方位立体宣传节能法律法规，及其技能知识和技巧，提高职工的节能意识。

8.1.1.2　进行供用电系统技术改造

合理选择供用电设备的容量，提高设备的负荷率和能源转换效率，通过技术经济分析更新低效率设备，持续优化变配电系统运行方式。

1）定期对供电线路和用电设备的电能消耗进行趋势分析，及时对存在问题和国家明令淘汰的高能耗变配电设备进行更新改造，采用新型节电型变压器，积极采用变频调速节电技术，最大程度地最低电力输送环节的损耗。

2）提高电动机使用效率，电动机负载率为75%～100%之间运转效率最高，使用容量太大的电动机，不仅投资成本高，而且电能损耗也多。铀浓缩工程辅助系统基本是电力拖动类设备，大量电动机所消耗的电能在总耗电量中占比非常高，基于系统安全运行所需，设备安装容量冗余较大，运行时应合理搭配，保证运行电机所带负荷在75%～100%之间，提高运转效率，降低能耗。另外，制冷系统和空调系统用电负荷随环境温度季节性变化较大，上述系统应采用通用变频调节技术，通过减小电机输入频率来降低电机的输出功率，避免电机做无用功，从而减少电力消耗。

3）过激技术的应用。

过激节能是离心法铀浓缩工厂中频系统运行节能的一种措施。离心机的电机采用的是磁滞式同步电动机，磁滞式同步电动机同步运行时，在某一时间段，短时间提高磁滞式同步电动机定子的外部电源参数（主要是电源的输出电压），从而加强磁化转子磁场的强度，再利用转子的磁滞特性，适当降低电源的输出电压，仍然能保证离心机所需的额定转矩，进而达到降低变频器输出功率。通过这一措施提高了磁滞式同步电动机的功率因数，降低磁滞同步电动机的运行电流，提高其工作效率。

4）自然冷源的利用。

铀浓缩生产工艺中，主工艺系统运行产生的热量主要是通过大型离心式冷水机组的连续运转制取的冷冻循环水进行冷却。制冷机自身运行需要消耗大量的电能，同时机组配套的大功率冷冻泵、冷却泵以及冷却塔的运转也都需要消耗大量电能，实现液体输送以及冷却降温等功能。上述制冷方式能耗较高，特别是在冬季外界环境温度较低的情况下，这种方式极不经济。因此，在冬季和过渡季室外温度较低的情况下，通过利用室外温度较低的干空气对冷却水进行蒸发冷却的方式，直接制备低温冷水，可以大大减少机组运行时间，降低制冷机、循环冷却水泵及冷却塔运行时间，实现系统能耗大幅降低。

蒸发冷却技术作为一种新型的冷却节能方式，其工作原理是利用冬季外界湿球温度较低的干空气，在冷却塔内对高温冷却水进行强制对流，直接冷却降温。当冷空气和高温水在冷却塔内接触时，一方面由于冷空气与高温水存在温差，可以降低水温。另一方面，由于干空气和水蒸汽表面之间存在水汽分压差，在压差的作用下，水会产生蒸发现象，由液态转化为气态，从而将水中的热量带走，蒸发传热，实现水温降低，这部分释放的热量就是水的潜热。

闭式冷却塔外循环管道泵将冷却塔底集水槽中的水抽吸到喷淋管中，然后喷淋在冷却盘管的外表面上，吸取盘管内工艺冷却水的热量，从而使工艺冷却水的温度得以降低。顶部装有风机，使得空气分别由侧面设置的上，下进风口吸入。喷淋水和从上进风口吸入的空气经过盘管受热后，部分水蒸发，大量的蒸发潜热由空气带走。其余的水则通过填料区，被从下进风口吸入的空气冷却，温度降低后，进入集水槽中，再由管道泵送入喷淋水系统中，继续循环。闭式冷却塔内循环系统是将主机泵出来的工艺冷却水，由主机冷却水泵加压输送到闭式冷却塔的冷却盘管中，冷却水在管内自下而上流动，与盘管外的喷淋水和空气进行热交换，从而确保工艺水系统正常运行。

通过对比可以看出，采用蒸发冷却节能技术，除新增闭式冷却塔需要额外耗电外，原系统的大功率制冷机、循环水泵、冷却塔在冬季均可停止使用，减少了用电设备，大大减少了电能损耗，节电效果十分显著。

8.1.2　功率因数

功率因数是电力系统的一个重要的技术数据，它是衡量电气设备效率高低的一个系数。在交流电路中，电压与电流之间的相位差（φ）的余弦叫做功率因数，用符号 $\cos\varphi$表示，如图 8-1，在数值上，功率因数是有功功率和视在功率的比值，即

$$\cos\varphi = P/S \tag{8-1}$$

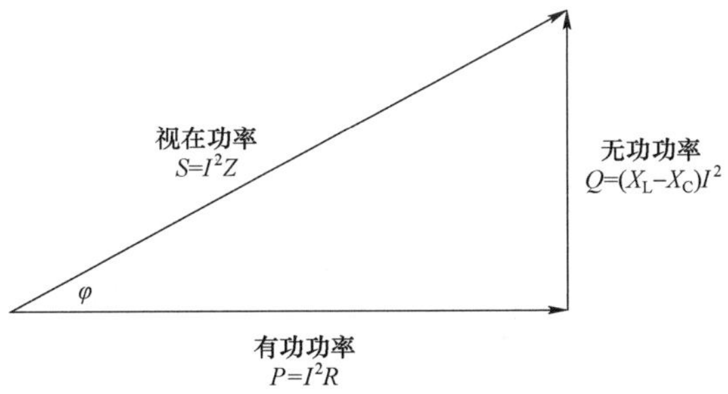

图 8-1　功率三角形图

从功率三角形及其相互关系式中也不难看出，当线路输送一定数量的有功功率时，如输送的无功功率越多，线路的电压损失就会越大，从而降低了用户端电压。线路电压损失的计算公式为：

$$\Delta U = (PR+QX)/U_e \tag{8-2}$$

式中，ΔU——线路的电压损失，kV；

U_e——线路的额定电压，kV；

P——线路输送的有功功率，kW；

Q——线路输送的无功功率，kvar；

R——线路电阻，欧姆；

X——线路电抗，欧姆。

当系统电压及功率因数降低，使电气设备得不到充分利用，不仅造成输配电环节电能损耗增加，效率降低，而且还降低了电力设施的输配电能力，影响供电系统的安全、经济运行。严重时，还会损坏用电设备，造成电压崩溃，引起大面积停电。

8.1.2.1　功率因数的计算

从图 8-2（a）电压电流同相位图中可以看出，当$\varphi=0°$，即交流电路中电压与电流同相位，有功功率等于视在功率，这时 $\cos\varphi$ 的值最大，$\cos\varphi=1$。当电路中只有纯阻性负载，或电路中感抗与容抗相等时，才会出现这种情况。图 8-2（b）中，$0°<\varphi<90°$，此时为电路中有“滞后”的 $\cos\varphi$；容性电路中电流的相位总是超前于电压。图 8-2（c）中，$-90°<\varphi<0°$，电路中有“超前”的 $\cos\varphi$。而当纯电容和纯电感负载上的电流和电压相位差 90° 时，功率因数$\lambda=\cos90°=0$。

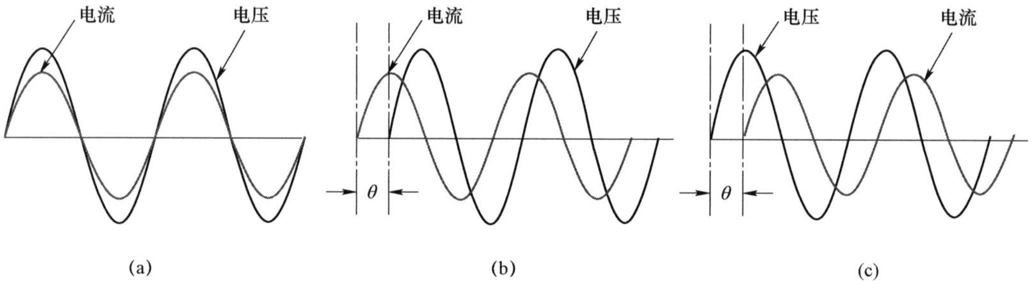

图 8-2　电压电流相位图

（a）电压电流同相位图；（b）电流滞后电压 90° 相位图；（c）电流超前电压 90° 相位图

由此，可以看出功率因数的大小与电路的负荷性质有关，一般具有电感性负载的电路功率因数都小于 1。功率因数低，说明电路用于交变磁场转换的无功功率大，从而降低了设备的利用率，增加了线路供电损失。

8.1.2.2　提高功率因数对电能质量的改善

1. 提高功率因数数值，可以减少供电系统中的电压损失，可以使负载电压更稳定，改善电能质量。

2. 可以增加系统的裕度，挖掘出发供电设备的潜力。如果系统的功率因数低，那么在既有设备容量不变的情况下，装设电容器提高功率因数后，可以提升带载的容量。

比如，将 1 000 kVA 变压器之功率因数从 0.8 提高到 0.98 时：

补偿前带载能力：$1\,000\times0.8=800$ kW；

补偿后带载能力：$1\,000\times0.98=980$ kW。

同样一台 1 000 kVA 的变压器，功率因数改变后，它就可以多承担 180 kW 的负载。

3. 减少供电系统电能损耗。通过提高功率因数，可以减小供电回路的电流，降低变配电设施如变压器、电气设备、导线的安装容量，不仅减少了设施投资费用，而且降低了输配电系统的电能损耗，同事还能充分享受功率因数奖励电费。

以某用户为例，根据电网计费规定，当线路功率因数在 0.9 以下时，实行扣罚（全月电费增（+）%），当线路功率因数在 0.9 以上时，实行奖励（全月电费减（–）%），具体情况见表 8-1。

表 8-1　110 kV 线路功率因数电费增减表

序 号	比值（无功电度/有功电度）	平均功率因数（cosϕ）	全月电费增/减%数
1	0.000 0～0.100 3	1	−0.75
2	0.100 4～0.175 1	0.99	−0.75
3	0.175 2～0.227 9	0.98	−0.75
4	0.228 0～0.271 7	0.97	−0.75
5	0.271 8～0.310 5	0.96	−0.75
6	0.310 6～0.346 1	0.95	−0.75
7	0.346 2～0.379 3	0.94	−0.6
8	0.379 4～0.410 7	0.93	−0.45
9	0.410 8～0.440 9	0.92	−0.3
10	0.441 0～0.470 0	0.91	−0.15
11	0.346 2～0.498 3	0.9	0
12	0.498 4～0.526 0	0.89	0.5
13	0.526 1～0.553 2	0.88	1
14	0.553 3～0.580 0	0.87	1.5
15	0.580 1～0.606 5	0.86	2
16	0.606 6～0.632 8	0.85	2.5

8.1.3　无功补偿

电网中的电力负荷如电动机、变压器、日光灯、电弧炉等大多属于电感性负荷，这些电感性设备在运行中不仅需要向电力系统吸收有功功率，还同时吸收无功功率，通过并联电容器设备补偿感性负荷所消耗的无功功率，减少电网无功功率的输送，从而降低电能损耗。对于电容性的负载，比如变频器，可以通过在变频器电源端加入电抗器来提高功率因数。无功补偿的主要目的就是提升系统的功率因数。

8.1.3.1　电容器补偿原理

如图 8-3，在同一电路中，电感电流与电容电流方向相反，相位互差 180°，当加入无功补偿后，感性负荷吸收的无功功率得到了补偿，减少了电源侧提供的无功功率。如图 8-3 所示，

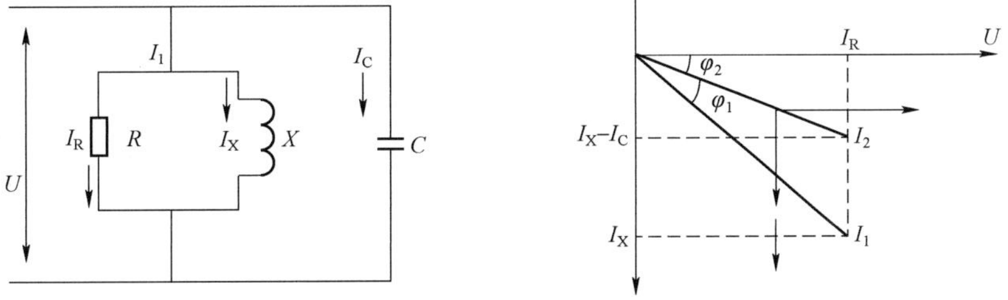

图 8-3　并联电容器原理电路图及向量图

由于容性电流 IC 相位超前电压 90°，可抵消一部分相位滞后于电压 90° 的感性电流 IX，使电流由 I_1 减为 I_2，相角由 φ_1 减为 φ_2，使功率因数从 $\cos\varphi_1$ 提高到 $\cos\varphi_2$。

8.1.3.2 电容器容量的选择

电容器容量：

$$Q_c = P\left(\sqrt{\frac{1}{\cos^2\varphi_1}-1}-\sqrt{\frac{1}{\cos^2\varphi_2}-1}\right) \tag{8-3}$$

为避免无功功率大范围流动而引起电网中功率损耗增加，一般无功补偿安装在负荷中心，不仅要求整个系统无功功率平衡，而且要求在格局部地区尽量达到无功功率平衡。

8.1.3.3 电容器在系统的应用情况

电力系统中电容器应用还是比较广泛的，如陕铀公司在 10 kV 每条馈线的低压负荷侧都配置了电容器，进行低压侧就地集中补偿，视负荷情况随低压进线开关运行后投入，为系统主要无功补偿方式；另还有 10 kV 系统的集中补偿，电容器组配置为北区变 2 台电容器柜（容量为 900 kvar），01d-4 配电室 4 台电容器柜（容量为 750 kvar），与各 10 kV 分段相对应，为系统的辅助无功补偿设备，目前因系统 110 kV 线路功率因数情况较好未投入运行。

8.2 电压偏差与调节

电压质量是电能质量的重要指标之一，减小电压偏差，将供电电压调整到允许范围内，对提高供电电能质量水平，保证电力系统的安全稳定与经济运行具有重要的意义。

8.2.1 术语与定义

系统标称电压：用以标志或识别系统电压的给定值。

供电点：供电部门配电系统与用户电气系统的联结点。

供电电压：供电点处的相电压或线电压。

电压偏差：实际运行电压对系统标称电压的偏差相对值，以百分数表示。

电压合格率：实际运行电压偏差在限值范围内累计运行时间与对应总运行时间的百分比。

8.2.2 电力系统电压等级划分

电压的国际单位制为伏特（V，简称伏），常用的单位还有毫伏（mV）、微伏（μV）、千伏（kV）

电力系统的按电压等级分为输电网和配电网两部分。

8.2.2.1 电力输电网

特高压：1 000 kV、750 kV；

超高压：500 kV、330 kV；

高压：220 kV、110 kV。

8.2.2.2　电力配电网

高压配电电网电压：110 kV、66 kV；

中压配电网电压：20 kV、10 kV、6 kV；

低压配电网电压：0.4 kV（220 V/380 V）；

对于铀浓缩（离心）工厂主要有以下几个电压等级：

高压输入电网电压：35 kV、110 kV；

中压配电网电压：6 kV、10 kV；

低压配电网电压：0.4 kV（220 V/380 V）。

8.2.3　电压偏差的计算与允许值

电压偏差是指电网实际电压值和系统标称电压之差的百分数，即

$$\Delta U\% = \frac{U - U_{\mathrm{N}}}{U_{\mathrm{N}}} \times 100\% \tag{8-4}$$

式中，$\Delta U\%$——电压偏差百分比；

U——检测点上的实际电压值，V；

U_{N}——检测点系统标称电压值（额定电压）。

根据 GB/T 12325—2008《电能质量供电电压偏差》规定电压偏差的限值为：

1. 35 kV 及以上供电电压正、负偏差绝对值之和不超过标称电压的 10%。
2. 20 kV 及以下的三相供电电压偏差为标称电压的±7%。
3. 220 V 单相供电电压偏差为标称电压的+7%，–10%。
4. 对供电点短路容量较小，供电距离较长以及供电电压偏差有特殊要求的用户，由供、用电双方协商确定。

根据国标 GB 50052—2009《用电设备端电压偏差的限值》规定

5. 电动机允许电压偏差为额定电压的±5%。
6. 照明时，允许电压偏差在一般工作场所为额定电压的±5%，对于远离变电所的小面积一般工作场所，难以满足上述要求时，可为额定电压的+5%、–10%；应急照明、道路照明和警卫照明等为额定电压的+5%、–10%。
7. 其他用电设备当无特殊规定时允许电压偏差为额定电压的±5%。

8.2.4　电压偏差产生的原因和对设备运行的影响

1. 供电距离超过合理的供电半径。
2. 供电导线截面选择不当，电压损失过大。
3. 线路过负荷运行。
4. 用电功率因数过低，无功电流大，加大了电压损失。
5. 冲击性负荷、非对称性负荷的影响。
6. 调压措施缺乏或使用不当，如变压器分头摆放位置不当等。
7. 用电单位装的静电电容器补偿功率因数没有采用自动补偿。
8. 对感应电动机的影响：由于转矩与端电压平方成正比，端电压偏低时，不仅电动机

启动困难，负荷电流增大，引起过热，缩短电动机的寿命。而且转速下降，会降低生产效率，减少产量，影响产品质量。电机端电压偏高，其负荷电流和温升也将增加，绝缘受损加剧，也会缩短寿命。

9. 对同步电动机的影响：当同步电动机的端电压偏高或偏低时，其转速虽然保持不变，但因转矩与电压平方成正比，所以会对转矩、负荷电流和温升产生不利影响。

10. 对照明设备的影响：电压偏差对白炽灯的影响最为显著，端电压偏低时，光源效率将下降，照度降低，影响视力，荧光灯不宜启动。端电压偏高，其使用寿命将大大缩短。由此可以看出，电压偏差对供电设备产生了重要的影响，电压偏差值的变化将影响整个供电系统正常的运行。

11. 对变压器的影响：电压偏差主要影响着变压器的空载损耗与电阻损耗。当变压器中的电压比额定电压高时，变压器的空载损耗将明显的增大，其电阻损耗则会降低；当变压器中的电压比额定电压低时，其空载损耗将会降低，而其电阻损耗则会增大。倘若电网当中的电压又能够调整的范围，那么应当选择经济运行的电压。当变压器的运行电压比额定值高时，变压器设备中的铁芯会进入饱和区，那么变压器的励磁电流将会急剧的增加，空载损耗将会有明显的增大。

12. 对线路和电容器的影响：线路损耗受电压偏差的影响和变压器的空载损耗相同，电压偏差主要影响着电容器的功率流量与使用寿命。

13. 对电子设备的影响：随着计算机系统的大规模应用和自动控制系统的不断精细化，对与一个计算机中心来说。电压偏差会造成计算机系统的工作紊乱，数据损坏；对于精密机床、机器人等，电压偏差可能造成无法对其由驱动过程的精密控制。

14. 对无功补偿的影响：电压过低会引起补偿电容器组输出无功减少，不能满足补偿要求。

8.2.5　电压偏差调节的方法

为满足用电设备对电压的要求，保证电能的电压质量，使电压偏差在规定范围内，供配电系统必须采取相应的电压调整措施。

8.2.5.1　正确选择变压器的变比和电压分接头

1. 车间 6 kV、10 kV 配电变压器

车间变电所 6 kV、10 kV 配电变压器一般为无载调压型，其高压绕组（一次绕组）有（1±2×2.5%）U_N 的五挡电压分接头，确保 0.4 kV 电压在合理范围的情况下，选择合适的挡位。在变压器的安装验收时，应重视变压器挡位的检查。

表 8-2　国产 10 kV 变压器分接开关每挡之间技术参数

挡 位	Ⅰ	Ⅱ	Ⅲ	Ⅳ	Ⅴ
电 压	+5%	+2.5%	额定	−2.5%	−5%
抽头位置	2−3	3−4	4−5	5−6	6−7
对应电压值/V	11 000	10 750	10 500	10 250	10 000

国产变压器额定挡位为Ⅲ挡，额定电压为 10 500 V，对应的抽头位置为 4-5，变压器每升（降）一挡，10 kV 电压对应降（升）250 V。一般变压器挡位都放置在Ⅲ挡，4-5 抽头位置。

表 8-3　俄 10 kV 工艺变分接开关每挡之间技术参数

挡 位	Ⅰ	Ⅱ	Ⅲ	Ⅳ	Ⅴ
电压	+5%	+2.5%	额定	−2.5%	−5%
抽头位置	3−6	2−6	2−5	1−5	1−4
对应电压值/V	10 500	10 250	10 000	9 750	9 500

俄方变压器额定挡位为Ⅲ挡，额定电压为 10 000，对应的抽头位置为 2-5，变压器每升（降）一挡，10 kV 电压对应降（升）250 V。一般变压器挡位都放置在Ⅰ挡，3-6 抽头位置。确保同一电压等级母线所带馈线变压器变比相同。

2. 35 kV/110 kV 的主变压器

35 kV/110 kV 的主变压器采用的是有载调压变压器，变压器的电压分接头在带负荷情况下可实施调整，当外网电压偏差较大时，通过调整主变电压挡位稳定电压。

表 8-4　110 kV 主变分接开关每挡之间技术参数

分接%	分接位置	联结		电流/A	电压/V
+10%	1	X1-Y1-Z1	K+	150.3	121 000
+8.75%	2	X2-Y2-Z2		152.0	119 625
+7.5%	3	X3-Y3-Z3		6153.8	118 250
+6.25%	4	X4-Y4-Z4		155.6	116 875
+5.00%	5	X5-Y5-Z5		157.5	115 500
+3.75%	6	X6-Y6-Z6		159.4	114 125
+2.5%	7	X7-Y7-Z7		161.3	112 750
+1.25%	8	X8-Y8-Z8		163.3	111 375
额定	9a	X9-Y9-Z9		165.3	110 000
	9b	AK-BK-CK			
	9c	X1-Y1-Z1			
−1.25%	10	X2-Y2-Z2	K−	167.4	108 625
−2.5%	11	X3-Y3-Z3		169.6	107 250
−3.75%	12	X4-Y4-Z4		171.8	105 875
−5.00%	13	X5-Y5-Z5		174.0	104 500
−6.25%	14	X6-Y6-Z6		176.4	103 125
−7.50%	15	X7-Y7-Z7		178.7	101 750
−8.75%	16	X8-Y8-Z8		181.2	100 375
−10.0%	17	X9-Y9-Z9		183.7	99 000

低　压	
电压/V	电流/A
10 500	1 732.1

主变额定挡位为 9a、9b、9c，额定电压为 110 000 V，主变挡位每升（降）一挡，电压对应降（升）1 375 V。

8.2.5.2 降低系统阻抗

供配电系统中的电压损耗在输送功率确定后，其数值与各元件的阻抗成正比，所以减少供配电系统的变压级数和增大供配电线路的导线截面是减少电压损耗的有效方法，线路中各元件电压损耗减少，就可提高末端用电设备的供电电压。

8.2.5.3 平衡三相负荷

三相负荷假如不平衡，会使有的相负荷过大，有的相负荷过小，负荷过大的相，电压损耗大大增加，这样使末端用电设备端电压太低，影响用电安全。

8.2.5.4 采取无功功率补偿措施

功率因数太低，会使系统无功损耗增大，同时使线路中各元件的电压损耗也增加，导致末端用电设备端电压太低，影响安全可靠用电。提高功率因数的的方法有以下两种：

1）提高自然功率因数：即不添置任何无功补偿设备，采取减少用电设备中无功功率的需要量，使功率因数提高。减少电动机、变压器空负荷或轻负荷运行，此方法是提高功率因数的基本措施。（优化变压器的备用方式，满足备用要求的情况下减少备用量）

2）采取人工补偿：运行中可在工厂变配电所的母线上或用电设备附件装设并联电容器，用其来补偿感性负载过大的感性电流，减少无功损耗，提高功率因数，提高末端用电电压。

8.2.5.5 合理改变供电系统运行方式

例如有两台变压器并列运行的工厂，当负荷轻时可改为一台变压器运行，此外，合理调整对用电设备的供电方式等也能起到改善电压的作用。

8.2.6 电压监测点设置原则

8.2.6.1 A 类供电电压监测点：带地区供电负荷的变电站 20/10（6）kV 母线电压。

1）变电站内两台及以上变压器分列运行，每段 20/10（6）kV 母线均设置一个电压监测点。

2）一台变压器的 20/10（6）kV 为分列母线运行的，只设置一个电压监测点。

8.2.6.2 B 类供电电压监测点：35（66）kV 专线供电和 110 kV 及以上供电的用户端电压。

1）35（66）kV 及以上专线供电的可装在产权分界处，110 kV 及以上非专线供电的应安装在用户变电站侧。

2）对于两路电源供电的 35 kV 及以上用户变电站，用户变电站母线未分列运行，只需设置一个电压监测点；用户变电站母线分列运行，且两路供电电源为不同变电站的应设置两个电压监测点；用户变电站母线分列运行，两路供电电源为同一变电站供电，且上级变电站母线未分列运行的，只需设置一个电压监测点；用户变电站分列运行，双电源为同一变电站供电的，且上级变电站分列运行的，应设置两个电压监测点。

3）用户变电站高压侧无电压互感器的，电压监测点设置在给用户变电站供电的上级变电站母线侧。

8.2.6.3　C 类供电电压监测点：35（66）kV 非专线供电和 20/10（6）kV 供电的用户端电压。

1）C 类电压监测点应安装在用户侧。

2）C 类负荷计算方法为 C 类用户售电量除以统计小时数。

3）应选择高压侧有电压互感器的用户，不宜设在用户变电站低压侧。

8.2.6.4　D 类供电电压监测点：380/220 V 低压用户端电压，每 50 台公用配电变压器至少应设置一个电压监测点，不足 50 台的设置一个电压监测点，监测点应设在具有代表性的低压配电网首末两端用户。

举例：铀浓缩（离心）工厂各站点电压监测点及主要参数指标。（以某公司为例）

（1）110 kV 电压监测点：110 kV 进线、110 kV 母线；压偏差范围：110 kV±5%；

（2）10 kV 电压监测点：10 kV 母线；电压偏差范围：9.5～10.5 kV；

（3）380 V 电压监测点：低压配电室 380 V 母线；电压偏差范围：370～415 V；

8.2.7　运行管理

1. 加强电压质量调控和监测设备定期巡视检查，发现问题及时进行检修维护，确保设备无缺陷运行。

2. 用户端电压过高或过低时，应及时对主变压器分接头位置进线调整。

3. 积极应用地区电网和变电站无功电压优化控制技术，努力提高各类电压合格水平。

4. 运行值班人员应熟练掌握电压检测装置的正确操作方法，并加强对电压检测装置的运行巡视检查，对不合格的装置及时进行更换，提高电压检测的准确性和可靠性。

对于铀浓缩（离心）工厂，主要负荷为电动机类，多为一级重要负荷，对供电电压的稳定性要求较高，电压偏差要求在±5%以内。夏季雷雨季节外电网波动较多，容易引发因系统波动造成电压降低，导致低压用户的变频器及水泵电压降低达到动作值而跳闸，为了提高系统抗电压波动的能力，当雷雨发生时间，要求 10 kV 电压调整理想范围为：10～10.4 kV；适当提高供电电压，提高抗系统波动能力。正常运行中，主要通过调整主变挡位来调整电压。

8.3　谐波与抑制

8.3.1　术语与定义

在供用电系统中，通常总是希望交流电压和交流电流呈正弦波形，但当正弦电压施加在非线性电路上时，电流就变为非正弦波，非正弦电流在电网阻抗上产生压降，会使电压波形也变为非正弦波。

基波（分量）：对周期性交流量进行傅里叶级数分解，得到的频率与工频相同的分量。

谐波（分量）：对周期性交流量进行傅里叶级数分解，得到的频率为基波频率大于 1 整数倍的分量。

谐波次数（h）：谐波频率与基波频率的整数比。

谐波含量（电压或电流）：从周期性交流量中去除基波分量后所得到的量。

谐波源：向公用电网注入谐波电流或在公用电网中产生谐波电压的电气设备。

谐波含有率（HR）：周期性交流量中含有的第 n 次谐波分量的方均根值与基波分量的方均根值之比（用百分数表示）。

总谐波畸变率（THD）：周期性交流量中的谐波含量的方根均值与基波分量的方均根值之比（用百分数表示）。

8.3.2 谐波产生的原理

1. 线性负载，如纯电阻负载，其工作电流的波形与输入电压的正弦波形完全相同；非线性负载，如斩波直流负载，其工作电源是非正弦波形。传统的线性负载的电流/电压只含有基波（50 Hz），没有或只有极小的谐波成分，而非线性负载会在电力系统中产生可观的谐波。

2. 谐波与电力系统中基波叠加，造成波形的畸变，畸变的程度取决于谐波电流的频率和幅值。非线性负载产生陡峭的脉冲型电流，而不是平滑的正弦波电流，这种脉冲中的谐波电流引起电网电压畸变，形成谐波分量，进而导致与电网相联的其他负载产生更多的谐波电流。

计算机是此类非线性负载之一，像绝大多数办公室电子设备一样，计算机装有一个二极管/电容型的供电电源，这类供电电源仅在交流正弦波电压的峰值处产生电流，因此产生大量的三次谐波电流（150 Hz）。其他产生谐波电流的设备主要有：电动机变频调速器，固态加热器，和其他一些产生非正弦波变化电流的设备。

3. 荧光灯照明系统也是一个重要的谐波源。荧光灯的伏安特性是严重非线性的，因此也会引起严重的谐波电流，其中 3 次谐波含量最高。在普通的电磁整流器灯光电路中，三次谐波的典型值约为基波（50 Hz）值的 13%～20%。而在电子整流器灯光电路中，谐波分量甚至高达 80%。

4. 公用电网的谐波源主要是变压器、电弧炉等。

变压器的励磁电流是由其励磁回路的非线性引起的。变压器励磁电流的谐波含量和铁芯饱和程度直接相关，即和其所加的电压有关。正常情况下，所加电压为额定电压，铁芯基本工作在线性范围内，谐波电流含量不大。但在轻载时电压升高，铁芯工作在饱和区，谐波电流含量就会大大增加。在变压器投入运行过程中、暂态扰动、负载剧烈变化及非正常状态运行时，都会产生大量的谐波。

电弧炉的谐波主要是由起弧的时延和电弧的严重非线性引起的。电弧长度的不稳定性和随机性，使得其电流谐波频谱十分复杂，其谐波频率分布范围主要在 0.1～30 Hz。电弧炉工作在熔炼期间谐波电流很大，当工作在精炼期间时，由于电弧特效比较稳定，谐波电流较小。

5. 供电系统中的谐波

在供电系统中谐波电流的出现已经有许多年了。供电系统谐波的定义是对周期性非正弦电量进行傅里叶级数分解，除了得到与电网基波频率相同的分量，还得到一系列大于电网基波频率的分量，这部分电量称为谐波。谐波频率与基波频率的比值称为谐波次数。电网中有时也存在非整数倍谐波，称为非谐波或分数谐波。谐波实际上是一种干扰量，使电网受到“污染”。电工技术领域主要研究谐波的发生、传输、测量、危害及抑制，其频率的比值一般为 $2 \leqslant n \leqslant 40$。

近 50 年来，电力电子装置的应用成为最大的谐波源。在各种电力电子装置中，整流装置所占比例最大。目前，常用的整流电路几乎都采用晶闸管相控整流电路或二极管整流电路，其中以三相桥式和单相桥式整流电路为最多。带阻感负载的整流电路所产生的谐波污染和功率因数滞后已为人所熟悉。直流侧采用电容滤波的二极管整流电路也是严重的谐波污染源。这种电路输入电流的基波分量相位与电源电压相位大体相同，因而基波功率因数接近 1。但其输入电流的谐波分量却很大，给电网造成严重污染，也使得总的功率因数很低。另外，采用相控方式的交流电力调整电路及周波变流器等电力电子装置也会在输入侧产生大量的谐波电流。

在铀浓缩工厂中，由于变频器的整流、逆变工作特点，低压供电线路中存在较大的谐波电流，造成输入侧电源的功率因数较低。所以，我们必须很慎重地考虑谐波和它的不良影响，以及如何将不良影响减少的最小。

8.3.3 谐波电压和谐波电流限值

由于公用电网中的谐波电压和谐波电流对用电设备和电网本身都会造成很大危害，世界许多国家都发布了限制电网谐波的国家标准和规定。制定这些标准和规定的基本原则是限制谐波源注入电网的谐波电流，把电网谐波电压控制在允许范围内，使接在电网中的电气设备免受谐波干扰而能正常工作。

对于不同电压等级的电网，允许电压总谐波畸变率也不相同，电压等级越高，谐波限制越严。另外，对偶次谐波的限制也要严于对奇次谐波的限制。

表 8-5　公用电网谐波电压（相电压）限值（GB/T 14549—93）

电网标称电压/kV	电压总谐波畸变率/%	各次谐波电压含有率/%	
		奇　次	偶　次
0.38	5.0	4.0	2.0
6	4.0	3.2	1.6
10			
35	3.0	2.4	1.2
66			
110	2.0	1.6	0.8

表 8-6　注入公共连接点的谐波电流允许值（GB/T 14549—93）

标准电压/kV	谐波次数及谐波电流允许值												
	2	3	4	5	6	7	8	9	10	11	12	13	14
0.38	78	62	39	62	26	44	19	21	16	28	13	24	11
6	43	34	21	34	14	24	11	11	8.5	16	7.1	13	6.1

续表

标准电压/kV	谐波次数及谐波电流允许值												
	2	3	4	5	6	7	8	9	10	11	12	13	14
10	26	20	13	20	8.5	15	6.4	6.8	5.1	9.3	4.3	7.9	3.7
35	15	12	7.7	12	5.1	8.8	3.8	4.1	3.1	5.6	2.6	4.7	2.2
66	16	13	8.1	13	5.4	9.3	4.1	4.3	3.3	5.9	2.7	5.0	2.3
110	12	9.6	6.0	9.6	4.0	6.8	3.0	3.0	2.4	4.3	2.0	3.7	1.7

8.3.4　谐波的危害

理想的电网所提供的电压应该是单一而固定的频率以及规定的电压幅值。谐波电流和谐波电压的出现，对电网是一种污染，它使用电设备所处的环境恶化，也对周围的通信系统和电网以外的设备带来危害。近年来，谐波造成电网污染，正弦电压波形畸变，使电力系统的发供用电设备出现许多异常现象和故障，情况日趋严重。谐波的危害电力系统中谐波的危害是多方面的，概况起来有以下几个方面：

8.3.4.1　对供配电线路的危害

1）影响线路的稳定运行

谐波会导致继电保护和自动装置的误动，使测量仪表不准确，干扰通信系统等严重威胁供配电系统的稳定与安全运行。

2）影响电网的质量

电力系统中的谐波能使电网的电压与电流波形发生畸变。如民用配电系统中的中性线，由于荧光灯、调光灯、计算机等负载，会产生大量的奇次谐波，其中 3 次谐波的含量较多，可达 40%；三相配电线路中，相线上的 3 的整数倍谐波在中性线上会叠加，使中性线的电流值可能超过相线上的电流。另外，相同频率的谐波电压与谐波电流要产生同次谐波的有功功率与无功功率，从而降低电网电压，增加线路损耗，浪费电网的容量。

8.3.4.2　对电力设备的危害

当电网存在谐波时，投入电容器后其端电压增大，通过电容器的电流增加得更大，使电容器损耗功率增加。

1）对电力变压器的危害

谐波使变压器的铜耗增大，其中包括电阻损耗、导体中的涡流损耗与导体外部因漏磁通引起的杂散损耗都要增加。谐波还使变压器的铁耗增大，这主要表现在铁芯中的磁滞损耗增加，谐波使电压的波形变得越差，则磁滞损耗越大。同时由于以上两方面的损耗增加，因此要减少变压器的实际使用容量，或者说在选择变压器额定容量时需要考虑留出电网中的谐波含量。除此之外，谐波还导致变压器噪声增大，变压器的振动噪声主要是由于铁芯的磁致伸缩引起的，随着谐波次数的增加，振动频率在的成分使噪声增加，有时还发出金属声。

2）对电力电缆的危害

对于采用电缆的输电系统，谐波除了引起附加损坏外，还可能使电压波形出现尖峰，从而加速电缆绝缘的老化，缩短电缆的使用寿命。电缆的额定电压越高，谐波对电缆的危害也越大。由于谐波次数高频率上升，再加之电缆导体截面积越大趋肤效应越明显，从而导致导体的交流电阻增大，使得电缆的允许通过电流减小。另外，电缆的电阻、系数母线侧及线路感抗与系统串联，提高功率因数用的电容器及线路的容抗与系统并联，在一定数值的电感与电容下可能发生谐振。

3）对电动机的危害

谐波对异步电动机的影响，主要是增加电动机的附加损耗，降低效率，严重时使电动机过热。尤其是负序谐波在电动机中产生负序旋转磁场，形成与电动机旋转方向相反的转矩，起抑制作用，从而减少电动机的出力。另外电动机中的谐波电流，当频率接近某零部件的固有频率时还会使电动机产生机械振动，发出很大的噪声。

8.3.4.3　谐波引起的谐振和谐波电流放大

为了补偿负载的无功功率、提高功率因数，常在负载处装有并联电容器；此外，为了滤除谐波，也会装设由电容器和电抗器组成的滤波器。在工频频率下，这些电容器的容抗比系统的感抗大得多，不会产生谐振。但对谐波频率而言，系统感抗大大增加而容抗大大减小，就可能产生并联谐振或串联谐振。这种谐振会使谐波电流放大几倍甚至数十倍，会对系统，特别对电容器和电抗器形成很大的威胁。

8.3.5　谐波引发的问题及解决措施

谐波电流在电源系统内以及装置内均会造成问题。但其影响和解决措施非常不一样，需要分别处理；适用于消除谐波在装置内不良影响的方法并不能减少谐波在电源系统内造成的畸变，反之亦然。

8.3.5.1　装置内的谐波问题及解决措施：有几个常见多发的问题是由谐波引起的：电压畸变、过零噪声、中性线过热、变压器过热、断路器的误动作等。

1）电压畸变：因为电源系统有内阻抗，所以谐波负荷电流将造成电压波形的谐波电压畸变（这是产生“平顶”波的根源）。此阻抗有两个组成部分：电源接口（PCC）以后的电气装置内部电缆线路的阻抗和 PCC 以前电源系统内的阻抗，用户处的供电变压器即是 PCC 的一例。

由非线性负荷引起的畸变负荷电流在电缆的阻抗上产生一个畸变的电压降。合成的畸变电压波形加到与此同一电路上所接的全部其他负荷上，引起谐波电流的流过，即使这些负荷是线性的负荷也是如此。

解决的办法是把产生谐波的负荷的供电线路和对谐波敏感的负荷的供电线路分开，线性负荷和非线性负荷从同一电源接口点开始由不同的电路馈电，使非线性负荷产生的畸变电压不会传导到线性负荷上去。

2）零噪声：许多电子控制器要检测电压的过零点，以确定负荷的接通时刻。这样做是为了在电压过零时接通感性负荷不致产生瞬态过电压，从而可减少电磁干扰和半导体开关器件上的电压冲击。

3）中性线过热：在中性点直接接地的三相四制式供电系统中，当负荷产生 $3N$ 次谐波电流时，中性线上将流过各相 $3N$ 次谐波电流的和。如当时三相负荷不平衡时，中性线上流经的电流会更大。

现行的解决措施是增大三相四线制供电系统中中性线的导线截面积，最低要求使用与相线等截面的导线。

4）变压器温升过高：接线为 Yyn 的变压器，其二次侧负荷产生 3*N* 次谐波电流时，其中性线上除有三相负荷不平衡电流总和外，还将流入 3*N* 次谐波电流的代数和，并将谐波电流通过变压器一次侧流入电网。解决上述问题最简单的办法是采用 Dyn 接线的变压器，使负荷产生的谐波电流在变压器△形绕组中循环，而不致流入电网。无论谐波电流流入电网与否，所有的谐波电流都会增加变压器的电能损耗，并增加了变压器的温升。

8.3.5.2　由畸变电流造成的电压畸变取决于电源阻抗。阻抗愈大则由同一电流畸变所造成的电压畸变就愈大。对于 10 次以下的谐波而言，供电网络通常是感性的，所以电源阻抗就和频率成正比，谐波次数越高，所造成的畸变就愈大。通常不可能减小供电系统的阻抗，所以需要采用别的步骤来保证电压畸变不超过限度。可能的解决方法有：装有谐波滤波器，装用隔离变压器和装用有源的谐波调节器。

1）装用谐波滤波器：对于电动机控制器产生的谐波，谐波的形状很分明，可以用滤波器来降低谐波电流。对于六脉的控制器，滤波器可去掉 20%的五次谐波以及全部的高次谐波，对基波影响甚微。为了避免增益顶峰靠近谐波，必须用解谐的滤波器，而且可能需装多个滤波器。

2）装用隔离变压器：均衡的三次谐波传回到电源去的问题可以用一台 Dyn 接法的隔离变压器来消弱。使用这种变压器时，通常装设一个旁路的电路以避免在进行变压器的维护工作时长时期的对负荷停止供电。在这种情况下，应采用中性线有足够大的通用四芯馈线，在重要的配电系统中，有时把隔离变压器就地装在每一配电盘上，使 3*N* 次谐波电流与配电系统相隔离。隔离变压器要适当提高额定值，否则也会产生电压畸变和过热。目前在铀浓缩工厂中，变频器内正逐步加装隔离变压器，对电压畸形的改善有了明显的效果。

3）装用有源谐波调节器：由变流器/逆变器产生的边频带和谐波不能很好地用普通的滤波器来滤除，这是因为边频带上的频率是随传动装置的速度而变化的，而且时常很接近于基波频率。目前有源滤波器日益推广应用，它在工作时主动地注入一个电流来精确地补充由负荷产生的谐波电流，就会获得一个纯粹的正弦波。这种滤波设备的工作靠数字信号处理技术来控制快速绝缘栅双极晶体管。因为设备是与供电系统并联工作的，它只控制谐波电流，极板电流并不流过滤波器。如果所需过滤的谐波电流比滤波器的容量大的话，它只是简单的起限制作用而使波形得到部分的纠正。

8.3.6　补偿无功、抑制谐波的途径

8.3.6.1　提高用电设备自身的功率因数、减小谐波

1）增加整流电路相数，使网侧电流正弦化；

2）尽量使整流装置在较小的控制角α下运行；

3）采用多重化技术波形迭加，消除低次谐波；

4）利用 DC/DC 技术；

5）PWM 整流器。

8.3.6.2　在电力系统中，常见的谐波抑制

1）LC 滤波器

LC 滤波器是传统的谐波补偿装置，也称为无源滤波器，是由滤波电容器、电抗器和电阻器适当组合而成的滤波装置，与谐波源并联，除起滤波作用外，还兼顾无功补偿的需要。LC 滤波器又分为单调滤波器、高通滤波器及双调滤波器等几种，实际应用中常用几组单调滤波器和一组高通滤波器组成滤波装置。单调滤波器是利用 L、C 谐振原理构成的，只要将滤波器的谐振次数设定为与需要滤除的谐波次数一样，则该次谐波将大部分流入滤波器，从而起到滤除该次谐波的目的。高通滤波器形成对次数较高谐波的低阻抗通路，使得这些谐波电流大部分流入高通滤波器。

2）有源电力滤波器

电力电子装置的使用给电力系统带来了谐波污染问题（从电力系统来看，整流电路是消耗基波有功电流的负载，同时又是基波无功电流和谐波电流的发生源）。解决电力电子装置和其他谐波源谐波污染问题的基本思路：

对装置本身进行改造，使其不产生谐波、不消耗无功功率或控制其功率因数。

装设补偿装置，补偿其产生的谐波。

利用电力电子装置的优良控制特性来滤波和补偿无功，这种用于动态抑制谐波、补偿无功的新型电力电子装置就是电力有源滤波器，它能对大小和频率都变化的谐波以及变化的无功进行补偿。

有源电力滤波器是一种用于动态抑制谐波、补偿无功功率的新型电力电子装置，它能对大小和频率都变化的谐波以及变化的无功功率进行补偿，可克服 LC 滤波器等传统的谐波抑制和无功补偿方法的缺点。有源滤波器系统由两大部分组成，即指令电流运算电路和补偿电流发生电路。其中，指令电流运算电路的核心是检测出补偿对象电流中的谐波和无功等电流分量；补偿电流发生电路的作用是根据指令电流运算电路得出的补偿电流的指令信号，产生实际的补偿电流。主电路目前均采用 PWM 变流器。

有源电力滤波器的基本工作原理是，检测补偿对象的电压和电流，经指令电流运算电路计算得出补偿电流的指令信号，该信号经补偿电流发生电路放大，得出补偿电流，补偿电流与负载电流中要补偿的谐波及无功等电流抵消，最终得到期望的电源电流。特点如下：

① 实现了动态补偿，可对频率和大小都变化的谐波以及变化的无功功率进行补偿，对补偿对象的变化有极快的响应；

② 可同时对谐波和无功功率进行补偿，且补偿无功功率的大小可做到连续调节；

③ 补偿无功功率时不需贮能元件，补偿谐波是所需贮能元件容量也不大；

④ 即使补偿对象电流过大，有源电力滤波器也不会发生过载，并能正常发挥补偿作用；

⑤ 受电网阻抗的影响不大，不容易和电网阻抗发生谐振；

⑥ 既可对一个谐波和无功源单独补偿，也可对多个谐波和无功源集中补偿。

3）混合型电力滤波器

无源电力滤波器被广泛用于滤除谐波源负载的谐波电流。它的优势在于低成本和高效率。然而，线路变化、支路增加、负载增加等引起的电力系统阻抗值的变化和无源电力滤波器件的偏差，都会影响到它的补偿效果。更为严重的是无源电力滤波器与电网阻抗还可能发生谐振。

有源电力滤波器已经在电力系统中备受关注。无论是串联拓扑结构还是并联拓扑结构，都已有过相当多的研究。可是如果单独使用有源电力滤波器，则要求其装置具有较大的容量。因此，单独使用的有源电力滤波器可以在小容量非线性负载的场合提供有效的解决方案，但是在大容量场合就不是那么可行了。

混合型电力滤波器，可以很好地解决上述问题。谐波和无功功率可以主要由无源滤波器补偿，而有源电力滤波器的作用是改善无源滤波器的滤波特性，克服无源滤波器易受电网阻抗的影响、易与电网阻抗发生谐振等缺点。因而混合型电力滤波器能以相对较小的容量应用于大容量场合，提高了系统的性价比。混合型电力滤波器按照有源电力滤波器与无源滤波器混合的方式不同，又分为并联混合型电力滤波器和串联混合型电力滤波器。

目前在铀浓缩（离心）工厂中，普遍采用无源滤波柜进行滤波，整体效果较好，投资较少，可提供的无功补偿容量较大，但消除谐波次数比较固定，调节性偏弱。

8.4　变电所的设备运行与维护

变电所是供电系统的电力分配枢纽。变电所一般有变压器、互感器、避雷器、电力电容器、高低压开关、高低压母线、电缆等多种高压设备和低压设备，还有直流系统、消防系统、通讯监控、安全辅助系统等。

8.4.1　变压器

8.4.1.1　变压器概述

电力变压器是用来改变交流电压大小的电器设备。它根据电磁感应的原理，把某一等级的交流电压变换成另一等级的交流电压，以满足不同负荷的需要。

变压器分为电力变压器和特种变压器，电力变压器又分为油浸式和干式两种。油浸式一般用作升压变压器、降压变压器、联络变压器和配电变压器。干式变压器只在部分配电变压器中采用。

电力变压器一般按照绕组耦合方式、相数、冷却方式、绕组数、绕组导线材质和调压方式分类。

8.4.1.2　电力变压器标示

一般变压器产品型号的表示方法及字母排列顺序和含义如下：

□ □ □ □ □ □ □ □—□ / □ □

第 1□表示：绕组耦合方式（一般不标，O——自耦）

第 2□表示：相数（D——单相，S——三相）

第 3□表示：冷却方式（J——油浸自冷，也可不标，G——干式空气自冷，C——干式

浇注绝缘，F——油浸风冷，S——油浸水冷）

第 4□表示：循环方式（自然循环不标，P——强迫循环）

第 5□表示：绕组数（双绕组不标，S——三绕组，F——双分裂绕组）

第 6□表示：导线材质（铜线不标，L——铝线）

第 7□表示：调压方式（无励磁调压不标，Z——有载调压）

第 8□表示：设计序号（1、2、3、4 等；半铜半铝加 B）

第 9□表示：额定容量（kVA）

第 10□表示：高压绕组额定电压等级（kV）

第 11□表示：防护代号（一般不标，TH——湿热，TA——干热）

8.4.1.3　变压器的工作原理

变压器是根据电磁感应原理工作的。在闭合的铁芯上，绕有两个互相绝缘的绕组，其中接入电源的一侧叫一次侧绕组，输出电能的一侧叫二次侧绕组。当交流电压 U_1 加到一次侧绕组后，就有交流电流 I_1 通过该绕组，在铁芯中产生交变磁通 $\boldsymbol{\Phi}$。这个交变磁通 $\boldsymbol{\Phi}$ 不仅穿过一次侧绕组，同时也穿过二次侧绕组，两个绕组中分别产生感应电势 E_1 和 E_2。这时，如果二次侧绕组与外电路的负载接通，便有电流 I_2 流入负载，即二次侧绕组有电能输出。

根据电磁感应定律得出：

一次侧绕组感应电动势值：　$E_1=4.44fN_1B_mS$　（8-5）

二次侧绕组感应电动势值：　$E_2=4.44fN_2B_mS$　（8-6）

式中，f——电源频率；

N_1、N_2——一、二次侧绕组的匝数；

B_m——铁芯中磁通密度最大值；

S——铁芯截面积；

由此得出：　$E_1/E_2=N_1/N_2$　（8-7）

变压器一、二次侧感应电动势之比等于一、二次侧绕组匝数之比。由于变压器的漏电抗和电阻较小，可忽略不计，于是得出：

$$U_1/U_2=E_1/E_2=N_1/N=K \qquad (8\text{-}8)$$

式中，K——变压器的变压比。

在一、二次侧绕组电流 I_1、I_2 的作用下，铁芯中的总的磁势为：

$$I_1N_1+I_2N_2=I_0N_1 \qquad (8\text{-}9)$$

式中，I_0——变压器的空载励磁电流。

由于变压器的空载励磁电流 I_0 比较小，可忽略不计，于是得出：

$$I_1N_1+I_2N_2=I_0N_1=0 \qquad (8\text{-}10)$$

$$I_1N_1=-I_2N_2$$

得：　$I_1/I_2=N_2/N_1=1/K$　（8-11）

由此可知，变压器一、二次侧绕组的匝数不同导致一、二次侧绕组的电压高低不同，绕组匝数多的一侧电压高、电流小，绕组匝数少的一侧电压低、电流大，这就是变压器能够改变电压的道理。

8.4.1.4 变压器的技术数据

变压器的各项技术数据反映了变压器的全部性能。是变压器的生产、采购和使用时的主要依据。变压器的技术数据一般都标在铭牌上，主要技术数据如下：

1）相数和额定频率

【相数】变压器分单相（以满足安装和运输的需要）和三相（大部分）两种。

【额定频率】变压器的额定频率是所设计的正常运行的工作频率，我国为 50 Hz。

2）额定电压和额定电压比

【额定电压 U_e】指变压器长时间正常运行时，所能承受的工作电压（铭牌上 U_e 指中间分头的额定电压值）。

变压器的额定电压与所连接的输变电线路的额定电压相符合，我国输变电线路电压等级（kV）为：

0.38、3、6、10、35、63、110、220、330、500 等

所以电力变压器按系列分：

10 kV 及以下系列、35 kV 系列、63 kV 系列、110 kV 系列、220 kV 系列等。

其计算式为：三相变压器 $$U_e = S_e/\sqrt{3}\,I_e\ \text{kV} \tag{8-12}$$

单相变压器 $$U_e = S_e/I_e\ \text{kV} \tag{8-13}$$

额定电压是指线电压，且均以有效值表示。

【额定电压比 K】是指高压绕组与低压绕组或中压绕组的额定电压之比，$K \geqslant 1$；如一变压器电压比为 110 kV/6 kV，即说明一次额定电压为 110 kV，二次额定电压为 6 kV。

3）额定容量

【额定容量 S_e】指变压器在厂家铭牌规定的条件下，在额定电压、电流连续运行时所输出的容量；变压器的额定容量主要是表征传输电能的大小。

我国大致分为：小型变压器（≤1 600 kVA）、中型变压器（1 600～6 300 kVA）、大型变压器（8 000～63 000 kVA）和特型变压器（＞63 000 kVA）。

其计算式为：三相变压器 $$S_e = \sqrt{3}\,U_e I_e\ \text{kVA} \tag{8-14}$$

单相变压器 $$S_e = U_e I_e\ \text{kVA} \tag{8-15}$$

4）额定电流

【额定电流 I_e】变压器的额定电流是由绕组的额定容量除以额定电压及相应的相系数（单相为 1，三相为 $\sqrt{3}$），得出流经绕组线端的电流。因此，变压器的额定电流就是各绕组的额定电流，是指线电流，以有效值表示。变压器在额定容量运行时，绕组的电流为额定电流。

5）联结组别

【连接组别】变压器的各侧绕组线圈是按照一定的方式进行联结的，可以联结成星形（Y y）、三角形（D d）和曲形（Z z）等。高压绕组用符号 Y、D、Z 表示，中压或低压为 y、d、z 表示，有中性点引出时则分别用符号 YN、ZN 和 yn、zn 表示。

变压器按照高压、中压或低压绕组联结的顺序组合起来就是绕组的联结组别。如：高

压为 Y、低压为 yn 联结，则绕组联结为 Y，yn。

6）调压方式

为了调整电压以满足用户的电压需要，变压器的绕组应具有分接抽头以改变电压比来获得所需要的电压；变压器调压方式通常为无励磁调压（或称无载调压）和有载调压，如表 8-7 所示。

【无载调压】当二次不带负载，一次与电网断开时的进行调压是无励磁调压。

【有载调压】当变压器在带二次负载运行时进行的调压方式是有载调压。

表 8-7　电力变压器标准调压范围和方式

方式	额定电压和容量	调压范围	分接级	级数	调压型式	分接开关
无励磁调压	35 kV、8 000 kVA 或 63 kV、6 300 kVA 以下	±5%	5%	3	中性点调压	中性点调压分接开关
	35 kV、8 000 kVA 或 63 kV、6 300 kVA 及以上	±2*2.5%	2.5%	5	中部调压	中部调压分接开关
有载调压	10 kV 及以下	±4*2.5%	2.5%	9	中性点线性调压	选择开关或有载分接开关
	35 kV	±3*2.5%	2.5%	7		
	63 kV 及以上	±8*2.5%	1.25%	17	中性点线性、正反或粗细调压	有载分接开关

7）效率

【效率】变压器的效率为输出的有功功率与输入的有功功率之比的百分数。

8）冷却方式

变压器的冷却方式由冷却介质种类及其循环种类来标志。

9）空载电流和空载损耗

【空载电流】当变压器二次绕组开路，一次绕组施加额定频率的额定电压时，一次绕组中所通过的电流称空载电流 I_0。一般以额定电流的百分数表示，

其计算式为：

$$I_0 = I_0/I_e \times 100\% \tag{8-16}$$

【空载损耗】空载电流的有功分量 I_0Y 是损耗电流，它所汲取的有功功率称空载损耗 P_0。

10）阻抗电压和负载损耗

【阻抗电压】双绕组的变压器当二次绕组短接，一次绕组流通额定电流而施加的电压称阻抗电压 U_z，通常阻抗电压用百分数表示，即

$$U_z\% = (U_z/U_e) \times 100\% \tag{8-17}$$

阻抗电压的大小与变压器成本、性能、系统稳定性和供电质量有关。

【负载损耗】双绕组的变压器当二次绕组短接，一次绕组流通额定电流时所汲取的有功功率称负载损耗 P_f。

11）重量和尺寸

变压器的重量由总重量和油重量标出；变压器的油重量约占总重量的 25%～35%。

变压器的尺寸应标出宽度（*B*）、高度（*H*）和长度（*L*）。

8.4.1.5 变压器的运行与维护

变压器是一种静止设备，结构简单，运行条件好，因此可靠性高，为了保证变压器安全运行，必须掌握变压器运行的基本知识，做好经常性的巡视、维护和检修工作。

1. 变压器的允许运行方式

（1）允许温度和温升

【变压器温度】变压器在运行时，电能在铁芯和绕组中的损耗转变为热能，引起变压器各部位发热使其器身温度升高，以绕组的温度最高，其次是铁芯，油的温度最低。为了便于监视运行中变压器各部位的温度情况，规定以上层油温来确定变压器的运行中的允许温度。

变压器允许温度主要取决于绕组材料，我国变压器大部分采用 A 级绝缘，当周围环境温度最高为 40 ℃时，绕组极限工作温度为 105 ℃，由于绕组的平均温度比油温高 10 ℃，同时为防止油劣化，所以规定上层油温 95 ℃，而在正常情况下，为使油不至于过速氧化，不应超过 85 ℃。

当变压器的工作温度超过允许值后，则绝缘老化加快，造成绝缘使用寿命缩短，容易引起事故。

【变压器温升】变压器温度与周围空气温度的差值叫变压器的温升。当变压器的温度升高时，绕组的电阻会增大，使铜损增加，因此对变压器的温升要作出允许值的规定：对于 A 级绝缘的变压器，当周围环境最高温度为 40 ℃时，国家规定变压器绕组的温升为 65 ℃，上层油温为 55 ℃。上层油温最高一般不得超过 95 ℃，也不宜超过 85 ℃长期运行。只要上层油温及其温升不超过规定值，就能保证变压器在规定的使用年限内安全运行。

（2）变压器过负荷能力

变压器过负荷能力是指在较短时间内所能输出的最大容量。一般分为正常情况下和事故情况下的过负荷能力。国家规定：对室外变压器过负荷总数不得超过 30%，室内不得超过 20%。

其计算式为：过负荷百分数＝（负荷电流−额定电流）/额定电流×100%

变压器事故情况下过负荷的数值和时间，可按照厂家的规定执行。

（3）允许电压波动

由于系统运行方式的改变以及负荷变化，电网电压总有一定的波动，当电网电压小于正常运行电压时，变压器则降低一些出力。当高于变压器的额定电压许多时，则变压器激磁电流增加，造成铁芯损耗加大而过热，同时消耗无功功率也随之增加，降低实际出力。因此电源电压一般不超过额定电压的±5%。

2. 变压器的并列运行

（1）变压器并列运行的目的：

1）提高变压器运行的经济性；

2）提高供电的可靠性。

（2）变压器并列运行的条件：

1）变压器绕组接线组别相同；

2）变比相同（允许有±0.5%差值）；

3）短路电压相等（允许有±10%差值）；

4）容量比不超过 3:1。

前二个条件是保证变压器空载时绕组内不会有环流，后二个条件是保证负荷分配与容量成正比，这是因为短路电压不相同，容量小的短路电压小，则分配的负荷大，造成过负荷运行。

3. 变压器的经济运行

变压器的运行效率一般是很高的，一次绕组从电源侧获得的有功功率 P_1，除很小部分消耗于内部损耗外，全部转变为输出功率 P_2，变压器的内部损耗主要有铁损 ΔP_{te} 和铜损 ΔP_{cu} 两部分。

（1）变压器铁损 ΔP_{te}：当变压器一次侧加有交变电压时，铁芯中产生交变磁通，从而在铁芯中产生的磁滞和涡流损耗，总称铁损。当电源电压一定时，变压器铁损 ΔP_{te} 基本是恒定值，而与负载电流大小和性质无关。

（2）变压器铜损 ΔP_{cu}：由于变压器一、二次绕组都有一定的电阻（R_1、R_2），当电流流过时，产生一定的功率和电能损耗，这就是铜损 ΔP_{cu}。

变压器的铜损 ΔP_{cu} 主要与负载的大小和性质有关，变压器在额定负载时的铜损，近似为变压器的短路损耗，可用短路实验测出。只要知道负载电流的大小，就可以算出这一负载时的变压器的铜损。

（3）变压器的效率

变压器输出功率和输入功率的百分比，称为变压器的效率 η

$$\eta=(P_2/P_1)\times100\% \quad (8\text{-}18)$$

式中：$P_1=P_2+\Delta P_{cu}+\Delta P_{te}$

变压器的效率一般在 95%以上。

当变压器的铁损 ΔP_{te} 和铜损 ΔP_{cu} 相等时，变压器的效率将达到最大值。

（4）降低变压器的损耗

降低变压器的损耗的途径：

1）改进铁芯结构，降低空载损耗：铁芯材料采用优质硅钢片，改进铁芯结构和工艺。

2）改进绝缘结构，缩小绝缘体积，提高线圈填充系数、减少线圈尺寸和电阻，降低负载损耗。

3）改进其他结构，如线圈安匝的平衡、降低油箱的杂散损失、提高散热系数、采用整体绝缘等，降低其他损耗。

4. 变压器运行中的巡视检查

变压器在运行中，值班人员应定期进行检查，以便了解和掌握变压器的运行情况，如发现问题应及时解决，力争把故障消除在萌芽状态。在巡视检查过程中，一般可以通过仪表、保护装置及各种指示信号等设备了解变压器的运行情况。

同时还要依靠运行值班人员的各种感官去观察、监听、及时发现仪表所不能反映的问题，如运行环境的变化、变压器声响得异常等。即使是仪表装置反映的情况也需要通过检查、分析才能做出结论。因此，运行值班人员对变压器的巡检检查是十分必要的。

（1）变压器的外观检查

1）检查油枕内和充油套管油面的高度，封闭处有无漏油现象。油色正常，无渗漏油现象。

2）检查变压器的声响是否正常。变压器正常运行时，一般有均匀的嗡嗡声，这是由于交变磁通引起铁芯振动而发出的声音。如运行中有明显不同，则属于声音异常。

3）检查绝缘套管、瓷瓶是否清洁，有无破裂纹及放电烧伤痕迹。

4）检查变压器上层油温。一般在 85 ℃以下，对强迫油循环水冷却的变压器为 75 ℃以下。各引线、接头处螺丝紧固无过热现象。

5）检查冷却装置运行情况是否正常。电机、风扇及其他装置应完好。

6）检查一、二次母线不应过紧过松，接头接触良好，不过热。相色正确完好。

7）呼吸器应畅通，硅胶吸潮不应达到饱和（从变色及程度来判定）。

8）防爆管上的防爆膜应完整无裂纹、存油。释压器应无动作，无渗漏油现象。

9）瓦斯继电器通至油枕的油门应开启，瓦斯继电器并充满油，其引线端子良好。

10）检查外壳接地线应完好。

11）变压器各散热器的油门应开启，净油器装置两侧阀门应开启，事故放油阀应关闭，各部阀门、接头及变压器顶盖结合面无渗漏油现象。

12）有载分接开关操作机构应完好，操作箱带电运行，各部件紧固、清洁、无渗漏油现象。位置显示正确并与远方一致。

（2）变压器的负荷检查测量

1）室外安装的变压器，应测量最大负荷和代表性负荷。

2）室内安装的变压器有电流表、电压表的应及时记录小时负荷。

3）测量三相电流的平衡情况。

4）运行电压不应超过额定电压的±5%。

5）变压器过负荷运行时要加强观测，每 10min 记录一次其上层油温、周围气温和时间。

（3）变压器运行环境的检查

变压器室通风是否良好，门窗是否完整，无漏雨渗水现象。

（4）变压器停电清扫检查

1）清扫瓷套管及有关附属设备。

2）检查母线及接线端子等联接点接触情况。

3）摇测绕组的绝缘电阻及接地电阻。

（5）变压器巡视周期

1）变压器容量在 630 kVA 及以上并无人值班的，应每周巡视检查一次。在 630 kVA 以下的可以延长检查周期，但变压器在每次合闸前及分闸后应检查一次。

2）有人值班的每班次应检查一次。强迫油循环水或油冷却的变压器，应每小时巡视一次。

3）负荷急剧变化或变压器受到短路故障后，应增加特殊巡视检查。

8.4.1.6　变压器常见故障

1. 变压器声音出现异常的情况

（1）电网发生单相接地或产生谐振过电压时，变压器的声音较平常尖锐；

（2）当有大容量的动力设备起动时，负荷变化较大，使变压器声音增大。如变压器带有电弧炉、可控硅整流器等负荷时，由于有谐波分量，所以变压器内瞬间会发出“哇哇”声或“咯咯”间歇声；

（3）过负荷使变压器发出很高而且沉重的“嗡嗡”声；

（4）个别零件松动如铁芯的穿芯螺丝夹得不紧或有遗漏零件在铁芯上，变压器发出强烈而不均匀的“噪声”或有“锤击”和“吹风”之声；

（5）变压器内部接触不良，或绝缘有击穿，变压器发出“噼啪”或“吱吱”声，且此声音随距离故障点远近而变化；

（6）系统短路或接地时，通过很大的短路电流，使变压器发出“噼啪”噪声，严重时将会有巨大轰鸣声；

（7）系统发生铁磁谐振时，变压器发生粗细不匀的噪音。

2. 在正常负荷和正常冷却方式下，变压器出现油温不断升高的情况

（1）由于涡流或夹紧铁芯用的穿芯螺丝绝缘损坏均会使变压器的油温升高。而穿芯螺丝绝缘破坏后，使穿芯螺丝与硅钢片间的绝缘破坏，这时有很大的电流通过穿芯螺丝，使螺丝发热，也会使变压器的油温升高；

（2）绕组局部层间或匝间的短路，内部接点有故障，接触电阻加大，二次线路上有大电阻短路等，也会使油温升高。

3. 变压器绝缘油颜色出现显著变化的情况

（1）绝缘油在运行时可能与空气接触，并逐渐吸收空气中的水分，从而降低绝缘性能。

（2）同时绝缘油也可能吸收、溶解大量空气，由于油经常在较高温度下运行，油与空气中的氧接触，生成各种氧化物，并且这些氧化物呈酸性，容易使得变压器内部的金属、绝缘材料受到腐蚀，增加油的介质损耗，随之降低绝缘强度，造成变压器内闪络，容易引起绕组与外壳的击穿。

4. 油枕或防爆管出现喷油的情况

当二次系统突然短路，而保护拒动，或内部有短路故障，而出气孔和防爆管堵塞等，内部的高温和高热会使变压器油突然喷出，喷出后使油面降低，有可能引起瓦斯保护动作。

5. 出现三相电压不平衡的情况

（1）三相负载不平衡引起中性点位移，使三相电压不平衡；

（2）系统发生铁磁谐振，使三相电压不平衡；

（3）绕组局部发生匝间和层间短路，造成三相电压不平衡。

6. 继电保护发生动作的情况

继电保护动作，一般说明变压器内部有故障。瓦斯保护是变压器的主要保护，它能监视变压器内部发生的部分故障，常常是先轻瓦斯动作发出信号，然后重瓦斯动作去掉闸。

（1）轻瓦斯动作的原因有以下几方面：

1）因滤油、加油和冷却系统不严密，致使空气进入变压器；

2）温度下降和漏油使油位缓慢降低；

3）变压器内部故障，产生少量气体；

4）变压器内部短路；

5）保护装置二次回路故障。

（2）当外部检查未发现变压器有异常现象时，应查明瓦斯继电器中气体的性质：

1）若积聚在瓦斯继电器内的气体不可燃，而且是无色无嗅的，而混合气体中主要是惰性气体，氧气含量大于16%，油的闪点不降低，则说明是空气进入瓦斯继电器内，此时，变压器可继续运行。

2）若气体是可燃的，则说明变压器内部有故障，应根据瓦斯继电器内积聚的气体性质鉴定变压器内部故障的性质，如气体的颜色为：

① 黄色不易燃的，且一氧化碳含量大于1%～2%，为木质绝缘损坏；

② 灰色和黑色易燃的，且氢含量在30%以下，有焦油味，闪点降低，则说明油因过热而分解或油内曾发生过闪络故障；

③ 浅灰色带强烈臭味且可燃的，是纸或纸板绝缘损坏。

如上述分析对变压器内的潜伏性故障还不能做出正确判断，则可采用气相色谱法做出适当判断。

（3）变压器自动跳闸时，应查明保护动作情况，进行外部检查。经检查不是内部故障而是由于外部故障（穿越性故障）或人员误动作等引起的，则可不经内部检查即可投入送电。如差动保护动作，应对该保护范围内的设备进行全部检查。

（4）此外，变压器着火也是一种危险事故，因变压器有许多可燃物质，处理不及时可能发生爆炸或使火灾扩大。

变压器着火的主要原因是：套管的破损和闪落，油在油枕的压力下流出并在顶盖上燃烧；变压器内部故障使外壳或散热器破裂，使燃烧着的变压器油溢出。

发生这类事故时，变压器保护应动作使断路器断开。若因故断路器未断开，应用手动来立即断开断路器，拉开可能通向变压器电源的隔离开关，停止冷却设备，进行灭火。

8.4.1.7　绝缘瓷套管出现闪络和爆炸的情况

1）由于密封橡胶垫质量不好，安装位置不当，螺母压得不紧等原因，导致套管密封不严，因进水或潮气浸入使绝缘受潮而损坏；

2）电容式套管绝缘分层间隙存在内部形成的游离放电；

3）套管表面积垢严重，以及套管上有大的碎片和裂纹，均会造成套管闪络和爆炸事故。

8.4.1.8　分接开关出现故障的情况

变压器油箱上有“吱吱”的放电声，电流表随响声发生摆动，瓦斯保护可能发出信号，油的闪点降低。这些都可能是分接开关故障而出现的现象。分接开关故障原因如下：

1）分接开关触头弹簧压力不足，触头滚轮压力不匀，使有效接触面积减少，以及因镀银层的机械强度不够而严重磨损等会引起分接开关烧毁；

2）分接开关接触不良，经受不起短路电流的冲击而发生故障；

3）倒分接开关时，由于分头位置切换错误，引起开关烧坏；倒分接头时应核对油箱外的分接开关指示器与内部接头的实际连接情况，以保证接线正确。此外，每次倒分接头时，应将分接开关手柄转动 10 次以上，以消除接触部分的氧化膜及油垢，再调整到新的位置。

8.4.1.9　干式变压器

1. 干式变压器用途和特点

干式变压器是指铁芯和绕组不浸在绝缘液体中的变压器。它一般用于安全防火要求较高的场所。由于干式变压器占地少，有较好的防火性能可以安装在建筑物内负荷中心，电能损耗小，线缆设备投资节约、综合节能效果显著，现在在中低压系统（10 kV 以下）的供配电系统已经得到广泛的应用。

常用的干式变压器一般分为树脂干式变压器和浸渍式干式变压器两大类。树脂干式变压器的机械强度高，耐受短路能力强，防潮及耐腐蚀性能好，且局部放电小、运行寿命长、损耗低、过负荷能力强，在我国干式变压器市场占有率高达 90%以上。

浸渍式干式变压器的绝缘耐热等级高，防火性能更好，在高温燃烧时不会产生大量烟雾，更适合用于对环保和安全有特殊要求的场合。

小容量和低电压的特种变压器，为了便于制造和维护，也做成干式。

干式变压器一般有以下几种类型：

（1）开启式：是常用的型式。其器身与大气相接触，一般用于安全防火要求高、空气比较干燥而洁净的室内环境（环境温度+20 ℃时，相对湿度不大于 85%），目前，电压在 15 kV 以下，容量在 1 000 kVA 左右。

（2）封闭式：与大气不相接触，可用于更为恶劣的环境。但由于密封，散热条件差，目前用于矿用隔爆型变压器。

（3）浇注式：用环氧树脂或其他树脂浇注作为主绝缘，结构简单、体积小，适用于较小容量产品。

2. 干式变压器运行与维护

（1）干式变压器的运行监视

1）安装在发电厂或变电站内，以及安装在无人值班变电站内但有远方监测装置的干式变压器，应经常监视温控温显仪表的显示值，检查干式变压器运行温度不得超过 130 ℃，三相温度相差不超过 15 ℃。监视仪表的抄表次数由现场规程规定。

当干式变压器超过额定电流运行时，应及时做好记录。无人值班变电站的干式变压器，应在每次定期检查时记录其电压、电流和绕组温度，以及曾达到的最高绕组温度等，并应在最大负荷期间测量三相电流，设法保持其基本平衡，测量周期由现场规程规定。

2）干式变压器运行时，检查变压器的声音应正常，如有异常声响，加强巡视检查。当出现异常症状时，应及时处理。

（2）干式变压器日常巡视检查

1）对其运行状况的检查：检查电压、电流、负荷、频率、功率因数、环境温度有无异常，及时记录。发现异常要查明原因，原因不明的应及时与制造厂联系。

2）温度的检查：分别记录温控器和温显器的温度显示值。温度通常从铁芯和低压绕组测定，还需要参考制造厂试验记录。测量仪器本身必须确保可靠，通常在干式电力变压器上同时安装刻度温度计和电阻温度计以资比较；发现温度计失灵，应及时修理或更换；

空气过滤器堵塞造成冷却风量减少、温度异常时，应立即清理。

3）异常响声异常振动的检查：检查外壳内有无共振音，铁板有无振动音，有无接地不良引起的放电声，附件有无异常声音及异常振动。从外部能直接检测到共振或异常噪声时，应立即处置；变压器主体有放电声及异常响声时，应立即处理。

4）风冷装置的检查：除声音外，确认有无振动和异常温度。附件有过热和异常时，应分解修理，并根据需要与制造厂联系。

5）引线接头电缆母线的检查：根据示温涂料和油漆判断引线接头和电缆、母线有无过热。有异常时，应退出运行作检查并修理。检查浇注绕组是否附着脏物，铁芯、套管上是否有污物。有异常时，应尽早清扫。

6）异味的检查：温度异常高时，要注意附着的脏物或绝缘件是否烧焦，发出臭味。有异常时，应尽早清扫处置。

7）绝缘件绕组外观的检查：绝缘件和浇注绕组表面有无炭化和放电痕迹，是否有龟裂。有异常时，应尽早处理。

8）外壳的检查：检查是外壳否有异物进入、雨水滴入和污染，及时检查，及时处理。门扇及窥视窗、照明灯是否完好，温度计显示正确正常。有异常时，应及时处理。

3. 干式变压器异常情况和处理

（1）发现干式变压器运行中有不正常现象，应尽快消除并报告，做好记录。

（2）干式变压器有下列情况之一时立即停运：响声明显异常增大或存在局部放电响声；发生异常过热现象；冒烟或着火；发生危及安全的故障而有关保护装置拒动；附近的设备着火、爆炸或发生其他情况，对干式变压器构成严重威胁。如有备用干式变压器，应尽可能投入运行。

（3）干式变压器温升超过规定时的检查处理如下

1）当同时装有温控和温显装置时，可分别读取温控和温显装置的温度示值，判定测温装置的准确性；

2）检查干式变压器的负荷和各绕组的温度，并与记录中同一负荷条件下的正常温度进行比较；

3）检查干式变压器冷却装置或变压器室的通风情况，当温度升高的原因是风冷装置故障时，值班人员应按现场规程的规定调整变压器负荷至允许运行温度下的相应容量；

4）在正常负荷和风冷条件下，干式变压器温度不正常并不断上升，且经温控与温显比较证明测温装置指示正确并判定干式变压器发生内部故障时，应立即停运；

5）干式变压器在各种超铭牌电流方式下运行，温升限值超过最高允许值时，立即降低负荷。

（4）干式变压器高低压开关事故跳闸处理：

1）事故原因的判断。检查和查看保护及直流等二次回路是否正常；

2）温控及温显装置的示值是否一致；

3）外观上有无明显反映故障的异常现象；

4）输出侧电网和设备有无故障；

5）干式变压器跳闸后，经判断确认跳闸不是由内部故障所引起，可重新投入运行，否则做进一步检查；

6）干式变压器跳闸后应停用风机；

7）干式变压器着火时，应立即中断电源，停止风冷装置，并迅速采取灭火措施。

8.4.2 互感器

互感器是电力系统中供测量和保护用的重要设备，分为电压互感器和电流互感器两大类。

电压互感器能将系统的高电压变成标准的低电压（100 V 或 $100\sqrt{3}$ V）；电流互感器能将高压系统中的电流或低压系统中的大电流，变成低压的标准的小电流（5 A 或 1 A），给测量仪表和继电器供电。

互感器的作用：与测量仪表配合，对线路的电压、电流、电能进行测量。与继电器配合，对电力系统和设备进行过电压、过电流、过负荷和单相接地等保护。测量仪表、继电器保护装置和线路的高电压隔开，以保证操作人员和设备的安全。和电流变换成统一的标准值，以利于仪表和继电器的标准化。

8.4.2.1 电压互感器

电压互感器按其工作原理可分为电磁感应原理和电容分压原理（在 220 kV 以上系统使用）两类。

常用的电压互感器是利用电磁感应原理工作的。它的基本构造与普通变压器相同。主要由铁芯、一次绕组、二次绕组组成，电压互感器一次绕组匝数较多，二次绕组匝数较少，使用时一次绕组与被测电路并联，二次绕组与测量仪表或继电器等电压线圈并联。

由于电压互感器测量仪表或继电器等电压线圈的阻抗很大，因此，电压互感器在正常运行时相当于一个空载运行的降压变压器。

1. 电压互感器的型号及表达方式

□ □ □ □—□

第 1□表示：J——电压互感器

第 2□表示：相数（D——单相，S——三相）

第 3□表示：绝缘形式（J——油浸式，G——干式，Z——浇柱式，C——瓷箱式）

第 4□表示：结构型式（B——带补偿绕组，W——五柱三绕组，J——接地保护）

第 5□表示：额定电压（kV）

2. 电压互感器的技术数据

（1）变压比：是指一次与二次绕组额定电压之比，$K=U_{1n}/U_{2n}$；

（2）误差与准确等级：电压互感器的误差分为两种：一种是变比误差，另一种是角误差；

变比误差决定于下式：

$$U\%=(KU_2-U_{1n})/U_{1n}\times 100\% \tag{8-19}$$

式中，K——电压互感器的变压比；

U_{1n}——电压互感器一次额定电压；

U_2——电压互感器二次电压实测值。

角误差是指二次电压的相量 U_2 与一次电压相量间的夹角 δ，一般在 1° 以下，最大不超过 4°。

电压互感器的两种误差与下列因素有关：

1）与互感器励磁的电流有关，励磁电流增大时，误差也增大；

2）与绕组的电阻、感抗及漏抗有关，阻抗和漏抗加大使误差加大；

3）与互感器二次负载大小有关，二次负载加大，误差也加大；

4）与二次负载功率因数有关，功率因数减小时，角误差将增大；

5）与一次电压波动有关，只有当一次电压在额定电压的±10%的范围时，才能保证不超过准确度规定的允许值。

电压互感器的误差分为 0.5 级、1 级和 3 级三种。

电压互感器的准确等级的具体选用，应根据二次负载性质来确定，如用来馈电给电度计量用的电压互感器，应选用 0.5 级；用来馈电给测量仪表用的电压互感器，应选用 1 级；用来馈电给继电保护用的电压互感器应具有不低于 3 级次的准确度。

3. 电压互感器的容量及接线组别

（1）容量：是指二次绕组允许接入的负荷功率，分为额定功率和最大功率两种。以 VA 表示。

（2）接线组别：是指一次绕组电压与二次绕组线电压间的相位关系 10 kV 系统常用的单相电压互感器，接线组别为 1/1—0；三相电压互感器接线组别为 Y，yn12 或 YN，yn12。

4. 电压互感器的接线方式

电压互感器的接线方式有以下几种：

（1）一台单相电压互感器的接线，如图 8-4 所示这种接线方式在三相线路上，只能测量某两相之间的线电压，用于连接电压表、频率表及电压继电器等，为安全起见，二次绕组有一相接地。

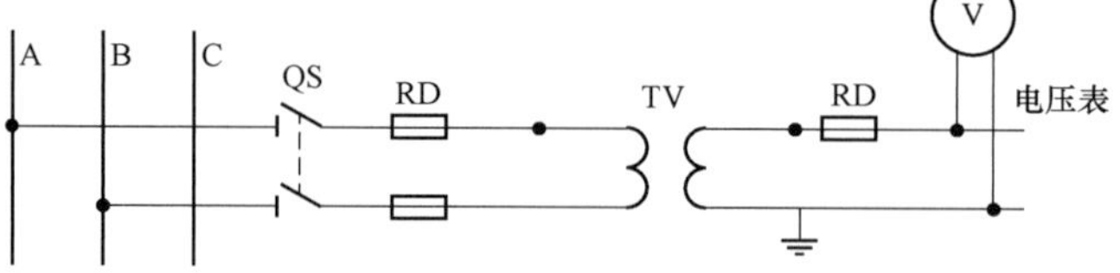

图 8-4　单相电压互感器接线图

（2）两台单相电压互感器 V/V 形接线（又称不完全三角形接线），如图 8-5 所示这种接线广泛用于中性点不接地系统或经消弧电抗器接地的系统，可以测量三个线电压，用于连接电压表、三相电度表、电力表和电压继电器等。它的优点是接线简单、经济，由于一次线圈没有接地点，减少系统中的励磁电流，避免产生内部过电压。但由于这种接线只能得到线电压或相对于系统中性点的相电压，因此有一定的局限性，它不能测量相对地电压，不能起绝缘监察作用和做接地保护用。V/V 形接线为安全起见，通常将二次绕组 V 点接地。

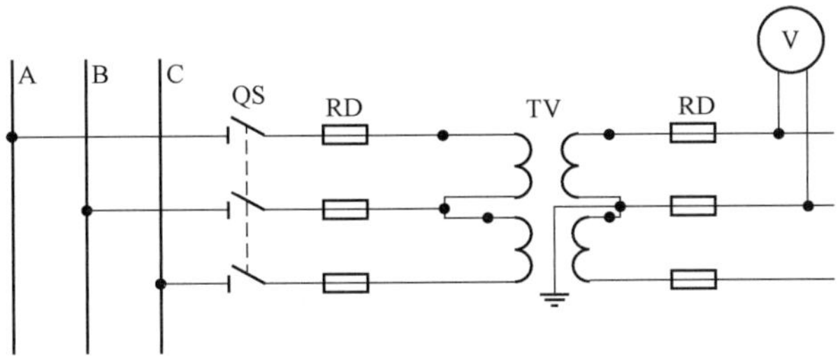

图 8-5　两个单相电压互感器 V/V 接线图

（3）三台单相电压互感器 Y0/Y0 形接线，如图 8-6 所示这种接线方式能满足仪表和继电器保护装置取用相电压和线电压的要求。在一次绕组中性点接地情况下也可装用绝缘监察电压表。

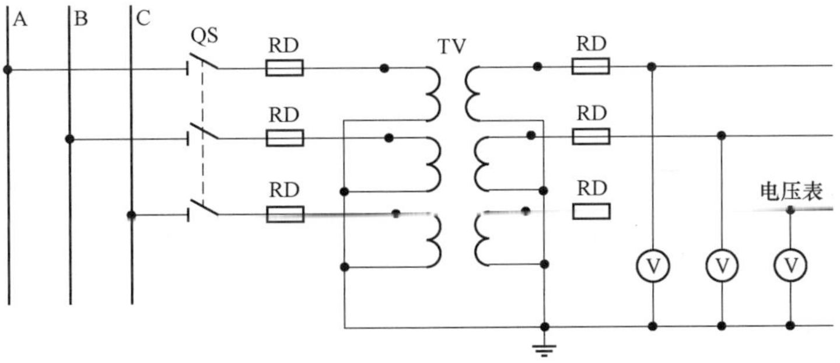

图 8-6　三个单相电压互感器 Y0/Y0 接线图

5. 三相五柱电压互感器或三台单相三绕组电压互感器 Y0/Y0/△形接线

如图 8-7 所示这种互感器接线方式，在 10 kV 中性点不接地系统中广泛运用，它既能测量线电压、相电压并能组成绝缘监察装置和供单相接地保护用，两套二次绕组中，Y0 形接线的二次绕组称作基本二次绕组，用来接仪表、继电器及绝缘监察电压表，开口三角形接线的二次绕组，称作辅助二次绕组，用来接绝缘监察用的电压继电器。在系统正常运行时，开口三角形两端电压接近于零，当系统发生一相接地时，开口三角形两端出现零序电压，使电压继电器吸合，发出接地预告信号。

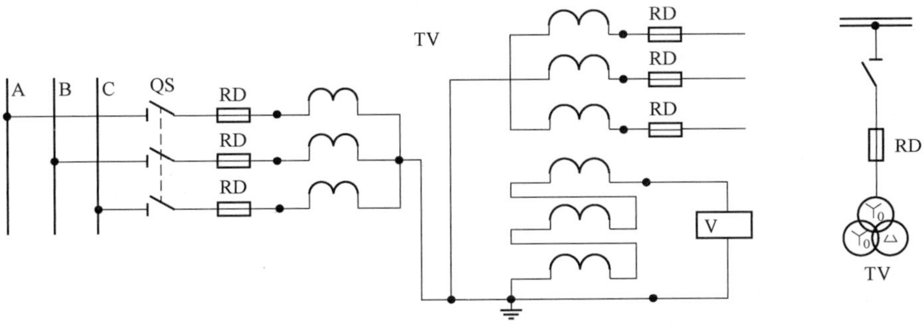

图 8-7　三相五柱电压互感器或三台单相三绕组电压互感器 Y0/Y0/△形接线图

6. 电压互感器的选择和使用

电压互感器的选择和使用应注意以下几点：

（1）根据被测电压的高低来选择电压互感器的额定电压比，应使电压互感器的一次额定电压等于或大于被测电压。

（2）与电压互感器配合的仪表应选用 100 V 的交流电压表，其面板刻度可以按一次被测电压的大小来设计。

（3）二次测量仪表所消耗的功率不要超过电压互感器的额定容量，否则会加大测量误差。

（4）电压互感器使用时，一次、二次都要接入熔断器，防止意外的短路事故，它的二次侧是不能短路的，否则会使电压互感器烧毁。

8.4.2.2 电流互感器

电流互感器也是按电磁互感应用原理工作的。它的机构与普通变压器相似，主要有铁芯、一次绕组和二次绕组等几个主要部分组成。所不同的是电流互感器的一次绕组匝数很少，使用时一次绕组串联在被测线路上里。而二次绕组匝数较多，与测量仪器和继电器等电流线圈串联使用。运行中电流互感器一次绕组内的电流取决于线路的负载电流，与二次负荷无关（于普通变压器正好相反），由于接在电流互感器二次绕组内的测量仪表和继电器的电流线圈阻抗都很小，所以电流互感器在正常运行，接近于短路状态，相当于一个短路运行的变压器，这是电流互感器与变压器的主要区别。

1. 电流互感器的型号及表达方式

电流互感器的种类较多，具体可以按照用途、结构型式、绝缘型式及一次绕组的型式来分类，通常型号用横列拼音字母及数字来表达，各部位的字母含义如下：

□ □ □ □—□/□—□

第 1 □表示：L——电流互感器

第 2 □表示：安装形式：（A——穿墙式，Y——低压的，R——装入式，C——瓷箱式，B——支持式，F——贯穿复匝式，D——贯穿单匝式，M——母线式，J——接地保护，Q——线圈式，Z——支柱式，C——手车式）

第 3 □表示：绝缘形式：（C——瓷绝缘，C——改进式，X——小体积柜用，K——塑料外壳，L——电缆电容型，D——差动保护用，M——母线式，P——中频的，Q——加强式，S——速饱和的，Z——浇注绝缘，W——户外式，J——树脂浇注）

第 4 □表示：一次绕组的型式（B——保护级，Q——加强式，D——差动保护用，J——加大容量，L——铝线式）

第 5 □表示：额定电压（kV）

第 6 □表示：准确等级

第 7 □表示：额定电流（A）

2. 电流互感器的技术数据

（1）变流比：是指一次与二次绕组额定电流之比，由于电流互感器二次绕组的额定电流都规定为 5 A，所以变流比的大小取决于一次额定电流的大小。目前电流互感器一次额定电流等级范围有：5～25 000 A；在 10 kV 用户配电装置中，一般选用在 15～1 500 A 范围内。

（2）误差与准确等级：

电流互感器的测量误差分为两种：一种是变比误差（简称比差），另一种是角误差（简称角差），变比误差决定于下式：

$$I\% = [(KI_2 - I_{1n})/I_{1n}] \times 100\% \tag{8-20}$$

式中，K——电流互感器的变流比；

I_{1n}——电流互感器一次额定电流；

I_2——电压互感器二次电流实测值。

角误差是指二次电流的相量 I_2 与一次电流相量间的夹角δ，一般在 2° 以下。

电流互感器的两种误差与下列因素有关：

1）与励磁安匝（$I_0 \times N_1$）大小有关，励磁安匝加大，误差也增大；

2）与一次电流大小有关，在额定值范围内，一次电流增大，误差减小，当一次电流为额定电流的 100%～120%时，误差最小；

3）与互感器二次负载阻抗大小有关，阻抗加大，误差也加大；

4）与二次负载感抗有关，感抗加大（既功率因数减小），电流误差加人，而角误差相对减少；

5）电流互感器的容量：是指它允许接入的二次负荷功率 S_n（VA），通常用额定二次负载阻抗（Ω）来表示。

6）热稳定及动稳定倍数：是表示电流互感器承受短路电流热作用和机械力作用的能力。

7）电流互感器的准确级次分有 0.2 级、0.5 级、1 级、3 级、10 级和 D 级几种。其最小比值差限值分别不超过±0.2%、±0.5%、±1%、±3%和±10%；其中 0.2 级、0.5 级电流互感器用于精密计量和标准计量，其余用于一般工业测量和保护装置。

8）电流互感器的准确等级的具体选用，应根据负载性质来确定，如用来馈电给电度计量用的电流互感器，应选用 0.5 级；用来馈电给电流表用的电流互感器，应选用 1 级；用来馈电给继电保护用的电流互感器应选用 3 级，为满足继电器灵敏度和选择性的要求，应按照电流互感器的 10%倍数曲线进行校验；差动保护选用 D 级。

3. 电流互感器的接线方式

电压互感器的接线方式有以下几种：

（1）一台电流互感器接线。这种接线用来测量单相负荷电流或三相系统中负荷平衡的某一相电流。如图 8-8（a）所示。

（2）三台电流互感器组成星形接线。这种接线可以用来测量负荷平衡或不平衡的三相电力系统中的三相电流。这种三相星形接线方式组成的继电保护电路，能保证对各种故障（三相、两相短路及单相接地短路）具有相同的灵敏度，应此，可靠性高。如图 8-8（b）所示。

（3）两台电流互感器组成不完全星形接线方式。这种接线在 6～10 kV 中性点不接地系统中应用广泛。不完全星形接线方式组成的继电器保护线路，能对各种相间短路故障进行保护，但灵敏度差。由于不无全星形接线方式比三相星形接线方式少投资了 1/3 的设备。应此，节省了投资费用。如图 8-8（c）所示。

（4）两台电流互感器组成两相电流差接线。这种接线方式通常应用于继电器保护线路中。例如，线路或电动机的保护及并联电容器的联横差动保护等，它能反应各种相间短路，但灵敏度各不相同。这种接线方式在正常工作时，通过仪表或继电器的电流是两相电流的相量差，其数值为电流互感器二次电流的 $\sqrt{3}$ 倍。如图 8-8（d）所示。

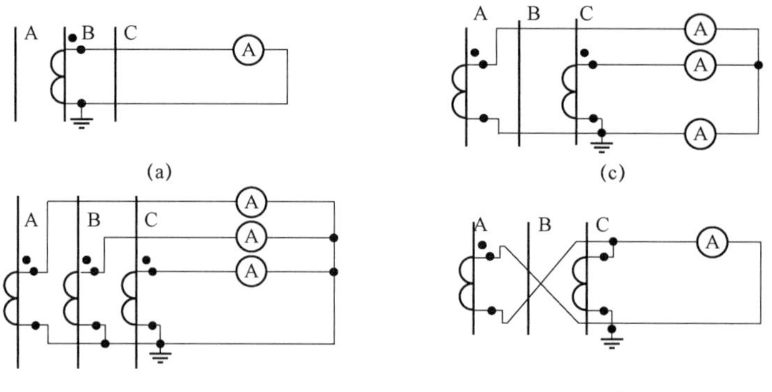

图 8-8 电流互感器接线图

4. 电流互感器的选择和使用

电流互感器的选择和使用应注意以下几点：

（1）按被测电流的大小来选择额定电流值和变比（一般在正常运行时应在额定电流 2/3 以上）。

（2）按电网电压等级选择额定电压。

（3）与电流互感器配合使用的仪表应采用 5 A 量程的交流电表。

（4）每相所带仪表和继电器绕组的总消耗功率不得超过电流互感器的额定容量。

（5）电流互感器的准确等级应与仪表相适应。

（6）电流互感器的一次 L_1、L_2 应与被测电路串联，二次 K_1、K_2 应与电流绕组一一串联后的各测量仪表连接，一次级绕组间采用减极性接法。

（7）电流互感器的二次与铁心都应可靠接地。运行中，电流互感器的二次绝对不允许开路。

5. 电流互感器的二次侧开路及其处理

电流互感器的二次侧在运行时开路，运行时，电流互感器的二次侧所接负荷非常小，接近短路状态，根据磁动势平衡方程，$I_1N_1-I_2N_2=I_0N_1$ 可知，其一次电流 I_1 产生的磁动势 I_1N_1，绝大部分被二次电流产生的磁动势 I_2N_2 所抵消，所以总的磁动势 I_0N_1 很小，励磁电流 I_0 只有一次电流的百分之几。但是当二次侧开路时，$I_2=0$，磁路上的励磁磁动势就是 I_1N_1。因而会产生以下后果：

（1）铁芯由于磁通剧增而过热，并产生剩磁，从而使得互感器准确度降低。

（2）由于电流互感器二次绕组匝数比一次绕组多，所以可感应出危险的高电压，危及人身和设备安全。

在实际工作中，往往发现电流互感器的二次侧开路后，并没有什么异常，这主要是一次电路中没有负载电流或负载很轻，铁芯没有饱和的缘故。在运行中，发现电流互感器的二次侧开路，应及时将一次电流减小或降为零，将所带的继电保护装置停用，并采用绝缘工具进行处理。

8.4.3　高压电器

8.4.3.1　高压断路器

1. 高压断路器用途介绍

高压断路器（或称高压开关）在高压电路中起控制作用，是高压电路中的重要电器元件之一。它不仅可以切断或闭合高压电路中的空载电流和负荷电流，而且当系统发生故障时通过继电器保护装置的作用，切断过负荷电流和短路电流，它具有相当完善的灭弧结构和足够的断流能力，断路器的工作状态（断开或者闭合）是由他的操动机构控制的。可分为：油断路器（多油断路器、少油断路器）、六氟化硫断路器（SF_6 断路器）、真空断路器、压缩空气断路器等。

2. 高压断路器与高压负荷开关、高压隔离开关的区别

（1）高压负荷开关是可以带负荷分断的，有自灭弧功能，但它的开断容量很小很有限。

（2）高压隔离开关一般是不能带负荷分断的，结构上没有灭弧罩，也有能分断负荷的高压隔离开关，只是结构上与负荷开关不同，相对来说简单一些。

（3）高压负荷开关和高压隔离开关，都可以形成明显断开点，大部分高压断路器不具隔离功能，也有少数高压断路器具隔离功能。

（4）高压隔离开关不具备保护功能，高压负荷开关的保护一般是加熔断器保护，只有速断和过流。

（5）高压断路器的开断容量可以在制造过程中做的很高。主要是依靠加电流互感器配合二次设备来保护。可具有短路保护、过载保护、漏电保护等功能。

3. 高压断路器的型号及含义

现在高压系统主要采用真空断路器、SF_6 断路器（110 kV）两种。6～10 kV 一般为真空断路器。

高压断路器全型号的表示和含义：□□□—□□/□—□

第一单元□：代表产品名称，用字母表示：S—少油断路器；D—多油断路器；K—空气断路器；Z—真空断路器；Q—产气断路器；C—磁吹断路器；L—六氟化油（SF_6）断路器。

第二单元□：代表安装场所，用下列字母表示：N—户内式；W—户外式。

第三单元□：代表设计序号，用数字表示。

第四单元□：代表额定电压（kV）。

第五单元□：代表其他标志，G—改进型；F—分相操作；Ⅰ（Ⅱ、Ⅲ）—断流能力代号。

第六单元□：代表额定电流（A）。

第七单元□：代表开断电流（kA）或断流容量（kVA）。

4. 高压断路器的技术参数

【额定电压】（kV）：指断路器所工作的某一级系统的额定电压。在三相系统指的是线电压，在单相系统指的是相电压。它表明了断路器的绝缘水平和灭弧能力。

【额定电流】（kA）：指断路器可以长期通过的最大工作电流此时导体的温升不超过规定的允许指。

【额定开断电流】（kA）：指断路器在额定电压下能正常开断的最大短路电流。它表明了断路器的开断能力。

【额定断流容量】（kVA）：断路器的开断能力的另一种表示值。

【最高工作电压】（kV）：由于系统电压的波动，有可能使断路器处在高于它的额定电压下长期工作，为此对断路器规定了一最高工作电压。额定电压在 220 kV 及以下的设备，其最高工作电压为 1.15 倍；对于 330 kV 的设备规定为 1.10 倍。

【热稳定电流】（kA）：指断路器在承受短路电流时的热稳定能力。既在规定的时间内通过此短路电流时，触头不因过热而熔断。

【动稳定电流】（kA）：指断路器的导电部分在短路电流通过时所产生的电动力冲击下，仍能保持机械上的稳定性，不致发生损坏和变形。

【全开断时间】（s）：指断路器的操作机构的分闸线圈从开始通电时起，到断路器各相中电弧全部熄灭时为止的这段时间。它包括固有分闸时间和电弧存在时间。

【合闸时间】（s）：指断路器的合闸线圈从开始通电起，到断路器主触头刚接触时为止的这段时间。

5. 真空断路器（ZN28-12 型真空断路器）

ZN28-12 型真空断路器系三相交流 50 Hz，户内式高压开关设备。它配有专用的、带有自动脱扣的交、直流操作机构。适用于额定电压 10 kV 及以下的以电缆为进线的户内配电系统，除作为普通配电保护断路器外，尤其适用于频繁操作及故障较多的场合。

（1）断路器经调整后应达到如下要求：

1）触头开距 12 mm；

2）超行程 3 mm；

3）三相触头不同期性不得超过 1 mm；

4）相间中心距 210；

5）平均合闸速度 0.4～0.6 m/s；

6）平均分闸速度 0.9～1.2 m/s；

7）各相导电回路直流电阻不大于 80 μΩ；

8）合闸时触头弹跳时间不大于 5 ms。

（2）结构与工作原理

本断路器主要由真空灭弧室、操动机构绝缘支持件、传动件、底座等组成一体，灭弧室由两块压制成半圆形的绝缘支架。流载支撑并固定在底座上，由导电夹、软连结、出线板通过灭弧室两端组成高压回路，底座下部是操动机构，带自由脱扣。包括合闸电磁铁、分闸电磁铁、合闸挚子、抬杠、拉杆、分闸摇臂、分闸弹簧、三相连动轴、辅助开关等，还设有机械计数器、分合指示、二次线路接线端子等，底部装有四个滚轮和四块弯板供搬运及安装之用，半圆形的绝缘支架是用玻璃纤维压制而成的，绝缘性能好，机械强度高，用它能分相支持灭弧室而不需另加相间隔板，高压间无框架连接，不仅能提高相间的绝缘强度，且对真空灭弧室也有一定的防护作用。

传动件（绝缘子），它即要保证高压对地可靠绝缘，还要传递分合闸功能，经受数万次的冲击振动，该断路器采用玻璃纤维压制成型，不宜老化、发脆、断裂，从而满足了真空开关机械寿命长的要求。

（3）真空灭弧室的结构及工作原理

真空灭弧室是真空断路器的绝缘和灭弧元件。该灭弧室由动触头、动端跑弧面、动导电杆、波纹管、动端法兰、静触头、静端跑弧面、静端法兰、屏蔽罩、瓷柱、不锈钢支撑法兰、玻壳等零部件，经清洗、玻璃封接、真空焊、氩弧焊、排气等工艺程序处理后封装而成，各主要另部件均密封在玻璃壳中，玻璃外壳不仅通过静法兰盘起到密封的作用，而且还起到绝缘的作用。波纹管系一动态密封的弹性元件，通过它，真空灭弧室在操动机构的作用下可完成分、合闸操作而又不会破坏其真空度。

真空电弧的熄灭是基于利用高真空度介质（一种压强低于 10 mm 汞柱的稀薄气体）的高的绝缘强度和在这种稀薄气体中电弧生成物（带电粒子和金属蒸汽）具有很高的扩散速度，因而使电弧电流过零后触头间隙的介质强度能很快恢复起来的原理而实现的，燃弧过程中的金属蒸汽和带电粒子在强烈的扩散中为屏蔽罩所冷凝，带三条阿基米德螺旋槽的跑弧面使电弧电流在其流经的路线上，在触头间产生一横向磁场，使电弧电流在主触头上沿切线方向快速移动，从而降低了主触头表面的温度，减少了主触头的烧损，稳定了断路器的开断性能，提高了断路器的寿命。

（4）真空断路器的运行及维护

1）由于真空断路器开断较小电流，特别是开断空载变压器励磁电流等小感性电流时，往往出现截流而产生截流过电压，并且截流值越大，产生的过电压越高。另外，真空断路器在开断电容器组的容性电流时，也很难达到绝对无电弧重燃，一旦出现重燃，也会产生重燃过电压。对于截流或者重燃过电压，需装用性能较好的金属氧化物避雷器或阻容保护装置来预防。

2）对玻璃外壳真空灭弧室，可以定期目测巡视检查，正常时内部的屏蔽罩等部件表面颜色应很明亮，在开断电流时发出浅蓝色弧光。当真空度下降很严重时，内部颜色就会变得灰暗，开断电流时将发出暗红色弧光。

3）定期（3 年左右）进行一次工频耐压试验。当动静触头保持额定开距条件下，如果耐压很低，而且经多次放电老炼后，耐压值仍达不到规定耐压标准，就说明真空灭弧室真空度已严重下降，已不能继续使用。

4）真空灭弧的老炼。真空灭弧室的电气老炼包括电压和电流老炼。新的真空灭弧室在产品出厂之前已经过老炼。但真空灭弧室经过一段时间存放，由于种种原因的影响，它的工作耐压水平会下降，开关制造厂在组装后以及使用部门在安装时仍然需要重新进行电压老炼和在规定条件下进行工频耐压试验。

5）触头超程和触头压力的控制：

① 真空灭弧室的触头超程是在 3 mm 左右，开距 12 mm 左右。

② 真空断路器在安装或检修时，除了要严格地按照产品安装说明书中要求调整测量触头超程。另外，还应仔细检查触头弹簧，不应有变形损伤现象。

6）触头磨损值的监控。真空灭弧室的触头接触面在经过多次开断电流后会逐渐被电磨损，触头行程增大，也就相当波纹管的工作行程增大，波纹管的寿命会迅速下降，通常允许触头电磨损最大值为 3 mm 左右。当累计磨损值达到或超过此值，同时真空灭弧室的开断性能和导电性能都会下降，真空灭弧室的使用寿命已到。

为了能够较准确地控制每个真空灭弧室触头的电磨损值，必须从灭弧室开始安装使用时起，每次预防性试验或维护时，就准确地测量开距和超程并进行比较，当触头磨损后累计减小值就是触头累计电磨损值。

7）真空断路器反弹对灭弧室的影响。真空断路器的触头多为对接式结构，在分合操作中可能产生不同程度的反弹现象。不论分闸反弹还是合闸反弹都会给运行带来危害。反弹可能导致：

① 触头烧损严重，甚至熔焊。

② 波纹管经受强迫振动可能产生裂纹，使灭弧室漏气。

③ 分合闸时的冲击速度及冲击力较大发生弹跳都可能产生触头和导电杆的变形，甚至产生裂纹。

④ 切合电容器组的真空断路器如发生合闸弹跳还会导致电容器的损坏。

8.4.3.2 高压开关柜（KYN28-12 型开关柜）

KYN28-12 型开关柜主要由柜体和手车两部分组成。开关内隔室由断路器室、可抽出式断路器、母线隔室、电缆室及仪表室组成。柜体的外壳和各功能单元的金属隔板均采用螺栓连接。

（1）外壳与隔板

开关柜的外壳和隔板是由覆铝锌版经 CNC（数控）机床加工和多重折弯之后组装而成。因此装配好的开关柜能保证尺寸上的统一性。它具有很强的抗腐蚀性与抗氧化作用并具有同等钢板更高的机械强度。开关柜被隔板分隔成手车室，母线室，电缆室，继电器仪表室（低压室）。每一隔室外壳均独立接地。开关柜门采用喷塑工艺，使其表面抗冲击，耐腐蚀，保证了外型美观。

（2）手车

手车架采用钢板径 CNC 机床加工后铆接而成。根据用途可分为：断路器手车，电压互感器、计量手车等，各类手车的高度与深度统一，相同规格的手车能互换。手车在柜内有隔离/试验位置和工作位置，每一位置均没有定位装置，以保证手车处于以上位置时不能随便移动，而移动手车是必须解除位置闭锁，断路器手车在移动之前须使断路器先分闸。

（3）断路器隔室

在断路器室安装了供断路器手车滑行的导轨，手车在工作位置，试验/隔离位置之间移动，活动帘板由金属板制成，安装在手车室的后壁上。手车从隔离/试验位置移动至工作位置过程中，装在静触头装置前的活动帘板自动打开，反方向移动手车，活动帘板自动闭合，把静触头封闭起来，从而保障了操作人员不触及带电体。

（4）可抽出式断路器手车

车架由钢板组装而成，手车上装有真空断路器和其他辅助设备。带有弹簧触指系统的一次动触头通过臂杆装在断路器的出线端子上，断路器操动机构的控制按钮和分合闸位置指示均设在手车面板上，以方便操作。手车进入开关柜内到达隔离/试验位置时，手车外壳与开关柜接地系统可靠接通，仪表保护和控制线路也通过二次插头与开关接通，手车移至工作位置时，接通除断路器外的一次回路。

（5）母线隔室

母线由绝缘套管支撑从一个开关柜引致另一个开关柜，通过分子母线和静触头盒连接。主母线与联络母线为矩形截面的圆角铜排。（用于大电流负荷时需用二根矩形母线。）全部母线用热缩管覆盖。全绝缘母线系统极大地减少母线室内部故障的发生率。排列各柜体的母线室互相隔离。万一柜内发生内部故障，游离气体不会导入相邻柜内，避免故障蔓延。

（6）电缆隔室

电缆隔室的后臂可安装电流互感器，电压互感器，接地开关，也能安装避雷器，手车和水平隔板移开后，施工人员就能从后面进入开关柜安装电缆。在电缆室内设有特定的电缆连接导体，可并接 1～6 根单芯电缆。同时下部的金属封板可拆卸，以提供现场施工的方便。

（7）仪表隔室

仪表隔室的后臂可装继电保护元件、仪表、带电监视指示器以及特殊的二次设备。有固定的线槽，欲留穿孔等。规范统一，方便施工。

（8）防止误操作的连锁装置：开关柜具有可靠的联锁装置，为操作人员与设备提供可靠的安全保护，其作用如下：

1）手车从工作位置移至隔离试验位置后，活动帘板将静触头盒隔开。防止误入带电隔室。

2）断路器处于合闸状态时，手车不能从工作位置或从隔离/试验位置拉出；断路器只能在手车已充分锁定在试验位置或工作位置时才能被操作。

3）接地开关仅在手车处于隔离/试验位置时才能操作，当接地开关处于合闸状态位置不能推至工作位置。

4）手车在工作位置时，二次插头被锁定不能拔开。

（9）压力释放装置

在手车室，母线室和电缆室的上放均设有压力释放装置，当断路器或母线发生内故障并伴随电弧的出现，开关柜内部气压升高，顶部装配的压力释放金属板将被自动打开，释放压力和排泄气体，以确保操作人员和开关柜的安全。

（10）二次插头与手车位置的连锁

开关柜的二次线与手车的二次线联络是通过二次插头实现的。手车只有在隔离/试验位置时，才能扦上和解除二次插头。手车处于工作位置时由于机械连锁作用，二次插头被锁定，不能解除。

（11）带电显示装置

开关柜内设有带电显示装置，由高压传感器和可携带式传感器两部分组成。传感器安装在母线或馈线侧，显示器安装在开关柜仪表室门上，当需检测是否带电时，可将显示器的按钮插入，如显示动作，则表明母线或馈线侧带电。反之，则说明不带电。9#开闭所的开关柜还装有线缆温度传感器，可以随时观察线缆的温度。

8.4.3.3 KYN28-12 型开关柜操作

1）用合适的起吊设备将手车断路器吊放到服务手车上，并用锁扣锁紧。

2）调整服务手车高度，使其与开关柜可靠连接（服务手车前部扣板插入开关柜对应孔中并扣紧）。

3）手车进入试验位置；断路器在分闸状态，双手拉动锁板，使锁舌缩进底盘车，将其推进到开关柜导轨试验位置，并使左右锁舌均插入开关柜锁孔。

4）将断路器插头插入开关柜二次电路插座并锁紧，关好断路器市门，即可进行断路器的试验工作。

5）手车进入工作位置：断路器在分闸状态，将专用手柄插入底盘车摇进机构，略往前压，顺时针转动手柄，使断路器到达工作位置，查看开关状态显示仪或后台机显示正确。取下手柄，可进行断路器的分合闸操作。

6）手车退出工作位置：断路器在分闸状态，将专用手柄插入底盘车摇进机构，逆时针摇动手柄，使断路器到达试验位置，打开断路器室门，拔下二次线路插头。

7）将服务车与柜体锁紧，用手拉动断路器底盘锁板，使锁舌缩进底盘车内，可将断路器退出开关柜，拉到服务手车上。

8.4.3.4 高压隔离开关

高压隔离开关是一种没有灭弧装置的控制电器。它不允许带负荷操作，一般与断路器配合使用。主要功能是隔离高压电源，将需要检修的电器设备用隔离开关与电网的带电部分可靠的隔离，使被检修的电器设备与电源有明显的断开点以保证检修工作的安全；用于改变运行方式进行倒闸操作；在一定的情况下可以用来接通或切断小电流电路；其中带接地线的隔离开关，可有效地杜绝在检修工作发生带电挂接地线或带地线合闸的恶性事故。

1. 户内高压隔离开关

（1）户内高压隔离开关在结构上要求其断开后有明显的断开间隙，而且断开间隙的绝缘及相间绝缘都是足够可靠的，能充分保证人身和设备的安全。

（2）其分合闸是通过操作手柄来进行的。

（3）通过平行铜条、夹紧弹簧、及“磁锁”等结构设计，以增加开关的动稳定度。

2. 户外高压隔离开关

（1）户外高压隔离开关，对绝缘要求较高，以保证在各种条件下能可靠的工作。

（2）户外高压隔离开关，应具有破冰的能力并有较高地机械强度。

（3）导电刀闸采用指形触头，操作时触指间产生相对滚动，以起到自身净化和破冰作用。

3. 高压隔离开关的运行维护

（1）隔离开关的接触应良好，动静刀片应无氧化膜，无弹簧压缩变形。接触及连接部分最大允许温度为 70 ℃，通过的电流不得超过额定值，否则，应及时更换大容量的开关。

（2）瓷绝缘有无破损及放电现象，胶合处不得松动。

（3）操作机构的部件有无开焊、变形或锈蚀现象，轴、销钉、紧固螺母等是否正常，蜗轮咬合是否良好，闭锁插销或压块是否完整。

（4）维修时应用细砂布打磨触点、导线连接点，检查其紧密程度并涂以中性凡士林油；刀片与触头的接触，可用 0.05 mm × 10 mm 宽的塞尺测试，塞入深度不超过 5 mm。

（5）分、合过程应无卡劲，触点中心要校准，三相应同时接触，合入深度不小于 90%，动刀片与静触座底部间隙不应小于 3～5 mm。

（6）高压隔离开关严禁带负载分、合闸，维修时应检查它与断路器的连锁装置是否完好。

8.4.3.5　高压负荷开关

1. 高压负荷开关的功能

高压负荷开关具有简单的灭弧装置，因而能通断一定的负荷电流和过负荷电流，但它不能断开短路电流，因此它必须与高压熔断器串联使用，以借助熔断器来切断短路故障。负荷开关断开后，与隔离开关一样，具有明显可见的断开间隙，因此，它也具有隔离电源、保证安全检修的功能。在额定电流范围内，它可以作为 10 kV 系统内变压器、配电线路、电容器组的带负载分、合闸操作的控制设备。

2. 高压负荷开关的类型

高压负荷开关种类较多，按结构可分为油、真空、六氟化硫、产气、压气型，按操作方式分为手动、电动操作。

（1）产气式负荷开关主要特征是采用了相应的产气型绝缘材料。分断电路时在电弧的作用下，产气材料产生气压，气压顺一定的方向吹动电弧，使电弧拉长而熄灭，起到灭弧开断电流的作用。

（2）真空负荷开关完全采用了真空开关管的灭弧优点以及相应的操作机构。由于负荷开关不具有开断短路电流的能力，因此，在结构上设计比较简单。

3. 负荷开关的运行维护

（1）检查开关负载电流是否在额定值范围内，负荷开关“分合”位置是否正确对应实际并位置标识清楚，各带电导体连接点处有无过热现象。

（2）检查绝缘子的完好性及有无放电痕迹。

（3）检查灭弧装置的完好性，消除烧伤、压缩时漏气等现象。

4. 柜外安装的负荷开关，应该检查开关与操作把手之间的安全附加挡板装设是否牢固。

5. 柜体接地连接螺母是否牢固、柜体编号名称是否正确清楚，窥视灯及玻璃应完好。

6. 操作过程中转动部分应灵活，无卡劲及其他妨碍开关正常操作的现象。

7. 负荷开关三相刀口触点是否同时接触，接触中心是否有无偏移、接触位置无发热变色等现象。

8.4.3.6　高压熔断器

主要用于高压输电线路、电压变压器、电压互感器等电器设备的过载和短路保护。

1. 高压熔断器结构组成

其结构一般包括熔丝管、接触导电部分、支持绝缘子和底座等部分，熔丝管中填充用于灭弧的石英砂细粒。熔件是利用熔点较低的金属材料制成的金属丝或金属片，串联在被保护电路中，当电路或电路中的设备过载或发生故障时，熔件发热而熔化，从而切断电路，达到保护电路或设备的目的。

2. 高压熔断器分类

在 3～66 kV 的变电站和变电所常用的高压熔断器有两大类：

一类是户内高压限流熔断器，额定电压等级分 3 kV、6 kV、10 kV、20 kV、35 kV、66 kV，常用的型号有 RN1、RN3、RN5、XRNM1、XRNT1、XRNT2、XRNT3 型，主要用于保护电力线路、电力变压器和电力电容器等设备的过载和短路；RN2 和 RN4 型额定电流均为 0.5～10 A，为保护电压互感器的专用熔断器。

另一类是户外高压喷射式熔断器，此类熔断器在熔体熔断产生电弧时，电弧烧损反白纸产气吹拉长电弧，弧感抗改变相位，正好电流过零时产生零休，才能开断电路，限流作用不明显。常用的为跌落式熔断器，型号有 RW 3、RW 4、RW 7、RW 9、RW 10、RW 11、RW 12、RW 13 和 PRW 系列型等，其作用除与 RN 1 型相同外，在一定条件下还可以分断和关合空载架空线路、空载变压器和小负荷电流。

户外瓷套式限流熔断器 RW 10-35/0.5～50-2000 MVA 型中 RW10-35/0.5～1-2000 MVA 为保护 35 kV 电压互感器专用的户外产品。所以根据熔断器的型式和不同的保护对象来选择。

3. 高压熔断器选择依据

（1）按工作电压选择

1）一般条件：

$$U_e \geqslant U_{we} \tag{8-21}$$

式中，U_e——熔断器额定电压；

U_{we}——安装处电网额定电压。

即熔断器的额定电压（kV）应不小于熔断器安装处电网额定电压（kV）。

2）对于限流型熔断器

以石英砂作为熔断器填充物的限流型熔断器只能按 $U_e = U_{we}$ 的条件选择，这种情况下此类熔断器熔断产生的最大过电压倍数限制在规定的 2.5 倍相电压之内，此值并未超过同一电压等级电器的绝缘水平。如果熔断器使用在工作电压低于其额定电压的电网中，过电压倍数造成威胁可能增大 3.5～4。

（2）按电流及保护特性选择

1）一般条件

$$I_e \geqslant I_{je} \geqslant I_g \cdot z_d \tag{8-22}$$

式中，I_e——熔断器熔管的额定电流，A；

I_{je}——熔断器熔体的额定电流，A；

$I_g \cdot z_d$——回路最大持续工作电流，A。

此条件为选择熔断器额定电流的总体要求，其中熔体额定电流的选择最为重要，它的选择与其熔断特性有关，应能满足保护的可靠性、选择性和灵敏度要求。

2）具体情况

① 保护配电设备（即 35 kV 及以下电力变压器）：

$$I_{je}=KI_{e} \tag{8-23}$$

式中，I_e——变压器回路额定工作电流，A；

K——可靠系数，不考虑电机自起动时，取 1.1～1.3；考虑电机自起动时，取 1.5～2.0。

按此条件选择可确保变压器在通过最大持续工作电流，通过变压器励磁涌流，电动机自起动或保护范围以外短路产生的冲击电流时熔件不熔断，而且能保证前后级保护动作的选择性以及本段范围内短路能以最短时间切除故障。

② 保护电力电容器：

$$I_{je}=KI_{c\cdot e} \tag{8-24}$$

式中，$I_{c\cdot e}$——电容器回路的额定电流，A；

K——可靠系数，对于喷射式熔断器，取 1.35～1.5；对于限流型熔断器，当一台电容器时，系数取 1.5～2.0；当一组电容器时，系数取 1.3～1.8。

③ 保护电力线路：按一般条件选择：

$$I_e \geqslant I_{je} \geqslant I_g \cdot zd \tag{8-25}$$

（3）按开断电流选择：

一般条件：$$I_{ke} \geqslant I_{dt}\ (S_{ke} \geqslant S_{dt}) \tag{8-26}$$

式中，I_{ke}（或 S_{ke}）——熔断器的额定开断电流，kA（或额定开断容量 MVA）；

I_{dt}——短路全电流，kA（安装地点）对于限流型熔断器取 $I_{dt} \geqslant I''$（次暂态电流幅值）；对于非限流型熔断器取 $I_{dt} \geqslant I_{ch}$（稳态短路电流最大有效值）。

8.4.3.7　10 kV/0.4 kV 电容补偿装置的运行维护

1. 新装设的电容器装置或停运较长时间的，使用前应进行预防性试验，试验前后的电容值如有明显变化，则不能投运，待查明原因后方可投运，并用兆欧表测量放电回路是否良好。

2. 电容器投入正常运行后，每天应巡视检查，观察柜体内元器件声音是否正常，有无渗漏油现象，面板显示是否正常，对电容器柜的巡视检查结果应详细记录，交接班进行交接检查。

3. 电容器运行中电流不应长时间超过电容器额定值的 1.3 倍，电压不应长时间超过电容器额定值的 1.1 倍，电容器外壳温度不得超过 60 ℃。

4. 电容补偿装置正常运行后，每年清理一次并且整柜要做耐压试验。

5. 运行时，应定期巡检设备各项技术参数，当发现异常，应及时查找原因，尽快恢复参数正常。

6. 控制器参数不经许可不得随意改变，投切方式转换开关正常时应打至“自动”位置，盘面表计指示正常，放电等指示正常。

7. 运行过程中应注意监控功率因数，如超过 0.95 且仍有上升趋势时，应手动将电容器退出运行。

8. 运行人员要接触电容器之前必须做到以下三点：

（1）应将隔离开关打开，合上接地开关，方可接触。

（2）无功补偿装置退出运行后，等待 3 min，让电容器充分放电。

（3）为了绝对安全，充分放电后再用接地棒短接电容器两端并接地。

9. 停机检查维护后，应检查以下项目：

（1）电容器各连接点螺丝应拧紧。

（2）电容器等元器件外壳必须保证接地良好。

（3）电容器上瓷套与箱盖无灰尘。

10. 10 kV 电容器的操作：

（1）电容器自回路断开后，至少停留一分钟后方可重新投入。

（2）当三相断路器断电后，高压带电显示装置上的 A、B、C 三相黄、绿、红指示灯均由亮转灭，隔离开关操作回路的指示灯由灭转亮，此时才可以拉隔离刀闸（注意，在断电瞬间，不能立刻拉开隔离刀闸）。

（3）在拉隔离刀闸之前，应先打开刀闸的闭锁机构。

（4）打开柜门前，应先拉开隔离刀闸。

（5）合隔离刀闸之前，一定要确定断路器处于分闸状态，并且将各个柜门锁好。

（6）电容器在运行过程中，一旦出现报警、跳闸等情况，在未查明原因之前不得重新合闸。

11. 0.4 kV 电容补偿柜的操作及维护：

（1）在电容补偿柜投运前，电气元件外观检查良好，摇测电容器对外壳绝缘电阻在 0.5 MΩ以上；与电容器组连接的电缆、断路器、熔断器等应试验合格。

（2）检查电容器外壳是否膨胀、有放大痕迹，其内部是否有放电声或其他异常声响。

（3）检查电容器部件是否完整，引出端子是否有松动，外壳表面涂漆有无脱落。

（4）合上主回路空开，给上交流保险，检查电压指示正常，检查功率因数控制器参数正确（功率因数目标值、投切时间、过压保护定值、输出回路数）。

（5）将转换开关打至“手动”位置，进行手动投切试验正常，放电指示灯指示正确，表计指示正确。

（6）将转换开关打至“自动”位置，检查电容柜工作正常。

8.4.4　变电所直流系统的运行与维护

变电所（站）的直流系统是为各电气设备的保护装置、操作回路提供工作电源及事故照明。

1. 一般变电所（站）的直流系统采用单母线分段接线形式。选用两组 200 Ah 左右的蓄电池及三套 30 A/315 V 高频开关电源直流充电装置（两用一备。充电模块采用 $N+1$ 冗余配置），分别接于不同母线段。两段母线各设两套闪光装置、两套微机直流系统绝缘监测仪。两段直流母线间设联络电器。满足在运行中两段母线切换时不中断供电的要求。切换过程中允许两组蓄电池短时并联运行。

蓄电池采用两组铅酸免维护电池。蓄电池自动巡检仪和微机控制装置根据系统工作状况，自动实现蓄电池自动充电、恒流、恒压，均充/浮充自动转换功能。直流屏母线电压中控母电压和合母电压一致，所有负荷采用环网接线，满足分段互相倒换负荷。

2. 直流系统的运行维护

（1）检查所有蓄电池组正常运行应以浮充电方式运行。直流屏充电屏交流输入电压表、电池充放电电流表指示正常；监控模块、电池巡检仪运行正常，无报警信息；整流模块运行正常，电流（或电压）显示正常。

（2）检查直流屏馈线屏合母电压、控母电压显示正常，各支路指示灯指示正常。

（3）检查直流屏电池屏内无异常，各个电池无鼓包、端子连片、接线紧固无发热变色。

（4）每月对直流屏各参数、电池电压进行巡视检查并记录，每年对直流屏蓄电池进行充放电一次。

（5）蓄电池室内室温正常，环境应保持干燥，照明设备（防爆型）完好，排风系统（防爆型）运行正常，室内无强烈异味，室内温度宜经常保持在 5～30 ℃。

（6）运行中的蓄电池组严禁退出。直流系统使用的直流断路器应有自动脱扣功能，总熔断器断开时，应能发出信号。

（7）改变直流系统运行方式的操作，应执行《变电运行规程》规定。新安装的直流装置，投运前应作交接试验，试运行 72 h 后，方可正式投入运行。

（8）巡检发现个别容量落后的蓄电池，应通过均衡充电的方法进行处理，不允许长时间保留在蓄电池组中运行，若处理无效应及时更换。

（9）定期对蓄电池组、直流屏进行清洁，导线的连接应安全可靠，严禁将蓄电池短路。

（10）新安装或大修后的阀控蓄电池组，应进行全核对性放电试验，以后每隔 2～3 年进行一次核对性试验，阀控蓄电池运行 6 年后，应每年进行一次核对性放电试验。

3. 直流系统常见故障

（1）接地故障及处理

当发生直流接地时，先根据监控模块中“绝缘检查”内容，查明直流接地的极性，若正对地电压为 0、绝缘阻值降低，则说明是正接地。汇报电调值班员并尽快查明，初步分析故障产生原因，检查二次回路是否有人工作或天气下雨、受潮等。具体步骤如下：

1）当直流接地时，应禁止在直流回路上工作，首先检查是否由于人员误碰造成接地。

2）如有直流接地选检装置的变电站，直流接地必须进行复验，确定接地回路，再进行重点查找。

3）按下列原则查找接地点：

① 在直流回路上操作的同时发生直流系统接地，应首先在该回路查找接地点；

② 先查找事故照明、信号回路、充电机回路，后查找其他回路；

③ 对于操作和保护电源不分开的站，应首先查找主合闸，后查找操作回路，对于操作与保护电源分开的站，应先查找操作回路，后查找保护回路；

④ 先查找室外回路，后查找室内回路；

⑤ 按电压等级从低到高查找；

⑥ 先查找一般回路，后查找重要回路；

⑦ 寻找直流接地故障点应与专业人员协调进行。试停有关保护装置电源时，应征得调度同意，试停时间尽可能要短；

⑧ 查找直流接地时，应断开直流熔断器或断开由专用端子到直流熔断器的联络点。在操作前：先停用由该直流熔断器或该专用端子所控制的所有保护装置。在直流回路恢复良好后，再恢复有关保护装置的运行；

⑨ 如果接地发生在雨天，则应重点检查端子箱、机构箱（特别是室外的）是否进水、潮湿，可用吹风机吹干，观察接地现象是否消失。

（2）充电装置的故障处理

1）交流电源中断，若无自动调压装置，应进行手动调压，确保直流母线电压的稳定。交流电源恢复，应立即手动启动或自动启动充电装置，对蓄电池进行恒流限压充电一恒压充电一浮充电；

2）充电装置控制板工作不正常，应在停机更换备用板后，启动充电装置，调整运行参数，投入运行；

3）自动调压装置失灵时，应启动手动调压装置，退出自动调压装置，通知专业人员处理；

4）充电装置内部故障跳闸，应及时启动备用充电装置，并及时调整好运行参数。

5）整流模块故障，无显示、运行灯不亮等，及时更换模块。

4. 蓄电池的定期维护

（1）每年对各站直流屏蓄电池进行充放电维护一次。新投运的电池组在 1 年内进行深度充放电 1 次，此后 2 年每年只进行一般性充放电，从第 4 年开始每年进行 1 次深度充放电。

（2）充放电要求：

1）深度充放电放电电流设为电池容量的 10%，时间为 7 h，电池保护电压为 200 V。

2）一般性充放电放电电流设为电池容量的 10%，时间为 3 h，电池保护电压为 200 V。

3）电池放电时应有专人进行操作和监视，每小时记录 1 次单体电压值。

4）在放电过程总中，出现以下情况时，立即中止充放电维护工作：

① 额定电压为 2 V 的单体电池任意一节电压降低至 1.8 V，额定电压为 12 V 的单体电池任意一节电压降低至 10.8 V；

② 电池出现破裂或漏液，连接部位过热；

③ 供电系统出现了故障或异常情况；

④ 放电后结束应迅速充电，否则电池有失效的危险。

8.4.5 消弧线圈自动调谐装置及线圈柜运行维护

在 6/10 kV 中性点不接地系统中，当发生单相接地时，易发生电压互感器铁心饱和引起的铁磁谐振过电压，由于谐振过电压过高而引起的 PT 熔断器熔断或互感器烧毁时有发生。特别是电缆出线回路较多的变电所（站），电网对地电容电流也很大，单相接地时接地电弧不能自动熄灭必然产生弧光过电压，一般为 3～5 倍相电压甚至更高，致使电网中绝缘薄弱的地方放电击穿，并会发展为相间短路造成设备损坏和停电事故。所以，一般都在 6/10 kV 母线或电压互感器上装有消弧、消谐装置用于防止谐振过电压的产生。

8.4.5.1　消弧线圈自动调谐装置及线圈柜的运行监视

1）运行无杂音；

2）套管清洁、无破损和裂纹；

3）引线接触牢固，接地装置完好。

8.4.5.2　对二次设备的运行监视

1）脱谐度，显示值应在脱谐度设定范围之内；

2）准确显示电容电流；

3）残流显示正取，等于消弧线圈当前档位下补偿电流与电容电流之差；

4）中性点电流，通常小于 5 A；

5）系统运行正常时中性点电压，小于 15%相电压；

6）正确显示消弧线圈开关档位；

7）调谐器电源指示灯亮。

8.4.5.3　6/10 kV 系统接地故障发生时的报警信息：

1. 一般系统发生接地后有多个地方可以报警

（1）控制器面板有报警界面（有接地标记闪烁）；

（2）控制器发出接地报警滴滴声音；

（3）控制器向后台的硬节点报警，后台有遥信变位或者光子排灯亮；

（4）通过通讯向后台报警，有遥信变位报警；

（5）另外综自保护系统的绝缘检测也应该有报警。

2. 接地故障发生时的处理

（1）当接地消除前，装置会一直报警系统有接地；

（2）一旦接地消失，报警界面一直保留，直到有人操作，但是接地消失后装置会自动转入自动运行状态；

（3）每次接地，装置都会自动保存接地所有信息；

（4）对于采用并联中电阻选线时，装置接地信息中有＜R＞标示投入中电阻选线结果；

3. 选线发生时的报警和处理

（1）界面自动显示接地线路或者母线；

（2）通过硬节点向后台报警输出；

（3）通过通讯把故障回路向后台报警，后台有故障回路报警；

（4）假设有跳闸节点连接，则可能直接跳闸（压板合上）；

（5）调度根据实际情况进行拉闸、转移或者自动跳闸处理；

4. 接地故障发生时刻，应注意的事项

（1）禁止操作或手动调节该段母线的消弧线圈；

（2）故障应该及时排除，接地时限一般不超过 2 h；

（3）应监视并记录下列数据：

① 接地变和消弧线圈运行情况；

② 接地打印信息，历史接地信息；

③ 调谐器显示参数：电容电流、残流、脱谐度、中性点电压和电流、有载开关档位等；

④ 单相接地开始和结束时间；

⑤ 单相接地线路及单相接地原因，天气状况（做统计用）；

⑥ 后台报警信息。

5. 运行维护时注意事项

（1）在正常情况下，消弧线圈自动调谐装置必须投入运行；

（2）正常情况下消弧线圈自动调谐装置应投入自动运行状态；

（3）消弧线圈和其他电气设备一样，由调度实行统一管理，操作前必须有当值调度员的命令才能进行操作；

（4）禁止将一台消弧线圈同时接在两台接地变压器（或变压器）的中性点上；

（5）若巡视中发现下列情况之一时，应向调度和上级主管部门汇报：

（6）中性点电压大于15%相电压；

（7）微机调谐器自动功能异常时；（根据调度命令可以改为手动）。

8.5　电力线路的运行和维护

8.5.1　电力线路巡视目的及分类

1. 电力线路的巡视与检查是为了准确掌握线路的运行状况，及时发现和消除缺陷，预防事故并确定线路的检修内容，使线路经常保持在良好状态下运行。

2. 巡视与检查是线路运行的一项基本工作，按其目的分为定期巡视、特殊性巡视、故障性巡视、预防性检查。

3. 每次巡视前应分析设备运行情况及季节特点，突出巡视重点，查明线路各部件的缺陷，记入巡视记录，并提出处理意见跟踪处理结果。

8.5.2　架空线路的巡视与检查管理要求

1. 定期巡视：定期检查的目的在于经常掌握线路的各部件运行状况及沿线情况，并做好护线工作。应根据架空线路的运行情况，沿线环境及重要性等综合确定，一般情况下每两个月一次。

2. 特殊巡视：特殊巡视是根据季节特点，异常气候下如大雾、大雪、冰雹、洪水泛滥，沿线农村发生火灾及地震或对某几段的杆塔进行详细检查，以发现是否有异常现象及部件是否变形损坏。

3. 有重要活动，需要对线路设备加强监视时的巡视。

4. 沿线周围环境情况突然变化时（如平整土地、修渠、修公路、建房等）的巡视。

5. 故障性巡视就是为了查明线路故障及跳闸的原因找出故障点，无论线路开关重合与否，均应在故障跳闸或发现接地后立即进行。

6. 预防性检查一般要求登杆进行检查，必要时进行：查明地面巡视难以发现的缺陷，如杆身裂纹、变形，绝缘子闪络、烧伤、裂纹以及导线磨损、脱落、断股、锈蚀等缺陷，金具变形、裂纹等。

7. 段长和线路专职技术人员应定期参加线路巡视以了解线路运行情况并检查、指导巡线人员的工作。

8.5.3　架空线路巡视内容

8.5.3.1　沿线情况

（1）保护区内的建筑、可燃、易燃物品和腐蚀性气体情况。

（2）保护区内有无栽植树木、竹子；树木在最大风偏情况下与线路的水平距离、垂直距离是否符合防护要求。

（3）保护区内有无架设或敷设架空线路，架空通信线路。

（4）保护区内有无进行土方挖掘，建筑工程和施工爆破，距离线路五百米内发现爆破时，应宣传制止（同时立即向当地政府、县公安部门报告）。

（5）线路附近修建道路或其他设施是否影响线路正常运行。

（6）线路附近石灰窑、砖场、水泥厂烟雾对绝缘子和导体的污秽情况。

8.5.3.2　杆塔的巡视

（1）杆塔倾斜是否在标准范围内，各部件锈蚀、变形情况。

（2）杆塔部件的固定情况，缺螺栓或螺帽、螺栓丝扣长度是否足够。

（3）混凝土电杆出现裂纹或其他变化，混凝土脱落、钢筋外露，脚钉缺少。

（4）杆塔基础培土情况，周围土壤突起或沉陷，基础裂纹、损伤、下沉或上拔，护基沿倒塌或被冲刷。

（5）杆塔周围杂草过高，杆塔上有危及安全的蔓藤类植物附生或鸟巢蜂巢。

（6）防护的护坡设施崩塌或损坏。

8.5.3.3　横担巡视

（1）铁横担有无锈蚀、变形、烧伤。

（2）横担各部件是否缺少或松动。

（3）横担有无倾斜。

8.5.3.4　导线、避雷线的巡视

（1）导线、避雷线上扬、震动、舞动、跳跃情况。

（2）并沟线夹及爆压接头有无过热现象。

（3）导线在线夹内有无滑动、悬垂线夹船体部分是否自挂架中脱出。

（4）导线有无断股，烧伤及腐蚀，歪扭变形，跳线与杆塔空气间隙的变化情况。

（5）导线固定处有无缠绕铝包带。

（6）扎线有无松开、断开，引线弯曲变形或距杆塔本体距离不够。

（7）导线弧度是否平衡，导线对地、对交叉设施及其他物体距离是否符合安全距离要求。

8.5.3.5　绝缘子和金具的巡视

（1）绝缘子应无严重脏污，并无裂纹、破碎，绝缘子的片数（爬距）应符合所在地区

污秽等级要求。

（2）绝缘子应无烧伤、闪络痕迹和局部火花放电现象。

（3）绝缘子串有无严重偏斜。

（4）金具是否有锈蚀，开口销子是否缺少或脱出，元头销是否弯曲或球头绝缘子是否缺少弹簧销。

（5）针式绝缘子有无脱母、倾斜。

8.5.3.6 拉线、拉桩

（1）上、下把是否连接牢固，附件是否齐全完整。

（2）拉线保护等是否发挥应有的作用。

（3）地锚拉杆腐蚀，拉环开焊，缺土及土壤下陷。

（4）拉线部件锈蚀、松弛、断股、抽筋、张力分配不均，缺螺栓、螺帽等。

8.5.3.7 接地装置及避雷器

（1）避雷线、接地引下线、接地装置间的连接固定情况。

（2）接地引下线断股、断线、严重锈蚀。

（3）接地装置严重锈蚀，埋入地下部分外露或丢失。是否有接地引下线脱落，断开或遗失。

（4）避雷器瓷绝缘裂纹、损坏及闪络。

（5）避雷器上桩头松动。

（6）接地引下线未在杆身固定。

8.5.3.8 附件及其他

（1）线路上的的阻波器有无鸟巢及金属短接。

（2）附属通信设备有无损坏情况。

8.5.4 电力电缆线路运行维护检测管理要求

电力电缆（含控制电缆）巡视和维护是为了掌握电缆运行状态，及时发现和消除电缆线路及其附属设备上存在的缺陷，检查电缆周围环境是否满足运行环境要求，在电缆故障时查找故障点，以确保安全可靠供电。铀浓缩离心工厂负荷较为集中，10 kV 电力输送一般采用电力电缆。

1. 电缆巡视至少每三个月一次，根据季节及环境影响特点，增加巡查次数。

2. 变电所的电缆沟，电缆架及电缆线路段等的巡视至少每三个月一次，巡视应做记录。

3. 室外电缆终端头，应至少每两个月巡视一次。

4. 暴雨后，对地埋暗敷可能被雨水冲刷的地段，应进行特殊巡视。

5. 多根电缆并列运行要检查电流分配和电缆外皮的温度情况，防止电缆过负荷，原则上不允许过负荷运行。

6. 检查电缆沟内的电缆位置是否正常，接头有无变形漏油，温度是否正常，通风、排水等设施是否完善。

7. 电缆沟内的电缆需要检查防火设施是否完善，室外与室内电缆沟之间的封堵是否完好。

8. 电缆线路发生故障后，必须立即进行检修，以免拖延时间太久使水分大量侵入，而扩大损坏范围。

9. 电缆在运行中，如环境发生明显变化，导致电缆受潮、受热或局部损伤等，应加强绝缘电阻测试和环境检测，必要时进行直流耐压试验。

10. 绝缘电阻测量 4 年一次，对于停运一星期的电缆，重新开始投运前，应摇测绝缘电阻，10 kV 电缆应使用 2 500 V 摇表，其绝缘电阻不低于上次试验温度下试验值的 30%，否则应做直流耐压试验。

11. 电缆的正常工作电压，一般不超过其额定电压的 15%。

12. 电缆同地下热力管道交叉或接近敷设，电缆周围的土壤温度在任何时候不得高于本地段其他地方同样深度的温度 10 ℃以上。

13. 直埋电缆表面最高允许温度不超过 50 ℃。

14. 在紧急事故时，电缆允许短时间过负荷运行，允许超负荷≤15%，时间≤2 h。

8.5.5　电缆线路的巡视与检查

8.5.5.1　直埋电缆线路的巡视与检查

（1）路径附近地面有无挖掘。

（2）线路标桩是否完整无缺。

（3）沿线路地面上有无堆放瓦砾，矿渣，建筑材料，笨重物体及其他临时建筑等。

（4）电缆线路附近有无酸、碱等腐蚀性排泄物及堆放石灰等。

（5）室外露出地面的电缆的保护钢管或角钢有无锈蚀移位现象，其固定是否可靠牢固。

（6）引入室内的电缆穿管处是否封堵严密。

（7）电缆与树木电杆的距离，一般不宜小于 0.7 m。

8.5.5.2　敷设在沟道及混凝土穿管处电缆的巡视检查

（1）沟道的盖板是否完整无缺。

（2）沟道内墙壁有无裂缝或渗漏水。

（3）沟道内墙壁上的电缆支架是否牢固，有无锈蚀现象。

（4）在管口和挂钩处的电缆铅包有无损坏。

（5）电缆铠装是否完整，有无锈蚀。

（6）电缆进出口有无渗、漏水现象。

（7）电缆的各种标示牌是否清晰、有无脱落。

（8）全塑料电缆有无被鼠咬的痕迹。

8.5.5.3　电缆头的巡视与检查

（1）终端头的绝缘套管应完整，清洁，无闪络放电现象。

（2）引线与接线端子的连接是否良好，有无发热现象。

（3）油浸电缆终端头是否漏油，铅包及封铅处有无龟裂现象。

（4）相位颜色是否明显，是否与电力系统的相位相符。

（5）接地线是否良好，有无松动及断脱现象。

（6）隧道内的电缆中间接头有无变形，温度是否正常。

8.5.5.4 洪水期间或暴雨过后，对电缆线路的巡视与检查

（1）电缆线路上的地面有无严重的冲刷现象。

（2）电缆线路附近地面有无严重塌陷。

（3）室外电缆沟道的泄水是否通畅。

（4）室内电缆沟和电缆隧道内是否进水。

8.5.6 电力线路运行标准

8.5.6.1 杆塔

铁塔倾斜，横担歪斜允许范围规定如表 8-8 所示。

表 8-8 电杆铁塔倾斜、横担歪斜允许范围

类别	铁塔
电杆、铁塔倾斜度	1/100（适用 50 m 以下高度）
横担歪斜度、横扭度	1/100
铁塔主材弯曲度	1/100

（1）混凝土电杆偏离线路中心线，混凝土电杆不大于 0.1 m。

（2）混凝土杆：圆形梢径不应小于 150 mm，10 kV 线路梢径不应小于 190 mm。

（3）电杆埋深应以设计为准，一般不应小于杆长的 1/6。

（4）预应力钢筋混凝土杆不得有纵向裂纹，普通钢筋混凝土杆保护层不得腐蚀脱落，钢筋外露，横向裂纹宽度不应超过 0.2 mm，裂纹超过 0.5 mm，应及时进行处理。

8.5.6.2 导线及避雷线

（1）配电线路的导线，不能使用单股线。

（2）导线的连接应符合下列要求：

钢芯铝绞线、铝绞线在档内的接头，一般应采用钳压或爆压，采用上述方法有困难时，10 kV 以下配电线路 50 mm^2 及以下的铝导线允许采用绕接，铜线在档内的接头，可采用绕接或压接。铜、铝导线的连接，应使用铜铝过渡线夹。

（3）10 kV 以下线路导线的弧垂，在同一个档距内各相导线应一致，且不应大于设计值的 +5%及 −25%。110 kV 线路导线、避雷线的弧度误差不得超过 +6%或 −25%。三相不平衡值，档距为 400 m 以下时不得超过 200 mm，档距为 400 m 以上时不得超过 500 mm。

（4）导线由于磨损或断股，减少的使用拉力不应超过其总使用拉力的 17%，超过时截断另接，未超过时用同号导线绑扎（例如 7 股导线断一股者绑扎，断 2 股者截断另接。19 股线断 2 股绑扎，断 3 股及以上者截断另接）。钢芯铝导线断一股钢芯者剪断另接。处理方法见表 8-9。

（5）6～10 kV 线路跳线、引下线在最大摆动时，应保持对地（电杆、拉线、构架）不小于 200 mm，线间不小于 300 mm。

表 8-9　导线及避雷线断股、损伤减小截面的处理方法

线别	处理方法		
	缠绕	补修	切断重接
钢芯铝绞线	断股损伤截面不超过铝股总面积的 7%	断股损伤截面占铝股总面积的 7%～25%	断股损伤截面超过铝股总面积的 25%
钢绞线		断股损伤截面占总面积 5%～17%	断股损伤截面超过总面积 17%

8.5.6.3　单片绝缘子有下列情况之一者为不合格

（1）瓷釉裂纹，瓷釉烧坏，钢脚及钢帽有裂纹、弯曲，严重锈蚀、歪斜，浇装水泥有裂纹。

（2）用 2 500 V 摇表摇测其绝缘电阻小于 300 MΩ。

（3）分布电压值为零。

8.5.6.4　直线杆塔绝缘子串顺线路方向倾斜不得大于 15°。

8.5.6.5　接地装置应符合电力部颁《电力设备接地设计技术规程》的规定。

8.5.6.6　架空线路易污地段绝缘子串的单位泄漏比距（单位爬距），应满足相应污秽等级要求，污秽等级的划分及其单位泄漏比距见表 8-10。

表 8-10　污秽等级的划分及其单位泄漏比距

污秽等级	污秽条件		有效漏爬距/（cm/kV）	
	污源条件	盐密/（mg/m²）	中性点直接接地	中性点非直接接地
0	空气无明显污秽地区	003	16～18	20～24
1	空气污秽的工业区附近炉烟污秽地区	＞004～010	202～25	26～33

8.5.7　缺陷的处理及运行管理

1. 在巡视检查电力线路时，发现的缺陷应及时处理，并记入缺陷记录簿。

2. 发现电缆线路严重缺陷时，除做好记录外应向有关领导报告，并及时采取措施消除缺陷。

3. 消除电缆故障部分后，必须进行电缆绝缘的潮湿试验和绝缘电阻试验，对于橡塑电缆则以导线内有无水滴作为判断标准。

4. 电缆故障修复后，必须核对相位，并做耐压试验，经合格后，才可恢复运行。

5. 电缆无论为运行或试验故障，其故障部分经发现割除后，应妥善保存，进行研究并分析原因，采取预防对策，如故障属于制造缺陷应提出缺陷资料及报告，以便必要时交制造厂，如处理电缆故障无需割断故障段，则应在现场进行详细分析。

6. 在巡视检查时，如发现土壤中含有酸、碱等腐蚀性溶液应立即调查其来源，并采取防护措施。

7. 电缆线路应建立包括安装路径、试验、检修、缺陷处理等运行记录。

8. 电缆线路上的任何变动或修改，与电缆线路接近或交叉的管路设施有变动，都应及时更正相应的技术资料。

8.6 供配电系统综合管理和智能化

供配电系统主要包括供电线路、变配电所和用电设备，变电所内所需数据主要为四遥（遥测、遥信、遥脉、遥控），配合保护参数，共同确保变电站的稳定运行。目前变电站采用的后台监控系统主要为两类：综合自动化系统与集中控制系统，两类系统在本质上区别不大，只是对于采集到的数据进行了整合和筛选，特别是集控系统，对采集数据进行优化，提高变电站的管控质量。结合供配电站的管理需求，降低对于人员的依赖，同时降低人因事故，对供配电系统进行智能化的升级，主要是对环境参数的监控和对于设备的巡视检查，引入机器人设备，确保及早发现事故隐患，降低电力停电带来的损失。

8.6.1 综合自动化系统

变电站综合自动化系统与传统系统相比，保护、测量、控制功能综合考虑，功能分布式配置，通过网络组成整体；传统 RTU 转变为通信单元，通过通信而不是节点采集来收集变电所的运行状态，四遥功能下放到保护装置；利用计算机的强大功能取代中央信号盘实现当地监控功能；故障记录功能，记录保护动作前、后的有关故障信息，以利于分析故障。

目前公司采用南瑞 PCS9700 系统，其图形浏览功能，包括电气主接线图、报表、遥测遥信一览表等；实时显示一次设备的运行状态；主接线图的带电自动区别，更直观准确的显示供电状态；实时报警，具备报警分类过滤和报警确认；遥控、遥调、复归、人工置数等功能；保护装置维护功能；显示详细的故障动作信息、历史报警查询和数据报表统计等。

PCS-9700 厂站监控系统是南瑞继保在总结多年厂站自动化研究成果及现场运行经验的基础上，推出的新一代计算机监控系统。系统采用先进的分布式网络技术、面向对象的数据库技术、跨平台可视化技术、行业内最新标准等，全面支持 IEC60870-5-103、IEC61850 等国际标准，能够满足常规变电站、数字化变电站及电厂电气监控对后台监控系统的需求。能应用于 windows XP，Linux 等操作系统平台。

PCS-9700 厂站监控系统由统一应用支撑平台和基于该平台一体化设计开发的厂站监控应用组成。系统采用了分布式、可扩展、可异构的体系架构，应用程序和数据库可在各个计算机节点上进行灵活配置，而无需对应用程序进行修改。整个系统可以由安装不同操作系统的计算机组成，系统功能可根据需求方便地进行扩展。

综合自动化系统的组成如图 8-9 所示。

（1）变电所层

① 当地监控单元

当地监控功能、系统维护功能、实时及报表打印功能。

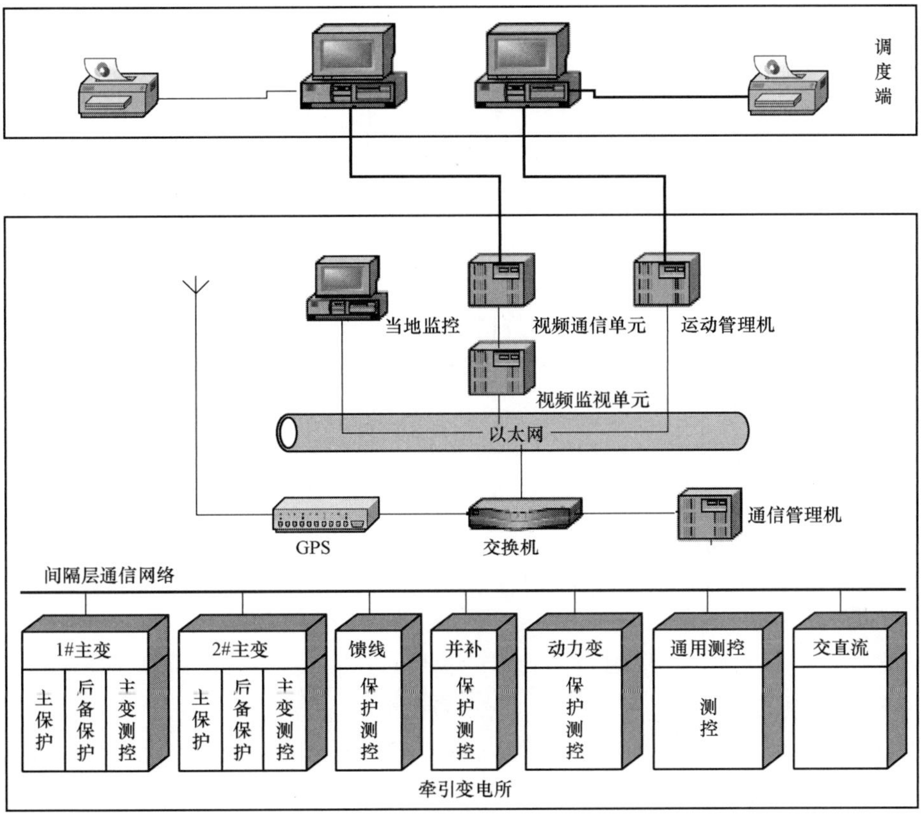

图 8-9　综合自动化系统的组成

② 远动通信单元

（2）间隔层

① 主变压器单元

保护功能、测量功能、控制功能、录波功能、备用电源自投功能。

② 馈线单元

保护功能、测量功能、控制功能、录波功能、故障测距功能。

③ 其他补充单元

保护功能、测量功能、控制功能、录波功能。

在报表中，主要包括以下几个方面：

日负荷报表：最大值，最小值，日平均值。

◆小时负荷报表：最大值，最小值，小时平均值，整点值。

◆日统计报表：最大值，最小值，日平均值。

◆月统计报表：最大值，最小值，月平均值。

◆年统计报表：最大值，最小值，年平均值。

◆小时电度报表：日期、读数、电度。

◆历史曲线：统计显示一组遥测量在某个历史时间段的曲线变化信息。

8.6.2 集中控制系统

变电站层和间隔层为双以太网配置，通讯介质可采用双绞线或光纤，双网冗余热备用保证了数据的连续性、完整性和可靠性，极大提高了系统运行的稳定性。

PCS-9000 后台监控系统中的数据库服务器一般配置两台，形成双机数据库热备用，充分保证了系统数据库的安全性。后台应用采用“$1+N$”冗余技术，当系统只有一个节点时都能正常运转。

前置服务器通过多种通信方式采集数据，并对数据进行初步校验和处理，是整个监控系统和外部实时信息通讯的桥梁。前置服务器可单独组网，可也与其他主机运行于同一网络。前置服务也可作为功能模块配置在后台主机上，而无需配置独立的前置服务器。通过操作员工作站，运行值班人员能实现对全站生产设备的运行监测和操作控制。

维护工作站供维护人员进行系统的维护，可完成数据库、系统参数的定义和修改；报表的制作、修改以及网络维护、系统诊断等工作。五防工作站实现对全站设备的五防操作闭锁功能。可进行操作预演，可检验、打印和传输操作票，并对一次设备实施“五防”强制闭锁。

保护工作站用以对全站保护装置的运行信息进行管理。还可以通过保护工作站把保护信息通过 61850 规约远传。

可根据现场运行情况确定操作员工作站和工程师工作站的数目，保护管理和五防功能也可作为功能模块配置在操作员工作站上。

8.6.3 变电站智能化

8.6.3.1 智能辅助控制系统

变电站智能辅助系统综合监控平台，将变电站中独立的图像监视、SF_6 泄露检测、风机控制、空调控制、环境检测、火灾报警、红外监测、安全警卫、智能灯光等系统，通过物联网技术将以上的系统集成到一个平台中，全面实现变电站智能化的运行管理。辅助系统具备了以下几个特点：

（1）涵盖了电力安全运行环境各方面，解决了电力部门因为监控平台繁多造成的信息孤岛。

（2）对影响变电站运行的因素采用全方位、多手段的实时监测，自动评估变电站运行状态，减少人为工作量，专注于无人值守变电站，实现远程综合监控。

（3）实现各个系统间的协调联动，消除异常情况造成的影响。形成异常情况处理过程报告，及时将结果上报远方集控中心。监测辅助系统的运行状态，执行远方集控中心的各项命令。

（4）通过 IEC-61850 规范进行的信息传输，有利于统一化管理。变电站智能辅助系统综合监控平台的建设为实现变电站的集中管理、远程管理、科学管理、智能化管理，从而为推动电网的管理逐步向自动化、高效化、综合化、集中化、智能化方向发展提供有力的技术保障。

智能变电站辅助系统综合监控平台由视频监控子系统、门禁子系统、环境监测子系统、安全警卫子系统、灯光智能控制子系统等组成。平台预留和消防子系统的通信接口。视频监控子系统由各种摄像机、站端视频处理单元、显示器、三合一防雷器、连接电缆等组成；门禁子系统由门禁控制主机、读卡器、开门按钮、电磁力锁、连接电缆等组成；环境监测子系统由环境数据采集单元、温湿度传感器、SF_6 探测器、风速传感器、水浸探测器、空调控制器、连接电缆等组成；

安全警卫子系统由红外对射报警器、红外双鉴报警器、电子围栏、连接电缆等组成，报警信号的硬接点输出可连接到站端视频处理单元或环境数据处理单元的硬接点输入接口；

灯光智能控制子系统由灯光控制单元、辅助灯光、连接电缆等组成；

智能变电站辅助系统综合监控平台主要由四部分组成：站内视频监控系统部分、变电站围墙周界安防部分；门禁系统部分、环境监控部分。

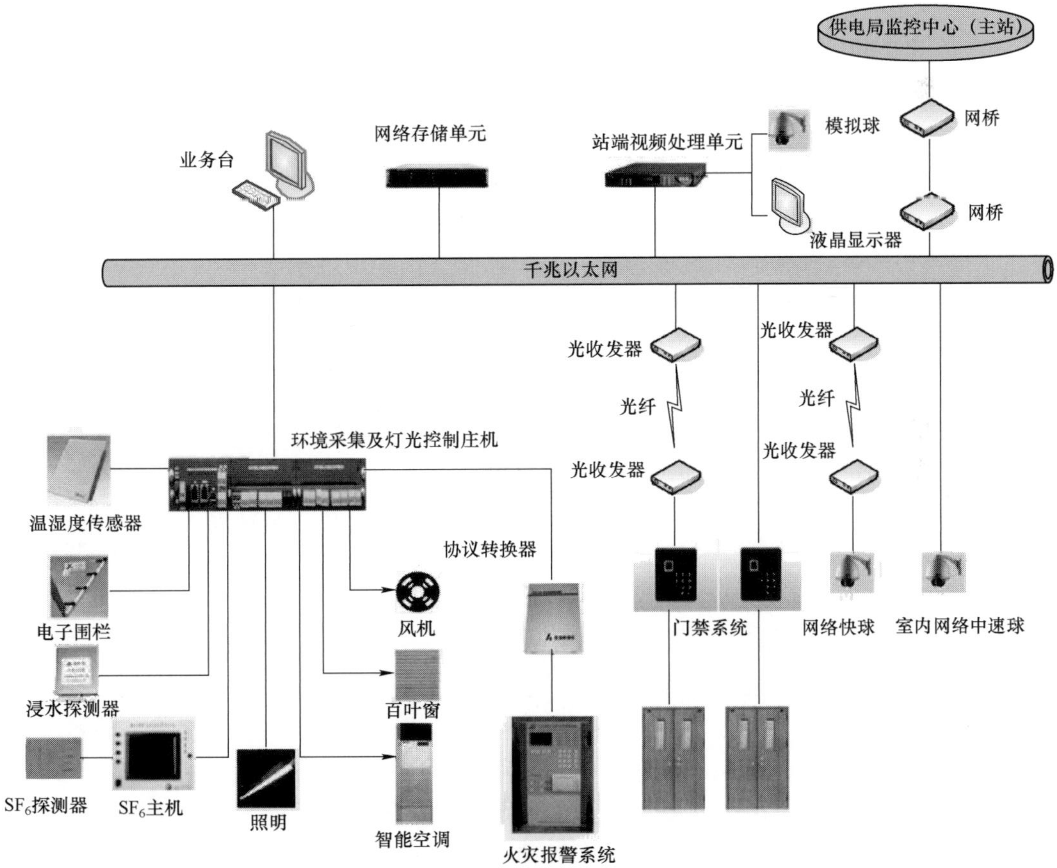

图 8-10　智能变电站辅助系统构成

变电站辅助系统综合监控平台监视范围如下：

（1）监视智能变电站区域内场景情况；

（2）监视智能变电站内常规敞开式刀闸的分、合状态；

（3）监视智能变电站内变压器、断路器、TA、TV、避雷器和瓷绝缘子等重要运行设备的外观状态；

（4）监视智能变电站内主要室内（主控室、继电器室、高压室、电缆层、电容器室、独立通信室等）场景情况；

（5）监测智能变电站内主要室内（主控室、继电器室、蓄电池室、独立通信室等）温度、湿度、SF_6浓度、高压场地风力以及开关场地电缆沟的水浸情况；

（6）实现智能变电站防盗自动监控，可进行周界、室内、门禁的报警及安全布/撤防；

（7）实现站内消防子系统报警联动，并对消防子系统运行状态进行监视；

（8）实现对空调、排风扇、照明设备、抽水泵等设备的远方状态监视和控制。

无人值守变电站智能辅助控制系统可以保证无人值守变电站安全稳定运行。

8.6.3.2 轨道升降式巡检机器人

室内轨道升降式巡检机器人系统应用于电力、化工产业等危险作业场地，如配电房、开关室、继保室。机器人采用轨道吊装式伺服行走方式，搭载高清摄像机及红外热成像仪，集成网络通信技术、多传感器融合技术、图像分析算法、实时数据库技术等核心技术于一体，实现长距离、全方位的开关柜红外测温、柜面及保护装置信号状态指示等的全自主识别，继保室保护屏柜压板状态、空开位置、电流端子状态、装置信号灯指示以及数显仪表的全自动识别读数。同时采用导轨滑触式供电方式，永不断电实现 24 h 不间断巡视，也可自定义周期和设备进行特殊巡视。

室内轨道升降式巡检机器人系统可自动实现如下巡视检测功能：

1）全站大范围、可升降全预置位实时移动可见光/高清视频监控；

2）指示型表计的高精度自动识别与数据统计；

3）状态灯、开关手柄位置、箱门开闭状态的识别；

4）语音对讲及现场指挥功能；

5）设备精确定位、拍照，实现锈蚀、变形分析；

6）室内照明等设备工作、土建环境状态识别；

7）采用红外热成像监测全面掌握设备温度情况；

8）对母线接头、穿墙套管等关键点定点测温；

9）对点或对区域热缺陷定时定点巡检监测；

10）通过图像配准识别热图中有效的设备目标，保证温度检测的有效性。

智能机器人可代替人工进行日常的巡视和检测工作，具有自动巡检功能。机器人可按照每日规划的巡视检测任务，定时开始巡视检测工作。机器人可根据预先设定的巡检点的位置，沿着预定轨迹依次进行自动巡检。机器人搭载有各种高精度数据采集设备，包括高清摄像机、红外热像仪、温湿度、高保真声音采集器等，通过移动监测的方式，实现室内机房信息监控的全覆盖、全检测。

机器人系统也支持定点或定任务巡检。只需通过后台系统，选择想要进行巡视的巡检点，向机器人派发临时巡检任务，机器人就会按照选择的任务内容，规划处最优路径完成巡检任务，可大大降低对于人员的依赖。

通过机器人介入到供配电系统的管理系统后，可以及早发现人眼所不能观察到的缺陷，及时预警。同时，可在机器人监控中引入安全管理模块，对于配电室内的检修工作、操作事项安全巡查，一旦出现违规行为，及时上报和提醒现场人员，杜绝人因事故，保护人身和设备的安全。

8.7 自动装置管理

供电系统中常用的自动装置包括备用电源自动投入装置、自动重合闸装置和按频率自动减负载装置等，结合铀浓缩供电系统实际，主要介绍的是前两种。

8.7.1 备用电源自动投入

在要求供电可靠性较高的变配电所中，通常设有两路及以上的电源进线。装设备用电源自动投入装置（APD）时，当工作电源突然断电时，在 APD 的作用下，自动将工作电源断开，投入备用电源。大大提高了供电的可靠性，保证负荷的正常运行。

8.7.1.1 需装设备用电源和备用设备自动投入装置情况

根据国标 GB/T 50062—2008 规定，下列情况，应装设备用电源和备用设备自动投入装置：

（1）由双电源供电的变电站或配电站，其中一个电源常为断开作为备用时。

（2）发电厂或变电站有备用变压器时。

（3）接有Ⅰ类负荷的由双电源供电的母线段。

（4）含有Ⅰ类负荷的由双电源供电的成套装置。

（5）某些重要机械的备用设备。

8.7.1.2 自动投入装置的基本要求

根据国标 GB/T 50062—2008 规定，自动投入装置应符合下列要求：

（1）应保证工作电源断开后投入备用电源。

（2）APD 应只动作一次，避免备用电源重复投入至永久性故障回路中。

（3）手动断开工作电源、电压回路断线和备用电源无电压时，不应启动自动投入装置。

（4）备用电源或备用设备投于故障上时，继电保护应加速动作跳闸。

（5）自动投入回路中，可设置工作电源的电流闭锁回路。

（6）一个备用电源或设备同时作为几个电源和设备的备用时，自动投入装置应保证在同一时间内只能作为一个电源或设备的备用。

8.7.1.3 备用电源自投方式分类

按工作电源与备用电源的接线方式可分为两大类：明备用和暗备用。

（1）明备用方式：是指在正常工作时，备用电源不投入工作，为热备用状态，APD 装设在备用电源进线断路器上，当工作电源故障或失电时，APD 动作，断开工作电源开关，切除故障电源，合上备用电源开关，投入备用电源。

（2）暗备用方式：是指在正常工作时，两电源都投入工作，之间设有母联开关，为热备用状态。APD 装设在母联开关上，当有工作电源故障或失电时，APD 动作，自动断开故障工作电源开关，切除故障电源，合上母联开关，由另一工作电源接带全部负荷。

8.7.1.4 铀浓缩（离心）工厂高低压系统备用电源自投设置情况

铀浓缩（离心）工厂负荷均为一级重要负荷，对供电系统的安全可靠性（连续性、电压、频率、电能质量等）有严格的要求。特别是给主机供电的中频电源对系统电网有更高的安全稳定性要求，意外断电或供电系统波动可能会造成主机降周而卸料，影响正常生产，重新恢复主机正常工况却需要比较长的时间。除主机外，生产辅助系统对供电质量、供电的安全连续性也有很高的要求，因此电气系统的设计冗余较大，单独一条线路、变压器或母线均能同时接带另一段负荷，在 10 kV 中压系统、380 V 低压系统均设有备自投。当线路失电或母线、变压器等设备故障时，备自投动作，确保失电负荷的正常供电。

1. 高压备自投设置情况（以某铀浓缩工厂为例）

备自投在高压系统中，常采用微机备用电源自动投入装置，是当工作电源因失电或故障时，工作电源跳闸后，自动迅速地将备用电源投入的一种自动装置。装置采用交流不间断采样方式采集到信号后实时进行傅立叶法计算，能精确判断电源状态，并实施延时切换电源。

如图 8-11 所示，该公司中压 10 kV 系统有 1#、2#、3#开闭所共 4 个 10 kV 配电室，其中 1# 10 kV 配电室为主站，1#、3#主变通过 101、103 10 kV 进线开关带 10 kV Ⅰ、Ⅲ母。

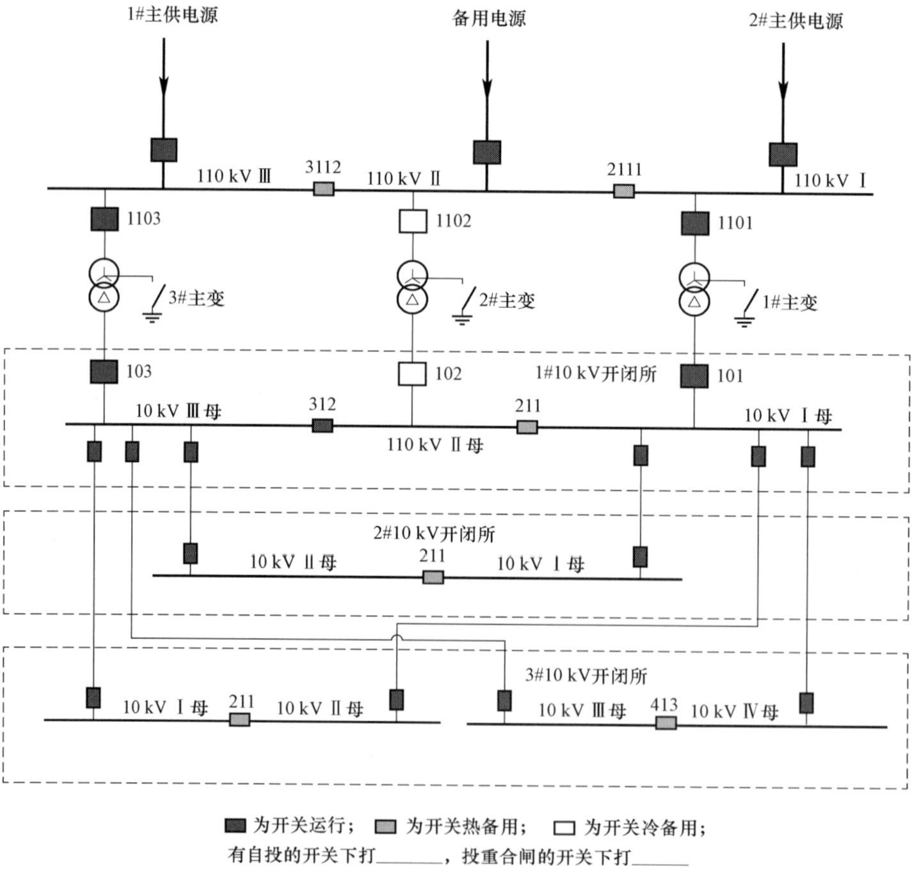

图 8-11 某铀浓缩工厂高压系统主接线方式图

2#开闭所为 10 kV 子站，两条进线电源分别引自 1#开闭所两个 10 kV 母线，供 10 kV Ⅰ、Ⅱ母。3#也为 10 kV 子站，四条引自 1#开闭所 10 kV 电源进线接待 3#开闭所 10 kV Ⅰ、Ⅱ、Ⅲ、Ⅳ段。

1#开闭所为单母三分段，10 kV Ⅱ段与Ⅲ段母线经 312 开关并列运行，并通过 211 开关与 10 kV Ⅰ段互为备自投。2#开闭所、3#开闭所 3 个配电室均为单母两分段接线方式，之间设有联络开关，都装有微机备用电源自投装置。正常运行时为母线分列运行，联络开关为热备用，备自投投入，以实现两两互为备用任意一段母线失电情况下的自动接入。

2. 高压备自投装置动作过程

各站的 10 kV Ⅰ段与Ⅱ段互为暗备用（方式 3 和方式 4 的控制字均为 1）：当其中一段失电时，10 kV 备自投装置检测到母线无压、进线无流且另一母线带电正常，无闭锁信号满足动作条件后，延时跳开失电段进线开关，确认进线开关跳闸后，延时合上联络开关，带电正常的线路供全站负荷。

3. 低压备自投动配置情况

380 V 低压配电系统，设有备自投功能的大多是由单体继电器及其接点接线构成的备自投回路实现。部分更新的低压配电室，装设的是微机备用自投装置。动作原理基本相同：两台绕组、接线方式完全相同的变压器为一组，两台变压器分别带两段母线，两段母线分列运行，承担各自相应负荷，由联络开关实现互为备用功能。

4. 低压备自投动作过程

对于采用微机保护装置的，备自投判断动作过程和高压大致一致。对于单体继电器构建的备自投回路，备自投动作过程是：两台变压器分别带两段母线分列运行时，联络开关在分位，低压进线开关的断路器中含有欠压脱扣回路，控制回路电源取自进线开关上端头。当两条进线电源之一出现故障和意外失电时，失电母线进线开关欠压脱扣回路工作，通过脱扣回路的硬件延时机构，延时跳开进线开关。当进线开关跳开时，同时该开关控制回路中的时间继电器失电，其常闭接点延时闭合后，自投部分回路接通，联络开关自动合闸，完成自投。

微机保护自投联络合闸延时起始时间为进线开关跳闸时，总的母线失电时间为分闸延时与合闸延时之和。而继电器构成的备自投回路的合闸延时起始时间则是电源失电时间，总的母线失电时间为分闸延时和合闸延时中较长的延时时间。

5. 高低压备自投时序设置

为确保高低压供电系统当外网失电时自动投切的整体性、协调性和统一性，以配电终端主辅工艺需求为中心，整体考虑配电网络的动作时序性，使得高低压自动装置成为一个有机整体，能更合理地切断供电系统故障点和更好地自动恢复供电系统运行，减少人为干预，保障供电系统安全。合理设置高低压供电系统自动装置动作时限，使高压主站、子站及低压配室备自投时限形成阶梯性。在外网故障导致高压分段母线失电后，高压主站自投成功分段母线恢复供电时，高压子站和低压各配电室各进线开关在此过程中不跳闸，联络开关不动作，直接恢复供电。减少高压和低压恢复供电运行方式的操作量，降低长时间单电源运行风险，增强供电系统的整体抗扰能力。

该浓缩工厂 1#开闭所 10 kV 主站备自投跳闸时限为 1 s、合闸时限为 1 s，2#、3#开闭所 10 kV 备自投时间跳闸时限为 2.5 s、合闸时限为 1 s，车间变电所（低压配电室）备自投时间跳闸时限为 4 s、合闸时限为 1 s，如图 8-12 所示。

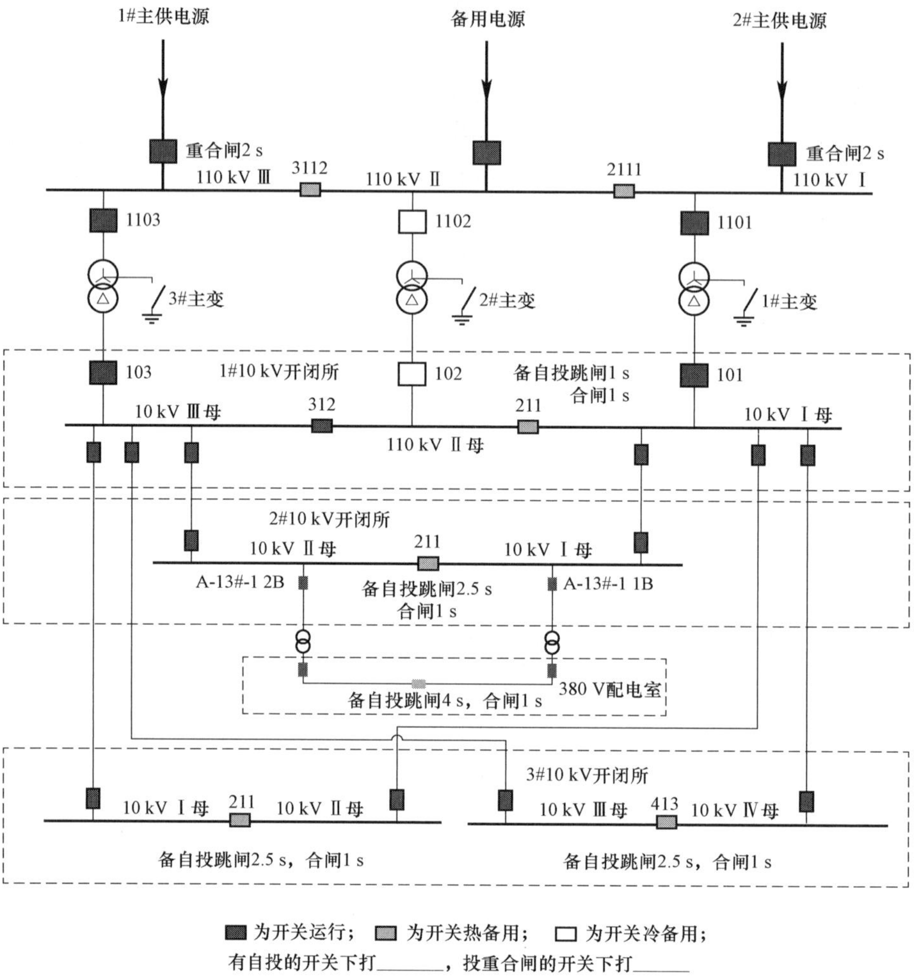

图 8-12　某铀浓缩工厂高低压系统备自投时序图

8.7.2　自动重合闸

在电力系统的故障中，大多数是送电线路（特别是架空线路）的故障，因此，如何提高送电线路工作的可靠性，就成为电力系统中的重要任务之一。

电力系统的运行经验表明，架空线路故障大都是“瞬时性”的，如雷电引起的绝缘子表面闪络、大风引起的碰线、因鸟类及树枝等物体掉落在导线上引起的短路等，在线路被继电保护迅速断开后，电弧自行熄灭，故障点的绝缘强度重新恢复，外界物体（如树枝和鸟类）也被电弧烧掉而消失。把断开的线路断路器再合上，就能够恢复线路正常供电，这类故障为“瞬时性故障”。除此之外，因线路倒杆、断线、绝缘子击穿或损坏等引起的故障为“永久性故障”，这时如果再次送电，因故障点依然存在，线路继电保护动作再次断开，不能恢复正常供电。

由于架空线路的故障大多是瞬时性故障，在线路被断开后快速再进行一次合闸，就能有效提高供电的可靠性。在电力系统中，采用自动重合闸装置（缩写为 AR），即当断路器跳闸之后，能够将断路器重新合闸的装置。由于重合闸装置不能判断是瞬时故障还是永久性故障，因此，重合闸可能成功（恢复供电后不再断开），也可能不成功，成功率一般在 60%～90%之间。在微机保护中重合闸装置应用自适应原理在重合之前先判断是瞬时故障还是永久性故障，就可以提高重合闸的成功率，同时有效避免故障点再次受电而加重设备的损坏，电力系统又一次受到故障的冲击降低系统运行的稳定性。

8.7.2.1　装设重合闸的规定

（1）35 kV 及以上的架空线路和电缆与架空混合线路，在具有断路器的条件下，如用电设备允许且无备用电源自动投入时，应装设自动重合闸装置。

（2）35 MVA 及以下容量且低压侧不带电源的降压变压器，可装设自动重合闸装置。

（3）旁路断路器和兼做旁路的母线联络断路器或分路断路器，应装设自动重合闸装置。

（4）自动重合闸装置可由保护装置或断路器控制状态与位置不对应启动。

8.7.2.2　自动重合闸装置技术要求

1. 自动重合闸不应动作的情况

（1）由值班人员手动操作或通过遥控装置将断路器断开时。

（2）手动投入断路器，由于线路有故障，而随即被继电保护将其断开时。

（3）自动重合闸接收到外来闭锁信号时，闭锁自动重合闸装置。

2. 自动重合闸的动作次数

（1）自动重合闸的动作次数应符合预先的规定：一次式重合闸，就只能动作一次，当重合于永久性故障再次跳闸后，就不应该再动作；对二次式重合闸，可动作两次。

（2）在任何情况下，重合闸均不应使断路器多次合闸于永久故障上。

3. 自动重合闸的复归方式

自动重合闸在动作以后，应能自动复归，准备好下一次再动作。对于雷雨季节，雷害较多的地方较为有利。

4. 重合闸与继电保护的配合

自动重合闸装置应有可能在重合闸以前或以后加速继电保护的动作，以便加速故障切除。

8.7.2.3　铀浓缩（离心）工厂高压供电系统重合闸装设情况（以某公司为例）

某公司高压供电系统 110 kV 外网进线线路均为 LGJ-150 架空线路，包括有 1#主供电源线路、2#主供电源线路，一回备用电源。三回 110 kV 线路均设有自动重合闸功能。重合闸方式为不检，重合闸次数为 1 次：当重合闸装置检测到开关保护动作跳闸，不判断线路是否有电或故障是否排除，延时发出合闸脉冲，使跳闸的断路器合闸一次。具体如表 8-11 所示：

表 8-11　110 kV 线路重合闸

名称	导线参数	重合闸方式	重合闸延时
1#主供电源 110 kV 线路	LGJ-150	不检	2 s
2#主供电源 110 kV 线路	LGJ-150	不检	2 s
1129 四谢Ⅰ线	LGJ-150	不检	2 s

8.7.3　自动装置的运行维护管理

（1）定时检查自动装置运行正常，显示不断刷新，时钟显示正确，无报警信号。

（2）备自投功能的投入和退出应根据电力调度指令执行，任何人不得随意操作。

（3）自动装置的保护控制定值，任何人不得自行设置，其设置操作由保护人员根据定值通知单（最新）进行。

（4）自动装置新投运或变更后，运行人员必须核对自动装置定值通知单，确定无误后方可运行。

（5）自动装置更改定值、变更接线后，继电保护人员必须填写保护调试记录，并向值班人员详细交代定值整定、二次线变更情况、正常运行维护注意事项等，经值班长全面验收合格后，方可办理工作终结手续。

（6）运行中的重合闸装置及其回路，未经许可严禁触动。在保护装置及二次回路的维护操作及试验工作均需由继电保护工作人员进行，保护的投入和退出须经调度指令，运行人员负责执行。

（7）有相关电压量对应的 PT 操作时，应做好备自投功能的投退管控，防止备自投误动。

（8）定期在后台机对的自动装置重要参数进行监测统计，分析装置工作是否正常，确保自动装置能可靠动作。